普通高等教育"十一五"国家规划教材
21世纪电工电子学课程系列教材

模拟电子技术基础

（电 类）

（第 2 版）

主 编　罗桂娥
副主编　张静秋　罗　群

中南大学出版社

内容简介

本书是普通高等教育"十一五"国家规划教材。根据近年来电子技术的新发展和丰富的教学实践，新版教材对第 1 版教材进行了全面修订，精炼了基础部分，更新了部分思考练习题，并力图在文字叙述方面更具有启发性，有利于学生创新思维的培养。为了解决内容多与学时紧的矛盾，并突出学生个性培养，本书每一章都编有自学材料，在学时多的情况下，教师也可选讲部分自学材料，真正做到了好教好学。本书以"讲清基本原理，打好电路基础，面向集成电路，好教好学"为宗旨，强调物理概念的描述，避免复杂的数学推导。在若干知识点的阐述上，具有一定的个性特色，并在内容取舍，编排以及文字表达等方面都期望解决初学者的入门难问题。

本书主要内容包括：半导体器件，基本放大电路，放大电路的频率响应，功率放大电路，模拟集成电路基础，放大电路中的反馈，信号运算与处理电路，波形发生与信号转换电路，直流电源等。

本书适用于作为高等院校电气电子信息类各专业的教材用书，也可以供相关专业选用和社会读者阅读。

21 世纪电工电子学课程系列教材编委会

总　序

　　我的面前摆放着十多本封面五颜六色的电工电子学系列课程教材，它们是中南大学信息科学与工程学院电子科学与技术系电工电子学系列课程教学团队多年辛勤劳动和教学实践的结晶。

　　电流所经过的路径叫电路。大学生学习电工电子电路课程的意义犹如行人、游人、司机学习行路知识和人们探求人生之路的真谛一样重要。无论是"电路"、"前进道路"还是"人生道路"，都有一个"路"字。俗话说，"路是人走出来的"。人生之路是探索出来的，行路见识是体验出来的，电路知识是学习得来的。研究发现，人类社会的许多自然现象、科技和人文问题都可用电路的方法来模拟，人类自身的许多活动和智能行为也可用电路的方法通过硬件与软件来模仿。因此，电工电子学系列课程作为技术基础课程对高校人才培养所起的重要作用是不言而喻的。电工电子学的基础知识、基础理论和基本技能正通过教学活动和人的智能活动向各个学科领域扩展和渗透，发挥着越来越大的作用。通过本系列课程学习，学生能够获得关于电工电子学的基本理论、基本知识和基本技能，为后续专业课程的学习和毕业后参加工作打下基础。

　　现由中南大学出版社出版的这套电工电子学系列教材，是根据电工电子学系列课程教学体系而编写的，其教学目标在于培养学生的创新能力，满足不同专业学生的培养要求和个性化人才培养的需求。该系列教材分为3大类别：第1为基础知识类，第2为扩展知识类，第3为实践技能类。其中，基础知识教材又分为电类、机电类、非电类、文理类4个层次共9个模块；扩展知识类教材主要是电工电子学新知识的扩展与延伸，共有10个模块；实践技能类教材分为实验、实习和课程设计3个模块。

　　中南大学信息科学与工程学院电子科学与技术系教学人员在全校电工电子学系列课程教学中取得了不俗成绩。2002年电工电子学系列课程获得湖南省优秀课程；2005年电工电子学教学实验中心获省级示范实验中心，2007年电工电子学实习基地被评为省级优秀实习基地。现在3门课程获得校级精品课，1门课程获得省级精品课，3部教材获得"十一五"国家规划教材。他们还获得省级教学成果一等奖2项、二等奖1项、三等奖1项；参加该系列课程学习的6名学生获得全国大学生电子设计竞赛一等奖，12名学生获得全国大学生电子设计竞赛二等奖，3名学生获得第二届"博创杯"全国大学生嵌入式设计大赛二等奖，2名学生获全国大学生"挑战杯"创业大赛金奖。这些成果不仅表明这支电工电子学系列课程教学团队具有很强的实力和很高的水平，而且也从一个侧面反映出该系列课程教学的丰硕成果。

这套电工电子学系列教材的编写精益求精，内容系统全面，取材新颖，反映了本学科及其教材研究和应用的新进展，值得进一步推广使用。我相信，该系列新版教材的问世和使用，将为我国电工电子学科和教材的发展做出更大的贡献。

蔡自兴

中南大学教授、博士生导师

全国高等学校首届国家教学名师

国际导航与运动控制科学院院士

2008 年 6 月 5 日

于长沙岳麓山下

第 2 版　前言

　　"模拟电子技术基础"是工科院校电气电子信息类专业的一门重要的技术基础课。为了适应电子科学技术的飞速发展和 21 世纪的教材结构和教学内容改革要求，我们结合多年的教学实践经验，编写了《模拟电子技术基础》。该书被选为普通高等教育"十一五"国家规划教材。本书具有以下特点：

　　（1）力求少而精，在"精练"上取胜。精选内容，优选讲法，以符合教学基本要求为准。

　　（2）在保证电子技术传统内容的基础上，增加了许多新的电子器件的内容。

　　（3）对于电路问题的分析，力求简化推导过程，突出物理概念的讲述，为培养学生分析问题和解决问题的能力创造条件。使读者不但能够学会定量计算的方法，而且能够掌握定性分析的技巧，为以后学习专业课程打下基础。

　　（4）以集成电路为主，适当介绍分立元件的内容。对于集成电路的介绍，简化其内部结构及工作原理的分析，着重介绍集成电路的应用方法以及和应用有关的内部电路知识。

　　（5）为了解决各专业的基本要求与不同专业的特殊专业内容要求的矛盾，本书每一章的编有自学材料，供各位教师自行取舍。

　　编写一本既能在有限的学时内较好地达到本门课程的基本要求，又具有一定特色的教材是我们很久以来的愿望。我们在反复讨论基本要求的基础上，对教材内容作了精选安排，突出基本概念、基本原理和基本分析方法，并注重从教材体系上进行探索，正确处理传统和选进内容、理论与实际、深度与广度、分立元件与集成电路之间的关系。本书以"讲清基本原理，打好电路基础，面向集成电路，好教好学"为宗旨，强调物理概念的描述，避免复杂的数学推导。在若干知识点的阐述上，具有一定的个性特色，并在内容取舍、编排以及文字表达等方面都期望解决初学者的入门难问题。

　　本书主要内容包括半导体器件，基本放大电路，放大电路的频率响应，功率放大电路，模拟集成电路基础，放大电路中的反馈，信号运算与处理电路，波形发生与信号转换电路，直流电源等。书中通过对半导体器件及电路的分析，阐述了模拟电子技术中的基本概念、基本原理和基本分析方法。书中附有适量习题。

本书罗桂娥任主编，张静秋、罗群任副主编。其中，罗桂娥负责第3章、第4章、第5章、第6章以及第8章的自学材料和附录的编写；张静秋负责第1章、第2章的编写；罗群负责第7章、第8章、第9章的编写。最后，由罗桂娥统稿定稿。本书编写过程中得到了全体同仁的大力支持。在统稿过程中，李义府、宋学瑞两位老师提出许多宝贵意见，在此一并表示衷心的感谢。

本书可作为高等学校电气电子信息类专业"模拟电子技术基础"课程的教材，也可作为从事电子技术的工程技术人员及广大电子技术爱好者的参考书。

全国高等学校首届国家教学名师、国际导航与运动控制科学院院士蔡自兴教授在百忙之中为本套书写序，值此表示深深的谢意！

编者深知，模拟电子电路范围广，新知识多，尽管在编写过程中做了很大努力，但由于水平和视野的限制，加之时间仓促，书中难免存在许多缺点错误，恳请广大读者批评指正。

编　者

2004 年 12 月

目　录

第 1 章　半导体器件 ………………………………………… （1）

1.1　半导体材料及 PN 结 ………………………………… （1）

1.1.1　本征半导体 …………………………………… （1）

1.1.2　杂质半导体 …………………………………… （3）

1.1.3　PN 结 ………………………………………… （4）

1.2　半导体二极管 ………………………………………… （9）

1.2.1　二极管的结构类型 …………………………… （9）

1.2.2　二极管的伏安特性 …………………………… （10）

1.2.3　二极管的常用电路模型 ……………………… （11）

1.2.4　二极管的主要参数 …………………………… （12）

1.2.5　稳压二极管 …………………………………… （13）

1.2.6　二极管的应用举例 …………………………… （16）

1.3　双极型晶体三极管 …………………………………… （19）

1.3.1　BJT 的结构及类型 …………………………… （19）

1.3.2　三极管的电流放大作用 ……………………… （20）

1.3.3　BJT 的特性曲线 ……………………………… （22）

1.3.4　三极管的主要参数 …………………………… （24）

1.3.5　温度对 BJT 特性及其参数的影响 …………… （27）

1.4　场效应管 ……………………………………………… （30）

1.4.1　绝缘栅型场效应管 …………………………… （30）

1.4.2　场效应管的主要参数 ………………………… （37）

1.5　自学材料 ……………………………………………… （40）

1.5.1　特殊二极管 …………………………………… （40）

1.5.2　结型场效应管 ………………………………… （43）

1.5.3　特殊三极管 …………………………………… （46）

本章小结 …………………………………………………… （49）

习　题 ……………………………………………………… （50）

第2章　基本放大电路 ·· (56)

2.1　概述 ·· (56)

2.1.1　基本放大电路的分类 ························· (56)

2.1.2　基本放大电路的组成 ························· (57)

2.1.3　放大电路的主要技术指标 ····················· (59)

2.1.4　三极管的电路模型 ·························· (62)

2.1.5　放大电路中的直流通路和交流通路 ··············· (66)

2.2　基本放大电路的分析 ······························ (67)

2.2.1　图解法 ································· (67)

2.2.2　放大电路的等效电路法分析 ···················· (74)

2.3　放大电路静态工作点的稳定 ·························· (80)

2.3.1　温度对静态工作点的影响 ····················· (80)

2.3.2　稳定静态工作点的措施 ······················ (80)

2.4　共集放大电路和共基放大电路 ························ (84)

2.4.1　共集电极基本放大电路 ······················ (84)

2.4.2　共基极基本放大电路 ······················· (86)

2.4.3　3 种基本组态放大电路的比较 ·················· (88)

2.5　场效应管放大电路 ······························ (89)

2.5.1　场效应管的直流偏置电路及静态分析 ·············· (89)

2.5.2　3 种接法 FET 放大电路的动态分析 ·············· (92)

2.6　多级放大电路 ······························· (95)

2.6.1　多级放大电路的耦合方式及其电路组成 ············ (96)

2.6.2　多级放大电路的分析 ······················· (98)

2.7　自学材料——其他耦合放大电路 ······················ (100)

2.7.1　变压器耦合放大电路 ······················· (100)

2.7.2　光耦合放大电路 ························· (101)

本章小结 ·· (103)

习　题 ··· (104)

第3章　放大电路的频率响应 ·························· (112)

3.1　概述 ·· (112)

3.2　RC 电路的频率响应 ······························ (113)

3.2.1　RC 低通电路的频率响应 ····················· (113)

3.2.2 *RC* 高通电路的频率响应 ················ (116)

3.3 晶体管的高频等效模型 ······················· (118)

3.3.1 晶体管混合 π 模型的建立 ················ (119)

3.3.2 简化的混合 π 模型 ······················· (120)

3.3.3 混合 π 模型的主要参数 ················ (121)

3.4 共射极放大电路的频率响应 ················ (122)

3.5 放大电路频率响应的改善与增益带宽积 ······ (131)

3.6 自学材料——多级放大电路的频率响应 ······ (132)

本章小结 ·· (135)

习 题 ·· (135)

第4章 功率放大电路 ································ (139)

4.1 概述 ·· (139)

4.1.1 功率放大电路的特点及主要性能指标 ······ (139)

4.1.2 功率放大电路的分类 ······················· (140)

4.2 互补对称功率放大电路 ······················· (141)

4.2.1 互补对称功率放大器的引出 ················ (142)

4.2.2 OCL 电路的组成与工作原理 ················ (144)

4.2.3 OCL 电路的输出功率与效率 ················ (145)

4.2.4 OCL 电路中晶体管的选择 ················ (146)

4.3 改进型 OCL 电路 ······························· (149)

4.3.1 甲乙类互补对称功率放大电路 ················ (149)

4.3.2 准互补对称功率放大电路 ················ (151)

4.3.3 输出电流的保护 ······························· (153)

4.4 自学材料 ·· (155)

4.4.1 其他类型互补对称功率放大电路 ············ (155)

4.4.2 集成功率放大电路 ······················· (159)

本章小结 ·· (164)

习 题 ·· (165)

第5章 模拟集成电路基础 ················ (170)

5.1 概述 ·· (170)

5.1.1 集成电路中的元器件特点 ················ (170)

5.1.2 集成电路结构形式上的特点 ················ (171)

5.2　晶体管电流源电路及有源负载放大电路 ················ (172)

　　5.2.1　电流源电路 ·········· (172)

　　5.2.2　有源负载共射放大电路 ·········· (178)

5.3　差动放大电路 ·········· (179)

　　5.3.1　工作原理 ·········· (179)

　　5.3.2　基本性能分析 ·········· (182)

　　5.3.3　差动放大电路的 4 种接法 ·········· (185)

　　5.3.4　差动放大电路的改进 ·········· (188)

5.4　集成运算放大电路 ·········· (192)

　　5.4.1　集成运放电路的组成及各部分的作用 ·········· (192)

　　5.4.2　F007 通用集成运放电路简介 ·········· (192)

　　5.4.3　集成运放的主要性能指标 ·········· (196)

　　5.4.4　集成运放电路的低频等效电路 ·········· (198)

　　5.4.5　集成运放的电压传输特性 ·········· (199)

5.5　自学材料 ·········· (202)

　　5.5.1　其他几种集成运算放大器简介 ·········· (202)

　　5.5.2　集成运放使用注意事项 ·········· (203)

　　5.5.3　输出电压与输出电流的扩展 ·········· (206)

本章小结 ·········· (207)

习　题 ·········· (208)

第 6 章　放大电路的反馈 ·········· (211)

6.1　概述 ·········· (211)

　　6.1.1　反馈的基本概念 ·········· (211)

　　6.1.2　反馈的判断 ·········· (212)

6.2　负反馈放大电路的方框图 ·········· (219)

　　6.2.1　负反馈放大电路的方框图及一般表达式 ·········· (219)

　　6.2.2　4 种组态的方框图 ·········· (221)

6.3　深度负反馈放大电路放大倍数的估算 ·········· (222)

　　6.3.1　深度负反馈的实质 ·········· (222)

　　6.3.2　放大倍数的分析 ·········· (225)

6.4　负反馈对放大电路的影响 ·········· (231)

　　6.4.1　提高闭环放大倍数的的稳定性 ·········· (231)

　　6.4.2　改善输入电阻和输出电阻 ·········· (232)

　　6.4.3　展宽通频带 ································ (235)
　　6.4.4　减小非线性失真 ···························· (237)
　　6.4.5　负反馈对噪声、干扰和温漂的影响 ·············· (238)
　　6.4.6　放大电路中引入负反馈的一般原则 ·············· (239)
　6.5　自学材料 ··································· (241)
　　6.5.1　负反馈放大电路的稳定性 ···················· (241)
　　6.5.2　电流反馈型运算放大电路 ···················· (246)
　本章小结 ····································· (250)
　习　题 ······································ (252)

第7章　信号的运算与处理电路 ····················· (258)
　7.1　概述 ····································· (258)
　7.2　基本运算电路 ······························· (258)
　　7.2.1　比例运算电路 ···························· (259)
　　7.2.2　加减运算电路 ···························· (264)
　　7.2.3　积分运算电路与微分运算电路 ················ (269)
　　7.2.4　对数运算电路和指数运算电路 ················ (274)
　7.3　模拟乘法器及其应用 ························· (279)
　　7.3.1　模拟乘法器简介 ·························· (279)
　　7.3.2　模拟乘法器的工作原理 ····················· (281)
　　7.3.3　模拟乘法器的应用 ························· (284)
　7.4　有源滤波电路 ······························· (289)
　　7.4.1　滤波电路的基础知识 ······················· (289)
　　7.4.2　低通滤波器 ····························· (293)
　　7.4.3　高通滤波器 ····························· (298)
　　7.4.4　带通滤波器 ····························· (300)
　　7.4.5　带阻滤波器 ····························· (302)
　7.5　自学材料 ··································· (305)
　　7.5.1　预处理放大器 ···························· (305)
　　7.5.2　开关电容滤波器 ·························· (311)
　　7.5.3　其他形式滤波电路 ························· (312)
　本章小结 ····································· (316)
　习　题 ······································ (317)

第8章　波形发生与信号转换电路 ……………………………… （325）

　8.1　概述 ……………………………………………………… （325）

　8.2　正弦波振荡电路 ………………………………………… （325）

　　8.2.1　正弦波振荡的条件 ………………………………… （325）

　　8.2.2　*RC* 正弦波振荡电路 ……………………………… （329）

　　8.2.3　LC 正弦波振荡电路 ……………………………… （335）

　　8.2.4　石英晶体正弦波振荡电路 ………………………… （345）

　8.3　电压比较器 ……………………………………………… （348）

　　8.3.1　简单比较器 ………………………………………… （349）

　　8.3.2　滞回比较器 ………………………………………… （353）

　　8.3.3　窗口比较器 ………………………………………… （359）

　8.4　非正弦波发生电路 ……………………………………… （361）

　　8.4.1　矩形波发生电路 …………………………………… （361）

　　8.4.2　三角波发生电路 …………………………………… （364）

　　8.4.3　锯齿波发生电路 …………………………………… （367）

　8.5　利用集成运放实现信号的转换 ………………………… （369）

　　8.5.1　电压 – 电流转换电路 ……………………………… （369）

　　8.5.2　电压 – 频率转换电路 ……………………………… （370）

　　8.5.3　精密整流电路 ……………………………………… （372）

　8.6　自学材料 ………………………………………………… （376）

　　8.6.1　单片集成函数发生器 ……………………………… （376）

　　8.6.2　集成锁相环及其应用 ……………………………… （379）

　　8.6.3　集成电压比较器 …………………………………… （386）

　本章小结 ……………………………………………………… （389）

　习　题 ………………………………………………………… （389）

第9章　直流电源 ………………………………………………… （395）

　9.1　概述 ……………………………………………………… （395）

　9.2　单相整流电路 …………………………………………… （396）

　　9.2.1　单相半波整流电路 ………………………………… （396）

　　9.2.2　单相桥式全波整流电路 …………………………… （398）

　9.3　滤波电路 ………………………………………………… （402）

　　9.3.1　电容滤波电路 ……………………………………… （402）

9.3.2　其他形式的滤波电路 ……………………………………（406）

9.4　稳压二极管稳压电路 ………………………………………（409）

9.4.1　稳压电路的组成与工作原理 …………………………（409）

9.4.2　稳压电路的性能指标与参数选择 ……………………（411）

9.5　串联型稳压电路 ……………………………………………（415）

9.5.1　稳压电路的组成与工作原理 …………………………（415）

9.5.2　集成三端稳压器的应用 ………………………………（419）

9.6　自学材料 ……………………………………………………（428）

9.6.1　倍压整流 ………………………………………………（428）

9.6.2　开关型稳压电路 ………………………………………（429）

9.6.3　稳压电路的保护 ………………………………………（435）

本章小结 ……………………………………………………………（438）

习　题 ………………………………………………………………（439）

附录　在系统可偏程模拟器件 ………………………………………（445）

参考文献 ……………………………………………………………（456）

第 1 章　半导体器件

1.1　半导体材料及 PN 结

按导电性能大致可以将电工材料分为 3 种：导体、半导体和绝缘体。半导体的导电性能介于导体和绝缘体之间，是多数现代电子器件的制造材料。表 1.1 给出了几种常用电工材料的电阻率。

表 1.1　温度为 300K 时，几种材料的电阻率($\Omega \cdot$ cm)

导体		半导体			绝缘体	
银 Ag	铜 Cu	纯净锗 Ge	纯净硅 Si	砷化镓 GeAs	橡胶	陶瓷
16×10^{-8}	1.7×10^{-8}	600	0.6	2.3×10^3	10×10^{14}	5×10^{12}

制造电子器件的常用材料有 3 种：元素半导体，如硅(Si)、锗(Ge)；化合物半导体，如砷化镓；掺杂用材料，如硼(B)和磷(P)等。半导体具有一些特殊性质，如光敏特性、热敏特性和掺杂特性等。当半导体受到光照或辐射、环境温度升高和掺入微量杂质等影响时，其导电性能会发生显著的变化，这些特性是制作电子器件的基础。

1.1.1　本征半导体

1. 本征半导体

纯净的具有单晶体结构的半导体称为本征半导体，如本征硅或锗。硅和锗在元素周期表中位列 14 号和 32 号，其原子结构的最外层均有 4 个价电子，如图 1.1 所示。中心标有 +4 的圆圈为惯性核，其电荷量(+4)代表原子核及内层电子电荷量的总和，虚线上 4 个圆点代表最外层的 4 个价电子。

在硅和锗的晶体中，每个原子都与周围的 4 个

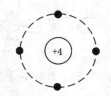

图 1.1　硅和锗的原子结构简图

原子通过共价键形式紧密地连接在一起，并在空间排列成规则的晶格，如图 1.2 所示。由于晶体中共价键的结合力很强，在热力学温度 T = 0K（相当于 −273℃）时，价电子的能量不足以挣脱共价键的束缚，因此晶体中没有自由电子。此时本征硅近似为绝缘体。

2. 本征半导体中的载流子

常温下，极少数的价电子由于热运动获得足够的能量，从而挣脱共价键的束缚成为自由电子，这个过程称为热激发（或本征激发）。当一部分价电子挣脱共价键的束缚成为自由电子时，就会在原来的共价键中留下一个空位称为空穴。由于空穴的存在，自由电子也可以进来填补空穴，使得自由电子和空穴成对消失，这个过程称为复合。显然，在本征半导体中自由电子和空穴是成对出现的，因而称为电子－空穴对。原子失去一个价电子后带正电，因此可以认为空穴带正电，如图 1.3 所示。

在本征半导体两端外加一个电场时，则自由电子将逆着电场方向定向移动形成电子电流；另一方面由于空穴的存在，价电子也可能逆电场方向依次填补空穴，就好像空穴顺着电场方向移动，从而形成了空穴电流。可以认为，半导体中自由电子和空穴都参与导电，即有两种承载电荷的粒子（简称为载流子）。而导体中只有自由电子参与导电，即只有一种载流子。这是半导体与导体导电的不同之处。

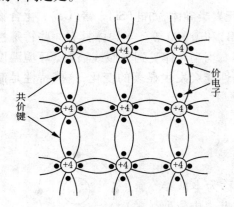

图 1.2　本征半导体结构示意图

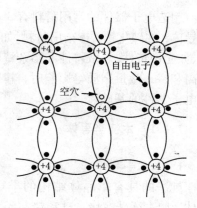

图 1.3　本征半导体中的电子－空穴对

3. 温度对本征半导体中载流子浓度的影响

在一定温度下，热激发和复合过程将不断地进行下去并达到动态平衡，使电子－空穴对的浓度一定，即载流子的浓度是环境温度的函数，而且随着环境温度的升高近似按指数规律增加。因此,半导体的导电性能对温度很敏感,这一特性可以用来制作热敏器件,但这也是造成半导体器件温度稳定性差的原因。

1.1.2　杂质半导体

通过扩散工艺,掺入某些特殊的微量元素后的半导体称为杂质半导体。在纯净的半导体中掺入三价元素可以构成 P 型(空穴型)半导体,掺入五价元素可以构成 N 型(电子型)半导体。控制掺入的微量元素的浓度就可以控制杂质半导体的导电性能。

1. P 型半导体

在半导体晶体(如硅)中,掺入微量的三价元素(如硼、镓或铟)就构成了 P (Positive)型半导体。由于杂质原子最外层有 3 个价电子,它们会取代晶格中硅原子的位置而与周围的硅原子形成共价键结构,杂质原子因缺少一个价电子而同时产生一个空位。在常温下,当共价键中硅原子的价电子由于热运动而填补此空位时,杂质原子因为获得了一个电子而成为负离子,同时硅原子的共价键因为缺了一个价电子而产生了一个空穴。杂质负离子处于晶格的位置上而不能自由移动,如图 1.4 所示。在 P 型半导体中,空穴来自两个方面:一部分由本征激发产生,其数量极少;另一部分与杂质负离子同时产生,其数量取决于杂质浓度,且与负离子数量相等。所以,在 P 型(亦称为空穴型)半导体中,空穴数量等于负离子数加自由电子数,空穴成为多数载流子(简称多子),而自由电子成为少数载流子(简称少子)。杂质原子因为其中的空位吸收电子,而称为受主杂质。

2. N 型半导体

同样道理,在半导体晶体(如硅)中,掺入微量的五价元素(如磷、砷或锑)就构成了 N(Negative)型半导体。由于杂质原子最外层有 5 个价电子,当它们取代晶格中硅原子的位置而与周围的硅原子形成共价键时,还会多出一个不受共价键束缚的电子,在常温下,由于热激发就可以使它们成为自由电子。杂质原子由于处于晶格的位置上,且释放了一个电子而成为不能移动的正离子,如图 1.5 所示。在 N 型半导体中,电子来自两个方面:一部分由本征激发产生(数量极少);另一部分与杂质正离子同时产生(数量取决于杂质浓度,且与正离子数量相等)。所以在 N 型(亦称为电子型)半导体中,自由电子的数量等于正离子数加空穴数,自由电子成为多数载流子(简称多子),而空穴成为少数载流子(简称少子)。杂质原子可以提供电子,故称为施主杂质。

3. 杂质半导体中载流子的浓度

一般常温下 Si 原子浓度约为 $5 \times 10^{22}/cm^3$，掺杂离子浓度约为 $5 \times 10^{16}/cm^3$，少子的浓度约为 $5 \times 10^{10}/cm^3$。由于掺入杂质，杂质半导体中多子与少子复合的机会也增多，使多子的数量大大高于少子。可以认为，多子的浓度近似等于杂质的浓度。由于少子是本征激发产生的，尽管数量极少，却对温度非常敏感，所以它对半导体器件的温度特性影响很大。

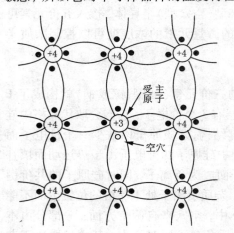
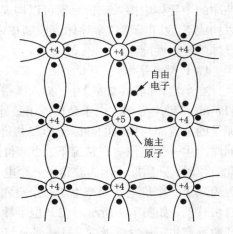

图1.4　P型半导体结构示意图　　　　图1.5　N型半导体结构示意图

1.1.3　PN 结

PN 结是构成半导体二极管、三极管等电子器件的重要组成部分，其基本特性是单向导电性。

1. PN 结的形成

如果将一块半导体的一侧掺杂成为 P 型半导体，而另一侧掺杂成为 N 型半导体，在 P 型和 N 型半导体的交界面两侧，由于自由电子和空穴的浓度相差悬殊，N 区中的多子自由电子要向 P 区扩散，同时 P 区中的多子空穴也要向 N 区扩散，并且当电子和空穴相遇时，将发生复合而消失，如图1.6所示。于是，在交界面两侧将分别形成正、负离子区，正、负离子处于晶格位置而不能移动，所以称为空间电荷区。

空间电荷区（也称为势垒区）一侧带正电，另一侧带负电，形成了内电场 E_{in}，其方向由 N 区指向 P 区。在内电场 E_{in} 的作用下，P 区和 N 区中的少子会向对方漂移，同时，内电场将阻止多子向对方扩散，当扩散运动的多子数量与漂移运动的少子数量相等，两种运动达到动态平衡的时候，空间电荷区的宽度一定，PN 结就形成了。

　　一般，空间电荷区的宽度很薄，约为几微米～几十微米；由于空间电荷区内几乎没有载流子，也称为耗尽层，其电阻率很高。

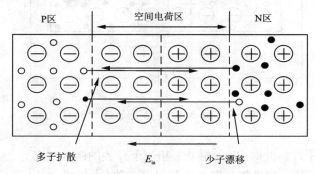

图 1.6　PN 结的形成

　　2. PN 结的单向导电性

　　在 PN 结的两端分别引出电极，P 区的一端称为阳极，N 区一端称为阴极。在 PN 结的两端外加不同极性的电压时，PN 结表现出截然不同的导电性能。

　　（1）加正向电压时 PN 结处于导通状态

　　当外加电压使 PN 结的阳极（P 极）电位高于阴极（N 极）时，称 PN 结外加正向电压或 PN 结正向偏置（简称正偏），如图 1.7 所示。此时，外加电场 E_{out} 与内电场 E_{in} 的方向相反，其作用是增强扩散运动而削弱漂移运动。所以，外电场驱使 P 区的多子进入空间电荷区抵消一部分负空间电荷，也使 N 区的多子电子进入空间电荷区抵消一部分正空间电荷，其结果是使空间电荷区变窄，PN 结呈现低电阻（一般为几百欧姆）；同时由于扩散运动占主导，形成较大的正向电流（mA 级），此时 PN 结导通，相当于开关的闭合状态。PN 结导通时，其电位差只有零点几伏，且呈现低电阻，所以应该在其所在回路中串联一个限流电阻，以防止 PN 结因过流而损坏。

　　（2）在外加反向电压时 PN 结处于截止状态

　　当外加电压使 PN 结的阳极电位低于阴极时，称 PN 结外加反向电压或 PN 结反向偏置（简称反偏），如图 1.8 所示。此时，外加电场 E_{out} 与内电场 E_{in} 的方向一致，并与内电场一起阻止扩散运动而促进漂移运动，其结果是使空间电荷区变宽，PN 结呈现高电阻（一般为几千欧姆～几百千欧姆）。同时由于少子漂移运动占主导，其数量极少，因而由少子形成的反向电流很小（μA 级），近似

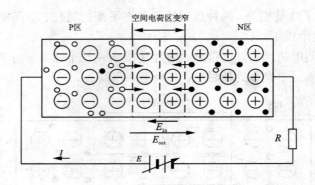

图 1.7   PN 结加正向偏置导通时的情况

分析时可忽略不计。此时 PN 结截止，相当于开关的断开状态。

在一定温度下，当外加反向电压超过某个值（大约零点几伏）后，反向电流将不再随外加反向电压的增加而增大，所以又称其为反向饱和电流 I_s。

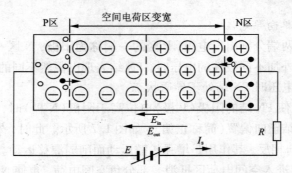

图 1.8   PN 结加反向偏置截止时的情况

（3）PN 结的伏安特性

由半导体物理分析可知，流过 PN 结的电流 I 与 PN 结两端外加电压 U 之间的关系可表示为

$$I = I_s(e^{U/U_T} - 1) \tag{1.1}$$

式中：I_s 为反向饱和电流；U_T 为温度电压当量，$U_T = kT/q$，其中 k 为波耳兹曼常数，T 为绝对温度，q 为电子的电量，在常温 $T = 300\text{K}$ 时，$U_T = 26\text{mV}$。PN 结伏安特性曲线，如图 1.9 所示。

PN 结的伏安特性大致可以分为 3 段。

① 正向特性

当 $U \gg U_T$ 时, $I \approx I_s \mathrm{e}^{U/U_T}$, 即 PN 结的正向电压与流过电流之间近似成指数关系。

②反向截止特性

当 $U \ll U_T$ 时, $I \approx -I_s$, 即 PN 结的反向电流 I_R 可以近似认为等于其反向饱和电流 I_s。

③反向击穿特性

当反向电压增大到一定值 U_{BR}(称为反向击穿电压)时, 反向电流急剧

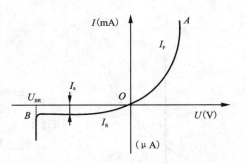

图 1.9　PN 结伏安特性曲线

增大, 这种现象称为"反向击穿"。由反向电压增大引起的击穿称为电击穿, PN结产生电击穿时反向电流很大, 如果不超过 PN 结允许功耗, 则去掉外加反向电压后, PN 结特性仍可恢复。如果因为击穿电流过大而造成 PN 结被破坏, 则称为热击穿。电击穿包括雪崩击穿和齐纳击穿。

雪崩击穿　当 PN 结两端反向电压足够大时, 内电场也随之增强, 电子和空穴通过空间电荷区时, 在内电场的作用下获得的能量也显著增加, 运动速度大大加快。这些载流子在运动过程中, 会与半导体的晶体原子发生碰撞, 将一部分动能转移给共价键中的价电子, 使价电子脱离共价键的束缚变成自由电子, 从而产生了电子-空穴对。新产生的电子-空穴对又会被内电场加速去撞击其他原子, 再产生新的电子-空穴对。这就是载流子的倍增效应。这种现象与高原雪山发生的雪崩类似, 因此称为雪崩击穿。

齐纳击穿　在一些杂质浓度较高的 PN 结中, 空间电荷区中的正负离子浓度也大, 电荷区很薄。这样, 只要加不大的反向电压, 就可以使内电场达到足够的场强, 从而将价电子从共价键中直接拉出来产生电子-空穴对, 而形成较大的反向电流。基于这种现象产生的反向击穿称为齐纳击穿。

4. PN 结的电容效应

PN 结在外加电压作用下, 空间电荷量及载流子电荷量均发生变化, 因此而产生电容效应称为 PN 结的结电容 C_j, 如图 1.10 所示。它由势垒电容 C_b 和扩散电容 C_d 组成, 即

$$C_j = C_b + C_d \tag{1.2}$$

(1)势垒电容 C_b

加较低的反向电压时, 空间电荷区宽度增加较少; 空间电荷增加较少。加较高的反向电压时, 空间电荷量增加较多。这种空间电荷量随外加电压变化而变化产生的结电容称为势垒电容。C_b 是非线性电容。反偏压 $|U|$ 越大, C_b 越

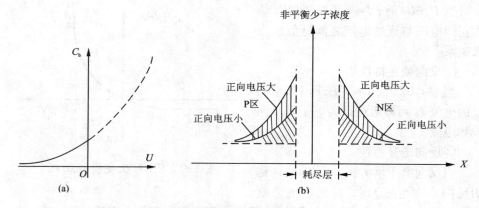

图 1.10　PN 结电容效应

小，其值一般在 0.5~100pF 范围内。

（2）扩散电容 C_d

PN 结加正向电压时，产生的正向电流是多子扩散形成的。P 区的多子空穴进入 N 区后，在 PN 结边界处浓度较大，然后依指数规律扩散；同样，N 区的多子电子进入 P 区后，在 PN 边界处的浓度也较高。正向电压增大时，扩散的电子和空穴的浓度梯度增加，反之减小。这种电容效应称为 PN 结的扩散电容。

当外加正向电压时，扩散电容占主导，外加反向电压时，势垒电容占主导。

5. PN 结的温度特性

随着温度的升高，PN 结的反向饱和电流 I_s 增大，而接触电位差减小（即 PN 结正向压降减小）。故以 PN 结为基础的半导体器件的特性和参数都随温度变化而漂移，如图 1.11 所示。

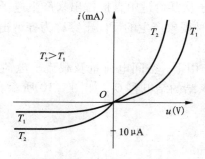

图 1.11　温度升高引起特性曲线向左平移

随着温度的升高 PN 结正向特性曲线向左平移；反向饱和电流 I_s 随温度变

化按指数规律变化，其温度系数是正的。可以粗略地认为，不论硅管还是锗管，温度每升高 10℃，反向饱和电流大约增大一倍。温度对 PN 结伏安特性的影响，正是造成以 PN 结为基础的半导体器件温度不稳定的重要因素。

1.2 半导体二极管

半导体二极管是由 1 个 PN 结外加欧姆接触电极、引线和管壳封装后制成的。其特性与 PN 结基本相同。根据不同电路条件，二极管有 3 个常用的电路模型，分析时应该合理选用。

1.2.1 二极管的结构类型

半导体二极管按照其结构不同可以分为点接触型和面接触型两类。在集成电路中通常为平面型，如图 1.12 所示。

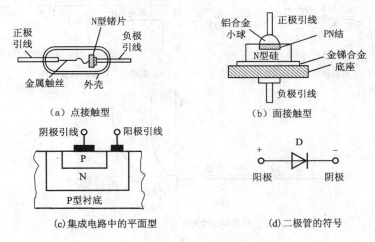

（a）点接触型　　　　　　　　　　（b）面接触型

(c)集成电路中的平面型　　　　　　(d)二极管的符号

图 1.12 二极管的结构及符号

点接型是由一根金属丝与半导体表面接触，在熔点上形成 PN 结，接出引线并封装在管壳内而构成。其优点是 PN 结的结面积小，结电容小，工作频率可达 200MHz 以上。常用于高频检波、小电流整流和小功率开关电路。如 2AP1 锗二极管，其最大整流电流为 16mA，最高工作频率为 150MHz。

面接型是用合金法制成的。PN 结的结面积较大，结电容也较大，工作频率低，能通过较大的正向电流，承受较高的反向电压。常用于低频整流和低速开关电路。如 2CZ57 硅二极管，其最大整流电流为 5A，最高工作频率只有 3kHz。

图 1.12(c)是硅工艺平面型二极管的结构图,是集成电路中最常用的一种形式。

1.2.2   二极管的伏安特性

不同类型(PN 结点接触或面接触)和材料(硅或锗)的二极管,其伏安特性有所不同,如图 1.13 所示。均可以分为正向特性和反向特性。正向特性又可以分为死区和导通区;反向特性可以分为截止区和击穿区,下面以图 1.13(b)为例加以说明。

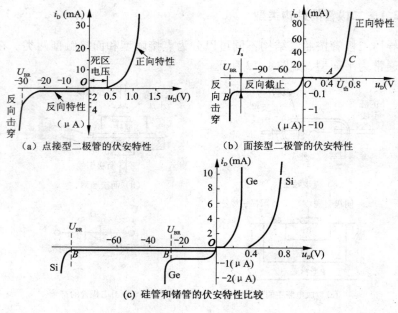

(a) 点接型二极管的伏安特性   (b) 面接型二极管的伏安特性

(c) 硅管和锗管的伏安特性比较

图 1.13   二极管伏安特性

死区(曲线上 OA 段)   当外加正向电压为零时,电流为零;正向电压较小时,由于外电场远不足以克服 PN 结内电场对多数载流子扩散运动所造成的阻力,故正向电流很小(几乎为零),二极管呈现出较大的电阻。

微导通区(曲线上 AC 段)   当正向电压升高到一定值 U_{th}(称为开启电压或阈值电压)以后,内电场显著减弱,正向电流才有明显增加,U_{th} 值视二极管材料和温度的不同而有所不同,常温下,硅管一般为 0.5V 左右,锗管为 0.1V 左右。

导通区(曲线上 C 点以上部分)   二极管正向导通后,外加电压稍有上升,电流即有很大增加,因此,二极管的正向电压变化范围很小。硅二极管的正向导通电压 U_D 为 0.6~0.8V,工程估算值可取 0.7V;锗二极管的正向导通电压 U_D 为 0.2~0.4V,工程估算值可取 0.3V。

截止区(曲线 *OB* 段)　实际二极管的反向电流比 PN 结的反向饱和电流略大一点,这是由二极管的表面漏电流引起的。而硅管又比锗管的反向饱和电流小,温度稳定性更好。

击穿区(曲线上 *B* 以下的部分)　当外加反向电压大于 U_{BR} 时,反向电流将急剧增大,这种现象称为二极管被击穿,U_{BR} 称为反向击穿电压。U_{BR} 视不同二极管而定,普通二极管 U_{BR} 值一般在几十伏以上,且硅管比锗管大。

二极管的伏安特性方程仍用 PN 结伏安特性方程式(1.1)表示。

1.2.3　二极管的常用电路模型

由 PN 结的伏安特性曲线可知,二极管是一个非线性元件。在一定条件下,为了简化二极管电路的分析计算,常用一些等效的线性器件模型代替二极管,下面介绍 3 种常用的、不同工作条件下二极管的模型及其相应的等效电路。

1. 理想二极管模型

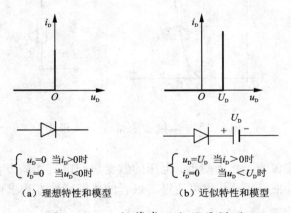

（a）理想特性和模型　　　（b）近似特性和模型

图 1.14　二极管常用大信号模型

理想二极管模型的符号和特性曲线如图 1.14(a)所示。当正向偏置时,二极管导通且导通压降为 0,有较大的正向电流(取决于外电路);反向偏置时,二极管截止,反向电流为零,而承受的反向电压取决于外电路。理想二极管模型适用于大信号场合,即外电路的电压远大于(大 5~10 倍)二极管实际导通压降的情况。此时,二极管相当于一个"开关",正偏时,开关闭合;反偏时,开关断开。

2. 二极管的恒压源模型

二极管恒压源模型的等效电路和特性曲线如图 1.14(b)所示。当二极管两端的电压小于 U_D 时，二极管完全截止，流经二极管的电流为 0；二极管导通时，其端电压为常量 U_D。图中，理想二极管反映实际二极管的单向导电性，电压源 U_D 代表二极管的正向导通压降。显然，二极管的恒压源模型与二极管的实际特性比较接近，适合于二极管的实际导通压降不能忽略时的情况。

3. 二极管低频小信号模型

二极管低频小信号模型的等效电路和特性如图 1.15 所示。适合于除直流电源外，再引入微小变化信号（或称为交流量）的情况。此时二极管已经良好导通，其端电压 u_D 和电流 i_D 在直流量 U_D 和 I_D 附近微小的范围内变化，在 Q 点的附近伏安特性近似可以看线性关系。即将二极管这个非线性元件做线性化处理，求解电路中小信号引起的响应时，可单独考虑交流分量，此时二极管可近似用一个交流等效电阻 r_d 表示。

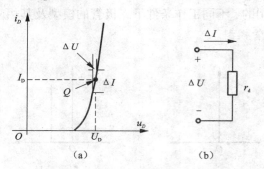

图 1.15　二极管小信号等效模型

r_d 定义为二极管工作点附近，电压的微变量与电流的微变量之比，其值可以通过伏安特性曲线求得，也可通过二极管的伏安特性方程求得

$$r_d = \left(\frac{du_D}{di_D}\right)_Q = \left[\frac{d}{di_D}(I_s e^{u_D/U_T})\right]_Q^{-1} = \frac{U_T}{I_D} = \frac{26\text{mV}}{I_D\text{mA}}(\Omega) \qquad (1.3)$$

可见，这个交流电阻的大小是与工作点处的直流电流 I_D 密切相关的。

1.2.4　二极管的主要参数

1. 最大整流电流 I_F

I_F 是指二极管长期工作时，允许通过的最大正向平均电流。它与 PN 结的面积、材料及散热条件有关。实际应用时，工作电流应小于 I_F，否则可能导致结温过高而烧毁 PN 结。

2. 最高反向工作电压 U_{RM}

U_{RM} 是指二极管反向工作时，所允许施加的最大反向电压。实际应用时，当反向电压增加到击穿电压 U_{BR} 时，二极管可能被击穿损坏，因而，U_{RM} 通常取 $(1/2 \sim 1/3)U_{BR}$。

3. 最高工作频率 f_M

f_M 是指二极管正常工作时，允许通过交流信号的最高频率。实际应用时不要超过此值，否则二极管的单向导电性将显著退化。f_M 的大小主要由二极管的电容效应来决定。

4. 直流电阻 R_D

R_D 为加在二极管两端的直流电压 U_D 与流过二极管的直流电流 I_D 之比。R_D 的大小与二极管的工作点（U_D 与 I_D 在伏安特性曲线上的交点）有关。使用不同的欧姆档测量出来的直流等效电阻不同。一般，二极管的正向直流电阻在几十欧姆到几千欧姆之间，反向直流电阻在几十千欧到几百千欧姆之间。正、反向直流电阻差距越大，二极管的单向导电性能越好。

5. 交流电阻 r_d

二极管工作点附近电压的微变量与电流的微变量之比，即

$$r_d = \left(\frac{\mathrm{d}u_D}{\mathrm{d}i_D}\right)_Q = \frac{U_T}{I_D} = \frac{26\mathrm{mA}}{I_D\mathrm{mA}}(\Omega) \tag{1.4}$$

交流电阻的大小与工作点处的直流电流 I_D 密切相关，对放大电路的电压放大倍数和输入电阻有影响。

1.2.5　稳压二极管

稳压二极管也称为齐纳二极管，是一种采用特殊工艺制造的面结型硅二极管。在安全限流时，工作于 PN 结反向击穿状态，其伏安特性和符号，如图 1.16 所示。

当反向击穿时，电流变化范围很大（$I_{zmin} \sim I_{zmax}$），而电压变化很小，即具有稳压作用。此时的击穿电压称为稳压管的稳定工作电压（或稳压值）。控制半导体的掺杂浓度，可制造出不同稳压值的稳压管。

稳压管等效电路，如图 1.16(c) 所示。在等效电路中，二极管 D_1 支路表示稳压管加正向电压或虽加反压而未达到击穿电压的情况，此时相当于普通二极管；另一条由理想二极管 D_2、电压源 U_z 和 r_z 串联的支路，表示稳压管反向击

穿时的情况。

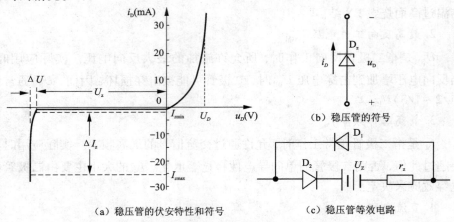

（a）稳压管的伏安特性和符号　　　　（c）稳压管等效电路

（b）稳压管的符号

图 1.16　稳压管特性、等效电路和符号

稳压管的主要参数有：

①稳定电压 U_Z。指稳压管中的电流为规定值（$I_{zmin} \sim I_{zmax}$）时，稳压管两端的电压值。

②稳定电流 I_Z。　　指稳压管具有正常稳压作用，且不被热击穿时的工作电流。要求在（$I_{zmin} \sim I_{zmax}$）范围内。工作电流小于 I_{zmin} 则没有稳压作用，大于 I_{zmax} 则可能被热击穿。在元件参数表中一般指 I_{zmin}。

③动态电阻 r_z。指稳压管两端电压变化量 ΔU 与对应的电流变化量 ΔI 之比。在不超过额定功耗的情况下，工作电流越大、动态电阻越小则稳压性能越好。r_z 一般约（几 ~ 几十）欧姆。

④电压温度系数。表示温度每升高 1℃时稳定电压值的变化量，即

$$\alpha = \Delta U_Z / \Delta T \tag{1.5}$$

对于硅 PN 结来说，反向电压在 7V 以上的击穿一般是雪崩击穿，这时 PN 结的电压温度系数为正（即温度升高时，击穿电压也升高）；4V 以下的反向击穿一般是齐纳击穿，PN 结的电压温度系数为负（即温度升高时，击穿电压降低）；在 4V 和 7V 之间时，两种击穿可能同时存在，电压温度系数接近于零。在温度稳定性要求较高的场合，应选用有温度补偿作用的双稳压管。它由两个相同的稳压管反向串联，其中一个击穿稳压时，另一个正向工作（相当于普通二极管）做温度补偿，使 α 最小。

⑤额定功耗。它是稳压管允许温升所决定的参数，其数值为 $P_{ZM} = U_Z I_{zmax}$。

几种典型的稳压管的主要性能指标如表 1.2 所示。

表 1.2　几种典型的稳压管的主要性能指标

型号	稳定电压 $U_Z(V)$	稳定电流 $I_Z(mA)$	最大稳定电流 $I_{ZM}(mA)$	耗散功率 $P_M(mW)$	动态电阻 $r_z(\Omega)$	温度系数 $k\%(/℃)$
2CW51	3.2 ~ 4.5	10	55	250	70	−0.05 ~ +0.04
2CW55	7.0 ~ 8.8	10	27	250	15	≤0.07
2CW78	13.5 ~ 17	5	14	250	21	≤0.095
2DW230	5.8 ~ 6.6	10	30	200	≤25	|0.051|

　　稳压管在直流稳压电源和输出电压限幅电路中获得了广泛的应用。由稳压管构成的最简单的稳压电路，如图 1.17 所示。图中，U_I 表示输入直流电压。U_o 为向负载提供的稳定直流电压(其值应近似等于 U_Z)。R 为限流电阻，它有两个作用：一是限制流过稳压管的电流在规定范围内，保护稳压管不致于损坏且处于稳压区；二是当 U_I 或 R_L 发生变化时，与稳压管一起共同调整输出电压尽量保持不变。

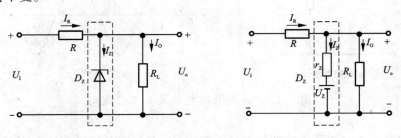

图 1.17　稳压管稳压电路及其等效电路

　　这个电路之所以能够稳压，是因为当稳定电流 I_Z 有较大幅度的变化 ΔI_Z 时，稳定电压的变化 ΔU_Z 却很小。这样，无论是电网电压波动引起 U_I 变化，还是负载 R_L 变化，电路都能自动调整 I_Z 的大小，以改变 R 上的压降 $I_R R$，从而达到稳定输出电压的目的。例如，当 U_I 变化而 R_L 不变时，有如下自动调整过程：

$$U_I\uparrow \rightarrow U_o\uparrow \rightarrow I_Z\uparrow\uparrow \rightarrow U_R\uparrow$$
$$U_o\downarrow$$

当 U_I 不变而 R_L 变化时，有如下自动调整过程：

$$R_L\uparrow \rightarrow I_o\downarrow \rightarrow I_R\downarrow \rightarrow U_R\downarrow \rightarrow U_o\uparrow \rightarrow I_Z\uparrow\uparrow \rightarrow I_R\uparrow \rightarrow U_R\uparrow$$
$$U_o\downarrow$$

1.2.6　二极管的应用举例

对二极管伏安特性曲线中不同区段的利用，可以构成各种不同的应用电路。例如，它可在函数发生器、波形整形、逻辑门电路和收音机中作为限幅、箝位、整流和检波元件。下面举例说明二极管几种常用的应用电路。

1. 二极管限幅电路

限幅也叫整形或削波，是指电路的输出信号幅度或波形受到规定电压(也称限幅电压)的限制。它的基本原理是利用二极管等非线性器件的单向导电性，在信号幅度变化的一定范围内导通或截止来实现的。

例 1.1　串联型正向限幅电路如图 1.18 所示。图中 D 为限幅二极管；R 为限流电阻，它是为防止因电流过大烧坏二极管而设置的；$E = 5V$ 为限幅电压。当 $u_i = 10\sin\omega t(V)$ 时，分析该电路输出电压 u_o 的波形。

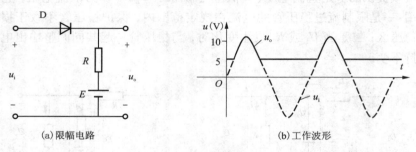

(a) 限幅电路　　　　　　　　　　　　(b) 工作波形

图 1.18　正向限幅电路及其工作波形

分析　含二极管电路的基本分析方法是，首先断开二极管所在支路，分别判断阳极和阴极电位：

当采用理想二极管模型时，阳极电位高于阴极则二极管导通，导通后二极管两端压降为 0，电流由外电路决定。

当采用恒压源模型时，硅二极管阳极电位比阴极高 0.7V 则二极管导通，导通后二极管两端压降为 0.7V，电流由外电路决定；二极管截止时，流过二极管的电流为 0，管压降由外电路决定。

解　由于 E 远大于二极管导通电压，可以采用理想二极管模型，并忽略电阻 R 上的压降。

当 $u_i \geqslant 5V$ 时，二极管 D 正偏导通，输出电压 $u_0 \approx u_i$；

当 $u_i < 5V$ 时，二极管 D 反偏截止，R 中无电流流过，输出电压 $u_0 \approx 5V$，即输出信号被限定在限幅电压 5V 以上。

该电路输出电压与输入信号电压之间的关系为

$$u_0 = \begin{cases} u_i & (u_i \geq 5\text{V}) \\ 5\text{V} & (u_i < 5\text{V}) \end{cases} \tag{1.6}$$

输出电压的波形，如图 1.18(b)中实线所画。显然，对于不同极性和数值的限幅电压及采用不同接法的限幅二极管，可组成多种不同的限幅电路，得到不同的限幅效果。

2. 二极管箝位电路

其基本原理是利用二极管正向导通电压近似为恒定值的特性，将电路的输出限制在一定范围，从而对后续电路起到保护的作用。

例 1.2　二极管双向箝位电路如图 1.19(a)所示。已知 $u_i = 2\sin\omega t$（V），试分析电路的输出波形。

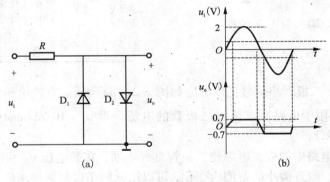

图 1.19　例 1.2 的图

解　本题 u_i 较小，宜采用恒压源模型。

当 $u_i \geq 0.7$V 时，D_2 导通 D_1 截止，$u_o = 0.7$V

当 $u_i \leq -0.7$V 时，D_1 导通 D_2 截止，$u_o = -0.7$V

当 -0.7V $< u_i < 0.7$V 时，D_1、D_2 均截止，$u_o = u_i$

由此可以画出 u_o 的波形，如图 1.19(b)所示。

3. 二极管逻辑电路

例 1.3　二极管构成的逻辑电路如图 1.20 所示。设 D_1、D_2 均为理想二极管，当输入电压 U_A、U_B 为低电平 0V 和高电平 5V 的不同组合时，求输出电压 U_0 的值。

分析　当电路中两个二极管为共阳接法(即阳极连在一起)或共阴接法(即阴极连在一起)时，存在优先导通问题。此时，首先应该利用理想模型或恒压源模型分别判断二极管是否满足导通条件，在同时满足导通条件的情况下，共阴接法时,阳极电位高的二极管优先导通;共阳接法时,阴极电位低的二极管优先导通。

解 根据上述的分析方法可得 4 种不同输入下,二极管的导通或截止情况以及输出电平值,如表 1.3 所示。

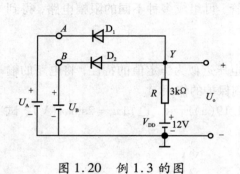

图 1.20 例 1.3 的图

表 1.3

输入电压		理想二极管		输出电压
U_A	U_B	D_1	D_2	
0V	0V	正偏导通	正偏导通	0V
0V	5V	正偏导通	反偏截止	0V
5V	0V	反偏截止	正偏导通	0V
5V	5V	正偏导通	正偏导通	5V

例 1.4 二极管小信号工作电路如图 1.21(a)所示。直流电压源 E 和信号源 u_s 同时作用于电路。求流过二极管的电流。设 $u_s = 10\sqrt{2}\sin\omega t\,(\mathrm{mV})$,$E = 9\mathrm{V}$,$R = 8.3\mathrm{k}\Omega$。

分析 电路中的直流电源使二极管良好导通,其端电压 u_D 和电流 i_D 在直流量 U_D 和 I_D 附近微小的范围内变化,可以用低频小信号模型求解。

在求解该电路中信号引起的响应时,可分别考虑直流分量和交流分量。利用叠加原理可以将图 1.21(a)所示电路等效为一个直流通路和一个交流通路共同作用的结果,如图 1.21(b)、(c)所示。

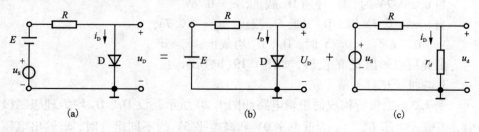

图 1.21 例 1.4 的图

解 由图 1.21(b)的直流通路可得

$$I_{\mathrm{D}} = \frac{E - U_{\mathrm{D}}}{R} = \frac{9 - 0.7}{8.3} = 1(\mathrm{mA})$$

然后由公式计算二极管等效电阻

$$r_{\mathrm{d}} = \frac{U_{\mathrm{T}}}{I_{\mathrm{D}}} = \frac{26\mathrm{mV}}{1\mathrm{mA}} = 26\Omega$$

再根据图 1.21(c)的小信号工作电路,即可求得信号响应电流的有效值为

$$I_{\mathrm{d}} = \frac{U_{\mathrm{S}}}{R + r_{\mathrm{d}}} = \frac{10\mathrm{mV}}{8.3\mathrm{k}\Omega + 26\Omega} = 1.2\mu\mathrm{A}$$

由此可得二极管电流和电压的瞬时值

$$i_{\mathrm{D}} = I_{\mathrm{D}} + i_{\mathrm{d}} = I_{\mathrm{D}} + \sqrt{2}I_{\mathrm{d}}\sin\omega t = 1(\mathrm{mA}) + 1.2\sqrt{2}\sin\omega t(\mu\mathrm{A})$$

$$u_{\mathrm{D}} = U_{\mathrm{D}} + u_{\mathrm{d}} = U_{\mathrm{D}} + r_{\mathrm{d}}i_{\mathrm{d}} = 0.7(\mathrm{V}) + 31.2\sqrt{2}\sin\omega t(\mu\mathrm{V})$$

1.3　双极型晶体三极管

三极管根据导电机理的不同可以分为两种:双极型晶体三极管(Bipolar Junction Transistor,缩写为 BJT)和场效应晶体三极管(Field Effect Transistor,缩写为 FET)。其共同特点是具有功率放大特性和开关特性,是模拟电路和数字电路中最基本的器件。常见的 BJT 外形如图 1.22 所示。

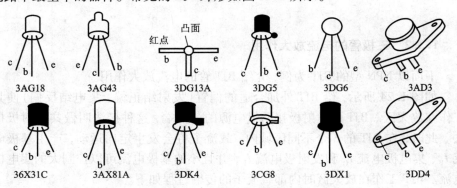

图 1.22　常见的 BJT 外形图

1.3.1　BJT 的结构及类型

BJT 是由背靠背紧贴着的两个 PN 结构成的。根据两个 PN 结排列方式的不同,可以构成两种不同类型的晶体管:NPN 型和 PNP 型,如图 1.23 所示。

两端是两块掺杂相同的半导体材料，中间的一块掺杂极性相反。不论是哪种类型的BJT，都有3个工作区域：发射区、基区和集电区。每个区对外引出一个电极分别称为：发射极 e、基极 b 和集电极 c。有两个 PN 结：发射区与基区之间的称为发射结 Je，基区与集电区之间的是集电结 Jc。BJT 在工作时，多数载流子和少数载流子都参与导电，因此被称为双极型晶体管，也简称为晶体管。BJT 的两个 PN 结和 3 个区是不对称的。为了使 BJT 具有电流放大作用，制造 BJT 时必须满足3个条件：发射区的掺杂浓度足够高；基区非常薄且掺杂低；集电结的面积较大。

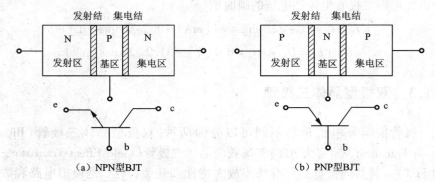

（a）NPN型BJT　　　　　　　　　　　　（b）PNP型BJT

图 1.23　BJT 的结构示意图和电路符号

1.3.2　三极管的电流放大作用

下面以 NPN 型的 BJT 为例，介绍 BJT 管的电流放大作用。

如图 1.24 所示，给 BJT 外加合适的偏置（发射结正偏、集电结反偏）使其工作在放大区。BJT 的发射极接两组电源的公共端，这种接法叫做共发射极接法。此时，在 BJT 的 3 个不同区域内，载流子将会发生定向运动，产生基极电流 I_B、集电极电流 I_C 和发射极电流 I_E，并且小的基极电流可以控制大的集电极电流。BJT 工作在放大区时内部载流子的传输过程如下。

1. 发射区向基区注入电子

在发射结正向电压的作用下，发射结的内电场被削弱，发射区中的多子自由电子大量扩散到基区，形成扩散电流 I_{EN}，基区的多子空穴扩散到发射区，形成了扩散电流 I_{EP}。因此，发射极电流 $I_E = I_{EN} + I_{EP}$。由于基区薄且掺杂低，所以 I_{EP} 很小可忽略。

2. 电子在基区的扩散与复合

发射区的电子注入到基区后成为非平衡少数载流子，在集电结反向电压作

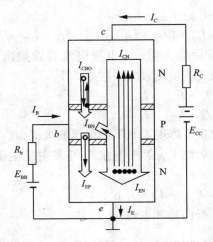

图 1.24 BJT 内部的载流子传输过程

用下向集电区方向运动。在运动过程中，一小部分电子将会在基区遭遇空穴而被复合，形成电流 I_{BN}。这个电流是基极电流 I_B 的一部分。每复合掉一个空穴，外加电压源 E_{BB} 的正极就会从基区拉走一个电子，相当于为基区补偿了一个空穴。

当 BJT 及其外加偏置电压为确定时，在基区被空穴复合掉的电子数与越过基区进入集电区的电子数之间的比例关系也就确定了。这个比例反映了 BJT 的电流放大能力。

3. 集电区收集电子

在较高反向电压的作用下，集电结的内电场大大增强，阻碍集电结两边的多子扩散，促进少子漂移。这样，基区中大量的非平衡少子电子就向集电区漂移而被集电极收集，形成电流 I_{CN}，它是集电极电流 I_C 的一部分。显然，$I_{CN} = I_{EN} - I_{BN}$。

4. 集电结的反向饱和电流

集电结在较高反向电压的作用下，集电区的少数载流子空穴要向基区漂移，同时，基区的少子电子向集电区漂移，形成了集电结的反向饱和电流 I_{CBO}。

由此可以得到 BJT 的电流分配关系如下。

对 BJT 作封闭面并列出 KCL 方程得

$$I_E = I_C + I_B \tag{1.7}$$

对 BJT 3 个区分别列 KCL 方程得

$$I_C = I_{CN} + I_{CBO} \approx I_{CN} \tag{1.8}$$

$$I_B = I_{EP} + I_{BN} - I_{CBO} \approx I_{BN} - I_{CBO} \tag{1.9}$$

$$I_E = I_{EN} + I_{EP} = (I_{CN} + I_{BN}) + I_{EP} \approx I_{CN} + I_{BN} \approx I_{CN} \tag{1.10}$$

如果将基极电流看做输入量,集电极电流看做输出量,发射极作为公共端,可以定义共发射极直流电流放大系数 $\bar{\beta}$ 如下

$$\bar{\beta} = \frac{I_{CN}}{I_{BN}} \approx \frac{I_C - I_{CBO}}{I_B + I_{CBO}} \approx \frac{I_C}{I_B} \tag{1.11}$$

其值在 20~200 之间,体现了 BJT 的电流放大能力。

另外,在 BJT 的发射结上,射极电流 I_E 与发射结电压 U_{BE} 之间服从 PN 结的伏安特性方程,即

$$I_E = I_{ES}(e^{U_{BE}/U_T} - 1) \approx I_{ES}e^{U_{BE}/U_T} \tag{1.12}$$

式中,I_{ES} 是发射结反向饱和电流。

1.3.3 BJT 的特性曲线

工程技术上,BJT 的外特性经常用输入特性曲线和输出特性曲线描述。电子器件一般都具有分散性,器件手册中给出的往往是某一型号器件的典型特性曲线。在实际应用中,可以使用专用的图示仪显示三极管的输入、输出特性,或通过实验进行测量。

1. BJT 的共射输入特性曲线

共射输入特性是指:当 BJT 的管压降 u_{CE} 取某一定值时,其发射结压降 u_{BE} 与基极电流 i_B 之间的关系。其表达式为

$$i_B = f(u_{BE})\,|_{u_{CE} = \text{const}} \tag{1.13}$$

以一种常用的 NPN 型硅管为例,其共射输入特性曲线如图 1.25(a)所示。

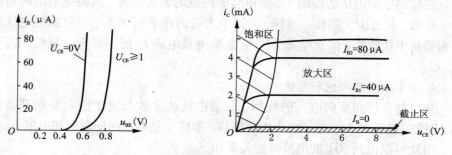

图 1.25 一种 NPN 型硅 BJT 的共射接法特性曲线

从输入特性可以看出,当 $U_{CE} = 0V$ 时,基极电流 i_B 大体上是发射区和集电区向基区扩散的电子电流之和。

当 U_{CE} 从 0V 增大到 1V 时, 特性曲线向右移动了一段距离。当 $U_{CE} = 1V$ 时, 集电结变为反向偏置, 吸引电子的能力增强。这样, 从发射区流入基区的电子大部分流向集电区形成集电极电流。与 $U_{CE} = 0V$ 时相比, 在相同的 u_{BE} 下 i_B 减小了, 特性曲线也就向右移动了。

如果继续增大 U_{CE} (比如增大到 10V), 这时测得的特性曲线右移了一点, 但与 $U_{CE} = 1V$ 时的差别不大。这是因为当 $U_{CE} \geqslant 1V$ 以后, 集电结已经将大部分电子吸引过去形成了集电极电流。即使 U_{CE} 继续增大, 集电结收集电子的能力继续增强, 但所能增加的非平衡少子的数量已经很小了, 因此, 基极电流 i_B 的变化很小。一般 BJT 工作在放大状态时, U_{CE} 总是大于 1V 的。实际使用时, 将 $U_{CE} = 1V$ 时的特性曲线近似地代替 $U_{CE} > 1V$ 的特性曲线使用。

2. BJT 的共射输出特性曲线

共射输出特性曲线是指: 当基极电流 i_B 取某一定值时, 集电极电流 i_C 和管压降 u_{CE} 之间的函数关系。其表达式为

$$i_C = f(u_{CE}) \mid_{i_B = \text{const}} \tag{1.14}$$

从输出特性曲线图 1.25(b) 可以看出, 当基极电流 I_B 取不同数值时, 输出特性为一组形状大体相同的曲线族。取其中的某一条进行讨论。

(1) 在输出特性靠近坐标原点的位置, 管压降 u_{CE} 很小, 因此集电极收集电子的能力较差, i_C 很小。当 u_{CE} 略有增加时, 集电极收集电子的能力显著增强, 从发射区进入基区的电子有较多的进入集电区, 使 i_C 也显著增加。

(2) 当 $u_{CE} > 1V$ 后, 集电极电位足够高, 收集电子的能力已足够强, 此时发射区扩散到基区的电子绝大部分被集电极收集起来形成了 i_C。即使 u_{CE} 继续增加, i_C 基本保持不变。因而, 输出特性曲线大体上是一条比较平坦的直线。这时 $i_C = \beta i_B$。

可以看出, 当 $u_{CE} > 1V$ 后, i_C 并不是严格不变的。随着 u_{CE} 的增加, i_C 也略有增加, 特性曲线略为上翘。这是由于 BJT 基区的宽度调制效应造成的: u_{CE} 加在 BJT 的集电极和发射极之间, 主要被反向偏置的集电结承担。当 u_{CE} 增加时, 增加的压降也大部分加到集电结上, 使集电结空间电荷区的电荷数量增多, 其宽度加大, 基区有效宽度减小, 从而在基区内, 载流子复合的机会减少了, 扩散到集电区的电子数量增多, 因而电流放大系数 β 增大。这样, 在 i_B 不变的条件下, i_C 略有增加, 使得特性曲线上翘。

从输出特性曲线上, 可以将 BJT 的工作状态划分为 3 个区域。

(1) 饱和区

BJT 的饱和区靠近纵坐标的附近。在这个区域内, 管压降一般为零点几伏, 使得集电极收集电子的能力较差, 集电极电流较小。对于 BJT 而言, 其发

射结正向偏置，集电结也是正向偏置。i_C 与 i_B 之间不存在正比关系。当 u_{CE} 增加时，i_C 增加很快。BJT 饱和时的管压降常用 U_{CES} 表示，硅管一般为 0.2～0.5V。

（2）截止区

BJT 的截止区位于 $I_B=0$ 那条曲线以下的区域。截止时，BJT 的发射结压降小于其死区电压 U_{th}。为了保证可靠地截止，经常使 BJT 发射结反偏，同时集电结也反偏。这时，BJT 不导通，$I_B=0$，集电极电流 i_C 也近似为零。

（3）放大区

输出特性曲线中间平坦且近似等距的区域。在这个区域内，BJT 的发射结正向偏置，集电结反向偏置。BJT 呈现流控流源特性，即 $i_C=\beta i_B$，体现 BJT 的放大作用。

BJT 由放大区过渡到饱和区时，集电结由反偏经过零偏再到正偏。集电结零偏时，BJT 处于临界饱和状态。

1.3.4　三极管的主要参数

表征 BJT 的参数很多，主要有以下 3 类。

1. 电流放大系数

电流放大系数是反映 BJT 电流放大能力的重要参数。电流放大系数的定义是与 BJT 的工作状态和连接方式有关的。从工作状态来看，有直流和交流两种；从连接方式来看，有共发射极接法和共基极接法两种。

（1）共射电流放大系数

共射直流电流放大系数定义为

$$\overline{\beta}=\frac{I_C}{I_B}\bigg|_{U_{CE}=\text{const}} \qquad\qquad (1.15)$$

共射交流电流放大系数定义为

$$\beta=\frac{\Delta i_C}{\Delta i_B}\bigg|_{U_{CE}=\text{const}} \qquad\qquad (1.16)$$

$\overline{\beta}$ 反映了直流量的电流放大能力。工程上常用 h_{FE} 表示。由于 BJT 的输出特性曲线实际上是不均匀的，因此 $\overline{\beta}$ 并不是固定不变的。只有在恒流特性比较好的区域，才可以认为是基本不变的。

β 反映了交流量的电流放大能力，它是两个变化量的比值，其大小与直流工作点密切相关，常用 h_{fe} 表示。同样也只在恒流特性较好的区域，它的值才基本保持不变。

一般来说，$\overline{\beta}$ 和 β 的大小是不一样的。但在恒流特性较好的区域，如果忽

略 I_{CEO}，两者的大小则基本相等。放大电路中的 BJT 总是力图工作在恒流特性较好的区域，因此在工程估算时，可以认为 $\bar{\beta}$ 和 β 基本相等。在后续内容不再区分直流和交流电流放大系数。

（2）共基电流放大系数

共基直流电流放大系数

$$\bar{\alpha} = \frac{I_C}{I_E}\bigg|_{U_{CB}=\text{const}} \qquad (1.17)$$

共基交流电流放大系数

$$\alpha = \frac{\Delta i_C}{\Delta i_E}\bigg|_{U_{CB}=\text{const}} \qquad (1.18)$$

同样，在输出特性近似平坦、等距的区域，也可以将 $\bar{\alpha}$ 和 α 不加区别地使用。根据 β 和 α 的定义，可以推出两者之间的换算关系

$$\bar{\alpha} = I_C/I_E = \bar{\beta}/(1+\bar{\beta})$$

或

$$\bar{\beta} = \frac{I_C}{I_B} = \frac{\bar{\alpha}}{1-\bar{\alpha}} \qquad (1.19)$$

2. 极间反向电流

（1）集电极－基极反向饱和电流 I_{CBO}

BJT 的发射极开路、集电结加反向电压时，即可得到集电极－基极反向饱和电流 I_{CBO}。它实际上是集电结的反向饱和电流。I_{CBO} 的值一般很小，小功率硅管的 I_{CBO} 值小于 $1\mu A$，小功率锗管的 I_{CBO} 值约为 $10\mu A$。I_{CBO} 值随温度上升而增加，因此，在温度变化范围大的场合应该选用硅管。

（2）集电极—发射极反向饱和电流 I_{CEO}

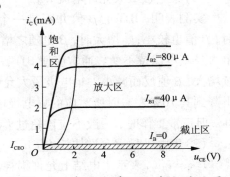

图 1.26　I_{CEO} 在输出特性曲线上的位置

I_{CEO} 是当基极开路时，在集电极和发射极之间加反向电压，由集电极穿过基区流向发射极的电流，也称为穿透电流。在输出特性曲线上，就是当 $I_B=0$ 时所对应的 I_C 值，如图 1.26 所示。它与集电结反向饱和电流 I_{CBO} 之间的关系为

$$I_{CEO} = (1+\bar{\beta})I_{CBO} \qquad (1.20)$$

I_{CEO} 的大小取决于外界温度和少数载流子的浓度。一般锗 BJT 的 I_{CEO} 为几

十微安以上，硅 BJT 的 I_{CEO} 为几微安以下。I_{CEO} 比 I_{CBO} 大很多，测量起来比较容易，因此常把测量的 I_{CEO} 值作为衡量管子好坏的重要依据。

3. 极限参数

BJT 的极限参数和安全工作区如图 1.27 所示。

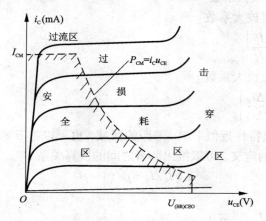

图 1.27　BJT 的安全工作区

（1）集电极最大允许电流 I_{CM}

实测表明，BJT 的 β 值并不是一个固定不变的值。当集电极电流 I_C 很小时，β 值也较小；I_C 增大时，β 也随之增大。当 I_C 增大到一定程度时，β 值达到最大且基本保持不变。通常应使 BJT 工作在这一区域。超过这一区域后，I_C 继续增大，β 值反而减小。集电极最大允许电流 I_{CM}，是指当集电极电流从最大值下降到其 70% 左右时所对应的集电极电流。虽然 $I_C > I_{CM}$ 并不表示 BJT 就会损坏，但正常工作时，一般不应该超过 I_{CM}。

（2）集电极最大允许功耗 P_{CM}

$P_{CM} = i_C u_{CE}$ 表示集电结上允许损耗功率的最大值。BJT 集电极与发射极之间的压降主要降落在集电结上，因此 BJT 的功耗主要由集电结承担。如果功耗过大，温度过高将会使 BJT 烧坏。一般硅管允许的最大结温约为 150 ~ 200℃，锗管允许的最大结温约为 85 ~ 100℃。BJT 的集电极最大允许功耗与其散热条件有关，大功率管加装散热片后，可使 P_{CM} 提高很多。

（3）反向击穿电压

BJT 有两个 PN 结，如果其反向电压超过允许值时都有可能被反向击穿。击穿电压不仅与 BJT 器件有关，而且与外加电路的接法有关。常用的反向击穿电压有两种：

$U_{(BR)CEO}$:表示基极开路时，集电极与发射极之间允许的最大反向电压。

$U_{(BR)CBO}$:表示发射极开路时，集电极与基极之间允许的最大反向电压。其值一般为几十伏～几百伏，通常大于$U_{(BR)CEO}$值。

BJT反向击穿后，相应的电流将会急剧增加，容易造成器件的损坏。图1.27中画出了集电结出现反向击穿时的情况。一旦超过击穿电压后，集电极电流增大，特性曲线出现上翘，这个区域被称为击穿区。

（4）特征频率f_T

β值不仅与工作电流有关，而且与工作频率有关。由于三极管结电容的影响，当信号频率增加时，三极管的β将会下降。当β下降到1时所对应的频率称为特征频率。可见，超过该频率使用，BJT就没有电流放大作用。

几种典型BJT的主要技术指标如表1.4所示。

表1.4　几种典型BJT的主要技术指标

型号	类型	$P_{CM}(W)$	$I_{CM}(A)$	$U_{(BR)CEO}(V)$	$I_{CEO}(\mu A)$	$h_{FE}(\beta)$
3AX31	锗低频小功率管	125mW	125mA	≥6	≤800	40～180
3CX200A	硅低频小功率管	300mW	300mA	≥12	≤2	55～400
3AD150A	锗低频大功率管	1W	0.1A	≥100	≤10	≥30
3DD206	硅低频大功率管	25W	1.5A	≥400	≤0.1	30
3DG100A	硅高频小功率管	100mW	20mA	20	≤0.01	≥30
3CG21A	硅高频小功率管	700mW	150mA	≥15	≤2	≥20

1.3.5　温度对BJT特性及其参数的影响

晶体管的主要参数如电流放大系数$\bar{\beta}$、反向饱和电流I_{CBO}和发射结偏置电压u_{BE}都是温度T的函数。

1. 温度对I_{CBO}和β值的影响

反向饱和电流I_{CBO}随温度每升高而迅速增大。这是由于温度升高时，半导体中少子浓度迅速增加而引起的。作为一般估算，可以近似认为温度每升高10℃时，I_{CBO}增加一倍。

BJT的β值也会受温度影响。通常，温度每升高1℃，β值约增加0.5%～1%。这是因为温度T升高后，加快了基区注入载流子的扩散速度，使基区复合电流减小，从而使$\bar{\beta}$增大。

2. 温度对 BJT 输入特性的影响

发射结压降 U_{BE} 具有负的温度系数。即温度升高时，U_{BE} 的值要减小，BJT 的输入特性左移。这是由于温度升高时，使 PN 结接触电位差减小而引起的。一般锗管的温度系数为 $-2.1\text{mV}/℃$。

3. 对 BJT 输出特性的影响

因为由少子电流形成的 I_{CBO}、I_{CEO} 均随温度的升高而迅速增大，而 $\bar{\beta}$ 也将随温度的升高而增大，所以，温度升高时，整个特性曲线簇都要"上涨"，而且曲线间的间距也要扩大，如图 1.28 所示。图中，虚线表示 $T=25℃$ 时的特性曲线；实线表示 $T=75℃$ 时的特性曲线。

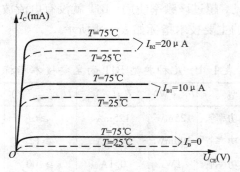

图 1.28　温度对 BJT 输出特性的影响

由放大区电流分配关系 $I_{CQ}=I_{BQ}\bar{\beta}+(1+\bar{\beta})I_{CBO}$ 可见，温度 T 增高导致 U_{BE} 的下降、$\bar{\beta}$ 增加和 I_{CEO} 增加，其结果都会引起静态集电极电流 I_{CQ} 增加。反之，若温度 T 下降又都引起 I_{CQ} 减小。

对于硅管，由于 I_{CEO} 很小，所以 U_{BE} 和 $\bar{\beta}$ 的温度漂移对输出特性的影响占主导。对于锗管，I_{CEO} 的影响很大，而 U_{BE} 的影响也不能忽视。综合来看，硅管的温度特性明显优于锗管。

例 1.5　已知放大电路中三极管各极电位如图 1.29(a)、(b)所示，试判断管型和材料，并将三极管的符号画在圆圈中。

分析　该题隐含条件是"BJT 处于放大状态"。

即：对于 NPN 管：$V_C>V_B>V_E$；

对于 PNP 管：$V_E>V_B>V_C$。其解题步骤如下

(1)找基极

电位居中者为基极；

(2)找射极

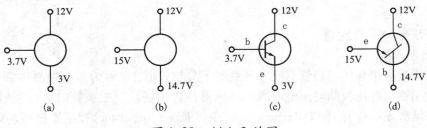

图 1.29　例 1.3 的图

因 BJT 发射结的导通电压 $|U_{BE(on)}| = \begin{cases} (0.6 \sim 0.8)V & 硅管 \\ (0.2 \sim 0.4)V & 锗管 \end{cases}$

与基极电位差满足上述关系者为射极;

(3)判断材料

由 $|U_{BE}|$ 值可判断锗/硅材料;

(4)由三极电位关系可判明是 NPN 管还是 PNP 管

满足 $U_{BE} > 0$ 者为 NPN 型管;$U_{BE} < 0$ 者为 PNP 型管。

解　根据上述方法可得分析结果如图 1.29(c)、(d)所示。

图 1.29(a)为 NPN 型硅管;图 1.29(b)为 PNP 型锗管。

例 1.6　测得放大电路中这两只管子两个电极的电流如图 1.30(a)、(b)所示。分别求另一电极的电流,标出其实际方向,并在圆圈中画出管子。

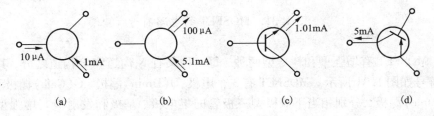

图 1.30　例 1.6 的图

分析　该题隐含条件是 BJT 三极电流关系:$I_E = I_B + I_C$　由此可求出另一极的电流。

另外:对于 NPN 管,I_B 和 I_C 流入管子,I_E 流出;

对于 PNP 管,I_B 和 I_C 流出管子,I_E 流入。

解　根据上述方法可得分析结果如图 1.30(c)、(d)所示。

1.4 场效应管

场效应半导体三极管只有一种载流子参与导电，也称为单极型晶体管，是一种用输入电压控制输出电流的半导体器件。从场效应三极管的结构来划分，它有结型场效应管 JFET(Juction Type Field Effect Transistor)和绝缘栅型场效应管 IGFET(Insulated Gate Field Effect Transistor)之分。从参与导电的载流子来划分，它有电子作为载流子的 N 沟道器件和空穴作为载流子的 P 沟道器件。下面以绝缘栅型场效应管为例介绍 FET 的工作原理和特性。

1.4.1 绝缘栅型场效应管

目前应用较多的是以二氧化硅为绝缘层的金属 – 氧化物 – 半导体场效应管，简称为 MOSFET(Metal Oxide Semiconductor FET)。MOSFET 的栅极与沟道之间有绝缘层隔离，输入电阻可达 $1 \times 10^{14} \Omega$ 以上。此外，MOSFET 因集成工艺简单，集成密度很大，是制造大规模集成电路(VLSI)的主要元件。

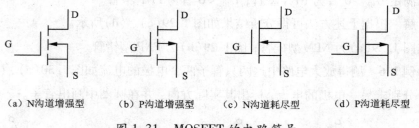

（a）N沟道增强型　　（b）P沟道增强型　　（c）N沟道耗尽型　　（d）P沟道耗尽型

图 1.31　MOSFET 的电路符号

MOSFET 有增强型和耗尽型两种，每一种又有 N 沟道和 P 沟道之分，其电路符号如图 1.31 所示。MOSFET 有 3 个电极：D(Drain)漏极、G(Gate)栅极和 S(Source)源极，分别相当于双极型三极管的集电极、基极和发射极。增强型是指不加栅源电压(即 $U_{GS} = 0$)时，FET 内部不存在导电沟道，这时即使在漏源间施加电压 U_{DS}，也没有漏极电流产生($I_D = 0$)。耗尽型是指当栅源不加电压($U_{GS} = 0$)时，FET 内部已存在导电沟道，这时在漏源间施加适当的电压 U_{DS}，就有漏极电流产生(即 $I_D \neq 0$)。按此定义，JFET 属于耗尽型场效应管。

1. N 沟道增强型 MOSFET 的结构原理

如图 1.32 所示，N 沟道增强型 MOSFET 基本上是一种左右对称的结构，它是在 P 型半导体上生成一层 SiO_2 薄膜绝缘层，然后用光刻工艺扩散两个高掺杂的 N 型区，从两个 N 型区分别引出电极，一个是漏极 D，一个是源极 S。在漏极和源极之间的绝缘层上镀一层金属铝作为栅极 G。基材 P 型半导体称为衬底，用符号 B 表示。N 沟道增强型 MOSFET 工作原理如下。

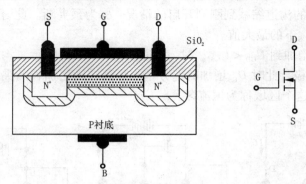

图 1.32　N 沟道增强型 MOSFET 的结构示意图和符号

（1）栅源电压 U_{GS} 的控制作用

当 $U_{GS} = 0V$ 时，漏源之间相当于两个背靠背的 PN 结，无论在 D～S 间施加何种极性的电压，总有一个 PN 结处于反偏，所以，不会在 D～S 间形成电流。

当栅 – 源间施加电压使 $0 < U_{GS} < U_{GS(th)}$ 时，通过栅极和衬底间的类似电容的作用，将靠近栅极下方的 P 型半导体中的空穴向下方排斥，出现了一薄层负离子的耗尽层，同时少子电子将向表层运动，但数量有限，不足以形成沟道将漏极和源极连通，所以仍然不足以形成漏极电流 I_D。

进一步增加 U_{GS} 使 $U_{GS} > U_{GS(th)}$，这时由栅极指向 P 衬底的电场可达 $10^5 \sim 10^6 V/cm$，它排斥空穴而吸引电子，在靠近栅极下方的 P 型半导体表层中聚集较多的电子，可以形成导电沟道将漏极和源极连通。如果此时施加漏 – 源电压，就可以形成漏极电流 I_D。$U_{GS(th)}$ 称为开启电压，一般是指在漏 – 源电压作用下，开始有漏极电流时所对应的栅 – 源电压值。在栅极下方的导电沟道是电子流，与 P 型半导体的多子空穴极性相反，故称为反型层。

（2）漏 – 源电压 U_{DS} 对漏极电流 I_D 的控制作用

在 $U_{GS} > U_{GS(th)}$ 且固定为某一值时，来分析漏 – 源电压 U_{DS} 对漏极电流 I_D 的影响。U_{DS} 的不同变化对沟道的影响如图 1.33 所示。由 3 点间的电压关系有

$$U_{GD} = U_{GS} - U_{DS} \tag{1.21}$$

当 $U_{DS} = 0$ 时，$U_{GS} = U_{GD}$ 从源极到漏极电场均匀，沟道宽度也均匀；当 $U_{DS} > 0$ 后，从源极到漏极电场逐渐减弱，沟道呈契形。

①当 U_{DS} 较小使得 $U_{GD} > U_{GS(th)}$ 时，沟道分布如图 1.33(a)。此时在紧靠漏极处，沟道达到开启的程度，整个沟道畅通，U_{DS} 基本上均匀降落在沟道中，有

漏极电流通过。并且随 U_{DS} 增大，I_D 近似线性增大，这个区域称为可变阻区。

②当 U_{DS} 增加到使 $U_{GD} = U_{GS(th)}$ 时，沟道如图 1.33（b）所示。这相当于 U_{DS} 增加使漏极处的沟道缩减到刚刚开启的情况，称为预夹断。此时 I_D 达到饱和，即趋于一定 U_{GS} 下的最大值。

③当 U_{DS} 增加到 $U_{GD} < U_{GS(th)}$ 时，沟道如图 1.33（c）所示。沟道的夹断区域加长并伸向 S 极。此时 U_{DS} 增加的部分基本降落在随之加长的夹断部分，I_D 基本趋于不变，这个区域称为恒流区。

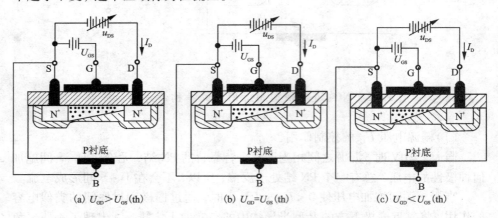

(a) $U_{GD} > U_{GS}(th)$　　　　(b) $U_{GD} = U_{GS}(th)$　　　　(c) $U_{GD} < U_{GS}(th)$

图 1.33　漏源电压 u_{DS} 对沟道的影响

（3）增强型 NMOS 的特性曲线

增强型 NMOS 的输出特性：当 $u_{GS} > U_{GS(th)}$ 且固定为某一值时，u_{DS} 对 i_D 的影响可表达为

$$i_D = f(u_{DS})|_{u_{GS} = \text{const}} \tag{1.22}$$

这一关系曲线如图 1.34（a）所示，称为漏极输出特性曲线。

增强型 NMOS 的转移特性：当 u_{DS} 取某一恒定值时，u_{GS} 与 i_D 之间的函数关系可表达为

$$i_D = f(u_{GS})|_{u_{DS} = \text{const}} \tag{1.23}$$

这一关系曲线如图 1.34（b）所示，称为转移特性曲线。转移特性表征 i_D 与 u_{DS} 之间近似的压控流源特性，可以用近似公式表示为

$$i_D = I_{DO}\left(\frac{u_{GS}}{U_{GS(th)}} - 1\right)^2 \qquad (\text{当 } u_{GS} > U_{GS(th)} \text{ 时}) \tag{1.24}$$

式中，I_{DO} 是 $u_{GS} = 2U_{GS(th)}$ 时的漏极电流值。

转移特性曲线斜率 g_m 的大小反映了栅 – 源电压对漏极电流的控制作用的

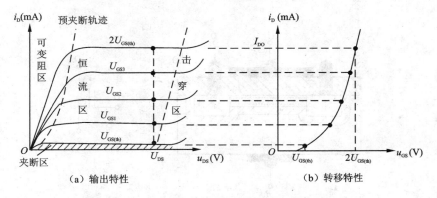

图 1.34　漏极输出特性曲线和转移特性曲线

强弱，其量纲为 mA/V，也称为跨导。跨导的定义式如下

$$g_{\mathrm{m}} = \frac{\Delta I_{\mathrm{D}}}{\Delta U_{\mathrm{GS}}}\bigg|_{U_{\mathrm{GS}} = \mathrm{const}} \qquad （单位 \ \mathrm{mS}） \tag{1.25}$$

增强型 NMOSFET 3 个工作区的条件如表 1.5 所示。

表 1.5　增强型 NMOSFET 3 个工作区的条件

类　型	截止区	可变电阻区	预夹断	放大区
N 沟道增强型 MOSFET	$U_{\mathrm{GS}} < U_{\mathrm{GS(th)}}$ $U_{\mathrm{DS}} > 0$	$U_{\mathrm{GS}} > U_{\mathrm{GS(th)}} > 0$ $U_{\mathrm{GD}} > U_{\mathrm{GS(th)}}$ $U_{\mathrm{DS}} > 0 (充分条件)$	$U_{\mathrm{GS}} > U_{\mathrm{GS(th)}} > 0$ $U_{\mathrm{GD}} = U_{\mathrm{GS(th)}}$ $U_{\mathrm{DS}} > 0 (充分条件)$	$U_{\mathrm{GS}} > U_{\mathrm{GS(th)}} > 0$ $U_{\mathrm{GD}} < U_{\mathrm{GS(th)}}$ $U_{\mathrm{DS}} > 0 (充分条件)$

2. N 沟道耗尽型 MOSFET

N 沟道耗尽型 MOSFET 的结构和符号如图 1.35 所示。它是在栅极下方的 SiO_2 绝缘层中掺入了大量的金属正离子，使栅极和 P 衬底之间有足够强的电场，即使 $U_{\mathrm{GS}} = 0$，由于正离子已经感应出反型层，形成了导电沟道，只要施加漏—源电压，就有漏极电流。当 $U_{\mathrm{GS}} > 0$ 时，将使 I_{D} 进一步增加。而 $U_{\mathrm{GS}} < 0$ 时，随着 U_{GS} 的减小漏极电流逐渐减小，直至 $I_{\mathrm{D}} = 0$，此时对应的 U_{GS} 称为夹断电压，用符号 $U_{\mathrm{GS(off)}}$ 表示。

N 沟道耗尽型 MOSFET 的输出特性和转移特性曲线如图 1.36 所示。耗尽型 MOSFET 在 U_{GS} 为正或为负时均能实现对漏极电流的控制作用，从而使它的应用更为灵活。除了 U_{GS} 的取值范围不同外，耗尽型 MOSFET 与增强型 MOSFET 在导电沟道形成之后的工作原理完全相同，即 U_{GS} 和 U_{DS} 对导电沟道及漏

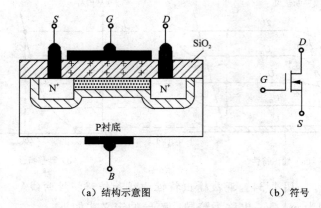

（a）结构示意图　　　　　　　　　　（b）符号

图 1.35　N 沟道耗尽型 MOSFET 的结构和符号

极电流 I_D 的影响，同样经历从沟道连续→沟道的预夹断→沟道的部分夹断→反向击穿这些过程。大家可采用对照的方法来理解耗尽型 MOSFET 的工作原理，这里不再赘述。

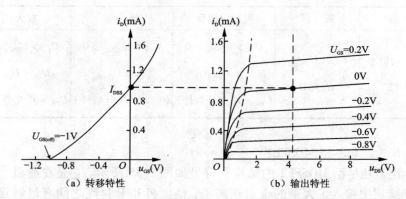

（a）转移特性　　　　　　　　　　（b）输出特性

图 1.36　N 沟耗尽型 MOSFET 的输出特性曲线和转移特性曲线

在恒流区 i_D 与 u_{DS} 之间的近似关系为

$$i_D = I_{DSS}\left(1 - \frac{u_{GS}}{U_{GS(off)}}\right)^2 \qquad （当 U_{GS} > U_{GS(off)} 时） \qquad (1.26)$$

式中，I_{DSS} 是 $u_{GS} = 0$ 时的漏极电流值。

N 沟耗尽型 MOSFET 3 个工作区的条件，如表 1.6 所示。

表 1.6　N 沟耗尽型 MOSFET 3 个工作区的条件

类　型	截止区	可变电阻区	预夹断	放大区
N 沟道耗尽型 MOSFET	$U_{GS} < U_{GS(off)} < 0$ $U_{GD} < U_{GS(off)}$ $U_{DS} > 0$(充分条件)	$U_{GS} > U_{GS(off)}$ $U_{GD} > U_{GS(off)}$ $U_{DS} > 0$(充分条件)	$U_{GS} > U_{GS(off)}$ $U_{GD} = U_{GS(off)}$ $U_{DS} > 0$(充分条件)	$U_{GS} > U_{GS(off)}$ $U_{GD} < U_{GS(off)}$ $U_{DS} > 0$(充分条件)

3. P 沟道 MOSFET

P 沟道 MOS 管是 N 沟道 MOS 管的对偶型。它们的结构和电路符号如图 1.37 所示。这种 MOS 管以 N 型硅片作为衬底，在衬底上面生成两个高掺杂浓度的 P 型区，分别引出电极即源极和漏极。导电沟道是在电场作用下，在 N 型衬底上感应出来的 P 反型层。P 沟道 MOS 管的工作原理与 N 沟道管基本相同，只不过导电的载流子不同，供电电压极性不同而已。这如同双极型三极管 BJT 有 NPN 型和 PNP 型一样。

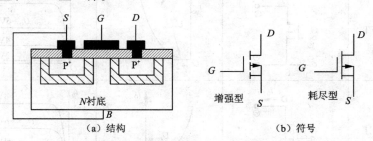

图 1.37　PMOS 的结构和符号

归纳起来，P 沟道 MOSFET 的 U_{DS} 应为负极性，故沟道内漏极电流 I_D 从 S 极流向 D 极。P 沟道增强型管的 $U_{GS} < 0$，且开启电压 $U_{GS(th)} < 0$。P 沟道耗尽型管的 U_{GS} 可正可负，夹断电压 $U_{GS(off)} > 0$，当 $U_{GS} > U_{GS(off)}$ 时，沟道全夹断。

需要指出，分立元件 MOS 管的衬底电极通常与源极相连接。但在集成电路中，许多 MOS 管制作在同一块衬底上。这样就不能把每个管子的源极都与公共衬底接在一起。而且，衬底与源极间电压 U_{BS} 必须保证衬源间的 PN 结是反向偏置。这时导电沟道的大小受 U_{GS} 和 U_{BS} 的双重控制。

4. FET 的伏安特性曲线

场效应三极管有多种管型，因而伏安特性曲线的类型相应的也多。根据导电沟道的不同以及是增强型还是耗尽型，可有 4 种转移特性曲线和输出特性曲线，其电压和电流方向也有所不同。如果按统一规定的正方向，特性曲线就要

画在不同的象限。为了便于绘制，将 P 沟道 管子的正方向反过来设定。表 1.7
示出了各种 FET 在恒流区的偏置电压极性和特性曲线。

表 1.7　各种 FET 在恒流区的偏置电压极性和特性曲线

种 类	偏置电压极性	转移特性	输出特性
N 沟 JFET	I_D　D　G　S	i_D　I_{DSS}　$U_{GS(off)}$　$-5V$　O　u_{GS}	i_D　I_{DSS}　$U_{GS}=0V$　$-2V$　$-5V$　O　u_{DS}
P 沟 JFET	I_D　D　G　S	i_D　I_{DSS}　$U_{GS(off)}$　O　u_{GS}	i_D　I_{DSS}　$U_{GS}=0V$　$+2V$　$+5V$　O　$-u_{DS}$
N 沟 MOSFET 增强型	i_D　D　G　S	i_D　I_{DO}　$U_{GS(th)}$　O　$+2V$　u_{GS}	i_D　$8V$　$U_{GS}=6V$　$4V$　I_{DO}　$2V$　O　$+u_{DS}$
P 沟 MOSFET 增强型	i_D　D　G　S	i_D　$U_{GS(th)}$　$-2V$　O　u_{GS}	i_D　$-8V$　$U_{GS}=-6V$　$-4V$　I_{DO}　$-2V$　O　$-u_{DS}$
N 沟 MOSFET 耗尽型	i_D　D　G　S	i_D　$U_{GS(off)}$　I_{DSS}　$-5V$　O　u_{GS}	i_D　$+2V$　$U_{GS}=0V$　$-2V$　I_{DSS}　$-5V$　O　u_{DS}
P 沟 MOSFET 耗尽型	i_D　D　G　S	i_D　I_{DSS}　$U_{GS(off)}$　O　$+5V$　u_{GS}	i_D　$-2V$　$U_{GS}=0V$　$+2V$　I_{DSS}　$+5V$　O　$-u_{DS}$

1.4.2 场效应管的主要参数

1. 直流参数

(1) 开启电压 $U_{GS(th)}$

开启电压是增强型 MOS 管的参数,当栅源电压 $|U_{GS}|$ 小于开启电压的绝对值时,场效应管不能导通。

(2) 夹断电压 $U_{GS(off)}$

夹断电压是耗尽型 MOSFET 和 JFET 的参数,当 $U_{GS} = U_{GS(off)}$ 时,漏极电流为零。

(3) 饱和漏极电流 U_{DSS} 和 I_{DO}

I_{DSS} 是耗尽型 MOSFET 和 JFET 的参数,是当 $U_{GS} = 0$ 时所对应的漏极电流。I_{DO} 是增强型 FET 的参数,是当 $U_{GS} = 2U_{GS(th)}$ 时所对应的漏极电流。

(4) 直流输入电阻 R_{GS}

R_{GS} 是 FET 的栅源输入电阻的典型值。对于 JFET,栅 – 源间反偏时 R_{GS} 大于 $10^7 \Omega$;对于 MOSFET,R_{GS} 约为 $10^9 \sim 10^{15} \Omega$。

2. 交流参数

(1) 低频跨导 g_m

g_m 是指 U_{DS} 为常数时,漏流的变化量与栅源电压变化量之比,即

$$g_m = \frac{\Delta I_D}{\Delta U_{GS}} \bigg|_{u_{DS} = \text{const}} \qquad (1.27)$$

g_m 反映了栅源电压 u_{GS} 对漏极电流 i_D 的控制作用,其值可以由转移特性方程求得,也可以在转移特性曲线上求取,如图 1.38 所示。

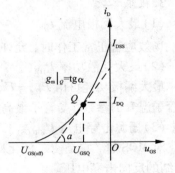

图 1.38 g_m 的几何意义

在恒流区,跨导可由转移特性导出。不同类型的 FET 的 g_m 计算公式略有不同。

对于 JFET 和耗尽型 MOSFET

$$g_m = \frac{\partial i_D}{\partial u_{GS}} \bigg|_{u_{DS} = \text{const}} = \frac{2}{|u_{GS(off)}|} \sqrt{I_{DSS} I_D} \qquad (1.28)$$

对于增强型 FET

$$g_m = \frac{\partial i_D}{\partial u_{GS}} \bigg|_{u_{DS} = \text{const}} = \frac{2}{|u_{GS(th)}|} \sqrt{I_{DO} I_{DQ}} \qquad (1.29)$$

由 g_m 的表达式可以看出,g_m 与 Q 点的紧密相关,Q 点愈高,g_m 愈大。一

般约为 $1\sim10\mathrm{mS}$(毫西门子)。

（2）FET 输出电阻 r_{ds}

当 U_{GS} 为常数且 FET 在恒流区时，u_{DS} 的变化量与 i_{D} 的变化量之比，即

$$r_{\mathrm{ds}} = \frac{\Delta u_{\mathrm{DS}}}{\Delta i_{\mathrm{D}}} \bigg|_{u_{\mathrm{GS}}=\mathrm{const}} \tag{1.30}$$

输出电阻 r_{ds} 表征 FET 漏—源端的等效交流电阻。在放大区，由于漏极电流 i_{D} 几乎不随漏源电压 u_{DS} 变化，故 FET 的输出电阻 r_{ds} 的数量较大，通常约在几十千欧姆以上。r_{ds} 的几何意义为：FET 的输出特性曲线，在放大区工作点 Q 处切线斜率的倒数，r_{ds} 的大小与 Q 点的位置有关。

（3）极间电容

FET 的 3 个电极之间都存在极间电容：栅源电容 C_{gs}、栅漏电容 C_{gd} 和漏源电容 C_{ds}。其中，在 JFET 中，电容 C_{gs} 和 C_{gd} 由反偏 PN 结的势垒电容组成，数值一般在 $1\sim5\mathrm{pF}$ 之间。漏源电容 C_{ds} 主要由封装电容和引线电容所组成，数值很小，一般在 $0.1\sim1\mathrm{pF}$ 范围内。当 FET 工作在高频段时，这些极间电容的影响便不能忽略。

3. 极限参数

（1）最大漏极电流 I_{DM}

场效应管正常工作时，允许的最大漏极电流。

（2）最大耗散功率 P_{DM}

最大漏极功耗可由 $P_{\mathrm{DM}} = U_{\mathrm{DS}}I_{\mathrm{D}}$ 决定，与双极型三极管的 P_{CM} 相当。它是决定管子温升的参数，受管子最高工作温度的限制。

（3）栅源击穿电压 $U_{\mathrm{BR(GS)}}$

对 MOS 管，它是使二氧化硅绝缘层击穿的电压；对结型场效应管，它是 PN 结的反向击穿电压。

（4）漏源击穿电压 $U_{\mathrm{BR(DS)}}$

若 U_{DS} 超过此值，会损坏管子。

BJT 和 FET 的特性比较如表 1.8 所示。

例 1.7　测得某放大电路中 3 个 MOS 管的各极电位和开启电压如表 1.9 所示。试分析各管的工作状态（截止区、恒流区、可变电阻区）

分析　对于 N 沟增强型管，其开启电压 $U_{\mathrm{GS(th)}} > 0$，为正值

恒流区工作条件：　　　$U_{\mathrm{GS}} > U_{\mathrm{GS(th)}}$　　　$U_{\mathrm{GD}} < U_{\mathrm{GS(th)}}$

可变阻区工作条件：　　$U_{\mathrm{GS}} > U_{\mathrm{GS(th)}}$　　　$U_{\mathrm{GD}} > U_{\mathrm{GS(th)}}$

截止区工作条件：　　　$U_{\mathrm{GS}} < U_{\mathrm{GS(th)}}$　　　$U_{\mathrm{GD}} < U_{\mathrm{GS(th)}}$

对于 P 沟增强型管，其开启电压 $U_{\mathrm{GS(th)}} < 0$，为负值

表 1.8　BJT 与 FET 的比较

	BJT	FET
结　构	NPN 型 PNP 型 C、E 一般不可倒置使用	结型耗尽型　N 沟道　P 沟道 绝缘栅增强型　N 沟道　P 沟道 绝缘栅耗尽型　N 沟道　P 沟道 D、S 一般可倒置使用
载流子	多子扩散、少子漂移	多子漂移
输入量	电流输入	电压输入
控制方式	电流控制电流源 CCCS(β)	电压控制电流源 VCCS(g_m)
噪声	较大	较小
温度特性	受温度影响较大	较小，并有零温度系数点
输入电阻	几十到几千欧姆	几兆欧姆以上
静电影响	不受静电影响	易受静电影响
集成工艺	不易大规模集成	适宜大规模和超大规模集成

恒流工作条件：　　　　$U_{GS} < U_{GS(th)}$　　　$U_{GD} > U_{GS(th)}$

可变阻区工作条件：　　$U_{GS} < U_{GS(th)}$　　　$U_{GD} < U_{GS(th)}$

截止区工作条件：　　　$U_{GS} > U_{GS(th)}$　　　$U_{GD} > U_{GS(th)}$

解　T_1 为 N 沟增强型管，其栅源电压大于开启值，而栅漏电压小于开启值，所以工作在恒流区；T_2 和 T_3 为 P 沟增强型管。其中，T_2 管的栅源电压和栅漏电压均大于开启值，所以工作在截止区；T_3 管的栅源电压和栅漏电压均小于开启值(即绝对值大于开启值)，所以工作在可变阻区。

表 1.9

管号	$U_{GS(th)}$(V)	V_S(V)	V_G(V)	V_D(V)	工作状态
T_1	4	−5	1	3	
T_2	−4	0	−3	−10	
T_3	−4	6	0	5	

例 1.8　N 沟道增强型 MOSFET 的 $U_{GS(th)} = 2V$，当 $u_{DS} = 0.5V$，$u_{GS} = 3V$，i_D

=1mA，试问该 MOSFET 工作在什么区？此时，漏源间的电阻 $R_{DS} \approx$ ？

解　由于 $u_{GS} = 3V > U_{GS(th)}$

$$u_{GD} = u_{GS} - u_{DS} = 2.5V > U_{GS(th)}$$

MOS 管的整个沟道都畅通，工作在可变电阻区。

在可变电阻区，当 u_{GS} 一定且 u_{DS} 不大（即离预夹断点较远）时，R_{DS} 可近似看成常数，故

$$R_{DS} = \frac{u_{DS}}{i_D}\bigg|_{u_{GS} = \text{const}} = \frac{0.5V}{1mA} = 500\Omega$$

1.5　自学材料

1.5.1　特殊二极管

1. 变容二极管

变容二极管是根据 PN 结的结电容随反偏电压变化的特性设计制造的一种特殊二极管，它在电路中主要作为压控可变电容使用。PN 结具有电容效应。在加反向电压时，PN 结等效电阻很大，其等效电容与所加反向偏压的大小有关。改变反向偏压，即可改变其等效电容的大小。变容二极管的符号和变容管的压控特性曲线如图 1.39 所示。变容二极管的电容量很小，一般为 pF 数量

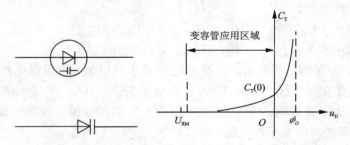

图 1.39　变容二极管的符号与压控特性曲线

级。专门制造的变容管往往通过改变 P 区和 N 区界面两侧的杂质密度的方式来获得不同的压控电容特性。C_T 与外加偏压的一般关系如下

$$C_T = \frac{C_T(0)}{\left(1 - \frac{u_D}{\phi_0}\right)^{\gamma}} \tag{1.31}$$

上式中，$C_T(0)$ 是 $U_D = 0V$ 时的势垒电容。γ 称为变容指数，它与 PN 结物

理界面两侧的杂质密度的变化方式有关。物理界面两侧均匀掺杂的 PN 结称为突变结。对于突变结，$\gamma = 1/2$。另外，还有越靠近界面杂质密度越高的超突变结，以及越靠近界面杂质密度越低的缓变结，一般 $\gamma = (1/3 \sim 2)$。

　　2. 光电二极管

　　当光线照射 PN 结时，如同热激发一样，也可以产生电子 – 空穴对。光照越强，PN 结的少数载流子浓度越高。反向偏置下的 PN 结，其反向电流主要是少数载流子的漂移电流。因此，PN 结的反向电流大小随光的照度强弱而变。利用 PN 结的这种性质制作的二极管，称为光敏二极管，或称光电二极管。它可以用做光控元件。

　　光电二极管与普通二极管结构基本相同，具有一个 PN 结，因此均属具有单向导电性的非线性元件。但光电二极管是在反向偏置电压下工作，管子中的反向电流随光照强度与光波长的改变而改变。光电二极管的基本类型 有 3 种，即：PN 结型，PIN 结型和雪崩型。

　　光电二极管的伏安特性如下：当入射光强度一定时（用光照度 lx 勒克斯表示或用光通量 lm 流明表示光强单位），光电管输出的光电流与外加偏压的关系称为伏安特性。光电二极管的伏安特性，如图 1.40 所示。

　　当无光照时，光电二极管的伏安特性与普通二极管相同，具有单向导电性。外加正向电压时，其电流与端电压之间成指数关系，在特性曲线的第一象限；

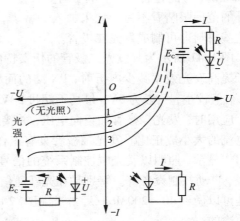

图 1.40　光电二极管的伏安特性

外加反向电压时，反向电流称为暗电流，通常小于 $0.2 \mu A$。

　　受光照后光电二极管的伏安特性曲线将沿电流轴向下平移，平移的幅度与光照度的变化成正比。曲线在第 3 象限，表达了在加有反向电压时，反向电流的大小几乎与反向电压的高低无关，这一区域正是光电二极管在用作光电探测器时的工作区域。在入射光照度一定的条件下，光电二极管相当于一个恒流源，其输出电压随负载电阻增大而升高。

　　特性曲线在第四象限时，表示光电二极管呈"发电"特性，此时光电二极管在光照下相当于光电池。这时，外电路负载电阻 R 越小，管子的反向电流就越大。

3. 发光二极管(LED)

发光二极管是一种将电能直接转化为光能的特殊二极管。它与普通二极管一样具有 PN 结,这种二极管除了具有普通二极管的正、反向特性外,当在管子两端施加正向偏压时,在正向电流的激发下,管子就会发出可见光或不可见光－即电致发光。目前应用的有红外、红、黄绿、蓝、紫等颜色的发光二极管。此外,还有变色发光二极管,当通过二极管的电流改变时,发光颜色也随之改变。

半导体发光二极管之所以能发光,是由于它在结构、材料等方面与普通二极管不同,它的 PN 结面做得比较宽,而且掺杂浓度高。当施加正向偏置电压时,P 区的空穴与 N 区的电子在越过阻挡层后形成非平衡载流子的复合,即导带内的电子跃迁到价带并与价带中的空穴复合,电子以光辐射形式释放出能量,即电子由高能向低能跃迁并伴随着发射电子,产生辐射跃迁,这就是发光二极管的发光原理。在硅和锗中,这种现象不明显,也不发光。在镓(Ga)与砷(As)、磷(P)的化合物中,电子与空穴复合时会放出光子。砷化镓发出的光在红外的范围眼睛看不见。如果加入一些磷,则可得红色光。磷化镓发绿色光。由这些材料即可制成发光二极管。

图 1.41 所示为某发光二极管的伏安特性。它的死区电压比普通二极管高。为了提高发光效率减少内折射,PN 结的面积大而厚度薄。因而其反向击穿电压 U_{BR} 值较小,一般为 5V,最高不超过 30V。

应用时,发光二极管加正向电压,并接入限流电阻。发光强度 基本上与正向电流的大小成正比。发光二极管具有工作性能稳定可靠,价格低廉等优点,可用作显示、照明以及光电控制系统的信号光源,广泛地应用于计算机、仪器仪表、自动控制设备等。特别是在光纤通信方面,目前发光二极管系统的传输速度可以做到 40~200Mbit/s,中继距离 2~10km。应用在地区性网络中是很有前途的。

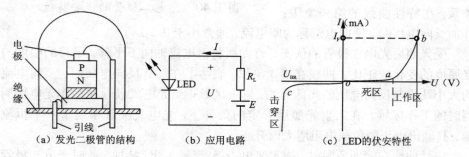

(a) 发光二极管的结构　　　　(b) 应用电路　　　　(c) LED的伏安特性

图 1.41　发光二极管

4. 开关二极管

二极管外加正向电压时导通，外加反向电压时截止，它相当于一个受外加电压控制的开关。但是，二极管并非是理想的接触开关。理想的接触开关在接通时其接触电阻为零，电压降为零；在断开时，其电阻为无穷大，电流为零；即使在高速开关状态下，也不需要开关时间。而实际的二极管，在正向导通时，其正向电阻和正向压降都不为零；反向截止时，反向电阻不是无穷大，反向电流也不为零。若把二极管当开关使用时，则需要一定的开关时间。不过在实际中，通常定性地分析二极管开关电路时，总是将二极管视为理想开关；在设计或定量分析开关电路时，才要考虑二极管的开关时间或开关速度，即开关特性。

由于二极管的开关速度不可能很快。为了提高其开关速度，通常总是采取一些特殊工艺，如减小结面积、掺金制成开关时间小的二极管，称之为开关二极管。开关二极管除通常使用的 1AK、2AK 系列外，还使用一些开关速度很高的特殊开关管，如肖特基二极管、隧道二极管等。开关二极管广泛应用于数字电路之中。

5. 隧道二极管

这种二极管的 P 型半导体和 N 半导体都是重掺杂的，空间电荷区很薄。隧道二极管的伏安特性如图 1.42 所示。当正向电压较低时，它的伏安特性呈横 S 形。当正向电压足够大时，其伏安特性与普通二极管基本相同。特性曲线中有一部分曲线的斜率为负的，故工作在这个范围的隧道二极管具有负的动态电阻。这种负阻特性有许多用处。

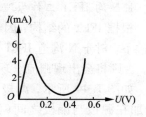

图 1.42　隧道二极管

6. 肖特基二极管

肖特基二极管内部是一个金属 – 半导体结构，具有单向导电性。它有两个特点：一是死区电压很低，仅为 0.3V；其另一个特点是，导通时存贮的非平衡少子数量很少，从而可以提高开关速度，在数字电路中获得了广泛的应用。

1.5.2　结型场效应管

结型场效应管（简称为 JFET）有两种结构形式：N 沟道 JFET 和 P 沟道 JFET，如图 1.43(a) 所示。N 型沟道 JFET 是在一块 N 型半导体材料的两边扩散成两个高浓度的 P^+ 型区，使之形成两个 PN 结，然后将两边的 P^+ 型区连在一起，引出一个电极，称为栅极 G。在 N 型半导体两端各引出一电极，分别做为源极 S 和漏极 D。夹在两个 PN 结中间的 N 型区是源极与漏极之间的电流通道，称为导电沟道。在 P 型沟道 JFET 中，沟道是 P 型区，栅极与 N⁺ 型区相连。图 1.43(b) 是 JFET 在电路图中的符号，栅极上的箭头方向可理解为两个 PN 结的正向导电方向。下面以 N 沟 JFET 为例，介绍 JFET 的工作原理和特性。

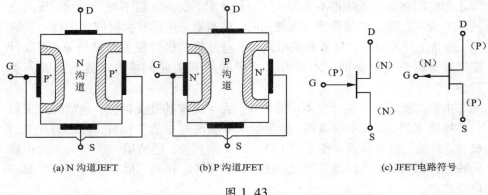

(a) N 沟道 JEFT　　　　　　(b) P 沟道 JFET　　　　　　(c) JFET 电路符号

图 1.43

1. N 沟 JFET 工作原理

根据 JFET 的结构，因它没有绝缘层，用作放大元件时，只能工作在反偏的条件下。对于 N 沟道 JFET 只能工作在负栅压区，P 沟道的只能工作在正栅压区，否则将会出现栅流。现以 N 沟道为例说明其工作原理。

如图 1.44 所示，漏极电源 E_{DD} 经 R_d 加在源极与漏极之间（源极接电源负极，漏极接电源正极，称为漏源之间加正向偏置），因此 N 型沟道中的多数载流子（电子）在外电场作用下将从源极漂移到漏极，然后向管外流出，形成漏极电流 I_D。此时少数载流子（空穴）引起的电流可以忽略。E_{GG} 经 R_g 加在栅极与源极之间（栅极接负极，源极接正极，称为栅源之间加反偏），使两个 PN 结均处于反向偏置状态，因而在正常工作情况下，栅极电流很小，常忽略不计。为此，在 JFET 放大电路中，通

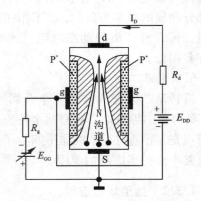

图 1.44　JFET 共源接法原理电路

常只需讨论 3 个变量:I_D、U_{GS} 和 U_{DS} 之间的关系,并且也只要用一簇输出特性曲线就能表示它的伏安特性。

(1)栅源电压 U_{GS} 对沟道的控制作用

当 $U_{GS}=0$ 时,在漏、源之间加有一定电压时,在漏源间将形成多子的漂移运动,产生漏极电流。当 $U_{GS}<0$ 时,PN 结反偏,形成耗尽层,漏源间的沟道将变窄,I_D 将减小;若 U_{GS} 继续减小,沟道继续变窄,I_D 继续减小直到为 0。当漏极电流为零时所对应的栅源电压 U_{GS} 称为夹断电压 $U_{GS(off)}$ 如图 1.45 所示。

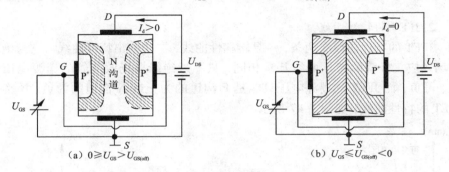

(a) $0 \geqslant U_{GS} > U_{GS(off)}$　　　　　　(b) $U_{GS} \leqslant U_{GS(off)} < 0$

图 1.45　栅源电压 U_{GS} 对沟道的控制作用

(2)漏源电压对沟道的控制作用

在栅极加有一定的电压,且 $U_{GS} > U_{GS(off)}$,若漏源电压 U_{DS} 从零开始增加,则 $U_{GD} = U_{GS} - U_{DS}$ 将随之减小。使靠近漏极处的耗尽层加宽,沟道变窄,从左至右呈楔形分布,当 U_{DS} 增加到使 $U_{GD} = U_{GS} - U_{DS} = U_{GS(off)}$ 时,在紧靠漏极处出

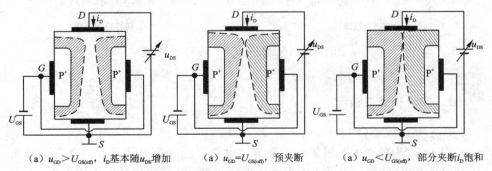

(a) $u_{GD} > U_{GS(off)}$,i_D基本随u_{DS}增加　　(a) $u_{GD}=U_{GS(off)}$,预夹断　　(a) $u_{GD}<U_{GS(off)}$,部分夹断i_D饱和

图 1.46　漏源电压 U_{DS} 对沟道的控制作用

现预夹断;当 U_{DS} 继续增加,漏极处的夹断继续向源极方向扩展,如图 1.46 所示。

表 1.10　　N 沟道 JFET 的工作条件

工作区 (沟道情况)	截止区 (全夹断)	可变电阻区 (未夹断)	预夹断	放大区 (部分夹断)
工作条件	$U_{GS} < U_{GS(off)}$ (<0) $U_{GD} < U_{GS(off)}$ $U_{DS} > 0$(充分条件)	$0 > U_{GS} > U_{GS(off)}$ $U_{GD} > U_{GS(off)}$ $U_{DS} > 0$(充分条件)	$0 > U_{GS} > U_{GS(off)}$ $U_{GD} = U_{GS(off)}$ $U_{DS} > 0$(充分条件)	$0 > U_{GS} > U_{GS(off)}$ $U_{GD} < U_{GS(off)}$ $U_{DS} > 0$(充分条件)

2. JFET 的特性曲线

JFET 的特性曲线有两条,一是转移性曲线,二是输出特性曲线。它与绝缘栅场效应三极管的特性曲线基本相同,只不过绝缘栅场效应管的栅源电压可正、可负,而 JFET 的栅源电压只能是 P 沟道的为正或 N 沟道的为负。N 沟道 JFET 的特性曲线,如图 1.47 所示。

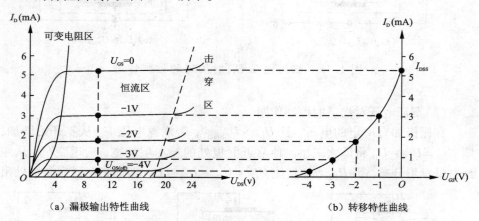

（a）漏极输出特性曲线　　　　　　　　　（b）转移特性曲线

图 1.47　N 沟道 JFET 的特性曲线

1.5.3　特殊三极管

1. 光电三极管(PT)

图 1.48 为硅光电三极管结构和等效电路。光电三极管具有以 N 型硅单晶为材料的 NPN 结构,为了适应光电器件的要求,其管芯的基区面积较大,而发射区面积较小,其入射光主要被基区吸收。使用时,管子的基极开路,发射极与集电极之间所加的电压 与 NPN 晶体三极管相同,即基极与集电极之间的 PN 结承受反向电压,而基极与发射极之间的 PN 结承受正向电压。光电转换过程

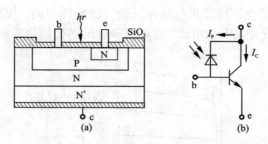

图 1.48　硅光电三极管的结构和等效电路

是在集电极－基极 PN 结内进行的，它与一般光电二极管相同，光激发出电子－空穴对，其中电子流向集电区被集电极所收集。而空穴流向基区作为基极电流被晶体管放大，其放大原理与一般晶体三极管相同，不同点是一般晶体管是由基极向发射结注入载流子控制发射区的扩散电流，而光电三极管是由光生载流子注入到发射结，控制发射区的扩散电流。最后集电极－基极 PN 结内产生的光电流 I_P，被晶体管放大 β 倍，一般 β 为几十倍。β 相当于共发射极晶体管电流放大系数，因此从光电三极管输出的光电流 $I_c \approx \beta I_p$。

　　光电三极管与光电二极管比较，其优点是光电流灵敏度比光电二极管增加 β 倍。光电三极管的缺点是暗电流比较大，约为 $10\mu A$。而且为了提高光电转换效率，使集电极－基极 PN 结接触面积增大，其结果是集电极－基极结电容比较大，可达 20pF，所以光电三极管与光电二极管相比，响应时间长，频响特性差，其响应时间 $\tau \approx 10\mu s$。光电三极管的类型，如图 1.49 所示。

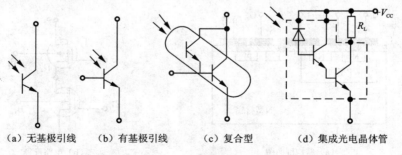

　　（a）无基极引线　　（b）有基极引线　　（c）复合型　　（d）集成光电晶体管

图 1.49　光电三极管的类型

　　对于光电三极管，在无光条件下，CE 之间加有一定电压 U_{CE} 时，CE 之间的漏电流称光电三极管的暗电流 I_{CEO}。实质上就是晶体三极管的反向饱和电流，一般小于 $0.3\mu A$。但它随温度的升高将按指数规律增大。图 1.50 所示为光电三极管典型输出特性，其形式与晶体三极管的特性相同，仅在于参变量不同，普通三极管的参变量是基极电流，光电三极管的参变量是入射光的照度。

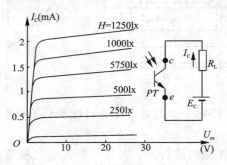

图 1.50　光电三极管典型输出特性

2. CMOSFET

CMOSFET 就是将 NMOS(N 沟道 MOS) 和 PMOS(P 沟道 MOS) 配合使用而构成的互补型 MOSFET，它在大规模 MOS 集成电路得到广泛应用。图 1.51(a) 所示为其结构剖面示意图。它是在一块 N 型基片(衬底)部分区域中形成增强型 PMOS 管 T_2，而在另一部分区域中先利用扩散法将它转变为 P 区，称为 P 型"阱"；再在"阱"中形成增强型 NMOS 管 T_1，并使两管的漏极连接在一起，其电路符号如图 1.51(b)所示。这种在同一基片上制作出的 CMOS 管具有隔离性好、电路简单、功耗低、抗干扰性强、电压范围宽、输入阻抗高等优点，目前已成为大规模和超大规模集成电路产品的发展方向。

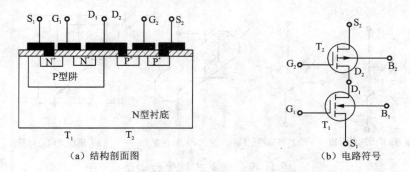

（a）结构剖面图　　　　　　　　（b）电路符号

图 1.51　CMOSFET 的结构和电路符号

CMOSFET 广泛应用于各种数字和模拟集成电路中。作为放大电路使用时通常将其中一管作为放大，另一管作为有源负载，其电压增益一般可达 30 ~

60dB。此外还可使 T_1 与 T_2 工作于推挽式互补状态，例如作为 CMOS 集成运放中的输出级等。

　　3. VMOSFET

　　上述场效应管的导电沟道都是平行于衬底表面的横向结构，由于它们的漏区比较小，无法把相当大的热量从很小的漏区散发出去，从而限制了它们的大功率运用。

　　图 1.52 所示的 N 沟道 VMOS 场效应管，其导电沟道是垂直的，它是将 N 型硅衬底作为漏极，在其上外延生长一层低掺杂的 N 型硅，通过扩散在外延层上制作一层 P 型硅，并通过氧化、光刻、扩散等工艺在 P 型硅上制作高掺杂的 N^+ 区作为源极。然后，沿垂直方向穿过 N^+ 区和 P 型区刻蚀出一个 V 形槽，最后在整修表面(包括 V 形槽表面)上生长出氧化层，并在 V 形槽部分覆盖一层金属，作为栅极。N^+ 源区与 P 区间也用金属层短接起来。当 $U_{GS} > U_{GS(th)}$(增强型)时，P 区靠近 V 形槽氧化层的表面上形成了反型层，成为垂直沟道，自由电子沿沟道自 N^+ 源区流向 N 外延层，到达 N^+ 衬底的漏区。

　　在这种结构中，P 区相当于普通 MOS 管的衬底，而 N 型外延层和 N^+ 型衬底相当于普通 MOS 管的漏极区。因而漏极的散热面积可大大扩大，便于采用散热器改善散热条件。同时，由于耗尽层主要出现在低掺杂的外延层，使漏源间的击穿电压得以提高。因此 VMOS 场效应管可以作大功率运用。

　　再则，由于工艺上可使金属栅极与低掺杂的外延层所对应的部分制作得较小，栅漏电容就比大功率三极管的集电结电容小，因此 VMOSFET 适宜于高频工作。

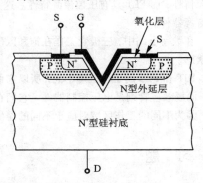

图 1.52　N 沟道 VMOS 场效应管

　　目前，VMOSFET 的最大漏极电流已达 10A，输出功率达 100W，漏源极间的击穿 电压达 200V，导通电阻仅零点几欧姆。它已在高级音响系统、开关电源、马达驱动、高速开关、CMOS 接口电路以及射频功率放大电路中得到应用。

本章小结

　　本章是模拟电子电路的入门知识，读者在学完本章以后，应注重掌握以下几方面的内容：

（1）PN 结是半导体二极管、三极管等电子器件的重要环节。PN 结的基本特点具有单向导电性，主要表现在：外加正向电压时，呈导通状态，正向电流随外加电压的变化而变化；外加反向电压时，呈截止状态，反向电流很小，且基本上不随反向电压而变。PN 结的还有其他一些特性，如反向击穿特性、温度特性和结电容特性等，这些特性是制成特殊二极管的基础。

（2）二极管的伏安特性直观地反映了它的单向导电性，根据不同电路条件，可将非线性的二极管转换成各种线性电路模型。其中理想二极管模型和恒压源模型属于直流模型，适用于大信号情况；低频小信号模型属于交流模型，适合于在直流基础上引入交流小信号的情况。在分析二极管构成的电路时，可以根据不同情况，选用不同的二极管模型来进行电路分析。为了正确使用二极管，还应该掌握其性能参数和极限参数。

（3）各种特殊二极管都是利用二极管特性的不同侧面，通过特殊的工艺制造出来的。它们各具特色，广泛地应用于各种不同场合。例如，利用击穿特性制造的稳压 二极管，常用于稳定直流电压；用某些化合物制成的发光二极管，常用来做显示器件等。

（4）三极管放大器件主要有双极型的 BJT 和单极型的 FET 两种，它们的输出特性可以分为类似的 3 个工作区。在模拟电路中，三极管工作在放大区（或恒流区）。BJT 具有流控流源特性；而 FET 具有压控流源特性。这是三极管放大电路的物理基础，因而三极管也称为有源器件。

在数字电路中，三极管工作在饱和区（或可变阻区）和截止区（或夹断区），即工作在开关状态。

BJT 和 FET 的工作机理不同，所以它们对控制量的要求也不同。晶体管是电流控制器件，而场效应管则是电压控制器件。它们在不同工作区域的特征和外加偏置的条件必须牢记，因为不同的工作区域对应于不同的器件模型。

习　题

1.1　有一只锗二极管，在室温下的反向饱和电流为 $10\mu A$，反向击穿电压为 100V，二极管的正向电阻忽略不计，将它与 30V 电池和 $1k\Omega$ 的电阻串联起来。试计算：

（1）二极管正向偏置下的电流。

（2）二极管反向偏置下的电流。

（3）若二极管的反向击穿电压为 20V，重做（2）。这时管子是否会损坏？（提示：注意电阻的作用。）

1.2　在图 1.53（a）所示电路中，设二极管导通电压 $U_D = 0.7V$，正向电阻可忽略不计，反向电阻为无穷大。A 点的电压波形 u_A，见图 1.53（b）。试画出 B 点的电压波形 u_B。

1.3　有两个硅稳压管 D_1 和 D_2，它们的稳压值分别是 8V，10V。如果按图 1.54（a）、（b）的方式连接，U_o 分别为多少？

1.4　图 1.55 所示各电路中，已知两串联稳压值分别为 $U_{Z1} = 8V$、$U_{Z2} = 10V$，求 U_{ab} 有多大。当把这两个稳压管并联连接时，可以获得几组不同的稳定电压值？

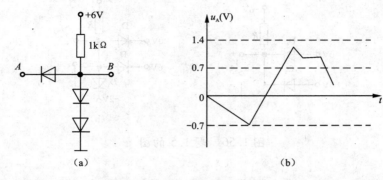

图 1.53 题 1.2 的图

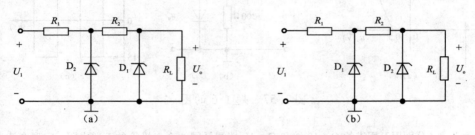

图 1.54 题 1.3 的图

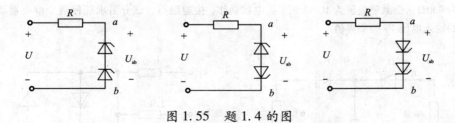

图 1.55 题 1.4 的图

1.5 由理想二极管组成的幅度选择电路如图 1.56 所示，试确定各电路的输出电压 V_0。

1.6 二极管的折线近似伏安特性曲线如图 1.57(a) 所示，构成的电路如图 1.57(b) 所示，输入信号电压是振幅为 ±15V 的方波。

(1) 首先用戴维宁定理简化除二极管以外的有源二端网络。

(2) 画出输出电压波形 $u_o(t)$ 和流过二极管的电流波形 $i_D(t)$。

1.7 试求图 1.58 所示二极管中的电流 I_1 和 I_2，设二极管是理想的，其他电路参数如图 1.58 所示。

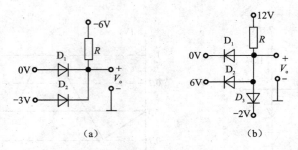

图 1.56 题 1.5 的图

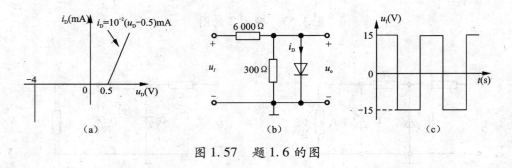

图 1.57 题 1.6 的图

1.8 分别用万用表的 $\Omega \times 10$ 档和 $\Omega \times 1k$ 档测量同一个二极管的正向电阻,问哪个读数大? 为什么?

1.9 设图 1.59 电路中二极管的正向压降为 0.7V,两个继电器激磁绕组 A 和 B 的内阻均为 430Ω。当激磁电流为 10mA 时,继电器动作,接通触点。试分别求能使两个继电器动作的输入电压 V_1 的临界值。

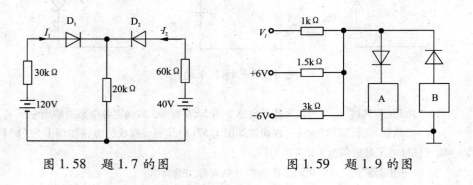

图 1.58 题 1.7 的图   图 1.59 题 1.9 的图

1.10 测得 3 个二极管的数据 如表 1.11 所示。试问:哪个二极管的性能最好?

表 1.11

	正向电流(正向电压相同)	反向电流(反向电压相同)	反向击穿电压
甲	30mA	3μA	150V
乙	100mA	2μA	200V
丙	50mA	6μA	80V

1.11　甲、乙两人根据实测数据估算 NPN 硅管的 β 值。甲测出 $U_{CE}=5V$，$I_B=20\mu A$ 时，$I_C=1.4mA$，他认为三极管的 β 约为 70。乙测出 $U_{CE}=0.5V$，$I_B=0.1mA$ 时，$I_C=3mA$，他认为 β 约为 30。分别判断他们的结论是否正确，并简述理由。

1.12　一个三极管的输出特性如图 1.60 所示，试问它的穿透电流 I_{CEO}，反向击穿电压 $U_{(BR)CEO}$ 约为多少？并估算在 $I_C=1mA$，$U_{CE}=8V$ 左右时的 β 和 α 值。

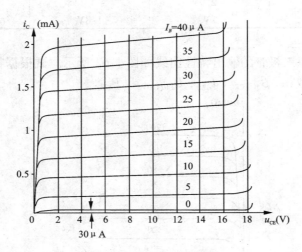

图 1.60　题 1.12 的图

1.13　工作在放大电路中的两个三极管的电流分别如图 1.61 所示。试分别判断它们是 NPN 和还是 PNP 管，并标出管子的 3 个电极 e、b 和 c。在忽略穿透电流情况下，分别估算它们的 β 值。

1.14　用直流电压表测得 3 只晶体管在放大电路中各电极对地的电位如表 1.12 所示，试判断三极管的管脚、管型及材料。

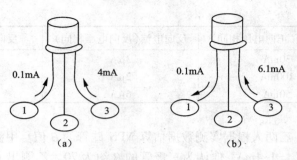

图 1.61　题 1.13 的图

表 1.12

电极 晶体管	1	2	3
T_1	7V	1.8V	2.5V
T_2	−2.9V	−3.1V	−8.2V
T_3	7V	1.8V	6.3V

　　1.15　一只三极管的输出特性曲线如图 1.62 所示。试根据特性曲线求出管子的下列参数:α, β, I_{CEO}, I_{CBO}, $U_{BR(CEO)}$ 和 P_{CM}。

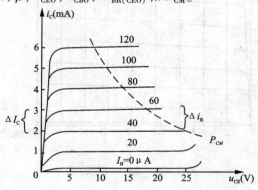

图 1.62　题 1.15 的图

　　1.16　测得工作在放大电路中几个晶体管 3 个电极电位 V_1、V_2、V_3 分别为下列各组数值,判断它们是 NPN 型还是 PNP 型? 是硅管还是锗管? 确定基极、发射极和集电极。

　　(1) $V_1 = 3.5\text{V}$　　　　$V_2 = 2.8\text{V}$　　　　$V_3 = 12\text{V}$

　　(2) $V_1 = 3\text{V}$　　　　　$V_2 = 2.8\text{V}$　　　　$V_3 = 12\text{V}$

（3）$V_1 = 6\text{V}$　　　　　$V_2 = 11.3\text{V}$　　　$V_3 = 12\text{V}$
（4）$V_1 = 6\text{V}$　　　　　$V_1 = 11.8\text{V}$　　　$V_3 = 12\text{V}$

1.17　在检修某电子设备时，测得各晶体管 3 个电极对地的电压如图 1.63 所示，已知晶体管型号，请根据测得的各电极电压判断它们分别处于放大、饱和或截止状态，有哪几只管子已经损坏。

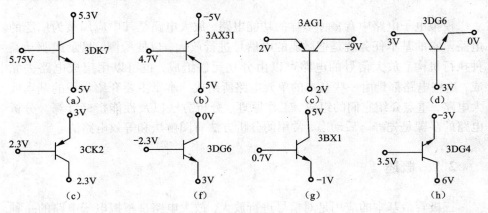

图 1.63　题 1.17 的图

第 2 章　放大电路基础

　　模拟电子电路中有多种多样的功能电路，放大电路是其中应用最为广泛的电路。它的基本任务就是把微弱的电信号进行放大，以便检测、显示或驱动某种执行机构。放大信号的电路可以由分立元件组成，也可以用集成电路去完成，这些电路都是由一些基本的单元电路所组成。本章主要介绍常用的基本放大电路，重点介绍它们的组成、工作原理、分析方法以及性能指标计算。分析电路的步骤是先静态后动态，常用的分析方法有图解法和等效电路法。

2.1　概述

　　三极管最基本的应用是对信号进行放大，放大电路是模拟电子电路的一种基本形式。为了适应不同应用场合的需要，可以使用不同类型的放大电路，如：基本放大电路、功率放大电路、多级放大电路以及集成放大器，等等。

2.1.1　基本放大电路的分类

　　在各种放大电路中，由一个三极管元件构成的单管放大电路是信号放大电路最基本的单元电路。按照构成基本放大电路的三极管元件的不同，有 BJT 和 FET 两类基本放大电路。按照信号的输入端、输出端和公共端的不同，对于 BJT 基本放大电路有 3 种接法：共射极（CE）、共基极（CB）和共集电极（CC）放大电路，以 NPN 管为例如图 2.1 所示；对于 FET 基本放大电路也有 3 种接法：共源极（CS）、共漏极（CD）和共栅极（CG）放大电路，以增强型 NMOS 管为例，如图 2.2 所示。

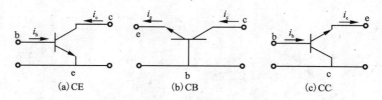

(a) CE　　　　　　　　(b) CB　　　　　　　　(c) CC

图 2.1　基本放大电路中 BJT 的 3 种接法

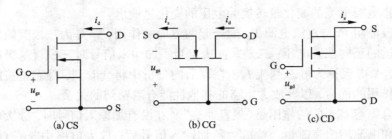

(a) CS   (b) CG   (c) CD

图 2.2   基本放大电路中 FET 的 3 种接法

2.1.2 基本放大电路的组成

现以单管共射放大电路为例来介绍基本放大电路的组成。

1. 单管共射放大电路的结构及各元件的作用

共射基本放大电路如图 2.3 所示。

它由三极管 T，直流电源 V_{CC}，基极电阻 R_b，集电极电阻 R_c，负载电阻 R_L，耦合电容 C_1 和 C_2 等元件组成。被放大的信号 u_i 从 BJT 的基极送入，放大后的信号 u_o 从 BJT 的集电极送出。发射极是输入回路和输出回路的公共端。放大电路中各元件的作用如下。

NPN 型三极管担负着放大作用，它具有能量转换和电流控制的能力，是放大电路的核心。

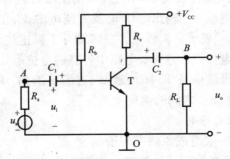

图 2.3   固定偏置共射放大电路

V_{CC} 是直流电源，在放大电路中有两个作用：一是为 BJT 提供合适的直流偏置(使 BJT 的发射结正向偏置，集电结反向偏置，保证 BJT 工作在放大状态)；二是为信号的功率放大提供能量。

R_c 是集电极负载电阻，也有两个作用：一是配合 V_{CC} 使 BJT 工作在放大区；

二是将集电极电流的变化量转换为电压的变化量输出。

基极电阻 R_b 与直流电源 V_{CC} 配合起两方面的作用：一是为三极管的发射结提供合适的正向偏置电压；二是共同决定当不加输入信号时三极管基极回路的电流，这个电流称为静态基流 I_B。在以后的分析中将会看到，静态基流的大小对放大作用的优劣，以及放大电路的其他性能有着密切的关系。

耦合电容 C_1，C_2 的作用是"隔直通交"。在没有加输入信号时，放大电路各处电压和电流均为直流量。给放大器加输入信号后，放大电路中既有直流量，又有交流量，处于一种交、直流混合工作的状态。"隔直"是指利用电容对直流开路的特点，隔离信号源、放大器、负载之间的直流联系，以保证放大器的直流工作状态相对独立。"通交"是指利用电容对输入交流信号短路的特点，使输入信号能顺利地通过它。为了使电容对输入信号的交流阻抗接近于零，必须选用电容量很大的电解电容，连接时应注意其极性。

综上可知，当输入电压有一个变化量 Δu_i 时，在电路中将依次产生以下各个电压或电流的变化量：$\Delta u_{BE} \rightarrow \Delta i_B \rightarrow \Delta i_C \rightarrow \Delta u_{CE}$（即 Δu_O）。当电路参数满足一定条件时，在放大电路的输入端加上一个微小的变化量 Δu_i，就将在输出端得到一个放大了的变化量 Δu_O，从而实现了电压放大作用。

2. 电路中的"回路"及公共"地"

电路中有两个回路，一个是输入回路：由 $A \rightarrow C_1 \rightarrow b \rightarrow e \rightarrow O$（地）；另一个是输出回路：由 $B \rightarrow C_2 \rightarrow c \rightarrow e \rightarrow O$（地）。$u_i$ 为输入信号电压，加在 A、O 两点（即输入端口）；u_o 为输出电压，由 B、O 两点（即输出端口）引出。

电路中，将输入电压 u_i、输出电压 u_o 及直流电源 V_{CC} 的公共端"O"点称为公共"地"，用符号"⊥"表示。实际上，"地"端并不真正接大地，而是作为电路的参考电位点，即零电位点。这样，电路中各点的电位都是各点与"地"之间的电位差，各点电位的极性也是相对于"地"而言的。例如，V_C、V_B、V_E 指 BJT 的 3 个电极 c、b、e 点对"地"之间的电位差。

3. 放大电路的组成原则

基本放大电路的一般组成原则有 3 条。

（1）为了使三极管在输入信号的整个周期内均处于放大区（或 FET 工作于恒流区），必须给放大电路设置合适的静态工作点。对于 BJT 放大电路，外加直流电源的极性必须使三极管的发射结正偏而集电结反偏。

（2）输入回路的接法应该使输入信号（电压或电流）能够尽量不损失地加载到放大器件的输入端，并引起输入回路中的电压或电流产生相应的变化量。

（3）输出回路的接法应该使输出回路中电压或电流的变化量（即输出信号），能够尽可能多地传送到负载上。

只要符合上述 3 条原则，即使构成放大电路的三极管元件(可以是 BJT 或 FET)不同，电路的接法不同(BJT 有共射、共集或共基，FET 有共源、共漏或共栅)，仍然能够实现放大作用。

2.1.3　放大电路的主要技术指标

放大电路的放大能力，需要有一个性能指标体系来表征。测试技术指标的电路结构示意图可用图 2.4 表示。图中的信号源是一个正弦测试信号，在正弦信号作用下，放大电路中产生一系列响应，测量放大电路中有关电量，可以测出其性能指标。下面简要介绍放大电路的主要技术指标。

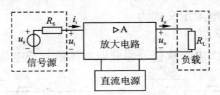

图 2.4　放大概念示意图

1. 放大倍数

放大倍数是描述一个放大电路放大电压信号、电流信号能力的指标，也称为增益。根据放大电路输入信号的条件和对输出信号的要求，放大器可分为四种类型：电压、电流、互阻和互导放大器。相应地可以定义四种放大倍数。因为放大电路测试信号为正弦信号，所以通常用正弦量定义放大倍数。

(1)电压放大倍数：其定义式为　　　$\dot{A}_u = \dot{U}_o / \dot{U}_i$　　　　　(2.1)
它体现了放大器对输入信号电压的放大能力。

(2)电流放大倍数：其定义式为　　　$\dot{A}_i = \dot{I}_o / \dot{I}_i$　　　　　(2.2)
它体现了放大器对输入信号电流的放大能力。

(3)互阻放大倍数：其定义式为　　　$\dot{A}_r = \dot{U}_o / \dot{I}_i$　　　　　(2.3)
它体现了放大器对输入信号电流的转换能力。

(4)互导放大倍数：其定义式为　　　$\dot{A}_g = \dot{I}_o / \dot{U}_i$　　　　　(2.4)
它体现了放大器对输入信号电压的转换能力。

(5)功率放大倍数：其定义式为　　　$\dot{A}_p = P_o / P_i = \dfrac{\dot{U}_o \dot{I}_o}{\dot{U}_i \dot{I}_i}$　　　(2.5)
它综合体现了放大器对输入信号的放大与转换能力。

在工程实践中，放大倍数的对数方式表示得到了广泛的应用，具体表示如下。

①电压增益：　　　$201gA_u(dB)$　　　　　　　　　　　　　(2.6)

②电流增益：　　　$201gA_i(dB)$　　　　　　　　　　　　　(2.7)

③互阻增益　　　　$201gA_r(dB)$　　　　　　　　　　　　　(2.8)

④互导增益：　　　$201gA_g(dB)$　　　　　　　　　　　　　(2.9)

⑤功率增益：　　　$101g(A_uA_i)(dB)$

2. 输入电阻 R_i

图2.5 是一个电压放大器输入端的电路结构示意图。放大电路的输入电阻是指从放大电路输入端向右看的等效电阻，即对信号源来说，放大器可等效为一个电阻 R_i。

放大电路的输入电阻定义式为

$$R_i = \dot{U}_i / \dot{I}_i \qquad\qquad (2.10)$$

输入电阻表征放大电路从信号源获取电压信号或电流信号的能力。

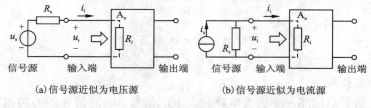

(a)信号源近似为电压源　　　　　　　　(b)信号源近似为电流源

图2.5　电压放大器输入端的电路结构示意图

（1）当信号源为电压源时，R_i 与 R_s 相比越大越好。R_i 越大，则放大器获得的输入电压 u_i 越接近于 u_s。

（2）当信号源为电流源时，R_i 与 R_s 相比越小越好。R_i 越小，则放大器从信号源获得的输入电流 i_i 越接近于 i_s。

3. 输出电阻 R_o

图2.6（a）是一个电压放大器输出端的电路结构示意图。放大电路的输出电阻是指从放大电路输出端往左看的等效电阻，即对负载而言，电路的其余部分可以等效为一个信号源，该信号源的内阻就是放大器的输出电阻。等效后的电路结构示意图如图2.6（b）所示。u_{oc} 是放大器输出端开路时的开路电压，R_o 是放大电路的输出电阻。R_o 表明放大电路带负载的能力，R_o 越小放大电路带负载的能力越强，输出电压变化越小。

理论计算时，放大电路输出电阻通常用外加电压法进行，即将放大器的负载开路、信号源置零（电压源短路、电流源开路）并保留其内阻后，放大电路的输出端外加电压源 $\dot{U}_o'$，与流入电流 $\dot{I}_o'$ 之比，就是放大电路的输出电阻。定义

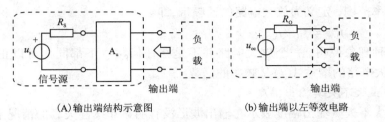

(A)输出端结构示意图　　　　　　　　(b)输出端以左等效电路

图 2.6　电压放大器输出端的电路结构示意图

式为

$$R_{\mathrm{o}} = \left.\frac{\dot{U}'_{\mathrm{o}}}{\dot{I}'_{\mathrm{o}}}\right|_{R_{\mathrm{L}}=\infty,\ U_{\mathrm{s}}=0,\ R_{\mathrm{s}}\text{保留}} \qquad (2.11)$$

4.通频带

放大电路的放大倍数随着输入信号频率的变化而变化的特性,称为频率特性。放大倍数的幅值与输入信号频率的函数关系称为幅频特性。放大倍数的相位与输入信号频率的函数关系称为相频特性。放大倍数随频率而变的主要原因有两个:一是由于放大器件本身存在电容效应;二是因为有些放大电路中接有电抗性元件。一般情况下,当频率升高或降低时,放大倍数的幅值都将减小,而在中间一段频率范围内(中频段),因各种电抗性元件的影响和放大器件本身的电容效应可以忽略,故放大倍数的幅值基本不变。以交流电压放大器为例,其幅频特性如图 2.7 所示。

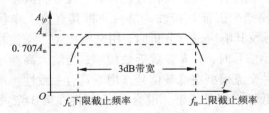

图 2.7　交流放大电路的幅频特性曲线

当 $A(f)$ 下降到中频电压放大倍数 A_{m} 的 $\dfrac{1}{\sqrt{2}}$ 时,对应的频率 f_{L} 称为下限频率,f_{H} 称为上限频率,即

$$A(f_{\mathrm{L}}) = A(f_{\mathrm{H}}) = \frac{A_{\mathrm{m}}}{\sqrt{2}} \approx 0.7A_{\mathrm{m}} \qquad (2.12)$$

通常将放大倍数在高频和低频段分别下降至中频段放大倍数的 $\dfrac{1}{\sqrt{2}}$ 时所包

括的频率范围，定义为放大电路的通频带，即

$$f_{BW} = f_H - f_L \tag{2.13}$$

这种现象说明，一个放大电路并不是在任何频率下都同样可以正常工作的，放大电路的增益 $A(f)$ 是频率的函数。

5. 最大不失真输出幅度

最大不失真输出幅度表示在输出波形没有明显非线性失真的情况下，放大电路能够提供给负载的最大输出电压（或最大输出电流），一般指最大不失真输出电压的有效值，以 U_{om} 表示。

6. 最大输出功率 P_{om} 及效率 η

放大电路的最大输出功率是指，在输出信号没有明显失真的情况下，放大电路所能输出的最大功率。如果超过器件的功率要求，将会造成器件的损坏。

放大的本质是能量的控制，负载上得到的输出功率实际上是利用放大器件对能量的控制作用，将直流电源的功率转换成交流信号的功率而得到的，因此就存在一个功率转换的效率问题。放大电路的效率 η 定义为，最大输出功率 P_{om} 与直流电源消耗的功率 P_V 之比

即

$$\eta = \frac{P_{om}}{P_V} \times 100\% \tag{2.14}$$

2.1.4 三极管的电路模型

三极管为非线性器件，为了简化分析计算，在分析其不同工作状态时，可以用不同的电路模型来表征其特性。单独分析其直流工作状态时，用直流模型；仅对输入信号及其响应进行分析时，用交流模型。交流模型又有两种：当输入信号为低频小信号时，有 h 参数等效模型；当输入高频小信号时，有混合 π 模型。并且两种交流模型在低频信号作用下具有一致性。本节介绍三极管常用的直流模型和低频小信号模型。混合 π 模型将在第 3 章放大电路的频率响应中介绍。

1. BJT 的电路模型

（1）BJT 的直流模型

对 BJT 放大电路加适当的直流偏置（发射结正偏、集电结反偏），使 BJT 工作在放大区，此时：

① 由图 1.25(a)所示 BJT 输入特性可以看出，发射结导通后，它两端的压降近似恒定，可以用二极管的恒压源模型来近似。所以，放大区内 BJT 的输入特性曲线可用图 2.8(a)所示的折线进行近似。图中，电压源 U_D 的值对硅 BJT 取 0.7V，对锗 BJT 取为 0.3V。

② 由图 1.25(b)所示 BJT 输出特性可以看出，在 $U_{CE}>0.7V$ 的区域，$I_C \approx \bar{\beta}I_B$，集电极与发射极之间的关系可以用受控电流源 $\bar{\beta}I_B$ 来等效。所以，放大区内 BJT 的输出特性曲线可用图 2.8(b)所示的折线进行近似。

由此可以画出 NPN 型 BJT 工作于放大区的直流模型如图 2.8(c)所示。

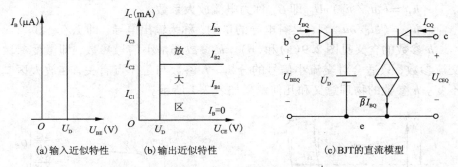

(a)输入近似特性　　　　(b)输出近似特性　　　　　　(c)BJT的直流模型

图 2.8　NPN 型 BJT 工作于放大区的直流模型

图中的理想二极管表示 NPN 型管 I_B 和 I_C 流入的方向，发射结正偏时 $U_{BE}>0$。对于 PNP 型管，发射结正偏时，$U_{BE}<0$，并且 I_B 和 I_C 应流出。

（2）BJT 的低频小信号模型

三极管 BJT 的低频小信号模型意味着，在合适的直流(也称为工作点)使 BJT 始终处于放大区的前提下，引入低频小信号。低频则可以不考虑 BJT 结电容的影响，小信号则使三极管在近似线性条件下工作，可以近似看成线性器件。从而将实际的非线性电路当作线性电路来处理，即用叠加原理，来分别考虑直流和交流小信号作用下电路中的响应。

BJT 的低频小信号模型可以由其输入和输出特性方程导出。以下要注意物理量的书写格式，以电压量为例，U_{CE} 为直流分量，u_{ce} 为交流分量，u_{CE} 为瞬时值(即直流分量和交流分量的总和)。

三极管的输入和输出特性方程如下

$$u_{BE}=f_1(i_B,u_{CE}) \tag{2.15}$$
$$i_C=f_2(i_B,u_{CE}) \tag{2.16}$$

当晶体管在小信号下工作时，考虑静态工作点附近电压和电流之间的微变关系，将上两式用全微分形式表达，则有

$$\mathrm{d}u_{BE}=\frac{\partial u_{BE}}{\partial i_B}\bigg|_{U_{CE}}\mathrm{d}i_B+\frac{\partial u_{BE}}{\partial u_{CE}}\bigg|_{I_B}\mathrm{d}u_{CE} \tag{2.17}$$

$$\mathrm{d}i_C=\frac{\partial i_C}{\partial i_B}\bigg|_{U_{CE}}\mathrm{d}i_B+\frac{\partial i_C}{\partial u_{CE}}\bigg|_{I_B}\mathrm{d}u_{CE} \tag{2.18}$$

小信号作用 时，$\partial u_{BE} = \Delta u_{BE}$，$\partial u_{CE} = \Delta u_{CE}$，$\partial i_B = \Delta i_B$，$\partial i_C = \Delta i_C$，所以可以令：

$h_{11} = (\partial u_{BE}/\partial i_B)|U_{CE}$ 即 r_{be}，称为三极管的交流输入电阻。

$h_{12} = (\partial u_{BE}/\partial u_{CE})|I_B$ 称为电压反馈系数。

$h_{21} = (\partial i_C/\partial i_B)|U_{CE}$ 即 β，称为电流放大系数。

$h_{22} = (\partial i_C/\partial u_{CE})|I_B$ 具有电导的量纲，称为输出电导，即 $1/r_{ce}$。

h 参数的含义见图 2.9(a) 和(b)。h 参数都是小信号参数，即微变参数或交流参数，只适合对交流小信号的分析。h 参数与工作点有关，在放大区基本不变。h 参数的物理意义和几何意义如表 2.1 所示。

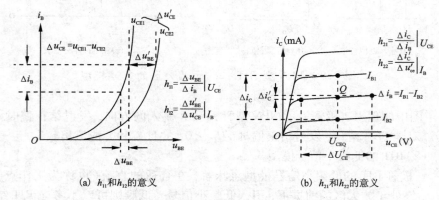

(a) h_{11} 和 h_{12} 的意义　　　　　(b) h_{21} 和 h_{22} 的意义

图 2.9　h 参数的物理含义

表 2.1　h 参数定义、物理意义和几何意义

参　数	定义	物理意义	几何意义
h_{11}	$\left.\dfrac{\partial u_{BE}}{\partial i_B}\right\vert_{U_{CE}}$	输入电阻 r_{be}	输入特性上 Q 点切线斜率的倒数
h_{12}	$\left.\dfrac{\partial u_{BE}}{\partial u_{CE}}\right\vert_{I_B}$	内部电压反馈系数 μ	Q 点附近两输入特性曲线横向距离 Δu_{BE} 与 Δu_{CE} 之比
h_{21}	$\left.\dfrac{\partial i_C}{\partial i_B}\right\vert_{U_{CE}}$	电流放大系数 β	输出特性曲线附近两曲线纵向距离 Δi_C 与 Δi_B 之比
h_{22}	$\left.\dfrac{\partial i_C}{\partial u_{CE}}\right\vert_{I_B}$	输出电导 $\dfrac{1}{r_{ce}}$	输出特性曲线在 Q 点的斜率

三极管的低频小信号模型如图 2.10 所示。

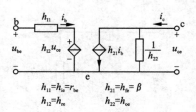

图 2.10 BJT 的 h 参数模型

简化的三极管 h 参数模型,如图 2.11 所示。图中作了两处忽略。

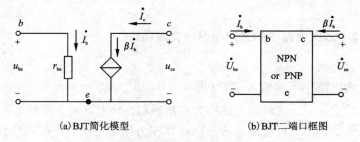

(a)BJT简化模型 　　　　(b)BJT二端口框图

图 2.11 BJT 的简化模型及其框图

① h_{12} 因数值很小,一般可以忽略。

② $h_{22} = 1/r_{ce}$,在放大电路的交流等效电路中常与等效负载电阻 R'_L 并联,因为 $r_{ce} \gg R'_L$,通常可以做开路处理。

需要注意的是,$i_c = \beta i_b$ 反映了三极管具有电流控制电流源(CCCS)的特性,表示三极管的电流放大作用。故 i_c 和 i_b 的正方向关联,与晶体管是 NPN 或是 PNP 型无关,如图 2.11(b)所示。有时为了计算方便,也可以将 i_b、i_c 和 i_e 同时反向。

另外,h 参数与静态工作点有关,其中三极管输入电阻 r_{be} 可由下式估算

$$r_{be} = r_{bb'} + (1 + \beta)\frac{U_T}{I_{EQ}} = r_{bb'} + \frac{U_T}{I_{BQ}} \tag{2.19}$$

式中:$r_{bb'}$ 为基区体电阻,对于小功率 BJT 估算时可取 $r_{bb'} \approx 300\Omega$。

2. FET 的电路模型

用与 BJT 同样的方法可以导出 FET 的直流模型和低频小信号模型。两者不同之处是 FET 的输入电阻极高,输入端相当于开路,所以 FET 为压控流源。FET 的直流模型、低频小信号模型以及低频小信号简化模型如图 2.12 所示。图中,r_{ds} 为 FET 的输出电阻,意义与 BJT 的输出电阻 r_{ce} 相同。

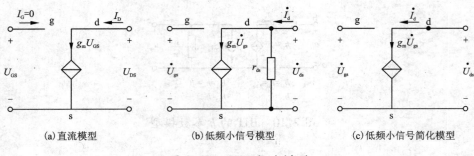

(a)直流模型 (b)低频小信号模型 (c)低频小信号简化模型

图 2.12　FET 电路模型

2.1.5　放大电路中的直流通路和交流通路

1. 直流通路

当放大电路中不加输入信号(即 $u_i = 0$)时,电路中各处的电压、电流都是固定不变的直流量,这时的电路称为直流通路,处于直流工作状态,简称静态。在直流工作状态下,对直流量的分析计算称为静态分析,旨在求解放大电路静态工作点的值(I_{BQ}、I_{CQ} 和 U_{CEQ}),应该在直流通路中进行。

画直流通路应根据 3 条原则:①电容视为开路;②电感视为短路(需保留其直流电阻);③信号源置零,但保留其内阻。

根据上述原则,图 2.13(a)所示基本共射放大电路的直流通路如图 2.13(b)所示。

2. 交流通路

在静态工作点的基础上,给电路输入交流信号后,电路中各处的电压、电流都处于交、直流混合在一起的工作状态。这时,如果放大电路满足一定条件,使得三极管始终工作在放大区,则可以近似看成线性电路,利用叠加原理对外加的交流信号及其响应单独进行分析,即只对电路的交流工作状态进行分析,称为动态分析。动态分析旨在计算放大电路的性能指标(如 $\dot{A}_u$、R_i、R_o、U_{om} 等),应该通过交流通路进行。交流通路是在输入信号作用下,交流信号流经的通路。由于放大电路中存在电抗性元件和直流电源,所以直流通路与交流通路是不一样的。因为按照叠加原理,交流电流流过直流电源(视为理想电压源,内阻为零)时不产生压降;而耦合电容和旁路电容对交流输入信号的阻抗很小,可近似看成短路。

画交流通路应遵循两条原则:①大容量的电容(如耦合电容、射极或基极旁路电容等)视为短路;②无内阻的直流电压源(如 V_{CC}、V_{EE} 等)视为短路。

　　根据上述原则,图 2.13(a)所示基本共射放大电路的交流通路如图 2.13(c)所示。

　　放大电路建立合适的静态工作点,是保证信号被正常放大的前提。分析放大电路必须要正确地区分静态和动态,即正确区分直流通路和交流通路。

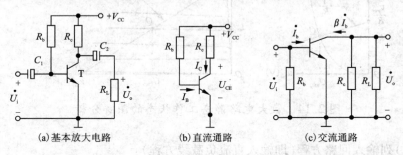

(a)基本放大电路　　　　　(b)直流通路　　　　　(c)交流通路

图 2.13　基本共射放大电路及其直流通路和交流通路

2.2　基本放大电路的分析

　　三极管是非线性器件,其输入回路的电流与电压之间的关系可以用输入特性曲线来描述;输出回路的电流与电压之间的关系可以用输出特性曲线来描述,构成放大电路后,输入和输出回路的电流和电压还应该满足电路方程。图解法就是在三极管输入、输出特性曲线的基础上,结合电路方程所确定的输入和输出负载线,直接用作图的方法分析放大电路的静态和动态工作情况。

2.2.1　图解法

1. 图解法静态分析

　　图解法静态分析的任务是,用作图的方法确定放大电路的静态工作点 I_{BQ}、I_{CQ} 和 U_{CEQ} 的值。

　　采用图解法分析放大电路的关键,一是要画出 BJT 的输入、输出特性曲线,即由 BJT 元件确定的电压和电流之间的非线性特性;二是要画出由电路输入、输出回路方程确定的线性特性——输入直流负载线和输出直流负载线。两条特性曲线的交点就是静态工作点。下面详细介绍采用图解法求解基本共射放大电路的方法和步骤。

　　对图 2.13(a)所示的基本共射放大电路用图解法进行静态分析时,应根据图 2.13(b)所示的直流通路,按照如下的分析方法和步骤进行。其静态图解分析过程如图 2.14 所示。

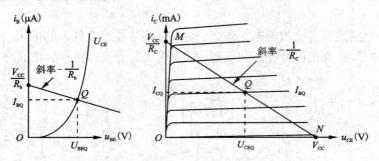

图 2.14　放大电路静态工作状态的图解分析

(1)列输入回路方程(即输入直流负载线方程)

$$U_{BE} = V_{CC} - I_B R_b \qquad (2.20)$$

(2)在输入特性曲线的平面上作输入直流负载线,两线的交点即是放大电路的静态工作点(也称为 Q 点),从图上可读出 I_{BQ} 和 U_{BEQ} 的值。

(3)列输出回路方程(即输出直流负载线方程)

$$U_{CE} = V_{CC} - I_C R_c \qquad (2.21)$$

(4)在输出特性曲线的平面上作输出直流负载线。其做法是:分别在 X 轴和 Y 轴上确定两个特殊点 $N(V_{CC}, 0)$ 和 $M(0, V_{CC}/R_c)$,过 N、M 两点所作的直线即为输出直流负载线。

(5)输出直流负载线与 I_{BQ} 所确定的那条输出特性曲线的交点,就是 Q 点,从图上可读出 I_{CQ} 和 U_{CEQ} 值。

从原理上说,基极回路的 I_{BQ} 和 U_{BEQ} ,可以在输入特性曲线上作图求得,但是,由于器件手册通常不给出三极管的输入特性曲线,而输入特性也不易准确测得,因此,一般不在输入特性曲线上用图解法求 I_{BQ} 和 U_{BEQ} ,而是结合估算法,认为 U_{BEQ} 的值已知(硅管工程估算值为 0.7V,锗管为 0.3V),再利用输入回路方程估算 I_{BQ} 的值。这种分析结果一般能够符合实际工作的要求。

2. 图解法动态分析

用图解法对小信号放大电路进行动态分析,旨在确定最大不失真输出电压 U_{om} 、分析非线性失真情况,也可测出电压放大倍数、估计放大电路的效率。对于大信号放大器(例如功率放大器)可以利用图解法分析计算其最大输出功率和效率以及合理选择放大器件等。

对图 2.13(a)所示的共射放大电路进行动态分析时,应根据图 2.13(c)所示的交流通路,按照如下的分析方法和步骤进行。

（1）作交流负载线

交流负载线是有交流输入信号时，工作点 Q 的运动轨迹，是三极管输出特性平面上的一条直线，可以由已知点和斜率作出。

给放大电路输入交流信号后，其输出交流电压 u_o 和电流 i_o 将沿着交流负载线变化。由于每次交流信号过零点的时候恰为静态，所以，交流负载线与直流负载线必然相交于 Q 点。

交流负载线的斜率可以由交流通路的输出回路方程求出。

$$\dot{U}_o = -\dot{I}_o(R_c /\!/ R_L) \tag{2.22}$$

由输出回路方程可知，交流负载线的斜率为 $-\dfrac{1}{R'_L}$，式中：$R'_L = R_c /\!/ R_L$ 称为交流负载电阻。

交流负载线的具体做法：通过三极管输出特性曲线上的 Q 点，做一条斜率为 $-\dfrac{1}{R'_L}$ 的直线 AB，即为交流负载线，如图 2.15 所示。

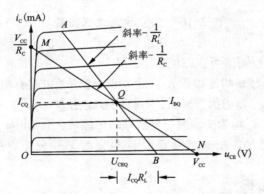

图 2.15 放大电路的动态工作状态的图解分析

从图中可以计算出线段 $OB = U_{CEQ} + I_{CQ} R'_L$，由此可以得到交流负载线的做法之二：过 Q 和 B 两点作直线 AB，即为交流负载线。

（2）信号放大过程图解

信号放大过程图解可遵循如下步骤进行：

①将输入信号 u_i 叠加在静态发射结上，得到 $u_{BE}(= U_{BE} + u_i)$ 波形；

②在 BJT 输入特性上作图得到 $i_B(= I_B + i_b)$ 波形；

③根据放大区电流关系得到 $i_C(= I_C + i_c = \bar{\beta} I_B + \beta i_b)$ 波形；

④在 BJT 输出特性上作图得到 $u_{CE}(= U_{CE} + u_{ce})$ 波形，u_{ce} 即为输出电压 u_o，如图 2.16 所示。如果作图足够准确，可分别测量输出电压与输入电压的峰峰

值,进而求得电压放大倍数,其表达式如下

$$A_u = \frac{U_{OPP}}{U_{IPP}} \tag{2.23}$$

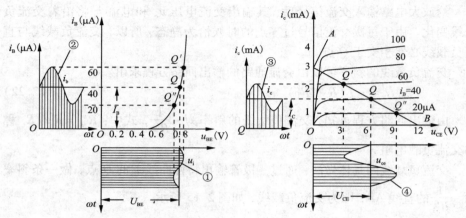

图 2.16　信号放大过程图解

从信号放大过程图解可以归纳如下几点:

①输出电压 u_o 与 u_i 相比被放大了很多倍,体现了电路有电压放大作用。

②U_{BE}、I_B、U_{CE}、I_C 均为直流量,不随信号变化。

③u_{be}、i_b、i_c 和 u_{ce} 均为交流量,在信号的传输放大过程中,交流量是叠加在直流量之上的。但是,在输出端直流量和交流量要分离,在负载上只有交流量。

(3)波形失真分析

信号(电压或电流)波形被放大后幅度增大,而形状应保持原状。如产生不对称或局部变形现象都称波形失真。由于三极管非线性特性而引起的失真,称为非线性失真,包括饱和失真和截止失真两种。饱和失真是由于放大电路的工作点到达了三极管的饱和区而引起的;而截止失真则是由于放大电路的工作点到达了三极管的截止区而引起的。放大器要求输出信号与输入信号之间是线性关系,应尽量避免失真现象出现。

静态工作点位置的设置对输出波形是否失真有直接的影响。

①静态工作点偏低时产生截止失真

当静态工作点偏低时(Q 点接近截止区),交流量的负向峰值到来时,BJT工作在截止区,交流信号不能被放大,输出电流波形的负半周被削顶,而输出电压波形正半周被削顶,产生截止失真。增大 V_{CC} 值(实际一般不采用)或减小

R_b值,可以使得输入直流负载线向上平行移动,使 Q 点上移,从而消除截止失真,如图 2.17 所示。

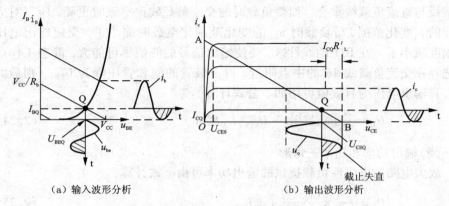

（a）输入波形分析   （b）输出波形分析

图 2.17 放大电路发生截止失真的情况

②静态工作点偏高时产生饱和失真

当静态工作点偏高时(Q 点接近饱和区),交流量正向峰值到来时,BJT 将工作在饱和区,交流信号不能被线性放大,输出电流波形的正半周被削顶,而输出电压波形负半周被削底,产生饱和失真。为了消除饱和失真,可以增大 R_b 值,使得输入直流负载线向下平行移动,使 Q 点下移;也可以减小 R_c 值,改变交流负载线的斜率,增大 U_{CEQ} 值;或者更换一只 β 值较小的管子,使得在 I_{BQ} 相同的情况下,减小 I_{CQ} 值,如图 2.18 所示。

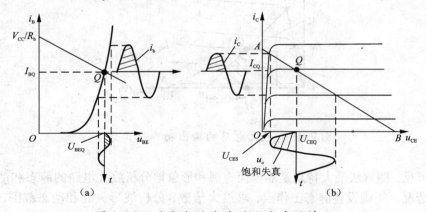

（a）   （b）

图 2.18 放大电路发生饱和失真的情况

（4）求最大不失真输出电压

显然在动态分析时，如果放大电路的输出端未接负载（即 $R_L = \infty$），则交流负载线与直流负载线重合。而带负载时的交流负载线比空载时更陡，所以对应同样的 u_i 变化范围，带负载时 u_{CE} 的变化范围比空载时缩小了，交流输出电压的幅度减小了。在 BJT 的线性区，要使输出信号的峰值尽可能大，静态工作点应选择在交流负载线 AB 的中点附近。设三极管的饱和管压降为 U_{CES}，则最大不失真输出电压的有效值可用如下公式计算

$$U_{om} = \frac{1}{\sqrt{2}} \min \{ U_{CEQ} - U_{CES} , I_{CQ}R'_L \} \tag{2.24}$$

（5）输出功率和功率三角形

放大电路向电阻性负载提供的输出功率可由下式计算：

$$P_o = \frac{U_{OM}}{\sqrt{2}} \times \frac{I_{OM}}{\sqrt{2}} = \frac{1}{2} U_{OM} I_{OM} \tag{2.25}$$

在输出特性曲线上，正好是三角形 ΔQCB 的面积，称为功率三角形。如图 2.19 所示。要想使输出功率 P_o 大，就要使功率三角形的面积大，即必须使 U_{OM} 和 I_{OM} 都要大。对于小信号一般侧重于电压放大，通常不考虑放大电路的输出功率，而在推动负载的输出级，则需要用图解法分析放大电路的输出功率和效率。

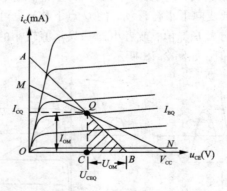

图 2.19　放大电路的输出功率三角形

可见，图解法最大特点是能全面直观和形象地分析放大电路的静态和动态工作情况。正确设置静态工作点，求放大倍数，分析波形失真和动态范围，在曲线图上都是一目了然的。其缺点是在特性曲线上作图麻烦而不准确，动态参数分析不全面（不能求 R_i 和 R_o 等），对于分析频率较高或复杂的电路均不适用。

在上面的分析讨论中，涉及到了一些不同类型的物理量，如：直流量、交

流量、瞬时值(或称为混合量)等。为了方便表达，对它们的表示方法做如下规定

直流量 表示电量的字母大写，下标也大写，如：I_B、I_C、U_{BE} 和 U_{CE}。当特指静态工作点处的直流值时，加下标"Q"，如：I_{BQ}、I_{CQ}、U_{BEQ} 和 U_{CEQ}。

交流量 表示电量的字母小写，下标也小写，如：i_b、i_c、u_{be}、u_{ce}。

瞬时值 表示电量的字母小写，而下标大写，如：i_{BE}、i_C、u_{BE}、u_{CE}。

交流量的有效值 表示电量的字母大写，而下标小写，如：I_b、I_c、U_{be}、U_{ce}。

交流矢量表示法 表示电量的字母大写且其上方加"."，下标小写。如 $\dot{U}_i$、$\dot{I}_b$、及 $\dot{U}_{ce}$ 等。

例 2.1 放大电路及晶体管输出特性，如图 2.20 所示。设 $U_{BE} = 0.7V$。

①用图解法确定直流工作点 I_{CQ}，U_{CEQ}。

②当输入信号使 $i_b = 10\sin\omega t\ \mu A$ 时，试确定输出电压 U_o 的大小。

③若设 $U_{CES} = 0.7V$，试确定放大器输出动态范围 U_{OPP}。当 R_c，R_L 不变时，为使输出动态范围最大，则 $R_b = ?$

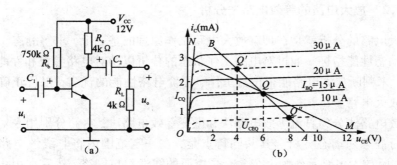

图 2.20 例 2.1 的放大电路及晶体管输出特性

解 (1)由直流通路的输入回路有

$$I_{BQ} = \frac{V_{CC} - U_{BE}}{R_b} = \frac{12 - 0.7V}{750k\Omega} = 15\mu A$$

画直流负载线：在输出特性横轴上找到 $U_{CE} = V_{CC} = 12V$ 的点 M，在纵轴上找到 $I_C = V_{CC}/R_C = 12/4 = 3mA$ 的点 N。连接 M、N 两点的直线即为直流负载线。它与 $I_{BQ} = 15\mu A$ 的那条输出特性曲线的交点即为 Q 点，读出 $U_{CEQ} = 6V$，$I_{CQ} = 1.5mA$

(2)在横轴上，从 $U_{CEQ} = 6V$ 处向右找到一段电压为 $I_{CQ}R'_L = 1.5 \times (4//4) = 3V$

的 A 点，连接 A、Q 两点的直线即为交流负载线。

若 $i_b = 10\sin\omega t\,\mu A$，当信号的正向峰值到来时，$Q$ 点沿交流负载线向上移动到 Q' 点，此时 $i_B = 25\mu A$；当信号的负向峰值到来时，Q 点沿交流负载线向下移动到 Q'' 点，此时 $i_B = 5\mu A$ 的。

Q' 和 Q'' 点之间的横坐标间隔（4V）就是输出电压的峰峰值，

故 $U_o = 2\sin(\omega t + \pi)\ \text{V}$。

（3）$U_{\text{OPP}} = 2\min\{U_{\text{CEQ}} - U_{\text{CES}}, I_{\text{CQ}}R'_L\} = 2I_{\text{CQ}}R'_L = 6\text{V}$

这表明输入信号再大时，将首先出现截止失真。使 U_{OPP} 最大的 I_{CM} 应满足如下关系

$$I_{\text{CM}}R'_L = U_{\text{CEQ}} - U_{\text{CES}} = (V_{\text{CC}} - I_{\text{CM}}R_c) - U_{\text{CES}}$$

即

$$I_{\text{CM}} = \frac{V_{\text{CC}} - U_{\text{CES}}}{R_c + R'_L} = \frac{12 - 0.7}{4 + 4//4} = 1.9\text{mA}$$

此时

$$R_b = \frac{V_{\text{CC}} - U_{\text{BE}}}{I_{\text{CM}}/\beta} = \frac{12 - 0.7}{1.9/100} = 595\text{k}\Omega$$

2.2.2　放大电路的等效电路法分析

放大电路的分析就是在理解放大电路工作原理的基础上，求解静态工作点和各项动态性能指标。通过对电路工作状态的分析以及对电路参数和性能指标的估算，来判断放大电路能否正常工作、评价电路性能的优劣，以便正确设计和选用放大电路。

等效电路法分为直流等效电路法和微变等效电路法，它们分别用来对放大电路进行静态和动态分析。其共同特点是，在一定范围内将非线性电路线性化，将实际放大电路等效为一个含有受控源的线性双口网络，然后利用线性电路的基本定理来计算放大电路的静态、动态参数。

仍以基本共射放大电路为例，用等效电路法进行静态和动态分析。

1. 直流等效电路法静态分析

直流等效电路法是将 BJT 的直流模型代替直流通路中的三极管，得到放大电路的直流等效电路，然后根据线性电路的计算方法，计算放大电路的静态工作点 U_{BEQ}、I_{BQ}、I_{CQ}、和 U_{CEQ}。通常，硅管的 $|U_{\text{BEQ}}| = 0.7\text{V}$，锗管的 $|U_{\text{BEQ}}| = 0.3\text{V}$，无须求解。

图 2.21（a）所示固定偏置共射放大电路的直流等效电路如图 2.21（b）所示。其静态分析方法和步骤如下。

列输入回路方程求 I_B：由 $V_{\text{CC}} = I_{\text{BQ}}R_b + U_{\text{BEQ}}$

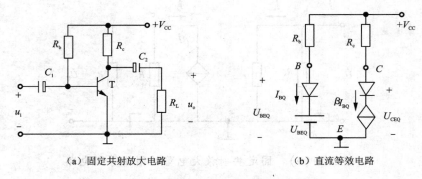

（a）固定共射放大电路　　　　　（b）直流等效电路

图 2.21　固定共射放大电路及其直流等效电路

可得　　　$I_{BQ} = \dfrac{V_{CC} - U_{BEQ}}{R_b}(\mu A)$　　　　　　　　　　　(2.26)

根据放大区电流方程得　　　　　　$I_{CQ} = \beta I_{BQ}(mA)$　　　　　　(2.27)

列输出回路电压方程求 U_{CEQ}，由 $V_{CC} = I_{CQ}R_C + U_{CEQ}$

可得　　　$U_{CEQ} = V_{CC} - I_{CQ}R_c(V)$　　　　　　　　　　　　(2.28)

由上面的分析可知，当 R_b 确定后，I_{BQ} 就确定了，因此，I_{BQ} 称为固定偏流，故此放大电路称为固定偏置电路。

熟练掌握晶体管直流模型后，无需画出放大电路的直流等效电路，根据实际电路的直流通路，用以上方法计算即可。

2. 微变等效电路法动态分析

微变等效电路分析法是在输入低频小信号的前提下，将 BJT 的低频小信号模型代替交流通路中的三极管，得到放大电路的微变等效电路，然后利用线性电路的基本定理来计算放大电路的性能指标（如电压放大倍数、输入电阻和输出电阻等）。

（1）画出放大电路的微变等效电路

分析如图 2.21(a)所示的共射放大电路，可以先画出它的交流通路，然后把图中的 BJT 用其小信号简化模型来替代，即可得到共射放大电路的微变等效电路。也可以直接画出微变等效电路，其步骤如下：首先画出 BJT 的小信号模型，然后画出公共端"⊥"，再将输入端和输出端其余的部分画出，如图 2.21(c)所示。由于习惯采用正弦信号作为放大电路的测试信号，因此将微变等效电路中的电压和电流都看成正弦量，采用复数符号标定。

（2）计算电压放大倍数

BJT 输入电阻

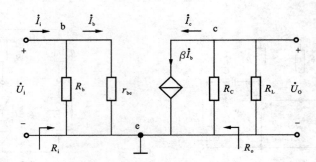

图 2.21(c)　固定共射放大电路的微变等效电路

$$r_{be} = r_{bb'} + (1+\beta)\frac{26mV}{I_E mA} \qquad (2.29)$$

列输入回路方程可得：

$$\dot{U}_i = r_{be}\dot{I}_b \qquad (2.30)$$

列输出回路方程可得：

$$\dot{U}_o = -\dot{I}_c R'_L = -\beta \dot{I}_b R'_L \qquad (2.31)$$

式中：　　$R_L' = R_c // R_L$ 　　　　　　　　　　　　　　　(2.32)

由电压放大倍数计算公式，可得：

$$\dot{A}_u = \frac{\dot{U}_o}{\dot{U}_i} = -\frac{\beta R'_L}{r_{be}} \qquad (2.33)$$

（3）计算输入电阻 R_i

根据输入电阻的定义，结合图 2.21(c)可得

$$R_i = \dot{U}_i / \dot{I}_i = R_b // r_{be} \approx r_{be} \qquad (2.34)$$

（4）计算输出电阻 R_o

在图 2.21(c)中，根据输出电阻计算公式，首先将负载开路，再将信号源置零保留其内阻，则 $\dot{I}_b = 0$，$\beta \dot{I}_b = 0$ 即流控流源开路,可得

$$R_o = R_c \qquad (2.35)$$

可见，共射放大电路的输入电压与输出电压的极性相反，这是其基本特征之一。从共射放大电路的微变等效电路可以看出，其信号输入端为基极，信号输出端为集电极，因而它既有电压放大作用又有电流放大作用，是最常用的信号放大器。

例 2.2　NPN 型三极管接成图 2.22 所示的 2 个电路。试分析电路中三极管 T 处于何种工作状态。设 $U_{BE} = 0.7V$。

分析　对于参数已知的放大电路，可以通过比较基极电流 I_B 和 I_{BS} 临界饱

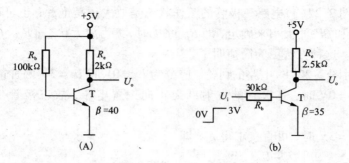

图 2.22 例 2.2 的图

和基极电流的大小来准确判定三极管的状态,称为电流关系判定法。三极管中的电流和工作状态间的关系如表 2.2 所示。表中的参量 I_{BS} 是三极管临界饱和时基极注入的电流,I_{BS} 大小可以用下式计算

$$I_{BS} = \frac{V_{CC} - U_{CES}}{\beta R_C} \qquad (2.36)$$

表 2.2 三极管中的电流与工作状态间的关系

各极电流 工作状态 电流 关系	I_B	I_C	I_E
截止	0	$I_{CEO} \approx 0$	$I_{CEO} \approx 0$
放大	>0	βI_B	$I_B + I_C = (1+\beta) I_B$
饱和	$I_B \geqslant I_{BS}$	$< \beta I_B$	$< (1+\beta) I_B$

通常对硅管而言,临界饱和时的饱和压降 $U_{CES} = 0.7V$,深度饱和时 $U_{CES} \approx 0.3V$。

当基极偏置电流 $I_B \geqslant I_{BS}$ 时,T 饱和,而当 $0 < I_B < I_{BS}$ 时,T 处在放大状态。

解 (1)对于图 2.22(a)电路,基极偏置电流 I_B 为

$$I_B = \frac{V_{CC} - U_{BE}}{R_b} = \frac{5 - 0.7}{100} = 0.043(mA) = 43(\mu A) \qquad (2.37)$$

临界饱和时的基极偏置电流 I_{BS} 为

$$I_{BS} = \frac{V_{CC} - U_{CES}}{\beta R_C} = \frac{5 - 0.7}{40 \times 2} = 0.054(mA) = 54(\mu A) \qquad (2.38)$$

由于 $I_B < I_{BS}$,故三极管 T 处在放大状态。

判断图 2.22(a)电路三极管的工作状态是放大还是饱和，也可通过直接比较电阻 R_b 和 βR_c 的大小来确定，即 $R_b > \beta R_c$ 时，T 为放大状态；$R_b < \beta R_c$ 时，T 为饱和状态。这种方法更为简捷明了。

(2)对图 2.22(b)电路的讨论，应分为 $U_i = 0V$ 和 $U_i = 3V$ 两种情况：

在 $U_i = 0V$ 时，三极管的发射结无正向偏置电压，故三极管 T 处于截止状态。

当 $U_i = 3V$ 时，可直接求得 I_B，即

$$I_B = \frac{U_i - U_{BE}}{R_b} = \frac{3 - 0.7}{30} = 0.077(\text{mA}) \tag{2.39}$$

临界饱和基极偏置电流 I_{BS} 为

$$I_{BS} = \frac{V_{CC} - U_{CES}}{\beta R_c} = \frac{5 - 0.7}{35 \times 2.5} = 0.049(\text{mA}) \tag{2.40}$$

因 $I_B > I_{BS}$，故图 2.22(b)电路三极管 T 也处在饱和状态。

例 2.3   电路如图 2.23(a)所示，晶体管的 $\beta = 80$，$r_{bb'} = 100\Omega$，$U_{CES} = 0.7V$。

(1)分别计算 $R_L = \infty$ 和 $R_L = 5k\Omega$ 时的 Q 点、$\dot{A}_{us}$、R_i 和 R_o 以及最大不失真输出电压 U_{om}。

(2)在输出电压不失真的前提下，计算输入信号的最大有效值 U_{sm}。

解   根据画直流通路的原则，图 2.23(a)所示电路的直流通路如图 2.23(b)所示。静态参数可由直流通路计算。根据画交流通路的原则，图 2.23(a)所示电路的微变等效电路如图 2.23(c)所示。动态指标可由微变等效电路计算。

(1)在空载和带负载情况下，电路的静态电流和 r_{be} 不变。

$$I_{BQ} = I_{R_b} - I_{Rs} = \frac{V_{CC} - U_{BEQ}}{R_b} - \frac{U_{BEQ}}{R_s} \approx 22\mu A$$

$$I_{CQ} = \beta I_{BQ} \approx 1.76\text{mA}$$

$$r_{be} = r_{bb'} + \beta \frac{26\text{mV}}{I_{CQ}} \approx 1.3k\Omega$$

空载时，U_{CEQ}、$\dot{A}_{us}$、R_i 和 R_o 以及 U_{om} 计算如下：

$$U_{CEQ} = V_{CC} - I_{CQ}R_c \approx 6.2V$$

$$\dot{A}_u = \frac{\dot{U}_o}{\dot{U}_i} = -\frac{\beta R_c}{r_{be}} \approx -308$$

$$R_i = R_b // r_{be} \approx r_{be} \approx 1.3k\Omega$$

$$R_o = R_c = 5k\Omega$$

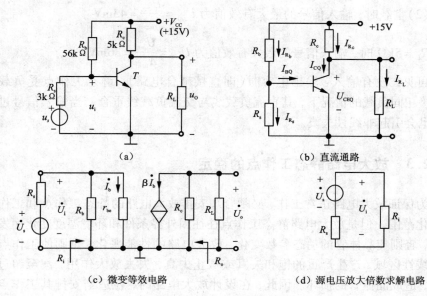

图 2.23 例 2.3 的图

$\dot{A}_{us}$ 的求解如图 2.23(d) 所示:

$$\dot{A}_{us} = \frac{\dot{U}_o}{\dot{U}_s} = \frac{R_i}{R_s + R_i} \cdot \dot{A}_u \approx -93$$

$$U_{om} = \frac{1}{\sqrt{2}} \min\{U_{CEQ} - U_{CES}, I_{CQ}R_c\} = 4V$$

$R_L = 5k\Omega$ 时, U_{CEQ}、$\dot{A}_{us}$、R_i 和 R_o 以及 U_{om} 重新计算如下:

由输出回路方程 $U_{CEQ} = V_{CC} - I_{Rc}R_c = V_{CC} - (I_{CQ} + \frac{U_{CEQ}}{R_L})R_C$

得 $$U_{CEQ} = \frac{R_L}{R_c + R_L} \cdot V_{CC} - I_{CQ}(R_c // R_L) \approx 2.3V$$

由微变等效电路 $$\dot{A}_u = -\frac{\beta(R_c // R_L)}{r_{be}} \approx -115$$

$$R_i = R_b // r_{be} \approx r_{be} \approx 1.3k\Omega$$

$$R_o = R_c = 5k\Omega$$

由图 2.23(d): $\dot{A}_{us} = \frac{R_i}{R_s + R_i} \cdot \dot{A}_u \approx -35$

$$U_{om} = \min\{U_{CEQ} - U_{CES}, I_{CQ}(R_c // R_L)\} / \sqrt{2} = 1.27V$$

（2）空载时，输入信号的最大有效值为 $U_{sm} = \dfrac{U_{om}}{A_{usm}} = 43\,mV$

$R_L = 5\,k\Omega$ 时，输入信号的最大有效值为 $U_{sm} = \dfrac{U_{om}}{A_{usm}} = 36\,mV$

可见，没有输入、输出电容时（即直接耦合电路），静态工作点受负载影响，接相同负载的情况下，其直流负载线与交流负载线重合。当输入信号过大时，也会引起非线性失真。

2.3　放大电路静态工作点的稳定

为保证放大电路正常工作，必须合理安排放大电路的静态工作点和工作点的变化范围。但是放大电路静态工作点往往因外界条件和环境温度变化而发生变动，轻则使晶体管的动态参数变化，放大电路的性能恶化，重则使工作点移至非线性区域，产生严重的饱和失真或截止失真，失去放大作用，甚至超过安全区，造成晶体管的损坏。因此，在设计放大电路时，在适当安排其工作点的基础上，还必须采用合适的直流偏置电路以保证静态工作点的稳定。

2.3.1　温度对静态工作点的影响

静态工作点不稳定的原因很多，环境温度变化、电源电压波动以及晶体管特性的分散性都会造成工作点的变化。在这些因素中，以温度的变化和晶体管特性的分散性影响最大。

在图 2.17（a）所示的固定共射放大电路中，静态基极电流为

$$I_{BQ} = \frac{V_{CC} - U_{BE}}{R_b} \approx \frac{V_{CC}}{R_b} \tag{2.41}$$

相应的静态集电极电流为

$$I_{CQ} = \bar{\beta} I_{BQ} + (1 + \beta) I_{CBO} \tag{2.42}$$

上式表明：当 V_{CC} 和 R_b 一定时，I_{BQ} 近似为固定值，而 I_{CQ} 受晶体管参数 β、和 I_{CBO} 影响很大。即，固定共射放大电路静态工作点受温度影响严重。

当温度升高时，三极管的 I_{CBO}、β 增大，发射结电压 U_{BE} 减小，其结果均使 I_C 增大。这样，静态工作点将升高，特别是在高温时偏向饱和区，使电路不能正常工作。所以稳定静态工作点集中表现在稳定 I_{CQ} 值。

2.3.2　稳定静态工作点的措施

稳定静态工作点的措施归纳起来有 3 种：①利用温度补偿的方法，即依靠

温度敏感器件直接对基极电流产生影响,使之产生与 I_C 变化相反的变化。②直流负反馈 Q 点稳定电路。③在模拟集成电路中,可以采用恒流源偏置技术,即利用电流源为放大电路提供稳定的偏置电流。

1. 二极管温度补偿电路

使用温度补偿方法稳定静态工作点时,必须在电路中采用对温度敏感的器件,如二极管、热敏电阻等。图 2.24(a)所示电路稳定 Q 点原理如下。

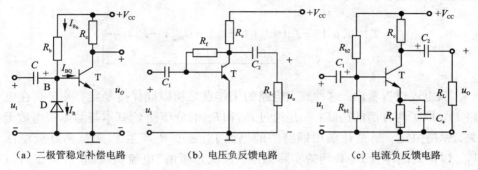

(a)二极管稳定补偿电路   (b)电压负反馈电路   (c)电流负反馈电路

图 2.24   稳定静态工作点电路

电源电压 V_{CC} 远大于晶体管 b ~ e 间导通电压 U_{BEQ},因此 R_b 中静态电流

$$I_{R_b} = \frac{V_{CC} - U_{BEQ}}{R_b} \approx \frac{V_{CC}}{R_b} = 常数 \tag{2.43}$$

节点 B 的电流方程为

$$I_{R_b} = I_R + I_{BQ} \tag{2.44}$$

I_R 为二极管的反向电流。当温度升高时,一方面 I_C 增大,另一方面由于 I_R 增大导致 I_B 减小,从而 I_C 随之减小。当参数配合得当时,I_C 可基本不变。其过程简述如下:

$$T(℃) \uparrow \begin{cases} \rightarrow I_c \uparrow \\ \rightarrow I_R \uparrow \rightarrow I_B \downarrow \rightarrow I_c \downarrow \end{cases} \longrightarrow I_C基本不变$$

从这个过程的分析可知,该电路是利用二极管的温度特性对基极电流产生影响,使之产生与 I_C 变化相反的变化,从而达到稳定 Q 点的作用。

2. 直流负反馈 Q 点稳定电路

利用直流负反馈稳定 Q 的方法有两种:直流电压负反馈,如图 2.24(b)所示;直流电流负反馈电路,如图 2.24(c)所示。现以图 2.24(c)为例说明其稳

定 Q 点的原理。

适当选择 R_{b1} 和 R_{b2}，使 $V_B \approx \dfrac{V_{CC}R_{b1}}{R_{b1}+R_{b2}}$ 基本保持不变

当工作温度升高或换用 β 大的晶体管，致使集电极电流 $I_{CQ}(\approx I_{EQ})$ 增大，I_{EQ} 流过 R_e，使 R_e 上的压降 V_E 变大，则晶体管 B、E 极间的实际偏压 $U_{BE}=V_B-V_E$ 将减小，从而使基极电流 I_{BQ} 减小，牵制了 I_{CQ} 的增大，达到了稳定工作点的目的。以上过程可以表示为

$$T\uparrow(\text{或}\,\beta\uparrow)\rightarrow I_{CQ}(\approx I_{EQ})\uparrow\rightarrow V_E\uparrow\rightarrow U_{BEQ}\downarrow\rightarrow I_{BQ}\downarrow$$

$$I_c\downarrow$$

从上述过程看出，这种放大电路的工作点之所以能保持稳定，关键是在电路上采取了两方面的措施：一是通过 R_{b1} 和 R_{b2} 的分压使 V_B 基本与晶体管参数无关，保持恒定；二是让输出回路中的电流 I_{CQ} 通过 R_e 产生 V_E 来抵消基极电压 V_B，以得到晶体管 B、E 间的实际偏压，这就是所谓"电流负反馈"。由于有以上措施，所以，图 2.24(c) 称为分压式偏置电流负反馈放大电路。

反馈电阻 R_e 不仅有直流负反馈作用，对交流信号也有负反馈作用。如果不希望引入交流负反馈，可以在 R_e 两端并联一个大容量电容 C_e，对 R_e 中的交流信号予以旁路，使 T 的射极交流接地，C_e 称为射极旁路电容。

例 2.4　分压式电流负反馈 Q 的稳定电路的静态和动态分析。

(1) 分压式偏置共射放大电路静态分析

分压式偏置共射放大电路如图 2.25(a) 所示，假设晶体管的 $\beta=100$，$r_{bb'}=100\Omega$。放大电路的静态分析方法有两种：一是戴维宁等效电路法；二是估算法，其使用条件为 $I\geq(5\sim10)I_{BQ}$ 和 $V_{BQ}\geq(3\sim5)U_{BEQ}$，或 $R_e\gg\dfrac{R_b}{1+\beta}$。

① 用估算法求解时，直接利用图 2.25(b) 所示的直流通路。然后利用线性电路的求解方法进行参数计算即可。其过程如下。

对输入回路有：$V_{BQ}\approx\dfrac{R_{b1}}{R_{b1}+R_{b2}}\cdot V_{CC}=2.2V$

$$I_{EQ}=\frac{V_{BQ}-U_{BEQ}}{R_e}\approx1.15mA$$

得　　　　　　　　$I_{CQ}\approx I_{EQ}=1.15mA$

根据放大区电流方程 $I_{BQ}=\dfrac{I_{EQ}}{1+\beta}$，求得 $I_{BQ}\approx11.5\mu A$；

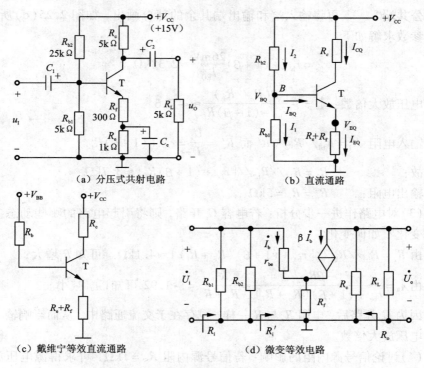

（a）分压式共射电路　　　　（b）直流通路

（c）戴维宁等效直流通路　　　（d）微变等效电路

图 2.25　分压式偏置共射放大电路

列输出回路电压方程 $U_{CEQ} \approx V_{CC} - I_{CQ}(R_c + R_e + R_f)$，求得 $U_{CEQ} = 4.8V$；

注意　在用估算法对分压式偏置电路进行静态分析结束时，应验证规定的使用条件是否满足，如果不满足，则估算结果存在较大的误差，甚至不能反映真实情况。

② 戴维宁等效电路法无需使用条件，其具体做法是：首先将 B 点和"地"两个端子往左看进行戴维宁等效，如图 2.21（c）所示。

戴维宁等效电路的开路电压为：$V_{BB} = \dfrac{R_{b1}}{R_{b1} + R_{b2}} \cdot V_{CC} = 2.2V$

等效电阻为：$R_b = R_{b1} // R_{b2}$

列输入回路方程：$V_{BB} = I_{BQ}R_b + U_{BEQ} + I_{EQ}(R_e + R_f)$

得：$I_{EQ} \approx \dfrac{V_{BB} - U_{BEQ}}{R_b/(1+\beta) + (R_e + R_f)} \approx 1.15mA$ 与估算法结果相同。

（2）分压式偏置共射放大电路动态分析

首先画出微变等效电路，其步骤如下：首先画出 BJT 的小信号模型，然后

画出公共端"⊥"，再将输入端和输出端其余的部分画出，如图 2.25(d)所示。动态参数求解如下

$$r_{be} = r_{bb'} + (1 + \beta)\frac{26\text{mV}}{I_{EQ}} \approx 2.38\text{k}\Omega$$

电压放大倍数：$\dot{A}_u = -\dfrac{\beta(R_c // R_L)}{r_{be} + (1 + \beta)R_f} \approx -7.6$

输入电阻：$R_i = R_{b1} // R_{b2} // R'_i$ 而 $R'_i = \dfrac{U_i}{I_b} = r_{be} + (1 + \beta)R_f$

故：$\quad\quad\quad\quad R_i = R_{b1} // R_{b2} // [r_{be} + (1 + \beta)R_f] \approx 3.7\text{k}\Omega$

输出电阻：$\quad\quad\quad R_o = R_c = 5\text{k}\Omega$

(3)对电路作进一步分析：若电容 C_e 开路，则将引起电路的哪些动态参数发生变化？如何变化？

由 $R_i = R_{b1} // R_{b2} // [r_{be} + (1 + \beta)(R_e + R_f)] \approx 4.1\text{k}\Omega$ 可知 R_i 增大；

由 $\dot{A}_u = \dfrac{-\beta R'_L}{r_{be} + (1 + \beta)(R_e + R_f)} \approx \dfrac{R'_L}{R_f + R_e} = -1.92$ 可知 $|\dot{A}_u|$ 减小。

因为 C_e 开路后，电阻 R_e 与 R_f 一样，也存在于交流通路中，从而影响输入电阻和电压放大倍数。

(4)讨论信号源内阻的影响：若信号源内阻 $R_S = 1\text{k}\Omega$，可求得源电压放大倍数 $\dot{A}_{us}$：

$$\dot{A}_{us} = \frac{R_i}{R_i + R_s} \cdot \dot{A}_u = \frac{3.7}{1 + 3.7} \cdot (-7.6) = -6.0$$

可见，由于射极旁路电容的作用，当射极电阻 R_e 只存在于直流通路时，则对动态参数无影响，而 R_f 既存在于直流通路也存在于交流通路中，因而对静态和动态参数均有影响。

2.4　共集放大电路和共基放大电路

由 BJT 构成的 3 种接法放大电路，从直流通路的角度来说，均要求保证晶体管的发射结正偏、集电结反偏。这 3 种放大电路直流分析的目标和方法也一样。下面重点介绍共集和共基电路的动态分析、性能指标比较和应用场合。

2.4.1　共集电极基本放大电路

共集基本放大电路如图 2.26 所示，集电极作为交流信号的公共端，从基极输入信号、发射极输出信号，因此也称射极输出器，属于电流放大器。常用于信号隔离、输入和输出缓冲以及作为功率放大器的组成部分。

假定 BJT 的 $\beta = 80$，$r_{be} = 1\text{k}\Omega$，$R_L = 3\text{k}\Omega$。放大电路的静态和动态分析如下。

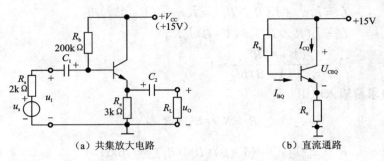

（a）共集放大电路　　　　　　　　　（b）直流通路

图 2.26　共集放大电路及其直流通路

1. 静态分析

根据直流通路图 2.26(b)求解 Q 点。

列输入回路电压方程

$$V_{CC} = I_{BQ}R_b + U_{BEQ} + (1+\beta)I_{BQ}R_e \tag{2.45}$$

得

$$I_{BQ} = \frac{V_{CC} - U_{BEQ}}{R_b + (1+\beta)R_e} \approx 32\mu A \tag{2.46}$$

由放大区电流方程

$$I_{EQ} = (1+\beta)I_{BQ} \approx 2.6\text{mA} \tag{2.47}$$

根据输出回路电压方程

$$U_{CEQ} = V_{CC} - I_{EQ}R_e \approx 7.2\text{V} \tag{2.48}$$

2. 动态分析

首先画出微变等效电路如图 2.27(a)所示。

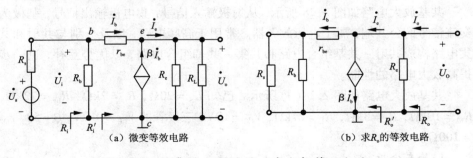

（a）微变等效电路　　　　　　　　　（b）求 R_o 的等效电路

图 2.27　共集放大电路的动态分析等效电路

（1）求解电压放大倍数

分别列输入回路和输出回路的电压方程

$$\dot{U}_i = \dot{I}_b r_{be} + \dot{I}_e (R_e /\!/ R_L) = \dot{I}_b r_{be} + (1+\beta) \dot{I}_b R'_L \tag{2.49}$$

$$\dot{U}_o = \dot{I}_e (R_e /\!/ R_L) = (1+\beta) \dot{I}_b R'_L \tag{2.50}$$

$$\dot{A}_u = \frac{(1+\beta) R'_L}{r_{be} + (1+\beta) R'_L} \approx 1 \tag{2.51}$$

（2）求解输入电阻

$$R_i = R_b /\!/ R'_i = R_b /\!/ \frac{\dot{U}_i}{\dot{I}_b}$$

$$R_i = R_b /\!/ [\, r_{be} + (1+\beta)(R_e /\!/ R_L)\,] \approx 76 \mathrm{k\Omega} \tag{2.52}$$

由此还可以求得源电压放大倍数

（3）求解输出电阻　　　$$\dot{A}_{us} = \frac{R_i}{R_s + R_i} \cdot \dot{A}_u = 9.5$$

将输入信号源 $\dot{U}_s$ 短路，保留其内阻 R_s，负载 R_L 开路，输出端信号源 U_o 与流入电流 I_o 之比即为输出电阻，可从图 2.27（b）求出。

$$R'_o = \frac{U_o}{I_e} = \frac{I_b (r_{be} + R_s /\!/ R_b)}{(1+\beta) I_b} \tag{2.53}$$

$$R_o = R'_o /\!/ R_e = R_e /\!/ \frac{R_s /\!/ R_b + r_{be}}{1+\beta} \approx 37 \Omega \tag{2.54}$$

可见，射极输出器的电压放大倍数略小于1，输出电压与输入电压同相，因此，射极输出器又称为射极跟随器。输入电阻高且与 R_L 有关，输出电阻小且与 R_s 有关。

2.4.2　共基极基本放大电路

共基放大电路如图 2.28 所示，从射极输入信号，集电极输出信号，基极为交流信号的公共端，属于电压放大器。常用于高频电路，以及分别与共射和共集电路构成共射–共基组合电路和共集–共基组合电路，以优势互补，进一步提高放大电路的性能。

共基放大电路如图 2.28（a）所示。已知 $R_S = 20\Omega$，$R_e = 2\mathrm{k\Omega}$，$R_{b1} = 22\mathrm{k\Omega}$，$R_{b2} = 10\mathrm{k\Omega}$，$R_c = 3\mathrm{k\Omega}$，$R_L = 27\mathrm{k\Omega}$，$V_{CC} = 10\mathrm{V}$，三极管的 $V_{BE} = 0.7\mathrm{V}$，$\beta = 50$，$r_{bb'} = 100\Omega$。

1. 静态分析

图 2.28（a）共基放大电路的直流通路如图（b）所示，与分压式偏置共射放大电路的直流通路相同，由此可得

$$V_{\rm B} = \frac{R_{\rm b2}}{R_{\rm b1} + R_{\rm b2}} \cdot V_{\rm CC} = 3.1\text{V} \qquad (2.55)$$

$$I_{\rm CQ} \approx I_{\rm EQ} = \frac{V_{\rm B} - U_{\rm BE}}{R_{\rm e}} = 1.2\text{mA} \qquad (2.56)$$

$$I_{\rm BQ} = \frac{I_{\rm CQ}}{1 + \beta} = 24\mu\text{A} \qquad (2.57)$$

$$U_{\rm CEQ} = V_{\rm CC} - I_{\rm CQ}R_{\rm c} - I_{\rm EQ}R_{\rm e} \approx 4\text{V} \qquad (2.58)$$

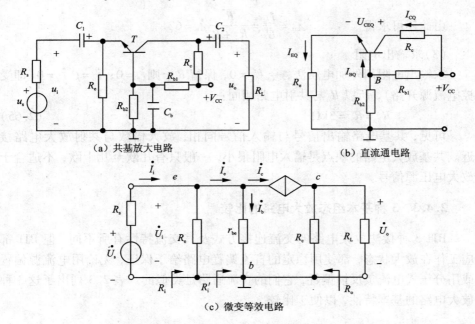

（a）共基放大电路   （b）直流通电路

（c）微变等效电路

图 2.28 共基放大电路

2. 动态分析

微变等效电路如图 2.28（c）所示电压放大倍数、输入电阻和输出电阻求解如下。

（1）求电压放大倍数

列出输入和输出回路电压方程，即

$$\dot{U}_{\rm i} = \dot{I}_{\rm b} r_{\rm be} \qquad (2.59)$$

$$\dot{U}_{\rm o} = \dot{I}_{\rm c}(R_{\rm c}/\!/R_{\rm L}) = \beta \dot{I}_{\rm b} R'_{\rm L} \qquad (2.60)$$

$$r_{\rm be} = r_{\rm bb'} + \beta \frac{26\text{mV}}{I_{\rm CQ}} = 1183\Omega \qquad (2.61)$$

$$\dot{A}_u = \frac{\dot{U}_o}{\dot{U}_i} = \frac{\beta \dot{I}_b R'_L}{\dot{I}_b r_{be}} = \frac{\beta R'_L}{r_{be}} = 113 \tag{2.62}$$

（2）求输入电阻

由
$$R'_i = \frac{\dot{U}_i}{\dot{I}_e} = \frac{r_{be} \dot{I}_b}{(1+\beta) \dot{I}_b} = \frac{r_{be}}{1+\beta} \tag{2.63}$$

得
$$R_i = R_e // R'_i = R_e // \frac{r_{be}}{1+\beta} \approx 24\Omega \tag{2.64}$$

由此还可求得
$$\dot{A}_{us} = \frac{\dot{U}_o}{\dot{U}_s} = \frac{R_i}{R_s + R_i} \dot{A}_u = 62$$

（3）求输出电阻

求输出电阻用外加电压法，令 $U_s = 0$，保留 R_s，则 $\dot{I}_b = 0$；$\dot{I}_c = \beta \dot{I}_b = 0$（即受控电流源开路），所以 R_o 与共射电路相同：

$$R_o = R_c = 3\text{k}\Omega \tag{2.65}$$

可见，共基电路输出信号与输入信号同相，放大倍数与共射放大电路接近。共基放大电路的缺点是输入电阻很小，一般只有几欧至几十欧，不适合于放大电压源信号。

2.4.3　3 种基本组态放大电路的比较

BJT 3 种接法放大电路的交流连接方式及其交流特性有所不同，但 BJT 都应工作在放大状态，都使用稳定的直流偏置电路给予保证，无论用电流源偏置或用分压式电流负反馈偏置，它们的直流通路是类似的。表 2.3 列出了这 3 种放大电路的基本特性，以便于比较。

表 2.3　BJT 3 种接法放大电路的基本特性

	CE 放大器	CB 放大器	CC 放大器
简化交流通路			
$\dot{A}_u$	$-\dfrac{\beta R'_L}{r_{be}}$（大、反相）	$\dfrac{\beta R'_L}{r_{be}}$（大、同相）	$\dfrac{(1+\beta) R'_L}{r_{be} + (1+\beta) R'_L}$（略小于 1、同相）

续上表

	CE 放大器	CB 放大器	CC 放大器
R_i	$R_b // r_{be}$（较小）	$R_e // \dfrac{r_{be}}{1+\beta}$（小）	$R_b // [r_{be} + (1+\beta) R'_L]$（大）
R_o	R_c（较大）	R_c（较大）	$\dfrac{r_{be} + R_s // R_b}{1+\beta} // R_e$（小）
应用	功率增益最大，R_i 和 R_o 适中，易于与前后级接口	高频放大性能好，常与 CE 和 CC 结合使用	R_i 大而 R_o 小，可作为高阻抗输入级和低阻抗输出级以及隔离级

2.5　场效应管放大电路

场效应管放大电路的组成原则与三极管相同：要求有合适的静态工作点，使输出信号波形不失真而且信号幅度足够大。与晶体管基本放大电路相对应，场效应管基本放大电路也有 3 种接法（或称为组态），即共源、共漏和共栅放大电路。同样，这 3 种接法也因其"交流地"而得名。场效应管放大电路的分析方法与 BJT 构成的放大电路也基本相同，均可分别进行直流分析和交流分析，两种分析又均可采用图解法和等效电路法进行。本节重点介绍 FET 的两种常用直流偏置方法，以及用等效电路法分析 FET 放大电路。

2.5.1　场效应管的直流偏置电路及静态分析

场效应管（FET）是电压控制器件，因此放大电路要求建立合适的偏置电压，而不要求偏置电流。场效应管有结型（JFET）和绝缘栅型（MOSFET），N 沟和 P 沟，增强型和耗尽型之分。它们各自的结构不同，伏安特性有差异，因此在放大电路中对偏置电路有不同要求。JFET 必须反极性偏置，即 U_{GS} 与 U_{DS} 极性相反；增强型 MOSFET 的 U_{GS} 与 U_{DS} 必须同极性偏置；耗尽型 MOSFET 的 U_{GS} 可正偏、零偏或反偏。因此，JFET 和耗尽型 MOSFET 通常采用自给偏压和分压式偏置电路，而增强型 MOSFET 通常采用分压式偏置电路。

考虑 FET 管子的输入电阻很高，FET 的栅极几乎不取用电流，可以认为 $I_{GQ} = 0$。对 FET 放大电路进行静态分析有两种方法：图解法和估算法。静态分析时只须计算 3 个参数：U_{GSQ}、I_{DQ} 和 U_{DSQ} 即可，下面分别举例说明。

1. 自给偏压放大电路

自给偏置就是通过耗尽型场效应管本身的源极电流来产生栅极所需的偏置

电压,如图2.29(a)所示。根据画直流通路的原则(电容视为开路、电感视为短路保留其直流电阻、信号源置零保留其内阻)可以画出其直流通路如图 2.29(b)所示。为了防止交流信号降在 R_s 两端使输出信号下降,在 R_s 两端并联旁路电容 C_S,C_S 的数值应足够大,使其在最低工作频率下的电抗值和 R_s 相比较仍足够小。

在直流通路中,当源极电流流过 R_s 时将产生电压降,而栅极虽然通过电阻 R_g 接地,由于栅极电流几乎为零,栅极对地电位 V_G 近似为零。

$$U_{GS} = V_G - V_S \approx -I_S R_s < 0 \tag{2.66}$$

可见,依靠耗尽型 FET 自身的源极电流 I_S 所产生的电压降 $I_S R_s$,使得栅 - 源极间获得了负偏置电压;如果将 R_s 短接,还可获得零偏置电压。

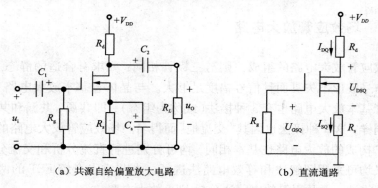

(a) 共源自给偏置放大电路   (b) 直流通路

图 2.29　共源自给偏置放大电路及其直流通路

下面用估算法分析自给偏压放大电路的静态工作点。根据图2.29(b)所示的直流通路

(1)列输入回路电压方程

$$U_{GSQ} = V_{GQ} - V_{SQ} = -I_{SQ} R_s = -I_{DQ} R_s \tag{2.67}$$

(2)由耗尽型 FET 的电流方程

$$I_{DQ} = I_{DSS} \left(1 - \frac{U_{GSQ}}{U_{GS(off)}} \right)^2 \tag{2.68}$$

联解上述两式并舍去不合理的一组解,可求得 U_{GSQ} 和 I_{DQ}。

(3)列输出回路电压方程

$$V_{CC} = I_{DQ}(R_d + R_s) + U_{DSQ}$$

求得　　　$$U_{DSQ} = V_{DD} - I_{DQ}(R_d + R_s) \tag{2.69}$$

2. 分压式直流偏置电路

分压式直流偏置电路也称为混合偏压电路。在自给偏压电路中,为了使工

作点稳定可以增大 R_S，而这样又会使 I_D 减小，影响 FET 放大器的性能。解决办法是在栅极上附加一个偏压，即利用分压电阻 R_{g1} 和 R_{g2} 给栅极提供一个固定的偏压，从而构成混合偏压电路。由增强型 FET 构成的分压式偏置的放大电路如图 2.30 所示。

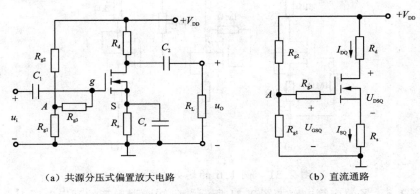

（a）共源分压式偏置放大电路　　　　（b）直流通路

图 2.30　分压式偏置共源放大电路的分析

由图可得

$$V_G = V_A = \frac{R_{g1}}{R_{g1} + R_{g2}} \cdot V_{DD} \qquad (2.70)$$

源极对地的电压和自给偏置时一样，可用下式表示

$$V_S = I_S R_s \qquad (2.71)$$

因此，栅源极间偏置电压由上述两部分所构成

$$U_{GS} = V_G - V_S = \frac{R_{g1}}{R_{g1} + R_{g2}} \cdot V_{DD} - I_S R_s \qquad (2.72)$$

上式表明，分压式偏置电路中栅源电压 U_{GS} 可通过调节 R_{g1} 和 R_{g2} 或 R_s 来取得，因而灵活性更大，调节也更方便。

下面用估算法确定分压式偏置 FET 放大电路的静态工作点。

首先画出其直流通路如图 2.30(b) 所示。

（1）由输入回路电压方程可得式（2.72）

（2）由增强型 FET 的电流方程

$$I_{DQ} = I_{DO} \left(\frac{U_{GSQ}}{U_{GS(th)}} - 1 \right)^2 \qquad (2.73)$$

联解式（2.72）和式（2.73）并舍去不合理的一组解，可求得 U_{GSQ} 和 I_{DQ}。

（3）列输出回路电压方程：$V_{DD} = I_{DQ}(R_d + R_s) + U_{DSQ}$，

求得　　　　$U_{DSQ} = V_{DD} - I_{DQ}(R_d + R_s)$　　　　　　　　　(2.74)

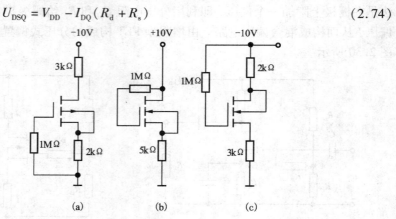

图 2.31　例 1.6 的场效应管电路

例 2.5　场效应管电路如图 2.31 所示。已知增强型管的开启电压 $U_{GS(th)}$ 均为 2V，试判断各管的工作状态。

解　在图 2.31(a)、(c) 电路中，由于增强型管均采用了自给偏压电路，使得图 2.31(a) P 沟道管的 u_{GS} 不可能小于 0，而图 2.31(c) N 沟道的 U_{GS} 不可能大于 0，因而两管都处于截止状态。

对于图 2.31(b) 电路，N 沟道增强型管的 $U_{DS} = U_{GS}$，其 $U_{GD} = 0 < U_{GS(th)}$，而当 $I_D = 0$ 时，$U_{GS} = 10 > U_{GS(th)}$，所以管子工作在恒流状态。

2.5.2　3 种接法 FET 放大电路的动态分析

FET 放大电路也有 3 种基本的组态：共源(CS)、共漏(CD)、共栅(CG)。其动态分析方法与 BJT 放大电路类似，首先用 FET 的低频小信号模型代替其交流通路中的 FET，从而画出其微变等效电路，然后根据线性电路的计算方法求解动态参数。3 种接法的 FET 放大电路的性能与对应的 BJT 3 种接法电路的性能也有相似之处。

1. 共源基本放大电路

对于采用 FET 的共源放大电路，其分析方法与共射接法的放大电路基本相同，所不同的是，在等效电路中 FET 为电压控制电流源(VCCS)。仍用图 2.32(a) 所示自给偏压共源的放大电路为例进行动态分析。

首先画出放大电路的微变等效电路如图 2.32(b) 所示。与双极型三极管相比，FET 是压控流源，其输入电阻无穷大相当于开路。

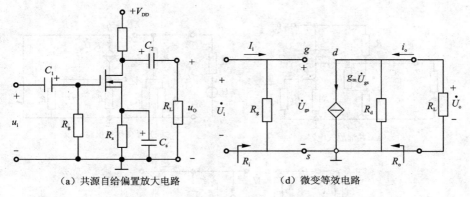

（a）共源自给偏置放大电路　　　（d）微变等效电路

图 2.32　共源基本放大电路的微变等效电路

（1）求电压放大倍数

由输出回路电压方程

$$\dot{U}_o = -g_m \dot{U}_{gs}(R_d /\!/ R_L) \tag{2.75}$$

$$\dot{A}_u = \frac{\dot{U}_o}{\dot{U}_i} = \frac{-g_m \dot{U}_{gs}(R_d /\!/ R_L)}{\dot{U}_{gs}} = -g_m R'_L \tag{2.76}$$

（2）求输入电阻

根据输入电阻的定义可得

$$R_i = \dot{U}_i / \dot{I}_o = R_g \tag{2.77}$$

（3）求输出电阻

将负载电阻 R_L 开路，将输入电压信号源短路但保留内阻，并在输出端加上一个电源 $\dot{U}_o$，流入电流为 $\dot{I}_o$，于是

$$R_o = \dot{U}_o / \dot{I}_o = R_d \tag{2.78}$$

从放大电路的电压放大倍数、输入电阻和输出电阻来看，与共射放大电路相近，两者的应用场合也基本相同。

2. 共漏基本放大电路

共漏放大电路也称为源极输出器，如图 2.33 所示，其动态分析如下。

首先画出图 2.33（a）所示共漏基本放大电路的微变等效电路，如图 2.33（b）所示。

（1）求电压放大倍数

$$\dot{A}_u = \frac{\dot{U}_o}{\dot{U}_i} = \frac{g_m \dot{U}_{gs}(R /\!/ R_L)}{\dot{U}_{gs} + g_m \dot{U}_{gs}(R /\!/ R_L)} = \frac{g_m R'_L}{1 + g_m R'_L} \rightarrow 1 \tag{2.79}$$

式中 $R'_L = R /\!/ R_L$。

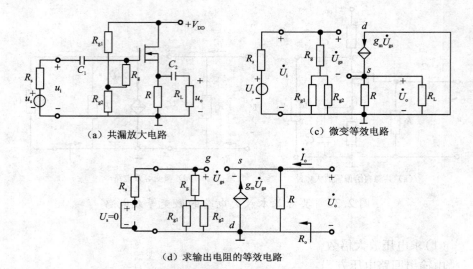

（a）共漏放大电路　　　　　　（c）微变等效电路

（d）求输出电阻的等效电路

图 2.33　共漏组态放大电路及其等效电路

$\dot{A}_u$ 为正，表示输入与输出同相，当 $g_m R'_L \gg 1$ 时，$\dot{A}_u \approx 1$。

（2）求输入电阻

$$R_i = R_g + (R_{g1} // R_{g2}) \tag{2.80}$$

（3）求输出电阻

计算输出电阻的原则与其他组态相同，将图 2.33(b) 改画为图 2.33(c)。

由于 $\dot{U}_o = -\dot{U}_{gs}$

$$\dot{I}_o = \frac{\dot{U}_o}{R} - g_m \dot{U}_{gs} = \frac{\dot{U}_o}{R // (1/g_m)} \tag{2.81}$$

$$R_o = \frac{\dot{U}_o}{\dot{I}_o} = R // \frac{1}{g_m} \tag{2.82}$$

从放大电路的电压放大倍数、输入电阻和输出电阻来看，与射极输出器相近，两者的应用场合也基本相同。

3. 共栅组态基本放大电路

共栅放大电路如图 2.34(a) 所示，其微变等效电路如图 2.34(b) 所示。

（1）求电压放大倍数

$$\dot{A}_u = \frac{\dot{U}_o}{\dot{U}_i} = \frac{-g_m \dot{U}_{gs}(R_d // R_L)}{-\dot{U}_{gs}} = g_m(R_d // R_L) = g_m R'_L \tag{2.83}$$

（2）求输入电阻

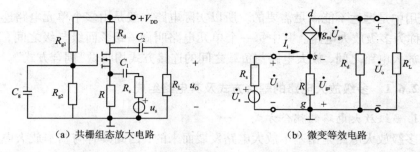

（a）共栅组态放大电路　　　　　　　　（b）微变等效电路

图 2.34　共栅组态放大电路及其微变等效电路

$$R_{\mathrm{i}} = \frac{\dot{U}_{\mathrm{i}}}{\dot{I}_{\mathrm{i}}} = \frac{-\dot{U}_{\mathrm{gs}}}{-\dfrac{\dot{U}_{\mathrm{gs}}}{R} - g_{\mathrm{m}}\dot{U}_{\mathrm{gs}}} = \frac{1}{\dfrac{1}{R} + g_{\mathrm{m}}} = R /\!/ \frac{1}{g_{\mathrm{m}}} \tag{2.84}$$

（3）求输出电阻

$$R_{\mathrm{o}} \approx R_{\mathrm{d}} \tag{2.85}$$

4.FET 3 种基本放大电路性能指标的比较

表 2.4　FET 3 种基本放大电路性能指标的比较

	CS 组态	CD 组态	CG 组态
简化交流通路			
$\dot{A}_{\mathrm{u}}$	$-g_{\mathrm{m}}R'_{\mathrm{L}}$（大，反相放大）	$\dfrac{g_{\mathrm{m}}R'_{\mathrm{L}}}{1 + g_{\mathrm{m}}R'_{\mathrm{L}}}$（略小于 1，同相）	$g_{\mathrm{m}}R'_{\mathrm{L}}$（大，同相放大）
R_{i}	R_{g}（很大）	R_{g}（很大）	$R /\!/ \dfrac{1}{g_{\mathrm{m}}}$（较小）
R_{o}	R_{d}（较大）	$R /\!/ \dfrac{1}{g_{\mathrm{m}}}$（较小）	R_{d}（较大）
类似	CE 放大器	CC 放大器	CB 放大器

2.6　多级放大电路

由单个三极管组成的基本放大电路，其放大倍数一般可达上百倍，这在实际应用中是远远不能满足需要的。所以实际电路一般是由多个单元电路连接而成，称为多级放大电路。其中每一个单元电路叫做一级，而级与级之间，信号源与放大电路之间，放大电路与负载之间的连接方式均叫做"耦合方式"。

2.6.1 多级放大电路的耦合方式及其电路组成

1. 多级放大电路的耦合方式

多级放大电路是由基本放大电路发展而来的，因此具有与基本放大电路类似的问题和分析方法，如工作点稳定问题、电压放大倍数、输入电阻和输出电阻等。同时，也出现了一些新问题，如不同的级间耦合方式引发的多级放大电路级间相互影响等。放大电路的级间耦合必须要保证信号的传输，且保证各级静态工作点的合适与稳定。

（1）直接耦合

直接耦合电路采用直接连接或电阻连接，不采用电抗性元件。直接耦合放大电路存在温度漂移问题，即当环境温度变化时，输出发生不确定的波动现象。但因其低频特性好，能够放大变化缓慢的信号且便于集成，而得到越来越广泛的应用。但是直接耦合（或称为电阻耦合）使各放大级的工作点互相影响，在构成多级放大电路时必须加以解决。

（2）阻容耦合

将放大电路的前级输出端（或信号源）通过电容接到后级的输入端，称为阻容耦合方式。这种耦合方式只能传输交流信号，漂移信号和低频信号被电容所阻断。阻容耦合放大电路利用耦合电容隔离直流，较好地解决了温漂问题，但其低频特性差，不便于集成，因此仅在分立元件电路中采用。

除此之外还有两种耦合方式，变压器耦合以及光电耦合。变压器耦合方式的特点与阻容耦合相似，其主要优点是可以获得阻抗匹配，多用于射频放大器和大功率输出场合。光电耦合的主要特点是具有很强的抑制外界干扰和噪声的能力，通常用于需要远距离信号传输的场合。

2. 直接耦合放大电路静态工作点的设置

级与级之间连接方式中最简单的就是将前一级的输出端直接接到后一级的输入端，这就是"直接耦合"方式，如图 2.35 所示。

（1）电位移动直接耦合放大电路

电位移动直接耦合放大电路有多种构成方法。

①第二级加射极电阻；

②第二级加稳压管或二极管。

在图 2.35（a）的电路中，$V_{C1} = V_{B2}$，$V_{C2} = U_{C2B2} + V_{B2} > V_{B2}(V_{C1})$

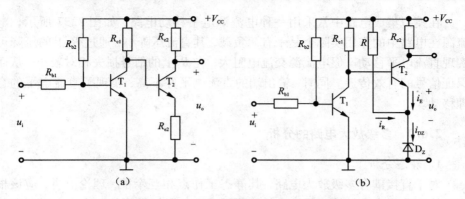

图 2.35　电位移动直接耦合放大电路

这样，集电极电位就要逐级提高，为此后面的放大级要加入较大的发射极电阻 R_{e2}，否则无法设置正确的工作点。这种方式只适用于级数较少的电路。

在图 2.35(b)的电路中，当稳压管工作在击穿状态时，在一定电流范围内其端电压基本不变，以确保直流参数稳定。由于稳压管的动态电阻仅为十几至几十欧，所以用稳压管取代 R_{e2} 可以提高输出电压。为了保证稳压管工作在稳压状态，限流电阻 R 的电流 I_R 流经稳压管，使得稳压管中的电流大于其最小稳定电流(多为 5mA 或 10mA)。根据 T_1 管管压降 U_{CE1Q} 所需的数值，便可选取稳压管的稳定电压 U_Z。

(2) NPN + PNP 组合电平移动直接耦合放大电路

级间采用 NPN 管和 PNP 管搭配的方式，如图 2.36 所示。由于 NPN 管集电极电位高于基极电位，PNP 管集电极电位低于基极电位，将它们组合使用可避免集电极电位的逐级升高。

(3) 电流源电平移动放大电路

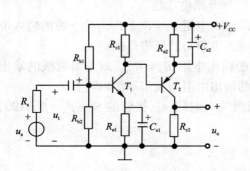

图 2.36　NPN 和 PNP 管组合

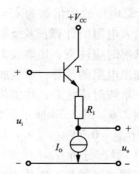

图 2.37　电流源电平移动电路

在模拟集成电路中常采用一种电流源电平移动电路,如图 2.37 所示。电流源在电路中的作用实际上是个有源负载,其直流压降小,通过 R_1 上的压降可实现直流电平移动。但电流源交流电阻大,在 R_1 上的信号损失相对较小,从而保证信号的有效传递。同时,输出端的直流电平并不高,实现了直流电平的合理移动。

2.6.2　多级放大电路的分析

1. 静态分析

对于直接耦合多级放大电路,其静态工作点相互牵扯,理论上讲,应该根据具体电路得出各级输入回路和输出回路方程,联解方程组,才能求得各级的 Q 点。实际分析时,可以根据以下两点简化计算:

①忽略后级基极电流对前级集电极(或发射极)电流的分流作用;

②采用稳压管进行电平移位时,可将稳压管看成电压源 U_z;

对于阻容耦合或变压器耦合的多级放大电路,由于各级的 Q 点相互独立,分别按照各级的直流通路,求解各级的 Q 点即可。只不过在直流通路中,变压器绕组可看成短路。

2. 动态分析

动态分析应根据放大电路的微变等效电路进行,对于直接耦合或阻容耦合放大电路,在分析方法上并无不同。对于变压器耦合电路,应将变压器副边的阻抗折算到原边。

电压放大倍数有两种求解方法:一是将后一级的输入电阻作为前一级的负载考虑,再分别计算各级的电压放大倍数,总电压放大倍数为 $\dot{A}_u = \dot{A}_{u1}\dot{A}_{u2}\cdots$,简称输入电阻法;二是将后一级与前一级之间开路,计算前一级的开路电压放大倍数和输出电阻,并将该电阻作为后级的信号源内阻,计算后级的源电压放大倍数,总电压放大倍数为 $\dot{A}_u = \dot{A}_{uo1}\dot{A}_{us2}$,简称开路电压法。

输入电阻的计算:多级放大电路的输入电阻 $R_i = R_{i1}$,即为第一级的输入电阻。求解时应注意,共集放大电路的输入电阻与其所带负载有关。

输出电阻的计算:多级放大电路的输出电阻 $R_o = R_{on}$,即为最末级的输出电阻。求解时应注意,共集放大电路的输出电阻与其信号源内阻有关。

例 2.6　图 2.38 所示阻容耦合两级放大电路,三极管的 $\beta_1 = \beta_2 = \beta = 100$,$U_{BE1} = U_{BE2} = 0.7\text{V}$。

(1)静态分析

求第一级的静态工作点:

忽略 I_{B2} 对第一级静态工作点的影响,则第一级静态工作点的计算与分压

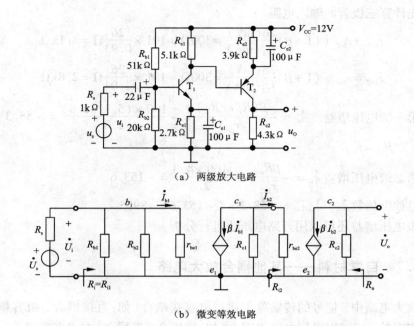

(a) 两级放大电路

(b) 微变等效电路

图 2.38　阻容耦合两级放大电路及其微变等效电路

式偏置电路相同。先求 T_1 管的基极和地以左电路的戴维宁等效电路, 其开路电压和等效电阻分别为

$$V_{BB} = \frac{R_{b2}}{R_{b1} + R_{b2}} V_{CC} = 3.38V \ \text{和} \ R_b = R_{b1} // R_{b2}$$

故　　$I_{BQ1} = \frac{V_{BB} - U_{BE1}}{R_b + (1 + \beta) R_{e1}} = \frac{3.38 - 0.7}{(51//20) + 101 \times 2.7} mA = 9.3 \mu A$

$$I_{CQ1} = \beta I_{BQ1} = 0.93mA$$

$$U_{CEQ1} = V_{cc} - I_{CQ1} R_{c1} - I_{EQ1} R_{e1} \approx V_{cc} - I_{CQ1}(R_{c1} + R_{e1}) = 4.7V$$

求第二级的静态工作点:

由　　$V_{C1} = V_{B2} = V_{CC} - I_{CQ1} R_{c1} = (12 - 0.93 \times 5.1)V = 7.26V$

$$V_{E2} = V_{EB2} + U_{B2} = (7.26 + 0.7) = 7.96V$$

得　　$U_{CEQ2} = V_{C2} - V_{E2} = (4.47 - 7.96)V = -3.45(V)$

$$I_{EQ2} \approx I_{CQ2} = (V_{CC} - V_{E2})/R_{e2} = (12 - 7.96)/3.9 = 1.04mA$$

$$V_{C2} = I_{CQ2} R_{c2} = (1.04 \times 4.3)V = 4.47(V)$$

(2) 动态分析

微变等效电路如图 2.38(b) 所示下面介绍用输入电阻法求电压增益。

先计算三极管的输入电阻

$$r_{be1} = r_{bb'} + (1+\beta)\frac{26(mV)}{I_{E1}(mA)} = 300\Omega + 101 \times \frac{26}{0.93}\Omega = 3.1k\Omega$$

$$r_{be2} = r_{bb'} + (1+\beta)\frac{26(mV)}{I_{E2}(mA)} = 300\Omega + 101 \times \frac{26}{1.04}\Omega = 2.8k\Omega$$

第一级电压增益 $\dot{A}_{u1} = -\frac{\beta(R_{c1}//R_{i2})}{r_{be1}} = -\frac{100 \times (5.1//2.8)}{2.8} = -58.3$

式中 $R_{i2} = r_{be2}$

第二级电压增益 $\dot{A}_{u2} = -\frac{\beta R_{c2}}{r_{be2}} = -\frac{100 \times 4.3}{2.8} = -153.6$

总放大倍数 $\dot{A}_u = \dot{A}_{u1}\dot{A}_{u2} = -58.3 \times (-153.6) = 8955$

该电压增益还可以用开路电压法进行分析。

2.7   自学材料——其他耦合放大电路

放大电路中,信号的传输除了通过电直接耦合(如:直接耦合,阻容耦合)方式实现外,还可以采用电隔离耦合(如:磁耦合、光耦合)方式来实现。

2.7.1   变压器耦合放大电路

变压器耦合是利用电磁感应原理将变压器初级绕组上的交流电压传送到次级绕组。如图 2.39(a)所示,就是一个变压器耦合两级共射放大电路。第一级晶体管 T_1 的集电极电阻 R_{c1} 换成了变压器 T_{r1} 的原边绕组,变化的电压和电流经 T_{r1} 的副边绕组耦合到晶体管 T_2 的基极进行第二级放大,再经 T_{r2} 把晶体管 T_1、T_2 放大了的交流电压和电流加到了负载电阻 R_L 上。

变压器耦合的特点:

①前级、后级的静态工作点是互相独立的,变压器不传送直流信号,故设计、计算和调试电路比较方便。

②变压器耦合的最大优点是可以进行阻抗变换。使负载上得到最大输出功率。

③高频、低频性能都比较差。不能传送直流或变化缓慢的信号,只能用于交流放大电路,但信号频率较高时,变压器产生漏感和分布电容,因而高频特性变坏。

④变压器需用绕组和铁芯,体积大,成本高,无法采用集成工艺。

变压器阻抗变换原理如图 2.39(b)所示。设变压器 T_{r1} 的初级与次级匝数

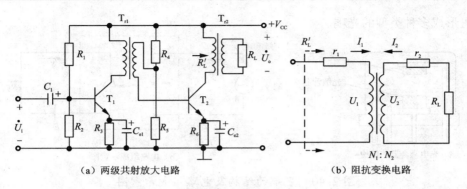

（a）两级共射放大电路　　　　　　　　　（b）阻抗变换电路

图 2.39　变压器耦合两级共射放大电路

比为 $n(n=N_1/N_2)$。由电路理论可知，对理想变压器而言，初级等效交流电阻 $R'_L=n^2R_L$。如果改变匝数比使 R'_L 等于放大器输出电阻，负载 R_L 上就可以获得最大输出功率。即通过变压器的阻抗变换实现了放大器与负载之间的功率匹配。

　　假设图 2.39(a) 中第二级放大器的负载 R_L 是 8Ω 的扬声器。如果不经变压器 T_{r2} 而是将扬声器直接到 T_2 管的集电极上，因为扬声器的电阻 R_L 太小，与 T_2 管的输出阻抗不匹配，因而在扬声器上获得的功率很小。

　　但是，由于实际的低频变压器体积大、笨重、成本高且频率特性差，因此，变压器耦合放大器多用于射频放大电路和功率放大电路。

2.7.2　光耦合放大电路

　　光耦合放大电路是通过光耦合器实现放大电路的级间耦合。在模拟电子电路中，广泛应用于宽频带隔离放大器、音频隔离放大器和串联型直流稳压电源中。

　　1．光电耦合器

　　光电耦合器（简称光耦）是将发光二极管与光敏器件相结合，进行"电—光—电"信号转换的器件。它以光为媒介，将输入信号转换为输出信号，其主要特点是：具有很强的抑制外界干扰和噪声的能力，大大提高信号传输过程中的信号 – 噪声比。

　　光耦的结构及电路组成示意图如图 2.40 所示，其发光部分通常使用 GaAs 发光二极管发射红外光，其发光效率达 3% ~ 5%，发光峰值波长在 900 ~ 9400mm 范围内，正好和可用做探测器的硅光电二极管，光电三极管响应峰值波长相符合，从而可获得较高的信号传输效率。由于探测器与光源的不同组合可形成多种类型的光耦。

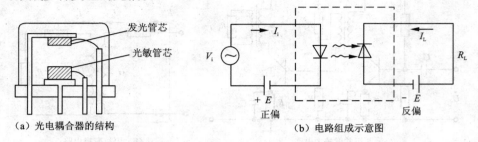

(a) 光电耦合器的结构   （b) 电路组成示意图

图 2.40   光耦的结构及电路组成示意图

光耦的主要性能指标有电流传输比和响应时间。

电流传输比是在直流工作状态下，光电耦合器的输出电流 I_L 与输入电流 I_i 之比，记做 CTR。CTR 愈大，推动负载的能力愈强，由于光电流倍增大小不同，CTR 值随组合形式不同差别很大。对光电三极管型光耦的 CTR 要特别注意，在设计电路时必须考虑 CTR 值与环境温度、发光二极管正向电流 I_F 及基极 – 射极间的电阻 R_B 有关。

$$\text{CTR} = \frac{I_L}{I_F} \cdot 100\% \tag{2.86}$$

响应时间   在数字信号传输时用上升时间 t_r 和下降时间 t_f 来描述，在模拟信号传输时用最高工作频率 f_h 来表征。缩短响应时间以提高传输速度可以从两个方面考虑：一方面可以从器件本身考虑，选用结电容小的 PIN 管作为光电三极管；另一方面与器件的使用状态有关，如减小负载电阻可以缩短响应时间，或者从光电三极管的集电极输出（比发射极输出响应时间短）等。

使用光电耦合器时，其输入电路实际上就是发光二极管的驱动电路，其输出电路实际上就是光电二极管或光电三极管的实际应用电路。光耦的输入、输出特性如图 2.41 所示。

2. 应用电路举例

如图 2.42 所示为一个电视机视频放大部分的实际电路。视频信号通过特性阻抗为 750Ω 的同轴电缆送到输入端，调整 R_1 使传输电缆与输入部分达到阻抗匹配，视频信号经 T_1 放大后去推动发光二极管，经光电耦合器耦合到 T_2 的基极。这里采用光电二极管型光电耦合器的主要目的是为了提高工作频率，调整 R_2 使光电二极管得到合适的工作状态，以防止图像信号失真。T_2 组成图像信号输出放大器。C_1 和 C_2 是频率补偿电容，根据负载的大小进行调整，使其频率特性平坦，C_1 和 C_2 一般为 200 ~ 600pF。

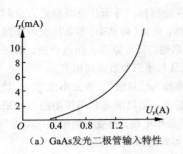

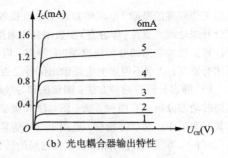

（a）GaAs发光二极管输入特性   （b）光电耦合器输出特性

图 2.41 光耦的输入和输出特性

本电路的增益可达 40dB，最高工作频率 f_H 为 5MHz，虽然光电耦合器的原边和副边是共地的，但是由于使用光电耦合器，使本电路的信噪比大大提高了，从而提高了电视图像的清晰度和抗干扰能力。

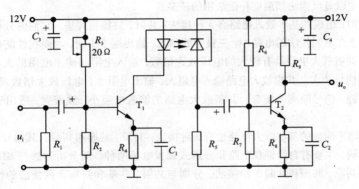

图 2.42 电视机视频放大部分的实际电路

本章小结

本章是模拟电子电路的基础篇，学好这一章对于学习本书的后续章节十分重要。如何正确而有效地利用晶体管和场效应管的放大特性是本章所讨论的中心问题。

（1）三极管放大性能的有效发挥不但取决于其本身的特性和参数，而且依赖于外电路的正确配合。由 BJT 和 FET 均可以构成基本放大电路。放大电路的组成，应使得其直流通路和交流通路均正常工作，且对输入信号进行不失真地放大。对于由 BJT 构成的放大电路，尽管有不同的接法（如共射、共基或共集），但为了保证 BJT 工作在放大区，对直流偏置的要求都是相同的（发射结正偏和集电结反偏）。

（2）在正常工作时，放大电路处于交、直流共存的状态。放大电路的分析要在理解放大电路工作原理的基础上，求解静态工作点和各项动态性能指标。分析计算时要把直流和交流分开来处理。直流（即静态）参数用直流通路分析计算，交流（即动态）参数用交流通路分析计算。放大电路的分析应遵循"先静态，后动态"的原则，只有静态工作点合适，动态分析才有意义；Q 点不但影响电路输出信号是否失真，而且与动态参数密切相关。

（3）静态分析有两种方法：图解法和等效电路法（亦称为估算法）。输入小信号时，放大电路的动态分析也有两种方法：图解法和微变等效电路法。图解法是利用作图的方法来求解其静态工作点和动态指标，适用于低频信号下工作的简单电路；微变等效电路法是在"微变"条件下，将非线性的晶体管放大电路的转化为线性等效电路来进行分析。

（4）放大电路性能指标主要有：电压放大倍数、输入电阻、输出电阻和最大不失真输出电压。它们的大小都与静态工作点的位置密切相关。在分析一个具体的放大电路时，一般采用估算法近似计算静态工作点 I_{BQ}，I_{CQ}，U_{CEQ}；采用微变等效电路法计算 3 个动态性能指标 $\dot{A}_u$，R_i，R_o；用图解法求最大不失真输出电压 U_{om} 以及分析非线形失真情况。

（5）静态工作点的合理设置和稳定至关重要，它是放大电路不失真放大输入信号的基础。温度是影响静态工作点稳定的主要因素。通常在放大电路中采取多种措施来稳定静态工作点，其中以负反馈法和温度补偿法用的较多。

（6）由 BJT 组成的基本放大电路有 3 种接法：共射、共集和共基。它们的分析方法基本相同，但由于在不同接法的电路中，三极管的输入、输出端子不同，因而在性能指标上有很大的差异。共射放大电路具有较大的电压放大倍数，输入电阻和输出电阻的大小适中，适合于一般的信号放大。共集放大电路输入电阻大，输出电阻小，电压放大倍数接近于 1，适用于信号跟随、信号隔离等场合。共基放大电路的输入电阻小，频带宽，适用于放大高频信号。

（7）由 FET 构成的基本放大电路也有 3 种接法：共源、共栅和共漏。其偏置电路与 BJT 放大电路不同，主要有自给偏置电路和分压式偏置电路两种。其分析方法与 BJT 放大电路基本类似。共源、共栅和共漏 3 种接法，分别与共射、共基和共集 3 种接法的性能和作用相似。

（8）多级放大器是由单级放大器组合而成。在结构上的基本特点是，既要给各级加上合适的直流偏置，又要让输入信号有效地放大并传输到负载上，常采用电容、变压器等元件来分隔电路中的交、直流成分。多级放大器的静态和动态分析方法与单级放大器大体相似，只是需要考虑不同的耦合方式对静态和动态分析的影响。其耦合方式主要有：直接耦合、阻容耦合。除此之外，还有变压器耦合以及光电耦合等。

习题

2.1 试判断图 2.43 中所示各电路能否实现放大交流信号的功能。对于不能实现放大的电路，指出其错误，并改正电路。对各电路中的电容标出其电极的正负端。

2.2 在图 2.44 所示的各种故障情况下，晶体管集电极上的电压 V_C 为多大？假设所用的三极管都是硅管。

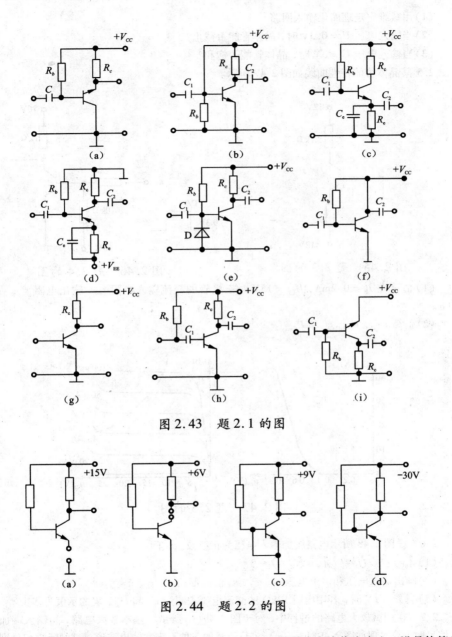

图 2.43　题 2.1 的图

图 2.44　题 2.2 的图

2.3　为保证图 2.45 所示电路工作在放大区，问 R_e 的最小允许值为多少？设晶体管为硅管。

2.4　已知反相器如图 2.46 示，晶体管为硅管，$\beta = 50$，输入电压波形如图 2.46 所示。

（1）用戴维宁定理简化输入回路。

（2）当输入电压 $U_I = 0.3V$ 时，晶体管能否截止？

（3）当输入电压 $U_I = 3V$ 时，晶体管能否饱和？

2.5 某晶体管的特性曲线如图2.47所示。

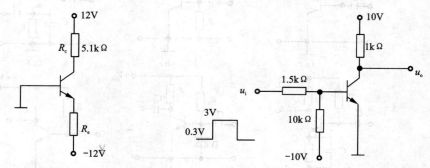

图 2.45　题 2.3 的图　　　　　　图 2.46　题 2.4 的图

（1）估算在 $I_B = 0.2mA$，$U_{CE} = 15V$ 时三极管的交流输入电阻 r_{be}，输出电阻 r_{ce}，及 β 和 α。

（2）估算 I_{CEO}，$U_{(BR)CEO}$ 和 P_{Cmax}。

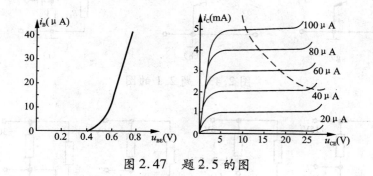

图 2.47　题 2.5 的图

2.6　设图2.48所示电路所加输入电压为正弦波。试问：

（1）$\dot{A}_{u1} = \dot{U}_{o1} / \dot{U}_i \approx ?$　$\dot{A}_{u2} = \dot{U}_{o2} / \dot{U}_i \approx ?$

（2）画出输入电压和输出电压 u_i、u_{o1}、u_{o2} 的波形；

（3）当 $U_i = 1V$ 时，若用内阻 $10k\Omega$ 的交流电压表测量 U_{o1} 和 U_{o2}，表的示值为多少？

2.7　在调试放大电路的过程中，对于图2.49（a）所示的基本放大电路，当输入端加正弦信号时，曾发现如图2.49（b）、（c）、（d）所示的3种不正常输出波形。试判断它们分别产生了什么失真？应如何调整电路参数才能消除失真？

2.8　如果将上题改成PNP管电路，则所得到的关于波形失真和工作点位置的关系是否依然适用？为什么？

2.9 放大电路如图 2.50 所示。已知：$V_{CC} = 12V$，$R_{b1} = 110k\Omega$，$R_e = 12k\Omega$，$R_L = 4.7k\Omega$，晶体管 T 为硅管，$\bar{\beta} = \beta = 50$，$r_{bb'} = 100\Omega$，$I_{CQ} = 1mA$，$U_{CEQ} = 6.5V$，C_1、C_2、C_3 及 C_e 相当于交流短路。

(1)选择 R_c 和 R_{b2} 的阻值和额定功率；

(2)求放大电路的 $\dot{A}_u$、R_i 和 R_o；

2.10 放大电路及三极管输出特性如图 2.51 所示。

(1)在输出特性曲线上画出直流负载线。如要求 $I_{CQ} = 2mA$，确定此时的静态工作点和 R_B 的值。

(2)若 R_B 调至 150kΩ，且 I_B 的交流分量 $i_b(t) = 20\sin\omega t(\mu A)$，画出 i_c 和 u_{CE} 的波形图，这时出现什

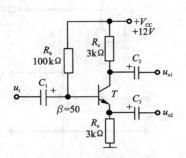

图 2.48 题 2.6 的图

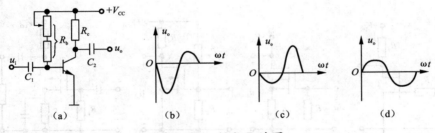

图 2.49 题 2.7 的图

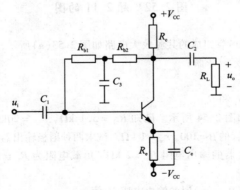

图 2.50 题 2.9 的图

么失真?

2.11 改正图 2.52 所示各电路中的错误，使它们有可能放大正弦波电压。要求保留电

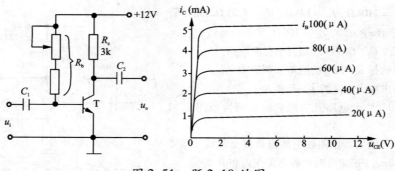

图 2.51 题 2.10 的图

路的共源接法。

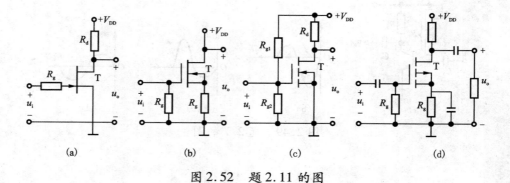

(a)　　　　(b)　　　　(c)　　　　(d)

图 2.52 题 2.11 的图

2.12 增强型 NMOS 管组成的共源放大电路如图 2.53(a)所示，电路中场效应管的转移特性如图 2.53(b)所示。求解：

(1)电路的 Q 点；

(2)性能指标 $\dot{A}_u$、R_i 和 R_o。

2.13 放大电路如图 2.54 所示。已知 $R_{b1} = 5.1 \text{ k}\Omega$，$R_{b2} = 20\text{k}\Omega$，$R_{b3} = 51 \text{ k}\Omega$，$R_c = 2\text{k}\Omega$，$R_L = 2 \text{ k}\Omega$。晶体管的 $\beta = 100$，$r_{be} = 1 \text{ k}\Omega$。试求两种射极输出器的输入电阻。

2.14 已知一放大器的输出电阻 $R_o = 2 \text{ k}\Omega$，负载电阻为 $R_L = 1 \text{ k}\Omega$，输出电压 $U_0 = 0.1\text{V}$。试求

(1)在输出端开路($R_L \rightarrow \infty$)时的输出电压 U_0 值；

(2)输出端短路($R_L \rightarrow 0$)时的输出电流 I_0 值。

2.15 已知某放大电路的输出电阻为 3.3 kΩ，输出端负载开路时的输出电压为 2V，试求该放大电路输出端接负载电阻 5.1 kΩ 时，输出电压下降至多少？

2.16 如图 2.55 所示直接耦合共射放大电路中，晶体管的 $\beta = 100$，$r_{bb'} = 100\Omega$，$U_{BE} = 0.7\text{V}$，

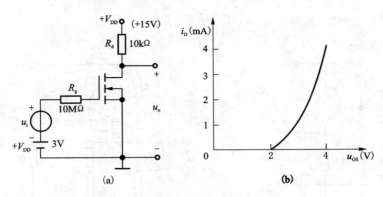

图 2.53 题 2.12 的图

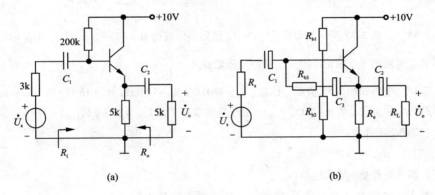

图 2.54 题 2.13 的图

$V_{CC} = 15V$, $R_b = 320k\Omega$, $R_c = 3.2k\Omega$, $R_s = 38k\Omega$, $R_L = 6.8k\Omega$。

(1) 计算静态工作点。

(2) 画出交流等效电路,计算输入电阻 R_i,输出电阻 R_o 和电压放大倍数 $\dot{A}_u$。

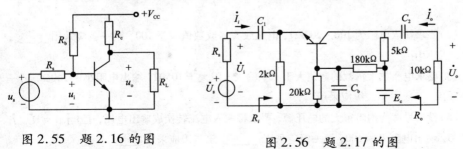

图 2.55 题 2.16 的图   图 2.56 题 2.17 的图

2.17 某共基放大电路如图 2.56 所示,已知 $E_C = 12V$,晶体管的 $\beta = 100$, $r_{bb'} = 100$,

$U_{\mathrm{BE}}=0.7\mathrm{V}$。试计算此电路的 R_i, R_o, $\dot{A}_\mathrm{u}=\dfrac{\dot{U}_\mathrm{o}}{\dot{U}_\mathrm{i}}$, $\dot{A}_\mathrm{i}=\dfrac{\dot{I}_\mathrm{i}}{\dot{I}_\mathrm{i}}$。

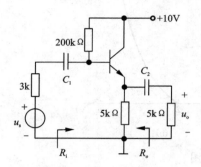

图 2.57   题 2.18 的图

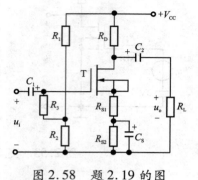

图 2.58   题 2.19 的图

2.18   如图 2.57 所示共集放大电路中，已知晶体管的 β=40，$r_{\mathrm{bb}'}=300\Omega$，$U_{\mathrm{BE}}=0.7\mathrm{V}$。试计算此电路的 R_i，输出电阻 R_o，中频电压增益 $A_\mathrm{u}=\dfrac{U_\mathrm{o}}{U_\mathrm{i}}$。

2.19   电路如图 2.58 所示。已知：$R_1=480\mathrm{k}\Omega$，$R_2=120\mathrm{k}\Omega$，$R_3=1\mathrm{M}\Omega$，$R_\mathrm{D}=12\mathrm{k}\Omega$，$R_{\mathrm{S1}}=1\mathrm{k}\Omega$，$R_{\mathrm{S2}}=10\mathrm{k}\Omega$，$R_\mathrm{L}=43\mathrm{k}\Omega$，$V_{\mathrm{DD}}=18\mathrm{V}$，场效应管 T 的 $I_{\mathrm{DSS}}=2\mathrm{mA}$，$U_{\mathrm{GS(off)}}=-4\mathrm{V}$。试求：

（1）静态工作点的值；

（2）R_i，R_o，电压放大倍数 $\dot{A}_\mathrm{u}$；

2.20   现有基本放大电路：

A.共射电路 B.共集电路 C.共基电路 D.共源电路 E.共漏电路

根据要求选择合适电路组成两级放大电路。

（1）要求输入电阻为 1kΩ 至 2kΩ，电压放大倍数大于 3 000，第一级应采用_____，第二级应采用_____。

（2）要求输入电阻大于 10MΩ，电压放大倍数大于 300，第一级应采用_____，第二级应采用_____。

（3）要求输入电阻为 100~200kΩ，电压放大倍数数值大于 100，第一级应采用_____，第二级应采用_____。

（4）要求电压放大倍数的数值大于 10，输入电阻大于 10MΩ，输出电阻小于 100Ω，第一级应采用_____，第二级应采用_____。

（5）设信号源为内阻很大的电压源，要求将输入电流转换成输出电压，且 $|\dot{A}_{\mathrm{ui}}|=|\dot{U}_\mathrm{o}/\dot{I}_\mathrm{i}|>100$，输出电阻 $R_\mathrm{o}<100$，第一级应采用_____，第二级应采用_____。

2.21   多级放大电路如图 2.58 所示。设电路中 r_{be1}，r_{be2}，β_1，β_2 和 β_3 及各参数均已知。

（1）判断电路中 T_1、T_2 和 T_3 各组成什么组态的电路；

(2)写出各级静态工作点的表达式；

(3)写出 $\dot{A}_u$、R_i 和 R_o 的表达式。

2.22 共源 – 共射 – 共集三级放大电路如图 2.59 所示。已知：$R_1 = 120\text{k}\Omega$，$R_2 = 80\text{k}\Omega$，$R_3 = 1\text{M}\Omega$，$R_4 = 6.8\text{k}\Omega$，$R_5 = 1\text{k}\Omega$，$R_6 = 3\text{k}\Omega$，$R_7 = 5\text{k}\Omega$，$R_8 = 1\text{k}\Omega$，$R_L = 10\text{k}\Omega$，各电容均为 $10\mu\text{F}$，$V_{CC} = 12\text{V}$，$\beta_2 = \beta_3 = 49$，$|U_{BE}| = 0.6\text{V}$，$K = 0.2\text{ mA/V}^2$。求 A_u，R_i 和 R_0（已知：$g_m = 2\sqrt{KI_{DQ}}$）。

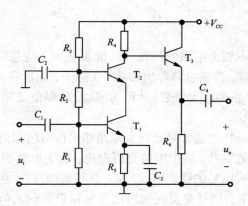

图 2.59 题 2.21 的图

2.23 双电源直接耦合两级共射电路如图 2.61 所示。已知：$R_1 = 10\text{k}\Omega$，$R_2 = 8\text{k}\Omega$，$R_3 = 3\text{k}\Omega$，$R_4 = R_5 = 1\text{k}\Omega$，$R_L = 15\text{k}\Omega$，$V_{CC} = 12\text{V}$，$V_{EE} = 6\text{V}$，$\beta_1 = \beta_2 = 50$，$r_{bb'} = 300\Omega$，$|U_{BE}| = 0.6\text{V}$，稳压管 D_Z 的 $U_Z = 5\text{V}$，$r_z = 20\Omega$。

(1)为了使该电路零输入时的输出也为零，R_w 值应调整到多少？

(2)若温度变化引起静态时的输出电压变化了 50mV，试求该电路的零点漂移是多少？

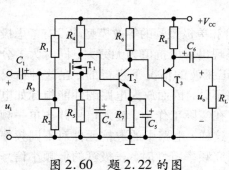

图 2.60 题 2.22 的图

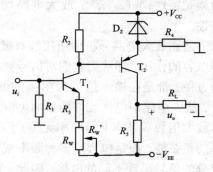

图 2.61 题 2.23 的图

第 3 章   放大电路的频率响应

3.1   概述

我们在讨论基本放大电路的特性和性能参数时，均忽略了器件的结电容、极间电容、耦合电容、旁路电容等的影响。实际上，受这些电容(或其他电抗元件)的影响，放大电路的放大倍数(又称为增益)的幅值及相位会随输入正弦信号频率的变化而变化。

放大电路的频率特性通常是指放大电路输出信号的幅值和相位随输入信号的频率而变化的函数关系。根据电路分析理论，放大电路的频率特性实质就是放大电路对输入正弦信号的稳态响应(即正弦稳态响应)。在电路的正弦稳态响应分析中，放大电路的增益定义为输出信号的相量与输入信号的相量之比。按此定义完整地表达放大电路的增益函数应为频率的复函数，即放大电路增益的模和相角应该是输入信号频率的函数，通常称为放大电路的频率特性函数(又称频率响应函数)，数学上可表示为

$$\dot{A}_{\mathrm{u}}(\mathrm{j}\omega) = |\dot{A}_{\mathrm{u}}(\mathrm{j}\omega)|\,\mathrm{e}^{\mathrm{j}\varphi(\omega)} = A_{\mathrm{u}}(\omega)\,\mathrm{e}^{\mathrm{j}\varphi(\omega)} \tag{3.1}$$

其中，$|\dot{A}_{\mathrm{u}}(\mathrm{j}\omega)| = A_{\mathrm{u}}(\omega)$表示放大电路增益的幅值随频率变化的关系，称为幅频特性；$\varphi(\omega)$表示放大电路增益的相位随频率变化的关系，称为相频特性。

前面放大电路分析中所用的双极型管和单极型管的等效模型均没有考虑极间电容的作用，即认为它们对信号频率呈现出的电抗值为无穷大；同时为了分析方便，都是在输入信号为单一的低频正弦波的情况下进行的。在这种情况下，放大电路中电抗元件的影响可以忽略不计，因而放大电路的性能指标如电压放大倍数等基本上与频率无关，但是，在实际工作中，输入信号并非单一频率的正弦波，而是包含了多种频率成分。这样，电路中的电抗元件对不同频率成分的信号呈现不同的电抗。因此，在研究频率特性时，三极管的低频小信号模型不再适用，而要采用高频小信号模型。

本章在分析 RC 低通电路和高通电路频率响应的基础上，主要以基本共射极放大电路为例，讨论放大电路的频率响应。

3.2　*RC* 电路的频率响应

3.2.1　*RC* 低通电路的频率响应

图 3.1 所示的 *RC* 电路称为 *RC* 低通电路,它允许低频信号通过而衰减高频信号。

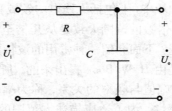

图 3.1　*RC* 低通电路

1. 频率响应的表达式

由图 3.1 不难推导出 *RC* 低通电路的电压放大倍数为

$$\dot{A}_{\mathrm{u}} = \frac{\dot{U}_{\mathrm{o}}}{\dot{U}_{\mathrm{i}}} = \frac{\dfrac{1}{j\omega C}}{R + \dfrac{1}{j\omega C}} = \frac{1}{1 + j\omega RC} \tag{3.2}$$

将 $\omega = 2\pi f$ 代入上式,并令 $\tau = RC$,特征频率 $f_{\mathrm{o}} = \dfrac{1}{2\pi\tau}$

则上限截止频率为

$$f_{\mathrm{H}} = f_0 = \frac{1}{2\pi\tau} \tag{3.3}$$

得频率响应为

$$\dot{A}_{\mathrm{u}} = \frac{1}{1 + j\dfrac{f}{f_{\mathrm{H}}}} \tag{3.4}$$

其中幅频响应为

$$|\dot{A}_{\mathrm{u}}| = \frac{1}{\sqrt{1 + (\dfrac{f}{f_{\mathrm{H}}})^2}} \tag{3.5}$$

相频响应为

$$\varphi = -\arctan(\frac{f}{f_{\mathrm{H}}}) \tag{3.6}$$

由式(3.5)可知,当 $f \ll f_{\mathrm{H}}$ 时,$|\dot{A}_{\mathrm{u}}| = 1$,这是电压放大倍数的最大值;而

随着频率的升高，$|\dot{A}_u|$ 会下降；当 $f=f_H$ 时，$|\dot{A}_u|=0.707$，这时的电压放大倍数 $|\dot{A}_u|$ 下降至最大值的 0.707 倍，这个频率被称为 RC 低通电路的"上限截止频率"。若工作频率超过这个值，电压放大倍数会很快衰减。由式（3.3）可知，上限截止频率 f_H 可由 RC 低通电路的时间常数 $\tau=RC$ 来决定。

2. 对数频率响应曲线——波特图

在一般的电子技术领域中（不包括无线电的领域），信号频率的范围大致是从几赫到几十兆赫，放大倍数的范围大致是从几倍至几百万倍。用什么方式来表示这么宽的变化范围呢？下面介绍一种常用的波特图表示法。

对数频率响应曲线是由 H. W. Bode 提出来的，所以又称为波特图。波特图由两部分组成：一部分是幅值与频率的关系，称为幅频特性；一部分是相位与频率的关系，称为相频特性。为了适应描述大范围的放大倍数和频率的关系，除横坐标采用对数刻度外，纵轴上的幅值坐标 $|\dot{A}_u|$ 也用对数表示，为 $20\lg|\dot{A}_u|$，单位是分贝（dB），这样一方面使纵坐标所表示的放大倍数幅值的范围扩大，同时还可以把函数中的乘除运算变为加减运算，便于简化分析，相位坐标仍采用角度 φ 表示，单位是度，如图 3.2 所示。在工程上画波特图时，采用渐近直线来近似表示，再进行误差修正，可得比较精确的曲线。

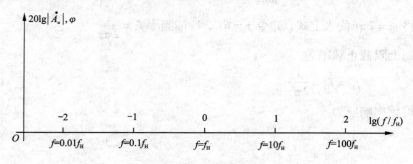

图 3.2　波特图的对数坐标

波特图的优点是：能够扩大频率的表达范围，并使频率响应曲线的作图方法得到简化。

3. RC 低通电路的波特图

我们可以依据 RC 低通电路的频率响应表达式作出它的波特图。

作波特图时，依照式（3.5）和式（3.6），对下列情况进行讨论。

（1）$f \ll f_H$（作图时可取 $f<0.1f_H$）

$$|\dot{A}_u| \approx 1 \qquad 20\lg|\dot{A}_u| \approx 0\text{dB} \qquad \varphi=0°$$

（2）$f = f_H$

$$|\dot{A}_u| = 0.707 \qquad 20\lg|\dot{A}_u| \approx -3\text{dB} \qquad\qquad \varphi = -45°$$

（3）$f \gg f_H$（作图时可取 $f > 10f_H$）

$$|\dot{A}_u| \approx \frac{1}{f/f_H} \qquad 20\lg|\dot{A}_u| \approx -20\lg f/f_H \qquad \varphi = -90°$$

或取一组特殊的频率值，代入式（3.5）和式（3.6），即可得到表 3.1 所示的 RC 低通电路频率响应的估算值。

表 3.1　不同频率下 RC 低通电路频率响应的估算值

f	$\|\dot{A}_u\|$	$20\lg\|\dot{A}_u\|$	φ
$f < 0.1f_H$	$\|\dot{A}_u\| \approx 1$	$20\lg\|\dot{A}_u\| = 0\text{dB}$	$\varphi \approx 0°$
$f = 0.1f_H$	$\|\dot{A}_u\| \approx 1$	$20\lg\|\dot{A}_u\| = 0\text{dB}$	$\varphi \approx -5.7°$
$f = f_H$	$\|\dot{A}_u\| \approx 0.707$	$20\lg\|\dot{A}_u\| = -3\text{dB}$	$\varphi \approx -45°$
$f = 10f_H$	$\|\dot{A}_u\| \approx 0.1$	$20\lg\|\dot{A}_u\| = -20\text{dB}$	$\varphi \approx -84.3°$
$f = 100f_H$	$\|\dot{A}_u\| \approx 0.01$	$20\lg\|\dot{A}_u\| = -40\text{dB}$	$\varphi \approx -90°$

将以上各值描绘在对数坐标中，即可得 RC 低通电路的对数幅频响应曲线，如图 3.3 所示。

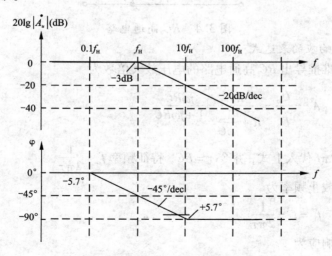

图 3.3　RC 低通电路的波特图

考察这条对数频率特性曲线，其中幅频特性由两条直线构成，当 $f \leqslant f_H$ 时，是一条与横轴重合的直线；当 $f > f_H$，幅频特性将以 -20dB/十倍频程（-20dB/

dec)的斜率(即频率每升高 10 倍,电压放大倍数下降 20dB)下降;两条直线在 f = f_H 处相交,也即折线以 f_H 为转折点,如果只要求对幅频特性进行粗略的估算,则完全可以用以上折线代替曲线,此时最大误差点在 $f = f_H$ 处,误差为 -3dB。而相频特性由三条直线构成,当 $f \ll f_H$ 时,是一条与横轴重合的直线;当 $f \gg f_H$ 时,是一条与横轴平行的直线,相移滞后 90°;当 $f = f_H$,相位将滞后 45°,并具有 $-45°$/十倍频程($-45°$/dec)的斜率。在工程估算中也常常用此折线代替曲线,此时在 $0.1f_H$ 和 $10f_H$ 处与实际的相频特性有最大的误差,其值分别为 $-5.7°$ 和 $+5.7°$。这种用折线化画出的频率特性曲线称为波特图,它是分析放大电路频率响应的重要手段。

3.2.2　RC 高通电路的频率响应

图 3.4 所示 RC 电路称为 RC 高通电路,它允许高频信号通过而衰减低频信号。

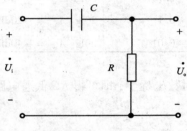

图 3.4　RC 高通电路

1. 频率响应的表达式

由图不难推导出 RC 高通电路的电压放大倍数为

$$\dot{A}_u = \frac{\dot{U}_o}{\dot{U}_i} = \frac{R}{R + \frac{1}{j\omega C}} = \frac{j\omega RC}{1 + j\omega RC} \tag{3.7}$$

将 $\omega = 2\pi f$ 代入上式,并令 $\tau = RC$,特征频率 $f_o = \dfrac{1}{2\pi\tau}$

则下限截止频率为

$$f_L = f_o = \frac{1}{2\pi\tau} \tag{3.8}$$

得频率响应为

$$\dot{A}_u = \frac{j\dfrac{f}{f_L}}{1 + j\dfrac{f}{f_L}} \tag{3.9}$$

其中幅频响应为

$$|\dot{A}_u| = \frac{\dfrac{f}{f_L}}{\sqrt{1 + (\dfrac{f}{f_L})^2}} \qquad\qquad (3.10)$$

相频响应为

$$\varphi = 90° - \arctan(\frac{f}{f_L}) \qquad\qquad (3.11)$$

由式(3.10)可知，当 $f \gg f_L$ 时，$|\dot{A}_u| = 1$，这是电压放大倍数的最大值，而随着频率的降低，$|\dot{A}_u|$ 会下降；当 $f = f_L$ 时，$|\dot{A}_u| = 0.707$，这时的电压放大倍数 $|\dot{A}_u|$ 下降至最大值的 0.707 倍，这个频率被称为 RC 高通电路的"下限截止频率"。若工作频率低于这个值，电压放大倍数会很快衰减。由式(3.8)可知，下限截止频率 f_L 可由 RC 高通电路的时间常数 $\tau = RC$ 来决定。

2. RC 高通电路的波特图

我们可以依据 RC 高通电路的频率响应的表达式作出它的波特图。

作波特图时，依照式(3.10)和式(3.11)，对下列情况进行讨论。

(1) $f \gg f_L$(作图时可取 $f > 10f_L$)

$$|\dot{A}_u| \approx 1 \qquad\qquad 20\lg|\dot{A}_u| \approx 0\text{dB} \qquad\qquad \varphi = 0°$$

(2) $f = f_L$

$$|\dot{A}_u| = 0.707 \qquad\qquad 20\lg|\dot{A}_u| \approx -3\text{dB} \qquad\qquad \varphi = +45°$$

(3) $f \ll f_L$(作图时可取 $f < 0.1f_L$)

$$|\dot{A}_u| \approx f/f_L \qquad\qquad 20\lg|\dot{A}_u| \approx 20\lg f/f_L \qquad\qquad \varphi = +90°$$

或取一组特殊的频率值，代入式(3.10)和式(3.11)，即可得到表 3.2 所示的 RC 高通电路频率响应的估算值。

表 3.2　不同频率下 RC 高通电路频率响应的估算值

f	$\lvert\dot{A}_u\rvert$	$20\lg\lvert\dot{A}_u\rvert$	φ
$f > 10f_L$	$\lvert\dot{A}_u\rvert \approx 1$	$20\lg\lvert\dot{A}_u\rvert = 0\text{dB}$	$\varphi \approx 0°$
$f = 10f_L$	$\lvert\dot{A}_u\rvert \approx 1$	$20\lg\lvert\dot{A}_u\rvert = 0\text{dB}$	$\varphi \approx +5.7°$
$f = f_L$	$\lvert\dot{A}_u\rvert \approx 0.070$	$20\lg\lvert\dot{A}_u\rvert = -3\text{dB}$	$\varphi \approx +45°$
$f = 0.1f_L$	$\lvert\dot{A}_u\rvert \approx 0.1$	$20\lg\lvert\dot{A}_u\rvert = -20\text{dB}$	$\varphi \approx +84.3°$
$f = 0.01f_L$	$\lvert\dot{A}_u\rvert \approx 0.01$	$20\lg\lvert\dot{A}_u\rvert = -40\text{dB}$	$\varphi \approx +90°$

　　将以上各值描绘在对数坐标中，即可得 RC 高通电路的对数幅频响应曲线，见图 3.5。

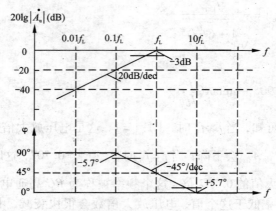

图 3.5　RC 高通电路的波特图

　　考察这条对数频率特性曲线，其中幅频特性由两条直线构成，当 $f \geqslant f_L$ 时，是一条与横轴重合的直线；当 $f < f_L$ 时，幅频特性将以 $+20\text{dB}/$十倍频程的斜率上升；两条直线在 $f = f_L$ 处相交，也即折线以 f_L 为转折点，如果只要求对幅频特性进行粗略地估算，则完全可以用以上折线代替曲线，此时最大误差点在 $f = f_L$ 处，误差为 -3dB。而相频特性由三条直线构成，当 $f \gg f_L$ 时，是一条与横轴重合的直线；当 $f \ll f_L$ 时，是一条与横轴平行的直线，相移超前 $90°$；当 $f = f_L$，相位将超前 $45°$，并具有 $-45°/$十倍频程的斜率。在工程估算中也常常用此折线代替曲线，此时在 $0.1f_L$ 和 $10f_L$ 处与实际的相频特性有最大的误差，其值均为 $5.7°$。

3.3　晶体管的高频等效模型

　　在第 1 章中，我们曾经讨论过 PN 结的结电容。在低频和中频的情况下，信号频率较低，晶体管的 PN 结极间电容的容抗很大，而结电阻很小，两者并联时，可以忽略极间电容的作用。而在高频情况下，晶体管的极间电容的容抗变小，与其结电阻相比，影响就不能被忽略了。所以这种情况下，晶体管的交流模型将不同于 h 参数等效模型。下面我们将从晶体管的物理结构出发，抽象出它的高频小信号模型——晶体管的混合 π 模型。由于晶体管的混合 π 模型与 h 参数等效模型在低频信号作用下具有一致性，因此，可用 h 参数等效模型来计算混合 π 模型中的某些参数，并用于高频信号作用下的电路分析。

3.3.1　晶体管混合 π 模型的建立

图 3.6 为晶体管的结构示意图。图中 r_e 和 r_c 分别为发射区和集电区的体电阻，它们的数值较小，常常忽略不计；$r_{bb'}$ 为基区的体电阻，b' 是假想的基区中的一个点；$r_{b'e'}$ 和 $r_{b'c'}$ 分别为发射结和集电结的结电阻，$C_{b'e}$ 是发射结电容，也用 C_π 这一符号；$C_{b'c}$ 是集电结电容，也用 C_μ 这一符号；且 $r_{b'e} \approx r_{b'e'}$，$r_{b'c} \approx r_{b'c'}$。

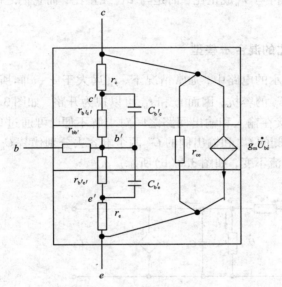

图 3.6　晶体管的结构示意图

图 3.7 为晶体管的混合 π 模型，它是通过三极管的物理模型而建立的。

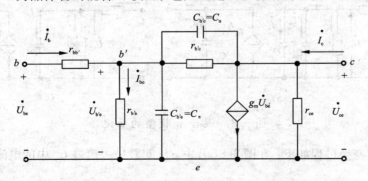

图 3.7　晶体管的混合 π 模型

考察晶体管的混合 π 模型，可见它有下列特点：

（1）它是一个高频小信号模型，只有在高频信号作用下，结电容 $C_{b'c}$、$C_{b'e}$

的影响才会显现出来。

（2）受控的电流源 $g_m \dot{U}_{b'e}$ ，不是受控于输入基极电流 $\dot{I}_b$ ，而是发射结电压 $\dot{U}_{b'e}$（此处 b' 是晶体管内部虚设的一点），之所以这样表示的原因是：由于结电容的存在，使 $\dot{I}_b$ 不仅包含流过 $r_{b'e}$ 的电流，还包含流过 $C_{b'e}$ 的电流，因此集电极的受控电流已不再与 $\dot{I}_b$ 成正比，而是与 $\dot{U}_{b'e}$ 成正比，而它们之间的控制关系用跨导 g_m 表示。

3.3.2 简化的混合 π 模型

在图 3.7 所示的电路中，通常情况下， r_{ce} 远大于 $c-e$ 间所接的负载电阻，而 $r_{b'c}$ 也远大于 C_μ 的容抗，因而 r_{ce} 和 $r_{b'c}$ 可以视为开路，如图 3.8(a) 所示。

由于 C_μ 跨接在输入和输出回路之间对求解不便，可通过单向化处理加以变换。即用输入侧的 C'_μ 和输出侧的 C''_μ 两个电容去分别代替 C_μ ，但要求变换前后应保证相关电流不变，如图 3.8(b) 所示。

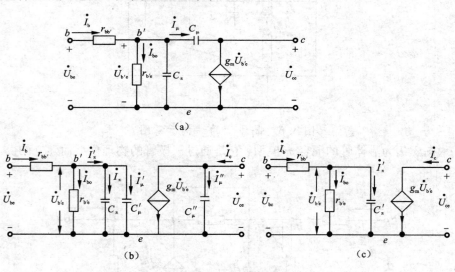

图 3.8   混合 π 模型的简化

等效变换过程如下：在图 3.8(a) 中，从 b' 看进去流过 C_μ 中的电流 $\dot{I}_\mu$ 为

$$\dot{I}_\mu = \frac{(\dot{U}_{b'e} - \dot{U}_{ce})}{X_{C_\mu}} = \frac{\dot{U}_{b'e}\left(1 - \dfrac{\dot{U}_{ce}}{\dot{U}_{b'e}}\right)}{X_{C_\mu}} = \frac{(1 - \dot{K})\dot{U}_{b'e}}{X_{C_\mu}} \qquad (3.12)$$

式中 $\dot{K} = \dfrac{\dot{U}_{ce}}{\dot{U}_{b'e}}$

为了保证变换的等效性，在图 3.8(b) 图中要求流过 C'_{μ} 的电流仍为 $\dot{I}_{\mu}$（即 $\dot{I}'_{\mu} = \dot{I}_{\mu}$），而它两端的电压为 $\dot{U}_{b'e}$，因此

$$X_{C'_{\mu}} = \frac{\dot{U}_{b'e}}{\dot{I}_{\mu}} = \frac{\dot{U}_{b'e}}{(1 - \dot{K})\dfrac{\dot{U}_{b'e}}{X_{C_{\mu}}}} = \frac{X_{C_{\mu}}}{1 - \dot{K}} \qquad (3.13)$$

考虑近似计算，$\dot{K}$ 取中频时的值，所以 $-\dot{K} = |\dot{K}|$，因此

$$C'_{\mu} = (1 - \dot{K})C_{\mu} = (1 + |\dot{K}|)C_{\mu} \qquad (3.14)$$

$b' - e$ 间总电容为

$$C'_{\pi} = C_{\pi} + C'_{\mu} = C_{\pi} + (1 + |\dot{K}|)C_{\mu} = C_{\pi} + (1 + g_{m}R'_{L})C_{\mu} \qquad (3.15)$$

用同样方法，可以得出

$$C''_{\mu} = \frac{\dot{K} - 1}{\dot{K}}C_{\mu} \qquad (3.16)$$

由于 $C'_{\pi} \gg C''_{\mu}$，且一般情况下 C''_{μ} 的容抗远大于集电极负载总电阻，所以 C''_{μ} 中的电流可以忽略不计。所以简化的混合 π 模型如图 3.8(c) 所示。

3.3.3　混合 π 模型的主要参数

混合 π 模型和 h 参数交流小信号模型都是晶体管的等效电路，只是所工作的频率范围不同，前者适应于高频，后者适应于低频。而当两者都处在低频范围时，我们可以忽略混合 π 模型结电容 C_{μ} 和 C_{π} 的影响，此时两者是等效的，两等效电路如图 3.9(a)、(b) 所示。依据这种等效关系，则可方便地通过 h 参数来获得混合 π 参数。

比较两电路的输入回路有

$$r_{be} = r_{bb'} + r_{b'e}$$

$$r_{b'e} = (1 + \beta_0)\frac{U_T}{I_{EQ}} \qquad (3.17)$$

而　　　　　　$\dot{I}_c = \beta_0\dot{I}_b = g_m\dot{U}_{b'e}$

由于　　　　　$\dot{U}_{b'e} = \dot{I}_b r_{b'e}$

所以

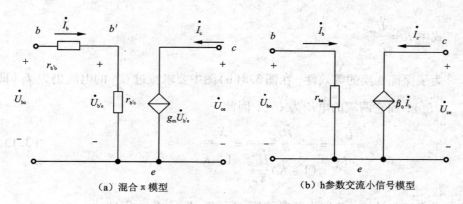

（a）混合 π 模型　　　　　　　　（b）h参数交流小信号模型

图 3.9　低频等效电路

$$g_{\mathrm{m}} = \frac{\beta_0}{r_{\mathrm{b'e}}} \approx \frac{I_{\mathrm{EQ}}}{U_{\mathrm{T}}} \tag{3.18}$$

式中 β_0 为低频段晶体管的电流放大系数。

C_μ 通常可以从半导体器件手册中查到（手册中常用符号 C_{ob} 表示），$\dot{K}$ 是放大电路的放大倍数，可以通过计算得到，C_π 的数值由于不便于直接测试，通常需要经过换算得到，据推导有

$$f_{\mathrm{T}} \approx \frac{\beta_0}{2\pi r_{\mathrm{b'e}} C_\pi} = \frac{g_{\mathrm{m}}}{2\pi C_\pi} \tag{3.19}$$

式中 f_{T} 表示电流放大系数 β 下降到等于 1 时所对应的工作频率，常称为晶体管的特征频率，用实验的方法较易测准，手册中也常有标明。因此，C_π 的数值可用式（3.19）进行推算。

3.4　共射极放大电路的频率响应

利用晶体管的高频等效模型，可以分析放大电路的频率响应。本节通过单管放大电路来讲述频率响应的一般分析方法。

1. 全频段小信号模型

对于图 3.10 所示的基本共射极放大电路，分析其频率响应，需画出放大电路从低频到高频的全频段小信号模型，如图 3.11 所示。然

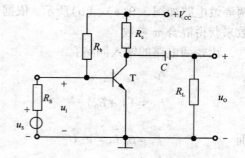

图 3.10　基本共射极放大电路

后分低、中、高 3 个频段加以研究。在中频段，极间电容因容抗很大而视为开路，耦合电容(或旁路电容)因容抗很小而视为短路；在低频段，主要考虑耦合电容(或旁路电容)的影响，此时极间电容仍视为开路，故不考虑它们的影响；在高频段，主要考虑极间电容的影响，耦合电容(或旁路电容)仍视为短路。根据上述原则，便可以得到放大电路在各频段的等效电路，从而得到各频段的电压放大倍数。

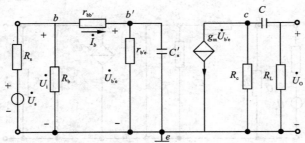

图 3.11　全频段交流等效电路

2. 中频电压放大倍数

在中频段，由于 $\dfrac{1}{\omega C'_\pi} \gg r_{b'e}$，将 C'_π 视为开路；又由于 $\dfrac{1}{\omega C} \ll R_L$，将 C 视为短路。因此图 3.10 所示电路的中频等效电路如图 3.12 所示。中频电压放大倍数为

$$\dot{A}_{usm} = \frac{\dot{U}_o}{\dot{U}_s} = \frac{\dot{U}_o}{\dot{U}_{b'e}} \cdot \frac{\dot{U}_{b'e}}{\dot{U}_i} \cdot \frac{\dot{U}_i}{\dot{U}_s} = (-g_m R'_L) \cdot \frac{r_{b'e}}{r_{be}} \cdot \frac{R_i}{R_i + R_s} \qquad (3.20)$$

其中输入电阻 $R_i = R_b /\!/ (r_{bb'} + r_{b'e}) = R_b /\!/ r_{be}$，$R'_L = R_c /\!/ R_L$

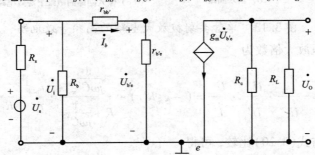

图 3.12　单管共射极放大电路的中频等效电路

3. 高频电压放大倍数

考虑到高频信号作用时 C'_π 的影响，图 3.10 所示电路的高频等效电路如图 3.13 所示。

利用戴维宁定理，对高频等效电路的输入回路[如图3.13(b)]进行戴维宁等效变换，变换成图3.13(c)所示的等效输入回路。其中等效电阻 R 和等效电压分别为

$$R = r_{b'e} \mathbin{/\mkern-4mu/} (r_{bb'} + R_s \mathbin{/\mkern-4mu/} R_b) \tag{3.21}$$

$$\dot{U}'_s = \frac{r_{b'e}}{r_{bb'} + r_{b'e}} \cdot \dot{U}_i = \frac{r_{b'e}}{r_{be}} \cdot \frac{R_i}{R_i + R_s} \cdot \dot{U}_s \tag{3.22}$$

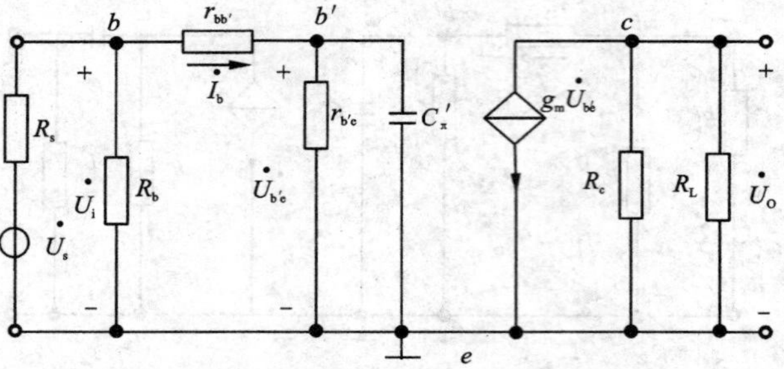

（a）高频等效电路

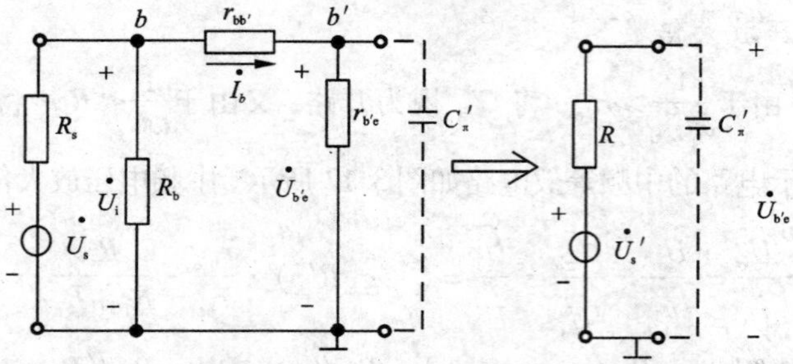

（b）输入回路　　　　　　（c）输入回路的戴维宁等效电路

图 3.13　单管共射极放大电路的高频等效电路

高频电压放大倍数为

$$\dot{A}_{ush} = \frac{\dot{U}_o}{\dot{U}_s} = \frac{\dot{U}_o}{\dot{U}_{b'e}} \cdot \frac{\dot{U}_{b'e}}{\dot{U}'_s} \cdot \frac{\dot{U}'_s}{\dot{U}_s} = (-g_m R'_L) \cdot \frac{\dfrac{1}{j\omega C'_\pi}}{R + \dfrac{1}{j\omega C'_\pi}} \cdot \frac{r_{b'e}}{r_{be}} \cdot \frac{R_i}{R_i + R_s} \tag{3.23}$$

将上式与式(3.20)比较，可得

$$\dot{A}_{ush} = \dot{A}_{usm} \cdot \frac{1}{1 + j\omega R C'_\pi} \tag{3.24}$$

令 $\tau = R C'_\pi$，τ 为 C'_π 所在回路的时间常数，则上限截止频率为

$$f_H = \frac{1}{2\pi R C'_\pi} = \frac{1}{2\pi \tau} \tag{3.25}$$

$$\dot{A}_{ush} = \dot{A}_{usm} \cdot \frac{1}{1 + j\dfrac{f}{f_H}} \tag{3.26}$$

由上式可写出高频段波特图的表达式为

$$20\lg|\dot{A}_{ush}| = 20\lg|\dot{A}_{usm}| - 20\lg\sqrt{1 + \left(\frac{f}{f_H}\right)^2} \tag{3.27}$$

$$\varphi = -180° - \arctan\frac{f}{f_H} \tag{3.28}$$

4. 低频电压放大倍数

考虑到低频信号作用时耦合电容 C 的影响, 图 3.10 所示电路的低频等效

电路如图 3.14 所示。由图可以推导出 $\dot{U}_o = \dfrac{R_c}{R_c + R_L + \dfrac{1}{j\omega C}} \cdot (-g_m \dot{U}_{b'e}) \cdot R_L$

低频电压放大倍数为

$$\dot{A}_{usl} = \frac{\dot{U}_o}{\dot{U}_s} = \frac{\dot{U}_o}{\dot{U}_{b'e}} \cdot \frac{\dot{U}_{b'e}}{\dot{U}_i} \cdot \frac{\dot{U}_i}{\dot{U}_s} = \frac{R_c}{R_c + R_L + \dfrac{1}{j\omega C}}(-g_m R_L) \cdot \frac{r_{b'e}}{r_{be}} \cdot \frac{R_i}{R_i + R_s} \tag{3.29}$$

将上式的分子与分母同除以 $(R_c + R_L)$, 便可得到

$$\dot{A}_{usl} = \frac{j\omega(R_c + R_L)C}{1 + j\omega(R_c + R_L)C}(-g_m R'_L) \cdot \frac{r_{b'e}}{r_{be}} \cdot \frac{R_i}{R_i + R_s}$$

将上式与式(3.20)比较, 得出

$$\dot{A}_{usl} = \dot{A}_{usm} \cdot \frac{j\dfrac{f}{f_L}}{1 + j\dfrac{f}{f_L}} \tag{3.30}$$

令 $\tau = (R_c + R_L)C$, τ 为耦合电容 C 所在回路的时间常数, 则下限截止频率

为

$$f_L = \frac{1}{2\pi(R_c + R_L)C} = \frac{1}{2\pi\tau} \tag{3.31}$$

由式可写出低频段波特图的表达式为

$$20\lg|\dot{A}_{usl}| = 20\lg|\dot{A}_{usm}| + 20\lg\frac{\dfrac{f}{f_L}}{\sqrt{1 + \left(\dfrac{f}{f_L}\right)^2}} \tag{3.32}$$

$$\varphi = -180° + (90° - \arctan\frac{f}{f_L}) = -90° - \arctan\frac{f}{f_L} \tag{3.33}$$

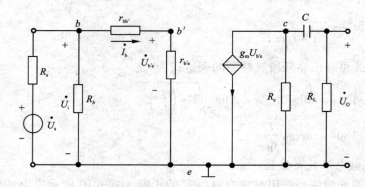

图 3.14 单管放大电路的低频等效电路

5. 波特图

综上所述，若考虑结电容和耦合电容的影响，对于频率从零到无穷大的输入信号，电压放大倍数的表达式应为

$$\dot{A}_{us} = \begin{cases} \dot{A}_{usm} \cdot \dfrac{j\dfrac{f}{f_L}}{1 + j\dfrac{f}{f_L}} & \text{当} f \leqslant f_L \\[4mm] \dot{A}_{usm} & \text{当} f_L < f < f_H \\[4mm] \dot{A}_{usm} \cdot \dfrac{1}{1 + j\dfrac{f}{f_H}} & \text{当} f \geqslant f_H \end{cases} \tag{3.34}$$

或

$$\dot{A}_{us} = \dot{A}_{usm} \cdot \frac{j\dfrac{f}{f_L}}{\left(1 + j\dfrac{f}{f_L}\right)\left(1 + j\dfrac{f}{f_H}\right)} \tag{3.35}$$

由上式可以画出基本共射极放大电路的波特图，如图 3.15 所示。

最后将基本共射极放大电路折线化对数频率特性（波特图）的作图步骤归纳如下：

（1）根据电路参数，由式（3.20）、（3.25）和（3.31）求出中频电压放大倍数 A_{usm}、上限截止频率 f_L 和下限截止频率 f_H。

（2）在幅频特性的横坐标上，找到对应于 f_L 和 f_H 的两点；在 f_L 和 f_H 之间的中频区作一条 $20\lg|\dot{A}_{usm}|$ 水平直线；从 $f = f_L$ 点开始，在低频区作一条斜率为 $+20\mathrm{dB}/$ 十倍额程的直线折向左下方，又从 $f = f_H$ 点开始，在高频区作一条斜率

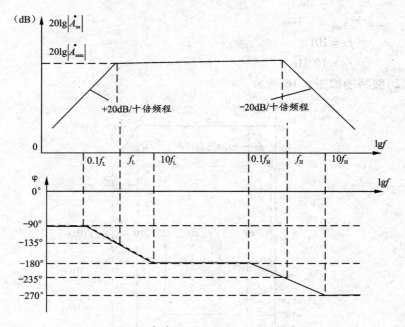

图 3.15　单管共射放大电路的波特图

为 −20dB/十倍频程的直线折向右下方。以上三段直线构成的折线即是放大电路的幅频特性。

（3）在相频特性上，在 $10f_{\mathrm{L}}$ 至 $0.1f_{\mathrm{H}}$ 之间的中频区 $\varphi = -180°$；当 $f < 0.1f_{\mathrm{L}}$ 时，$\varphi = -90°$；当 $f > 10f_{\mathrm{H}}$ 时，$\varphi = -270°$；在 $0.1f_{\mathrm{L}}$ 和 $10f_{\mathrm{L}}$ 之间以及 $0.1f_{\mathrm{H}}$ 至 $10f_{\mathrm{H}}$ 之间，相频特性分别为两条斜率为 −45°/十倍频程的直线。以上五段直线构成的折线就是放大电路的相频特性。

例 3.1　已知某电路电压放大倍数

$$\dot{A}_{\mathrm{u}} = \frac{-10jf}{\left(1 + j\dfrac{f}{10}\right)\left(1 + j\dfrac{f}{10^5}\right)}$$

试求解：

（1）$\dot{A}_{um} = ?\ f_{\mathrm{L}} = ?\ f_{\mathrm{H}} = ?$

（2）画出波特图。

解　（1）对电压放大倍数的表达式进行变换，可以求出 $\dot{A}_{um}$、f_{L}、f_{H}。

$$\dot{A}_{\mathrm{u}} = \frac{-100 \cdot j\dfrac{f}{10}}{\left(1 + j\dfrac{f}{10}\right)\left(1 + j\dfrac{f}{10^5}\right)}$$

$$\dot{A}_{um} = -100$$

$$f_L = 10\text{Hz}$$

$$f_H = 10^5\text{Hz}$$

（2）波特图如图 3.16 所示。

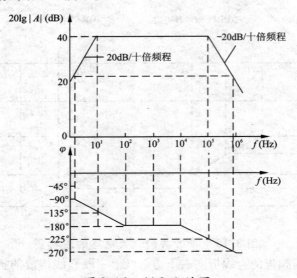

图 3.16　例 3.1 的图

例 3.2　在图 3.17 所示的电路中，晶体管型号为 3DG8，由手册查出其 C_{ob} =4pF，f_T =150MHz，β =50，其他参数如图所示。

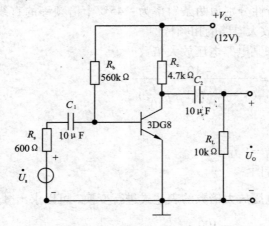

图 3.17　例 3.2 的电路图

试计算该放大电路的中频电压放大倍数、下限和上限截止频率、通频带，并画出波特图，设 $U_{BEQ} = 0.7V$。

解　(1)求静态工作点

$$I_{BQ} = \frac{V_{CC} - U_{BEQ}}{R_b} = \frac{12 - 0.7}{560 \times 10^3} = 0.02(\text{mA})$$

$$I_{CQ} = \beta I_{BQ} = 50 \times 0.02 = 1(\text{mA})$$

$$U_{CEQ} = V_{CC} - I_{CQ}R_c = 12 - 1 \times 4.7 = 7.3(\text{V})$$

(2)求解混合参数

$$r_{b'e} = (1 + \beta)\frac{U_T}{I_{EQ}} = \frac{U_T}{I_{BQ}} = \frac{26}{0.02} = 1.3(\text{k}\Omega)$$

$$g_m = \frac{I_{EQ}}{U_T} = \frac{1}{26} = 38.5(\text{ms})$$

$$C_\pi = \frac{g_m}{2\pi f_T} = \frac{38.5}{2\pi \times 150 \times 10^6} = 41(\text{pF})$$

$$\dot{K} = \frac{\dot{U}_{ce}}{\dot{U}_{be}} = -g_m(R_c /\!/ R_L) = -38.5 \times 10^{-3} \times (4.7 /\!/ 10) \times 10^3 \approx -123$$

$$C'_\pi = C_\pi + (1 + \dot{K})C_\mu = 41 + 124 \times 4 = 537(\text{pF})$$

(3)计算中频电压放大倍数

$$R_i = R_b /\!/ (r_{bb'} + r_{b'e}) = 560 /\!/ (0.3 + 1.3) \approx 1.6(\text{k}\Omega)$$

$$R'_L = R_c /\!/ R_L = 4.7 /\!/ 10 = 3.2(\text{k}\Omega)$$

$$\dot{A}_{usm} = (-g_m R'_L) \cdot \frac{r_{b'e}}{r_{be}} \cdot \frac{R_i}{R_i + R_s} = -38.5 \times 3.2 \times \frac{1.3}{1.6} \times \frac{1.6}{1.6 + 0.6} = -72.8$$

(4)计算下限截止频率 f_L

在计算下限截止频率时，可以将 C_2 和 R_L 看成是下一级的输入端耦合电容和输入电阻，所以在分析本级频率响应时，可以暂不把它们考虑在内。

$$f_L = \frac{1}{2\pi(R_s + R_i)C_1} = \frac{1}{2\pi \times (0.6 + 1.6) \times 10^3 \times 10 \times 10^{-6}} \approx 10(\text{Hz})$$

(5)计算上限截止频率 f_H

因为 C'_π 所在回路的总电阻为

$$R = r_{b'e} /\!/ (r_{bb'} + R_s /\!/ R_b) = 1.3 /\!/ (0.3 + 0.6 /\!/ 560) = 0.53(\text{k}\Omega)$$

$$f_H = \frac{1}{2\pi R C'_\pi} = \frac{1}{2\pi \times 0.53 \times 10^3 \times 537 \times 10^{-12}} = 0.56(\text{MHz})$$

(6)波特图

根据 $20\lg|\dot{A}_{usm}| = 20\lg 72.8 = 37.2\text{dB}$，$f_L = 1\text{Hz}$，$f_H = 0.56\text{MHz}$，用前面介

绍过的方法即可画出 $\dot{A}_{\mathrm{us}}$ 的波特图如图 3.18 所示。

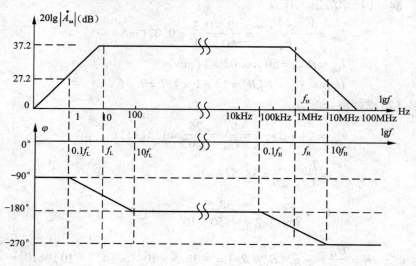

图 3.18 例 3.2 的波特图

例 3.3 已知某基本共射放大电路的波特图如图 3.19 所示。

（1）求该电路的中频电压放大倍数 A_{um}、下限截止频率 f_L、上限截止频率 f_H；

（2）试写出 $\dot{A}_u$ 的表达式。

解 （1）从波特图可知

电路的中频电压增益 $20\lg |\dot{A}_{um}| = 40\mathrm{dB}$

所以 $A_{um} = 100$

电路的下限频率 $f_L = 10\mathrm{Hz}$，上限频率 $f_H = 10^5 \mathrm{kHz}$。

（2）因为电路为基本共射放大电路，所以

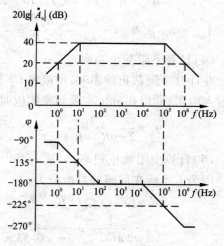

图 3.19 例 3.3 的图

$$\dot{A}_\mathrm{u} \approx \frac{-100 \cdot j\dfrac{f}{10}}{\left(1 + j\dfrac{f}{10}\right)\left(1 + j\dfrac{f}{10^5}\right)}$$

3.5　放大电路频率响应的改善与增益带宽积

1. 对放大电路频率响应的要求

放大电路的输入信号往往不是单一频率，而是具有复杂的频率成分，或者说占有一定的频率范围。例如，测量仪表中的输入信号，广播中的语言和音响信号，电视中的图像和伴音信号，数字系统中的脉冲信号等都是这样。由放大电路的频率特性可知，只有在通频带的范围内，放大电路的电压放大倍数才有不变的幅值和相位，才能对不同频率的信号进行同样的放大。在通频带以外，对不同频率的信号的放大效果是不同的。因此，如果输入信号包括很多频率分量，输出信号就不能完全复现输入信号的波形而产生失真，这种失真叫做"频率失真"。频率失真又可分为"幅值失真"和"相位失真"。由于对不同频率的信号，电压放大倍数的幅值不同，有的频率成分被放大较多，有的较少，有的频率成分甚至不能通过。因此在输出信号中不同频率成分的相对幅度发生变化，由此产生的失真叫"幅值失真"。又由于放大电路对不同频率的信号产生的相移不同，因此在输出信号中，不同频率信号的相位关系将产生畸变，它们在时间轴上的相对位置发生变化，由此产生的波形失真叫做"相位失真"。如果相位失真较大，输出信号会面目全非，所以它的影响是比较严重的。

为了减小频率失真，就要对放大电路的频率响应提出要求。很明显，为了实现不失真的放大，放大电路的通频带应该覆盖输入信号占有的整个频率范围。即放大电路的 f_L 要小于输入信号中的最低频率，而 f_H 要高于输入信号中的最高频率。

2. 放大电路频率响应的改善

（1）为了改善低频响应，就要减小 f_L

由式（3.31）可以看出，为此应使耦合电容（或旁路电容）所在回路的时间常数变大。一方面应使相应的电容量加大，另一方面应使相应的回路电阻加大。但是，这种改善是有限的，因此在信号频率很低的场合，应考虑采用直接耦合方式，使得 $f_\mathrm{L}=0$。

（2）为了改善高频响应，就要增大 f_H

由式（3.25）可以看出，为此应使 C'_π 与所在回路的电阻减小，以减小回路的时间常数,从而增大上限频率。

因为 $C'_\pi = C_\pi + (1 + |\dot{K}|) C_\mu = C_\pi + (1 + g_m R'_L) C_\mu$,因此为了减小 C'_π 就需要减小 $g_m R'_L$;而中频电压放大倍数为 $\dot{A}_{usm} = (-g_m R'_L) \cdot \dfrac{r_{b'e}}{r_{be}} \cdot \dfrac{R_i}{R_i + R_s}$,一旦 $g_m R'_L$ 减小,必然使 $|\dot{A}_{usm}|$ 减小。可见 f_H 的提高与 $|\dot{A}_{usm}|$ 的增大是相互矛盾的。

(3)引入负反馈

在第 6 章中将要介绍,如果在放大电路中引入负反馈,可以扩展放大电路的通频带,这也是常用的方法之一。

3. 放大电路的增益带宽积

对于大多数放大电路,$f_H \gg f_L$,因而通频带 $f_{BW} = f_H - f_L \approx f_H$。也就是说,$f_H$ 和 $|\dot{A}_{usm}|$ 的矛盾就是带宽与增益的矛盾,即增益提高时,必使带宽变窄,增益减小时,必使带宽变宽。为了综合考察这两方面的性能,引入一个新的参数 – 增益带宽积。

根据前面分析可以推导出图 3.10 所示基本共射极放大电路的增益带宽积为

$$|\dot{A}_{usm} \cdot f_{BW}| \approx |\dot{A}_{usm} \cdot f_H| \approx \frac{1}{2\pi(r_{bb'} + R_s) C_\mu} \tag{3.36}$$

上式表明,当晶体管选定后,$r_{bb'}$ 和 C_μ 就随之而定,因而增益带宽积也就大致确定,即增益增大多少倍,带宽就几乎变窄多少倍,这个结论具有普遍性。从另一角度看,为了改善电路的高频特性,展宽通频带,首先应该选用 $r_{bb'}$ 和 C_μ 均小的高频管,同时尽量减小 C'_π 所在回路的总等效电阻。

3.6 自学材料——多级放大电路的频率响应

1. 多级放大电路的频率特性表达式

设多级放大电路每一级的电压放大倍数分别为 $\dot{A}_{u1}, \dot{A}_{u2}, \cdots, \dot{A}_{un}$,则该电路总的电压放大倍数

$$\dot{A}_u = \prod_{k=1}^{n} \dot{A}_{uk} \tag{3.37}$$

对数幅频特性和相频特性的表达式分别为

$$20\lg|\dot{A}_u| = \sum_{k=1}^{n} 20\lg|\dot{A}_{uk}| \tag{3.38}$$

$$\varphi = \sum_{k=1}^{n} \varphi_k \tag{3.39}$$

　　上式表明，多级放大电路的对数幅频特等于各级对数幅频特性的代数和；而相频特性也是等于各级相频特性的代数和。这样，当我们需要绘制总的幅频特性曲线和相频特性曲线时，只要把各级的特性曲线在同一横坐标下的纵坐标值相加起来就可以了。为了说明这一点，举例如下。

　　设单级放大电路的幅频特性曲线和相频特性曲线如图 3.20 细线所示，把具有同样特性的两级串联起来以后，只要把曲线每一点的纵坐标值增加一倍就得到总的幅频特性和相频特性曲线如图 3.20 中粗线所示。从曲线上还可以看到，原来对应于 $-3\mathrm{dB}$ 的频率（f_{L1} 和 f_{H1}），现在要比中频增益下降 $6\mathrm{dB}$，而总的幅频特性曲线下降 $3\mathrm{dB}$ 的通频带要比原来窄。

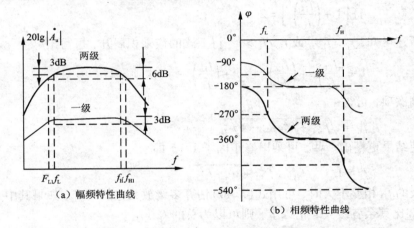

（a）幅频特性曲线　　　　　　（b）相频特性曲线

图 3.20　两级放大电路的频率特性曲线

　　2. 多级放大电路高、低截止频率的估算

　　一个 n 级放大器的方框图如图 3.21 所示。设从输入到输出各单级放大器的高、低截止频率分别为 f_{H1}，f_{H2}，$\cdots$，f_{Hn} 和 f_{L1}，f_{L2}，$\cdots$，f_{Ln}。下面讨论多级放大器高、低截止频率的估算方法。

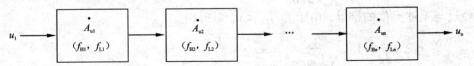

图 3.21　n 级放大器的放框图

　　（1）下限截止频率 f_L 的估算

　　多级放大电路在低频段的 $\dot{A}_{usl}$

$$\dot{A}_{usl} = \prod_{k=1}^{n} \dot{A}_{usmk} \frac{j\dfrac{f}{f_{Lk}}}{1 + j\dfrac{f}{f_{Lk}}}$$

令总的中频电压放大倍数 $|\dot{A}_{um}| = |\dot{A}_{um1} \cdot \dot{A}_{um2} \cdot \cdots \cdot \dot{A}_{umn}|$，则

$$\left| \frac{\dot{A}_{usl}}{\dot{A}_{um}} \right| = \prod_{k=1}^{n} \frac{f/f_{Lk}}{\sqrt{1 + (f/f_{Lk})^2}} = \prod_{k=1}^{n} \frac{1}{\sqrt{1 + (f_{Lk}/f)^2}}$$

根据下限截止频率 f_L 的定义，当 $f = f_L$ 时，上式等于 $1/\sqrt{2}$。由此可得出

$$\prod_{k=1}^{n} \left[1 + \left(\frac{f_{Lk}}{f_L} \right)^2 \right] = 2$$

据上所述可知，$f_L > f_{Lk}$，或 $f_{Lk}/f_L > 1$。将上式的连乘积展开，可写出

$$1 + \left(\frac{f_{L1}}{f_L} \right)^2 + \left(\frac{f_{L2}}{f_L} \right)^2 + \cdots + \left(\frac{f_{Ln}}{f_L} \right)^2 + 高次项 = 2$$

略去高次项，可得

$$f_L \approx \sqrt{f_{L1}^2 + f_{L2}^2 + \cdots + f_{Ln}^2}$$

为了使结果更精确一些，可乘以修正因子 1.1，即

$$f_L \approx 1.1 \sqrt{f_{L1}^2 + f_{L2}^2 + \cdots + f_{Ln}^2} \tag{3.40}$$

当各级的 f_{Lk} 相差不大时，可用式(3.40)估算多级放大电路的 f_L。如果其中某一级的 f_{Lk} 比其余各级大 5 倍以上，则可以为总的 $f_L \approx f_{Lk}$。

（2）上限截止频率 f_H 的估算

多级放大电路在高频段的 $\dot{A}_{ush}$

$$\dot{A}_{ush} = \prod_{k=1}^{n} \frac{\dot{A}_{usmk}}{1 + j\dfrac{f}{f_{Hk}}}$$

经过与上述类似的推导，由于 $f_H/f_{Hk} < 1$，可得出

$$\frac{1}{f_H} \approx 1.1 \sqrt{\frac{1}{f_{H1}^2} + \frac{1}{f_{H2}^2} + \cdots + \frac{1}{f_{Hn}^2}}$$

在各级的 f_{Hk} 相差不大时，可用上式由各级的 f_{Hk} 估算多级放大电路总的 f_H。如果某一级 f_{Hk} 比其余各级的小到 1/5 以下，则可认为总的 $f_H \approx f_{Hk}$。

本章小结

本章主要讨论了有关频率特性的基本概念，介绍晶体管的高频等效模型，重点对单管基本共射极放大电路的频率特性进行了分析，并阐明了放大电路频率特性的分析方法。

1. 本章要点

（1）频率特性（又称为频率响应）描述的是放大电路对不同频率正弦输入信号的稳态响应能力。耦合电容和旁路电容所在回路为高通电路，在低频段使放大倍数的数值下降，且产生超前附加相移；极间电容所在回路为低通回路，在高频段使电压放大倍数的数值下降，且产生滞后的附加相移。

（2）在研究频率特性时，应采用放大管的高频等效模型（即混合 π 模型），在此模型中晶体管的极间电容等效为 C'_π；分析频率特性的有效方法是波特图，波特图的优点是能够扩大频率的表达范围，并使频率响应曲线的作图方法得到简化。

（3）放大电路的上限截止频率 f_H 和下限截止频率 f_L 的计算方法是时间常数法。即求出该电容所在回路的时间常数则截止频率可求，即 $f_H = \dfrac{1}{2\pi\tau_H}$，$f_L = \dfrac{1}{2\pi\tau_L}$，通频带 $f_{BW} = f_H - f_L$。

（4）有了上限截止频率 f_H，下限截止频率 f_L，中频电压放大倍数 $\dot{A}_{usm}$ 和电路的结构，即可写出电压放大倍数 $\dot{A}_{us}$ 的完整表达式和直接作出其波特图。

（5）在一定条件下，放大电路的增益带宽积 $|\dot{A}_{usm} \cdot f_{BW}|$ 约为常量。要想低频好，应考虑采用直接耦合方式，使 $f_L = 0$；要想高频特性好，应该选用 r_{bb} 和 C_μ 均小的高频管，同时尽量减小 C'_π 所在回路的总等效电阻。

2. 主要概念和术语

幅频特性，相频特性，上限截止频率 f_H，下限截止频率 f_L，通频带 f_{BW}，频率失真，增益带宽积，影响低频段增益降低的因素，影响高频段增益降低的因素，完整的频率特性表达式，波特图及波特图的画法。

3. 本章基本要求

（1）掌握频率响应、上限截止频率、下限截止频率、增益带宽积等基本概念；

（2）掌握波特图的画法；

（3）正确理解极间电容和旁路电容对放大电路放大倍数的影响；

（4）一般了解放大电路的高频等效模型及其参数的计算；

（5）一般了解单管放大电路频率响应的分析。

习　题

3.1　填空题

（1）在低频段，由于_____的存在，使放大电路的放大倍数是频率的函数；在高频段，由_____使放大倍数也是频率的函数。

（2）当输入信号频率降低或升高致使电压放大倍数降到中频段电压放大倍数的_____倍所对应的频率，分别称为增益的_____频率和_____频率。通频带就是_____之间的频率范围。

（3）放大电路对输入信号的高频分量或低频分量的放大倍数不相同，输出波形就会发生失真，这种输出失真称为_____。放大电路对输入信号的某些频率成分的时延不同，或者说不同频率的输入信号产生的附加相移不与频率成正比，也会使输出波形畸变，这种输出失真称为_____。以上两种失真统称为_____失真。

3.2　已知某电路电压放大倍数

$$\dot{A}_u = \frac{-100jf}{(1+jf)(1+j\frac{f}{10^5})}$$

试求解：

（1）$\dot{A}_{um} = ? \ f_L = ? \ f_H = ? \ f_{BW} = ?$

（2）画出波特图。

3.3　已知某放大电路的波特图如图 3.22 所示。

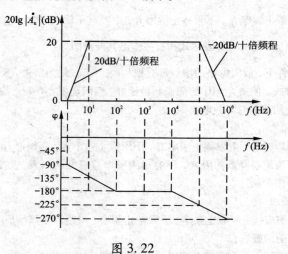

图 3.22

试求解：

（1）$\dot{A}_{um} = ? \ f_L = ? \ f_H = ? \ f_{BW} = ?$

（2）写出 $\dot{A}_u$ 的表达式

3.4　已知某电路的幅频特性如图 3.23 所示，试问：

（1）该电路的耦合方式；

（2）该电路由几级放大电路组成；

（3）当 $f = 10^4$ Hz 时，附加相移为多少？当 $f = 10^5$ 时，附加相移又约为多少？

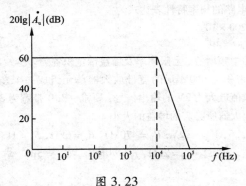

图 3.23

3.5 在图 3.24 所示电路中，已知晶体管的 $r_{bb'} = 100\Omega$，$r_{be} = 1\text{k}\Omega$，静态电流 $I_{EQ} = 2\text{mA}$，$C'_\pi = 800\text{pF}$；$R_s = 2\text{k}\Omega$，$R_b = 500\text{k}\Omega$，$R_c = 3.3\text{k}\Omega$，$C = 10\mu\text{F}$。

（1）试分别求出电路的 f_H、f_L；

（2）写出 $\dot{A}_u$ 的表达式；

（3）画出波特图。

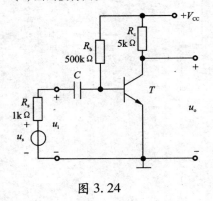

图 3.24

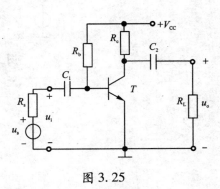

图 3.25

3.6 共射放大电路如图 3.25 所示。已知 $r_{be} = 1.2\text{k}\Omega$，$R_s = 300\Omega$，$R_b = 100\text{k}\Omega$，$R_c = 5\text{k}\Omega$，$R_L = 5\text{k}\Omega$，试计算。

（1）$C_1 = 10\mu\text{F}$，C_2 足够大时，电路的下限截止频率 f_L；

（2）$C_1 = 10\mu\text{F}$，$C_2 = 5\mu\text{F}$ 时，电路的下限截止频率 f_L。

3.7 电路及参数同图 3.25，另已知三极管的 $r_{bb'} = 100\Omega$，$f_T = 150\text{MHz}$，$C_{ob} = 4\text{pF}$，$g_m = 45\text{mA/V}$，$C_1 = 10\mu\text{F}$，$C_2 = 5\mu\text{F}$。

（1）试计算电路的下限截止频率 f_L；

（2）试计算电路的上限截止频率 f_H；

（3）试计算电压放大倍数 $\dot{A}_{us}$；

（4）画出幅频、相频特性曲线。

3.8　已知某放大电路的频率特性表达式为

$$A(j\omega) = \frac{200 \times 10^6}{j\omega + 10^6}$$

试问该放大电路的中频增益、上限频率及增益带宽积各为多少？

3.9　使用增益频带积为 600MHz 的宽带放大器单元组成一个多级视频放大器，能把 $100\mu V$ 的输入信号有效值放大为 2V 的输出信号，要求 $-3dB$ 带宽为 30MHz，试确定级联放大器的个数及每一级放大器所必需的增益的大小。

3.10　电路如图 3.26，$V_{CC} = 12V$，$R_b = 470k\Omega$，$R_c = 6k\Omega$，$R_s = 1k\Omega$，$C_1 = C_2 = 5\mu F$。T 的 $\beta = 50$，$U_{BE} = 0.7V$，$r_{bb'} = 500\Omega$，$r_{be} = 2k\Omega$，$f_T = 70MHz$，$C_{b'c} = 5pF$。求电路的下限频率 f_L 和上限频率 f_H。

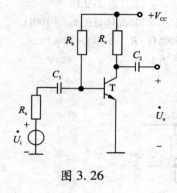

图 3.26

第 4 章　功率放大电路

4.1　概　述

在实际应用电路中，往往要求放大电路的末级（输出级）都要接实际负载。一般负载上的信号电流和电压都要求较大，即负载要求放大电路输出较大的功率。能够向负载提供足够信号功率的放大电路称为功率放大电路，简称功放。如扬声器就是音频放大器的末级负载，扬声器需要有较大的音频电流流过音圈才能发出声音。负载需要的信号功率大到上千瓦，小到数十毫瓦，差别很大，电路方案也不相同。当然，从能量转换的角度来看，一般的电压放大电路和功率放大电路都要输出一定的电压、电流和功率，功率放大电路只是输出功率更大一些。但是，正是由于输出功率大，给功率放大电路带来了一系列的特殊问题，使得功率放大电路的电路结构、工作原理、分析计算方法等与一般的电压放大器都有很大不同。本章在介绍功率放大电路的一般特点基础上，重点分析 OCL 互补对称功率放大电路。

4.1.1　功率放大电路的特点及主要性能指标

功率放大电路与前面讨论的电压放大电路有所不同，电压放大电路是放大微弱的电压信号，属于小信号放大电路；而功率放大电路属于大信号放大电路。对功率放大电路的要求主要有以下几个方面。

1. 要求尽可能大的输出功率

为了输出最大功率，要求晶体管的电压和电流都有足够大的输出幅度，即处于大信号工作状态，甚至接近极限工作状态。输出的最大功率 P_{om} 等于最大输出电压有效值与最大输出电流有效值的乘积。

2. 具有较高的效率

从能量转换的观点来看，功率放大电路是将直流电源提供的能量转换成交流电能输出给负载。在能量转换过程中，电路中的晶体管、电阻也要消耗一定的能量，这个问题在大功率输出时比较突出，因此要求功率放大电路具有较高的转换效率，放大电路的效率为

$$\eta = \frac{最大输出功率\ P_{\max}}{直流电源提供的功率\ P_V} \times 100\% \tag{4.1}$$

通常把晶体管耗散功率和电路的损耗功率统称为耗散功率 P_T，根据能量守恒的原则有：$P_V = P_o + P_T$，效率 η 反映了功放把电源功率转换成输出信号（有用）功率的能力，表示了对电源功率的转换率。功率放大电路的效率低不仅会使电源的无效功耗增加，更严重的是使晶体管的管耗加大，使功率放大管容易因发热而损坏。

3. 非线性失真要小

功率放大电路是在大信号状态下工作，输出电压和电流的幅值都很大，所以不可避免地会产生非线性失真。因此把非线性失真限制在允许的范围内，是设计功率放大电路时必须考虑的问题。

4. 晶体管的散热和保护问题

功放中的晶体管往往工作在接近管子的极限参数状态，因此一定要注意晶体管的安全使用。就晶体管而言，不能超过其极限参数 P_{CM}、I_{CM} 和 $BU_{(BR)CEO}$，当晶体管选定后，需要合理选择功放的电源电压及工作点，甚至需要对晶体管加散热措施，以保护晶体管，如对晶体管加装一定面积的散热片，或在电路中增加电流保护环节。

5. 分析方法

由于功放电路工作在大信号状态，实际上已不属于线性电路的范围，故不能用小信号微变等效电路的分析方法，通常采用图解法对其输出功率、效率等指标做粗略估算。

4.1.2 功率放大电路的分类

按晶体管的导通情况可将功率放大电路分为甲类、乙类、甲乙类等。

在放大电路中，当输入信号为正弦波时，若晶体管在信号的整个周期内均导通（即导通角 $\theta_T = 360°$），则称管子工作在甲类状态，如在前面介绍的电压放大电路中，晶体管总是工作在放大区，这种放大器称为甲类放大器。甲类放大器在输入信号的整个周期内晶体管始终工作在线性放大区域如图 4.1(a) 所示。若晶体管仅在信号的正半周或负半周导通（即导通角 $\theta_T = 180°$），则称管子工作在乙类状态，如图 4.1(c) 所示；若晶体管的导通时间大于半个周期而小于周期（即导通角 $180° < \theta_T < 360°$），则称管子工作在甲乙类状态，如图 4.1(b) 所示。

提高功放效率的根本途径是减小功放管的功耗，方法之一就是要减小功放管的导通角，增大其在一个周期内的截止时间，从而减小管子所消耗的平均功率；方法之二是使管子工作在开关状态。

甲类放大器的静态电流不为零，并且，为了获得较大的动态范围、一般要将其 Q 点选择在交流负载线的中点。因此，即使无信号输入时，电源也必须向放大器提供静态电流，仍要消耗功率，故甲类放大器的效率较低。

如果把静态工作点 Q 向下移动，使静态工作点设置在截止区，则输入信号为零时，静态电流 I_c 为零，电源输出的功率也等于零；输入信号增大时，电流 i_c 增大，电源供给的功率也随之增大，这样电源供给的功率及管耗均随着输出功率的大小而变，显然可改变甲类放大器效率低的缺点。这种工作方式称为乙类放大，但波形产生了严重的失真，输入信号的整个周期中，只有半个周期有电流流过晶体管，乙类放大器具有较高的效率。

另外还有一种称为甲乙类放大的工作方式，也能提高输出效率。它的静态工作点 Q 比乙类放大稍高，在输入信号的整个周期中，半个周期以上有电流流过晶体管，但同样也有严重的波形失真。甲乙类和乙类放大主要用于功率放大器中。

甲乙类和乙类放大虽然减小了静态功耗，提高了效率，但都出现了严重的波形失真。因此，既要保持静态时功耗小，又要使失真不太严重，就需要在电路结构上作出改进。

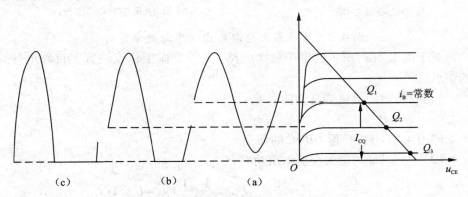

图 4.1　晶体管的 3 种工作状态

（a）甲类，管子导通 360°；　（b）甲乙类，管子导通角大于 180°而小于 360°；　（c）乙类，管子导通 180°

4.2　互补对称功率放大电路

本节以 OCL 电路为例，介绍功率放大电路最大输出功率和效率的分析计算方法以及功放中晶体管的选择。

4.2.1　互补对称功率放大器的引出

1. 甲类功率放大电路的输出功率与效率

前面我们所学的放大电路都是属于甲类放大电路,为什么这类放大电路不宜做功率放大电路呢? 下面我们以基本共射极放大电路为例来分析一下甲类放大电路的输出功率与效率。

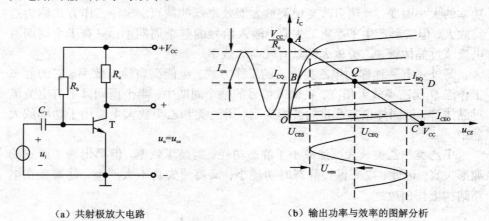

（a）共射极放大电路　　　　　　　　（b）输出功率与效率的图解分析

图 4.2　甲类放大电路输出功率与效率分析

对于图 4.2(a)所示的甲类放大电路,若设静态工作点设置在直流负载线的中点,则

(1)直流电源提供的直流功率 P_V

$$P_V = I_{CQ} V_{CC}$$

即图 4.2(b)中矩形 $OBDC$ 的面积。

(2)电路可能的最大交流输出功率 P_{max}

$$P_{om} = U_o \times I_o = \frac{U_{ceM}}{\sqrt{2}} \times \frac{I_{ceM}}{\sqrt{2}} = \frac{1}{2} U_{ceM} I_{ceM} = \frac{1}{2} \left(\frac{1}{2} V_{CC} - U_{CES} \right) \left(I_{CQ} - I_{CEO} \right)$$

忽略 U_{CES} 和 I_{CEO}

$$P_{om} \approx \frac{1}{4} V_{CC} \cdot I_{CQ}$$

可见,在理想情况下(忽略 U_{CES} 和 I_{CEO}),甲类功放可能的最大交流输出功率 P_{om} 为图 4.2(b)中三角形 ABQ 的面积。

(3)甲类功放的最大效率 η

$$\eta = \frac{P_{om}}{P_V} = 25\%$$

实际上由于饱和压降 U_{CES} 和穿透电流 I_{CEO} 等因素的影响，甲类功放的最大效率 η 总是小于 25%。

综上所述，甲类放大电路不但输出功率小，而且效率也很低，所以不宜作功率放大电路。此外，有一种使用变压器实现阻抗变换的甲类功放，其理论效率最大能够达到 50%，但是由于低频变压器功率损耗大，频率特性也差，现在已较少使用。

2. 互补对称功率放大器的引出

图 4.3(a)所示电路为射极跟随器，其特点是输出电阻较小，带负载能力较强，适合作功率输出级。但是，它并不能满足对功率放大器的要求，因为它的静态电流较大，所以管耗和 R_c 上的损耗都较大，致使能量转换效率较低。为了提高效率，必须将晶体管的静态工作点设置在截止区，即零偏置，$I_B = 0$，$I_C = 0$，如图 4.3(b)所示。静态时电路不工作，静态损耗为零。在动态时，随着输入信号的幅值增加，有输出电压 u_o，直流电源提供的功率也会相应增大，从而克服了射极跟随器的效率低的缺点。从图 4.3(b)的曲线上可知，静态工作点设在横轴上，由 V_{CC} 确定，当有输入信号 u_i 时，正半周晶体管导通，其集电极电流随输入信号 u_i 的变化而变化。在负载 R_L 上产生输出电压 u_o。当 u_i 为负半周时晶体管截止，不工作。所以在输入信号 u_i 的一个周期内，输出电压只有半个周期波形。造成了输出波形严重截止失真[见图 4.3(b)]。为了补上被截掉的半个周期的输出波形，可用 PNP 管组成极性相反的射极跟随器对负半周信号进行放大。这样，两个极性相反的射极跟随器互补组合就构成乙类互补对称功放(又称乙类推挽功放)。

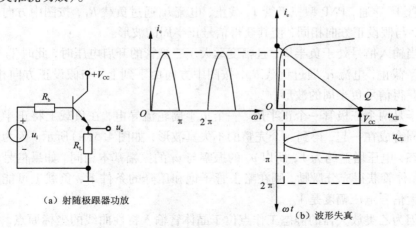

（a）射随极跟器功放　　　　　　　　（b）波形失真

图 4.3　互补对称功放的引出

4.2.2　OCL 电路的组成与工作原理

1. 电路的组成

乙类互补功率放大电路如图 4.4 所示。它由一对 NPN、PNP 特性相同的互补三极管组成的共集组态放大电路，并且由数值相同的正、负两套电源供电。这种电路也称为 OCL 互补功率放大电路。

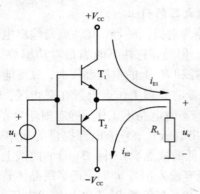

图 4.4　OCL 电路

2. 工作原理

当 $u_i = 0$，即电路处于静态时，由于电路上、下匹配，所以 $U_{BE1} = U_{BE2} = 0$，$I_{CQ1} = I_{CQ2} = 0$，$u_o = 0$。

当输入信号处于正半周，且幅度远大于三极管的开启电压时，此时 NPN 型三极管 T_1 导通，PNP 型三极管 T_2 截止，电流 i_{E1} 通过负载 R_L，按图中方向由上到下，与假设正方向相同，使其获得信号正半周的波形。

当输入信号处于负半周，且幅度远大于三极管的开启电压时，此时 T_2 管导通，T_1 截止，电流 i_{E2} 通过负载 R_L，按图中方向由下到上，与假设正方向相同，使其获得信号负半周的波形。

于是两个三极管一个正半周、一个负半周轮流导电，在负载上将正半周和负半周合成在一起，得到一个完整的不失真波形，如图 4.5(a) 所示。因为是共集组态，电压增益约为 1，所以 u_o 的振幅与 u_i 的振幅基本相同。如果信号足够大，晶体管获得充分激励，则在略去管子饱和压降的条件下，负载上可能获得的最大信号电压幅度是 V_{CC}。

因为乙类放大器的静态工作点位于晶体管输入特性曲线的坐标原点，就会使信号波形在上、下两管的交接处附近达不到三极管的开启电压，三极管不导电，致使输出波形在正、负半周交替过零处会出现一种特殊的非线性失真谓之交越失真，如图 4.5(b)所示。信号越小，交越失真也就越明显。

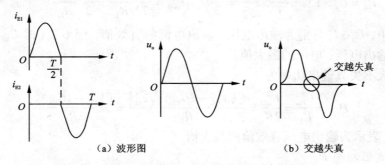

（a）波形图　　　　　　　　（b）交越失真

图 4.5　乙类互补功率放大电路波形的合成

4.2.3　OCL 电路的输出功率与效率

电路的大信号工作情况，可用图解法进行分析，如图 4.6(b)所示。

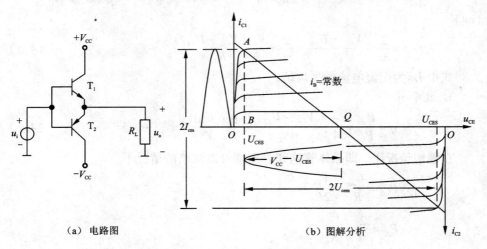

（a）电路图　　　　　　　　（b）图解分析

图 4.6　乙类互补对称功率放大电路

1. 最大不失真输出功率 P_{om}

电路的输出功率为

$$P_o = U_o \times I_o = \frac{U_o^2}{R_L} \tag{4.2}$$

而

$$U_o = \frac{U_{oM}}{\sqrt{2}} = \frac{U_{ceM}}{\sqrt{2}}, \quad I_o = \frac{I_{ceM}}{\sqrt{2}}$$

所以

$$P_\mathrm{o} = U_\mathrm{o} \times I_\mathrm{o} = \frac{U_\mathrm{ceM}}{\sqrt{2}} \times \frac{I_\mathrm{ceM}}{\sqrt{2}} = \frac{1}{2} U_\mathrm{ceM} I_\mathrm{ceM} = \frac{1}{2} \frac{U_\mathrm{ceM}^2}{R_\mathrm{L}} = \frac{1}{2} \frac{U_\mathrm{oM}^2}{R_\mathrm{L}} \tag{4.3}$$

式中，U_o、I_o 分别为输出电压、输出电流的有效值，而 U_ceM（即 U_oM）、I_ceM 分别为输出电压、电流的最大值。

最大不失真输出功率为

$$P_\mathrm{om} = \frac{U_\mathrm{om}^2}{R_\mathrm{L}} = \frac{U_\mathrm{oM}^2}{2R_\mathrm{L}} = \frac{[(V_\mathrm{CC} - U_\mathrm{CES})/\sqrt{2}]^2}{R_\mathrm{L}} = \frac{(V_\mathrm{CC} - U_\mathrm{CES})^2}{2R_\mathrm{L}} \tag{4.4}$$

式中 U_om 表示为输出电压有效值的最大值。

2. 电源功率 P_V

因为静态电流 $I_\mathrm{C} = 0$，所以直流电源在负载获得最大输出功率时所消耗的平均功率等于其平均电流与电源电压之积，其表达式为

$$P_\mathrm{V} = V_\mathrm{CC} I_\mathrm{CC} = V_\mathrm{CC} \cdot \frac{2}{2\pi} \int_0^\pi I_\mathrm{oM} \sin\omega t\, \mathrm{d}(\omega t) = V_\mathrm{CC} \cdot \frac{2}{2\pi} \int_0^\pi \frac{U_\mathrm{oM}}{R_\mathrm{L}} \sin\omega t\, \mathrm{d}(\omega t)$$

$$= \frac{2}{\pi} \cdot \frac{V_\mathrm{CC} \cdot U_\mathrm{oM}}{R_\mathrm{L}} = \frac{2}{\pi} \cdot \frac{V_\mathrm{CC}(V_\mathrm{CC} - U_\mathrm{CES})}{R_\mathrm{L}} \tag{4.5}$$

式中 I_CC 为交流电流的平均值。

3. 效率 η

$$\eta = \frac{P_\mathrm{om}}{P_\mathrm{V}} = \frac{\pi}{4} \cdot \frac{V_\mathrm{CC} - U_\mathrm{CES}}{V_\mathrm{CC}} = \frac{\pi}{4} \cdot \frac{U_\mathrm{oM}}{V_\mathrm{CC}} \tag{4.6}$$

在理想情况下，即晶体管饱和管压降可以忽略的情况下

$$P_\mathrm{om} = \frac{U_\mathrm{om}^2}{R_\mathrm{L}} = \frac{V_\mathrm{CC}^2}{2R_\mathrm{L}}$$

$$P_\mathrm{V} = \frac{2}{\pi} \cdot \frac{V_\mathrm{CC}^2}{R_\mathrm{L}}$$

$$\eta = \pi/4 \approx 78.5\%$$

通常情况下，大功率管的饱和管压降 U_CES 常为 $2 \sim 3\mathrm{V}$，因而一般不能忽略功率管的饱和管压降。

4.2.4   OCL 电路中晶体管的选择

在功率放大电路中，应根据晶体管所承受的最大管压降、集电极最大电流和最大功耗来选择晶体管。

1. 晶体管的管耗 P_T

电源输入的直流功率，有一部分通过晶体管转换为输出功率，剩余的部分

则主要消耗在晶体管上，形成晶体管的管耗，显然

$$P_T = P_V - P_o = \frac{2V_{CC}U_{oM}}{\pi R_L} - \frac{U_{oM}^2}{2R_L} \tag{4.7}$$

将 P_T 画成曲线，如图 4.7 所示。显然管耗与输出幅度有关，图中画阴影线的部分即代表管耗，P_T 与 U_{oM} 成非线性关系，有一个最大值。可用 P_T 对输出电压的峰值 U_{oM} 求导的办法找出这个最大值。

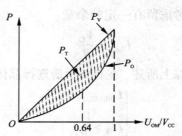

图 4.7　乙类互补功率放大电路的管耗

令 $\dfrac{\mathrm{d}P_T}{\mathrm{d}U_{oM}} = 0$，可以求得

$$U_{oM} = \frac{2}{\pi} \cdot V_{CC} \approx 0.64 V_{CC} \tag{4.8}$$

以上分析表明，最大管耗 P_{Tmax} 发生在 $U_{oM} = 0.64 V_{CC}$ 处。将 $U_{oM} = 0.64 V_{CC}$ 代入 P_T 表达式，可得 P_{Tmax} 为

$$P_{Tmax} = \frac{2V_{CC}U_{oM}}{\pi R_L} - \frac{U_{oM}^2}{2R_L} = \frac{2V_{CC} \times 0.64 V_{CC}}{\pi R_L} - \frac{(0.64 V_{CC})^2}{2R_L}$$

$$= \frac{2.56 V_{CC}^2}{\pi \times 2R_L} - \frac{0.64^2 V_{CC}^2}{2R_L} \approx 0.8 P_{om} - 0.4 P_{om} = 0.4 P_{om}$$

对一只三极管

$$P_{T1max} \approx 0.2 P_{omax} \tag{4.9}$$

可见，晶体管集电极最大功耗仅为最大输出功率的五分之一。

2. 最大管压降 U_{CEmax}

从 OCL 电路的工作原理的分析可知，两只功放管中处于截止状态的管子将承受较大的管压降。在输入电压的正半周，T_1 导通，T_2 截止，当 u_i 由零逐渐增大到峰值时，T_1 和 T_2 管的发射极电位 u_E 逐渐增加到 $(V_{CC} - U_{CES1})$，此时 T_2 管承受的最大管压降为

$$u_{EC2max} = (V_{CC} - U_{CES1}) + V_{CC} = 2V_{CC} - U_{CES1} \tag{4.10}$$

利用同样的分析方法可得，在输入电压的负半周，T_1 承受的最大管压降为

$$u_{CE1max} = 2V_{CC} - |U_{CES2}|$$

所以，考虑留有一定的余量，每个功放管承受的最大管压降为

$$U_{CEmax} = 2V_{CC} \tag{4.11}$$

3. 集电极最大电流 I_{Cmax}

从电路最大输出功率的分析可知，晶体管的发射极电流等于负载电流，负

载电阻上的最大电压为$(V_{CC} - U_{CES1})$，所以集电极电流的最大值为

$$I_{Cmax} \approx I_{Emax} = \frac{V_{CC} - U_{CES1}}{R_L} \qquad (4.12)$$

考虑留有一定的余量

$$I_{Cmax} = \frac{V_{CC}}{R_L} \qquad (4.13)$$

综上所述，在查阅手册选择晶体管时，应使极限参数满足下列条件

$$\begin{cases} U_{BR(CEO)} > 2V_{CC} \\ I_{CM} > \dfrac{V_{CC}}{R_L} \\ P_{CM} > 0.2P_{om} \end{cases} \qquad (4.14)$$

特别需要强调的是，在选择晶体管时，其极限参数特别是P_{CM}应留有一定的余量，并严格按照手册要求安装散热片，以确保功放管的安全运行。

例 4.1　功率放大电路如图 4.6(a)所示，设 $V_{CC} = 12V$，$R_L = 8\Omega$，$U_{CES} = 2V$，晶体管的极限参数为 $I_{CM} = 2A$，$U_{BR(CEO)} = 30V$，$P_{CM} = 5W$。试求：

(1)最大输出功率 P_{om} 和效率 η 的值，并检验所给晶体管是否能安全工作；

(2)放大电路在 $\eta = 0.6$ 时的输出功率 P_o 的值。

解　(1)计算最大输出功率 P_{om} 和效率 η 的值，并检验所给晶体管的安全工作情况

$$P_{om} = \frac{(V_{CC} - U_{CES})^2}{2R_L} = \frac{(12 - 2)^2}{2 \times 8} = 6.25(W)$$

$$\eta = \frac{P_{om}}{P_V} = \frac{\pi}{4} \cdot \frac{V_{CC} - U_{CES}}{V_{CC}} = \frac{\pi}{4} \times \frac{12 - 2}{12} = 65.4\%$$

通过晶体管的最大集电极电流、晶体管 $c-e$ 极间最大压降和它的最大管耗分别为

$$I_{Cmax} = \frac{V_{CC}}{R_L} = \frac{12}{8} = 1.5(A)$$

$$U_{CEmax} = 2V_{CC} = 2 \times 12 = 24(V)$$

$$P_{T1max} \approx 0.2P_{omax} = 0.2 \times 6.25 = 1.25(W)$$

所求得的 I_{Cmax}、U_{CEmax}、P_{T1max} 均分别小于 I_{CM}、$U_{BR(CEO)}$、P_{CM}，故晶体管能够安全工作。

(2)求 $\eta = 0.6$ 时的输出功率 P_o 的值

$$U_{oM} = \frac{4}{\pi} \cdot V_{CC} \cdot \eta = \frac{4}{\pi} \times 12 \times 0.6 = 9.2(V)$$

$$P_{\mathrm{o}} = \frac{U_{\mathrm{oM}}^2}{2R_{\mathrm{L}}} = \frac{9.2^2}{2 \times 8} = 5.3(\mathrm{W})$$

4.3 改进型 OCL 电路

乙类互补对称功率放大电路虽然具有较高的输出效率，但由于静态时 T_1、T_2 管的发射结均处于零偏置状态，晶体管的非线性特性将会使输出信号产生一个"死区"。即当输入信号在小于晶体管的死区电压范围内变化时，晶体管的基极电流和集电极电流均为 0，电路的输出电压也为 0，以致造成严重的失真。这种失真就是前面所说的交越失真。另外乙类互补对称功率放大电路中的 T_1、T_2 管为异种类型，一个为 NPN 型，一个为 PNP 型，要保证两管性能严格匹配较为困难，从而可能导致输出波形正、负半周难以对称。为了解决交越失真、输出波形的对称性及功率放大电路输出电流的保护等问题，就需要对 OCL 电路进行改进。

4.3.1 甲乙类互补对称功率放大电路

为了克服交越失真，应当在 T_1 和 T_2 管的基极加上一定的偏置电压，使它们在静态时也处于微导通的状态，那么当输入信号作用时，就能保证至少有一个管子处于导通状态。这样，晶体管不再工作在乙类放大状态，而是工作在甲乙类放大状态。

下面介绍两种消除交越失真的甲乙类互补对称功率放大电路。

1. 利用二极管提供偏置电压

图 4.8(a) 为利用二极管提供偏置电压消除交越失真的电路。静态时，从正电源 V_{CC} 经 R_1、D_1、D_2、R_2 到负电源 $-V_{\mathrm{CC}}$ 形成一个直流电流，必然使 T_1 和 T_2 的两个基极之间产生电压

$$U_{\mathrm{B1\,B2}} = U_{\mathrm{D1}} + U_{\mathrm{D2}} \tag{4.15}$$

如果晶体管与二极管采用同一种材料，如都为硅管，就可以使 T_1 和 T_2 均处于微导通状态。两管的基极电流相等，集电极电流也相等，因此，负载 R_{L} 中无电流流过，输出电压 $u_{\mathrm{o}} = 0$。

由于二极管的动态电阻很小，可以认为 T_1 管的基极动态电位与 T_2 管的基极动态电位近似相等，且均约为 u_{i}，即 $u_{\mathrm{be1}} \approx u_{\mathrm{be2}} \approx u_{\mathrm{i}}$。

加入正弦输入信号 u_{i} 后，在正弦信号的正半周，T_1 导通，T_2 截止，输出的信号也是正半周；在正弦输入信号的负半周，T_2 导通，T_1 截止，输出的信号也是负半周。由于 D_1 和 D_2 的作用，输出信号的波形不会产生交越失真。

2. 利用 U_{BE} 的倍增电路提供偏置电压

图 4.8(a)虽然克服了乙类互补功率放大电路存在的交越失真现象,但它也存在着一定的缺点。主要表现在:要使 T_1、T_2 有一合适的直流偏置,必须仔细调节流过 D_1、D_2 的静态电流,显得很不方便。为了消除交越失真,在集成电路中常采用图 4.8(b)所示的 U_{BE} 倍增电路。若 $I_2 \gg I_B$,则

$$U_{B1B2} = U_{CE} \approx \frac{R_3 + R_4}{R_4} \cdot U_{BE} = (1 + \frac{R_3}{R_4})U_{BE} \tag{4.16}$$

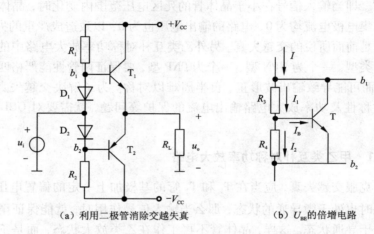

(a)利用二极管消除交越失真   (b) U_{BE} 的倍增电路

图 4.8　甲乙类互补对称功率放大电路

合理选择 R_3 和 R_4,可以得到 U_{BE} 任意倍数的直流电压,故称该电路为 U_{BE} 的倍增电路。同时,也可得到 PN 结任意倍数的温度系数,故可以用于温度补偿。

由于甲乙类互补对称功率放大电路的静态电流很小,其工作原理与分析方法与乙类近似相同,对于甲乙类功率放大电路的功率计算,仍然可以使用乙类功率放大电路的一系列计算公式,这样做计算过程比较简明,带来的误差也不是很大。

例 4.2　在图 4.8(a)所示电路中,已知 $V_{CC} = 16V$,$R_L = 4\Omega$,T_1 和 T_2 管的饱和管压降 $|U_{CES}| = 2V$,输入电压足够大。试问:

(1)电路中 D_1 和 D_2 管的作用?

(2)最大输出功率 P_{om} 和效率 η 各为多少?

(3)晶体管的最大功耗 P_{T1max} 为多少?

(4)为了使输出功率达到 P_{om},输入电压的有效值约为多少?

解　(1)电路中 D_1 和 D_2 管的作用是消除交越失真。

（2）由于甲乙类互补对称功率放大电路的静态电流很小，其工作原理和分析方法与乙类近似相同，所以，最大输出功率和效率分别为

$$P_{om} = \frac{(V_{CC} - |U_{CES}|)^2}{2R_L} = 24.5(W)$$

$$\eta = \frac{\pi}{4} \cdot \frac{V_{CC} - |U_{CES}|}{V_{CC}} \approx 69.8\%$$

（3）晶体管的最大功耗

$$P_{T1max} \approx 0.2P_{om} = 4.9(W)$$

（4）输出功率为 P_{om} 时的输入电压有效值

$$U_i \approx U_{om} \approx \frac{V_{CC} - |U_{CES}|}{\sqrt{2}} \approx 9.9(V)$$

4.3.2　准互补对称功率放大电路

要让 OCL 电路获得优良的品质，保证上下两管性能的严格匹配是必备的条件之一。但由于两管类型不同，要做到这一点是很困难的，在要求输出功率较大的场合，尤其困难。为了解决两管特性的不对称问题，常采用复合管代替 OCL 电路中的 T_1 和 T_2 管，从而构成准互补对称功率放大电路。

1. 复合管

复合管是指按照一定规则把多个管子像图 4.9 那样连接起来，形成一个新的三端子器件。这个新的三端器件就称为复合管（又叫达林顿管）。

为使复合管能正常工作，连接时，必须遵守如下的规则：

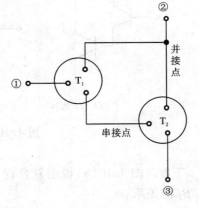

图 4.9　复合管

（1）在串接点，必须保证两管电流的方向的一致和连续，内部电极相连处不能造成电流流向的冲突；

（2）在并接点，两管电流必须都流入或都流出该节点，使总电流为两管电流的算术和；

（3）必须保证复合管中的每个管子都工作在放大区。

复合管的类型是 PNP 还是 NPN，由第一个管子 T_1 管的类型决定。图 4.10（a）、（b）是复合 NPN 管和复合 PNP 管的一种复合方案，图 4.10（c）、（d）和

(e)则是几种违反复合原则的错误连接情况。图4.10(c)在内部电极相连处造成电流流向的冲突。图4.10(d)电路中 $U_{CE1} = U_{EB2}$，当 T_2 管处于放大状态时，T_1 管则饱和了；图4.10(e)在外部电极连接的节点处，不满足外电流必须为两电极电流之和的条件，即第二只管的发射极不是单独接出。

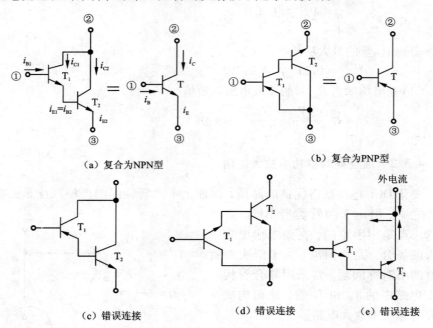

(a) 复合为NPN型   (b) 复合为PNP型

(c) 错误连接   (d) 错误连接   (e) 错误连接

图4.10   复合管举例

下面以图4.10(a)说明复合管 T 的电流放大倍数 β 与 T_1、T_2 管放大倍数 β_1、β_2 的关系。

$$\beta = \frac{I_C}{I_B} = \frac{I_{C1} + I_{C2}}{I_{B1}} = \frac{\beta_1 I_{B1} + \beta_2 I_{B2}}{I_{B1}}$$

而 $I_{B2} = I_{E1} = (1 + \beta_1)I_{B1}$，代入上式后，化简得

$$\beta = \beta_1 + \beta_2 + \beta_1\beta_2 \tag{4.17}$$

因为 β_1 和 β_2 至少为几十，因而 $\beta_1\beta_2 \gg \beta_1 + \beta_2$，所以可以认为复合管的电流放大系数为

$$\beta \approx \beta_1\beta_2 \tag{4.18}$$

可见，等效 β 值高是复合管的优点，采用复合管可以获得很高的电流放大倍数。T_1 与 T_2 复合后等效为一个晶体管，其特点是：①复合后电流放大倍数 $\beta \approx \beta_1\beta_2$，②输入电阻 $r_{be} \approx r_{be1} + (1 + \beta_1)r_{be2}$；③ 复合管的管型由 T_1 决定；④T_1

和 T_2 功率不同时，T_2 为大功率时，可组合成大功率管。

2. 准互补功率放大电路

甲乙类互补推挽功率放大电路，虽然克服了乙类互补功率放大电路存在的交越失真现象，但它也存在着一定的缺点。它主要表现在：集成工艺要制造特性完全相同的异型管 T_1、T_2 是比较难的，因此输出波形对称性与理想情况有差别。为了克服方面的缺点，将甲乙类互补电路改进成如图 4.11 所示的电路形式，称之为准互补功率放大电路。

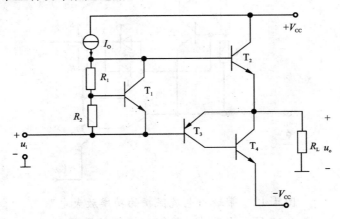

图 4.11 准互补 OCL 电路

由图可以看出，该电路中 R_1、R_2 和 T_1 构成 U_{BE} 倍增电路。只要选择合适的电路参数 R_1 和 R_2，就可以获得 U_{BE} 任意倍数的直流偏压，从而适应不同功率放大电路路对偏压的不同要求。该电路在获得符合要求的直流偏压的同时，也获得了 PN 结任意倍数的温度系数，因此，可兼作温度补偿电路。用两只异型管 T_3、T_4 复合成等效的 PNP 管，称之为 T_2（NPN 管）的准互补管，由于 T_2 和 T_4 为同型号晶体管，容易制成对称，从而解决了异型管不易对称的问题。当然两只功放管也可以同时采用复合管，这种准互补功放电路较互补功放电路性能优越，因此，在模拟集成电路中获得了较为广泛的应用。

4.3.3 输出电流的保护

为防止输出电流过大而损坏晶体管，一般在输出级电路中要加各种保护电路。图 4.12 为带限流保护的准互补功率放大电路。

为了进一步弥补准互补管的非对称性，在发射极加了两个数值为几欧至几十欧的电阻 R_3 和 R_4，这两个电阻还可作为输出电流（发射极电流）的采样电阻，R_3、R_4 与 D_1、D_2 共同构成过流保护电路。

其工作原理如下：正常情况下 D_1、D_2 截止，不起作用；当正向输出电流过大时，R_3 上的电压增大，以致使 D_1 正向偏置并由截止变为导通，为 T_2 管基极分去了一部分电流，从而限制了输出电流，保护了 T_2 管。如果负向输出电流过大，则 D_2 导通，其保护原理不再赘述。

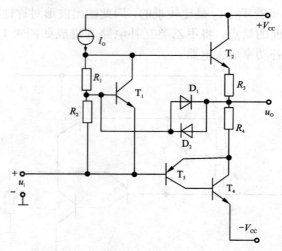

图 4.12　带输出电流保护的功率放大电路

例 4.3　在图 4.13 所示电路中，已知二极管的导通电压 $U_D = 0.7\text{V}$，晶体管导通时的 $|U_{BE}| = 0.7\text{V}$，已知 T_2 和 T_4 管的饱和管压降 $|U_{CES}| = 2\text{V}$，T_2 和 T_3 管发射极静态电位 $V_{EQ} = 0\text{V}$。试问：

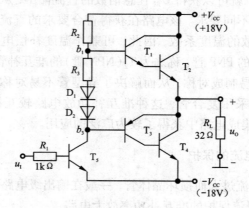

图 4.13　例 4.3 的图

（1）T_1、T_3 和 T_5 管基极的静态电位各为多少？

（2）设 $R_2 = 10\text{k}\Omega$，$R_3 = 100\Omega$。若 T_1 和 T_3 管基极的静态电流可忽略不计，

则 T_5 管集电极静态电流为多少？

（3）R_3，D_1，D_2 的作用是什么？

（4）电路中二极管的个数可以是 1、2、3、4 吗？你认为哪个最合适？为什么？

（5）负载上可能获得的最大输出功率 P_{om} 和效率 η 各为多少？

解　（1）T_1、T_3 和 T_5 管基极的静态电位分别为

$$V_{B1} = 1.4V \quad V_{B3} = -0.7V \quad V_{B5} = -17.3V$$

（2）静态时 T_5 管集电极电流为

$$I_{CQ} \approx \frac{V_{CC} - V_{B1}}{R_2} = 1.66(\text{mA})$$

（3）消除交越失真。

（4）采用如图所示两只二极管加一个小阻值电阻合适，也可只用三只二极管。这样一方面可使输出级晶体管工作在临界导通状态，可以消除交越失真；另一方面在交流通路中，D_1 和 D_2 管之间的动态电阻又比较小，可忽略不计，从而减小交流信号的损失。

（5）最大输出功率和效率分别为

$$P_{om} = \frac{(V_{CC} - |U_{CES}|)^2}{2R_L} = 4(\text{W})$$

$$\eta = \frac{\pi}{4} \cdot \frac{V_{CC} - |U_{CES}|}{V_{CC}} \approx 69.8\%$$

4.4　自学材料

4.4.1　其他类型互补对称功率放大电路

1. 变压器耦合推挽功放

（1）电路结构

图 4.14 所示为变压器耦合推挽功率放大电路。T_1 和 T_2 是同型号、相同特性的功率晶体管。为减小交越失真，由基极偏置电阻 R_{b1} 和 R_{b2} 提供偏压，使静态电流 $I_{C1} - I_{C2}$ 稍大于零，T_1 和 T_2 工作在甲乙类状态。T_{r1} 为输入变压器，中心抽头使次级绕组两端电压 $u_{i1} = -u_{i2}$。变压器 T_{r2} 为输出变压器，初级绕组上下两部分匝数（N_1）相同，绕向一致，而 I_{C1} 和 I_{C2} 在两部分的流向却相反，因而在整个初级绕组的直流磁势 $I_{C1}N_1 - I_{C2}N_1 = 0$，铁芯内无磁通，工作时不会产生磁饱和。静态时，$i_L = 0$，无功率输出。

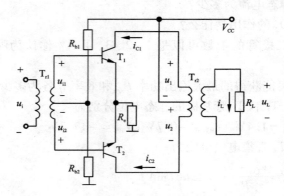

图 4.14 变压器耦合推挽功率放大电路

设变压器 T_{r2} 的初级绕匝数为 $2N_1$，次级绕组匝数为 N_2，T_{r2} 初级与次级的电压和电流与匝数比有下列关系

$$\frac{u_1}{u_L} = \frac{N_1}{N_2}, \ u_1 = \frac{N_1}{N_2}u_L$$

$$\frac{i_{c1}}{i_L} = \frac{N_2}{N_1}, \ i_{c1} = \frac{N_2}{N_1}i_L$$

所以有

$$\frac{u_1}{i_{c1}} = \frac{(N_1/N_2)^2 u_L}{i_L}$$

如果令 $u_1/i_{c1} = R'_L$，$u_L/i_L = R_L$，那么，负载 R_L 折合到初级绕组上半部分的等效电阻 R'_L 为

$$R'_L = \left(\frac{N_1}{N_2}\right)^2 R_L$$

可见，T_{r2} 具有阻抗变换的作用。即在 N_1 和 N_2 及 R_L 均已给定的前提下，可通过调节 N_1/N_2 来实现最佳负载阻抗 R'_L，得到最大不失真功率。

（2）工作原理分析

当 u_i 为正弦信号时，经输入变压器 T_{r1} 使 T_1 和 T_2 的基极加上 u_{i1} 和 u_{i2}，且 $u_{i1} = -u_{i2}$；若 u_{i1} 驱动 T_1 工作，则 u_{i2} 使 T_2 截止；反之亦然。这样 T_1 和 T_2 轮流导通，在一个周期的两个半周内，i_{c1} 和 i_{c2} 轮流流过 T_{r2} 的初级上下两半绕组，且 i_{c1} 和 i_{c2} 大小相同，时间上交错半个周期，因此在 T_{r2} 次级感应出一个接近正弦的电流 $i_L = i_{c1} - i_{c2}$ 流过 R_L，得 $u_L = i_L R_L$。电压和电流的时间波形如图 4.15 所示。该电路可采用与乙类互补推挽放大器相同的图解分析法计算功率和效率，但要注意图 4.6（b）中负载线斜率应采用 $1/R'_L$。

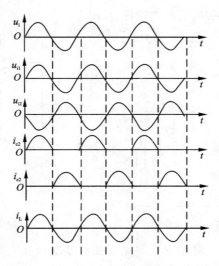

图 4.15　变压器耦合推挽功放电压、电流波形

另外，由于变压器耦合推挽功放在一些缺点，如体积大，价格贵，低频响应差，本身的损耗，而且由于漏感和寄生电容的存在，使经过变压器引入深度负反馈时极易引起自激振荡。在分立元件电路占支配地位的历史时代，变压器耦合乙类推挽功放曾广泛应用，因变压器的诸多缺点，现在这类功放已逐渐退出历史舞台，目前只在一些有特殊要求的场合采用，远不及晶体管互补推挽功率放大器运用广泛。

2. 单电源互补推挽功效

双电源互补推挽乙类功率放大器(OCL)具有效率高等很多优点，但由于采用双电源供电，从而给使用带来一些不便。若想只用单电源供电，遇到的仍是老问题；由于两管发射极连接点的静态电压不为零，则负载上有静态电流通过，这不仅降低了效率，还可能造成功率管的损坏。为了隔断直流，可以利用电容进行耦合，图 4.16(a) 是只使用一个电源 V_{CC} 的 NPN - PNP 互补推挽功放，简称 OTL 功放。T_1、R_1、R_2 和 R_c、R_e 为前置放大器；为减小交越失真，R、D_1、D_2 为 T_2 和 T_3 基极提供偏置，使其工作在甲乙类状态。图中与负载 R_L 串联的大电容 C 具有隔直功能，对交流信号呈短路。静态时，T_2 和 T_3 的发射极节点电压被调整到电源电压的一半值，即 $V_{CC}/2$，故 C 也被充电至 $V_{CC}/2$。当输入信号时，由于大电容 C 上的电压维持 $V_{CC}/2$ 不变，可视为恒压源。这使得 T_2 和 T_3 的 c $-e$ 回路的等效电源都是 $V_{CC}/2$。所以图 4.16(a) 电路可等效为图 4.16(b)。由该图知，OTL 功放的工作原理与 OCL 功放的分析方法完全相同。只要把图 3.35 中 Q 点的横坐标改写为 $V_{CC}/2$，并用 $V_{CC}/2$ 取代 OCL 功放有关公式中的

V_{CC}，就可以获得 OTL 功放的各类指标。

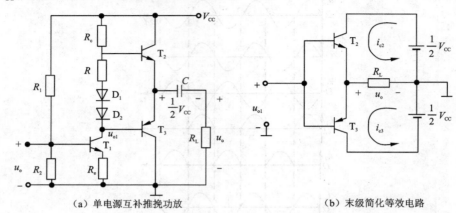

（a）单电源互补推挽功放　　　　（b）末级简化等效电路

图 4.16　单电源互补推挽功放

OTL 功放电源供电的物理过程是：T_3 工作时，由电容 C 经 T_3 和 R_L 放电来形成回路电流 i_{c3}，此时电容储能减小；T_2 导通时由 V_{CC} 供电，同时对电容 C 充电储能，形成回路电流 i_{c2}；流过负载 R_L 的电流应该是 i_{c2} 与 i_{c3} 的合成。

3. 桥式平衡功率放大器

对于便携式的设备（如收音机、录音机等）来说，为了获得足够大的输出功率，需要高电压供电，这就要携带较多的电池，增加了重量。输出功率与电源电压成为突出矛盾。为此，人们研究出了低电压下能输出大功率的电路－平衡式无变压器电路，又称 BTL（Balanced Transformer Less）电路，其中文译名也称桥式平衡电路。

功率放大电路的最大输出功率是由电源电压的大小决定的。在互补对称功率放大电路中，任何一个时刻，只有一个输出管工作，最大输出电压的幅度只能达到整个电源电压的一半。这对电源电压的利用是不够充分的。为了解决这一问题，可采用 BTL 电路，即平衡桥式无变压器功率放大器。图 4.17 就是 BTL 电路的原理图。

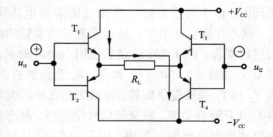

图 4.17　BTL 电路原理图

BTL 电路是由两组相同的 OCL 或 OTL 电路组成的。图中只画出了输出的两对晶体管，而且两对管子的基极也都画得接在了一起。负载电阻 R_L 接在两对管子的输出端之间。4 个管子成桥式结构。加在两对管子上的驱动信号 u_{i1} 和 u_{i2}

相位相反。因此，每一时刻每一桥臂上，只有上下相对的两个晶体管导通，另外两个截止。设 u_{i1} 的极性为正，u_{i2} 的极性为负，则 T_1 和 T_4 管导通，T_2 和 T_3 管截止。电流流过的路径如图所示。如果 u_{i1} 的极性为负，u_{i2} 的极性为正，则 T_1 和 T_4 管截止，T_2 和 T_3 管导通。电流将会流过 T_3、R_L 和 T_2，与 OTL 或 OCL 电路相比，BTL 电路总是有两个晶体管导通。如果忽略两个管子的饱和压降，加在负载电阻 R_L 两端的电压大了一倍。或者说，输出功率大了 4 倍。因此，BTL 电路对电源电压的利用更加充分。目前，BTL 电路在音响设备及一些大功率输出的场合使用得较为普遍。

4.4.2　集成功率放大电路

集成功率放大器是由集成运算放大器发展而来的，它的内部电路一般也由前置级、中间级、输出级和偏置电路等组成。不过集成功放的输出级输出功率大、效率高。另外，为了改善频率特性、减小非线性失真，很多电路内部还引入了深度负反馈；为了保证器件在大功率工作状态下可靠安全工作，集成功放中还常设有过流、过压和过热保护电路等。由于集成功放的种类繁多，这里只对几种常用集成功放的组成与使用方法进行简单介绍。

1. LM386 集成功率放大器

LM386 是一种低电压通用型音频集成功放。具有自身功耗低、电压增益可调整、电源电压范围大、外接元件少和总谐波失真小等优点，广泛应用于录音机和收音机电路之中。

（1）电路组成与工作原理

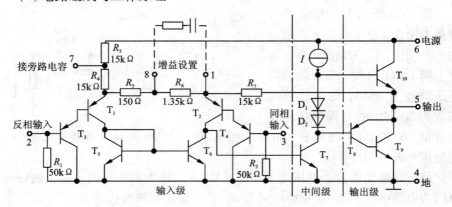

图 4.18　LM386 内部电路原理图

第一级为差分放大电路，T_1 和 T_3、T_2 和 T_4 分别构成复合管，作为差分放大电路的放大管；T_5 和 T_6 组成镜像电流源作为 T_1 和 T_2 的有源负载；信号从

T_3 和 T_4 管的基极输入, 从 T_2 管的集电极输出, 为双端输入单端输出差分电路。根据第 5 章关于镜像电流源作为差分放大电路有源负载的分析可知, 它可使单端输出电路的增益近似等于双端输出电路的增益。

第二级为共射放大电路, T_7 为放大管, 恒流源作有源负载, 以增大放大倍数。

第三级中的 T_8 和 T_9 管复合成 PNP 型管, 与 NPN 型管 T_{10} 构成准互补输出级。二极管 D_1 和 D_2 为输出级提供合适的偏置电压, 可以消除交越失真。电路由单电源供电, 故为 OTL 电路。输出端(引脚 5)应外接输出电容后再接负载。

R_7 是级间电压串联负反馈电阻。若在 7 端与地之间外接电解电容器, 便和 R_2 组成直流电源去耦电路。R_6 是差动放大器的发射极反馈电阻, 调节 1 端和 8 端间的电阻, 可调节放大器的电压放大倍数。如 1、8 断开时放大倍数为 20, 而 1、8 间接一电容对 R_6 旁路时, 放大倍数可达 200。因此, 若在 1、8 间接入一阻容串联元件, 便可调节电阻使放大倍数在 20～200 之间变化。

(2) LM386 的引脚图

LM386 的外形和引脚的排列如图 4.19 所示。

图 4.19　LM386 管脚排列图

引脚 2 为反相输入端, 3 为同相输入端: 引脚 5 为输出端; 引脚 6 和 4 分别为电源和地; 引脚 1 和 8 为电压增益设定端; 使用时在引脚 7 和地之间接旁路电容, 通常取 $10\mu F$。

(3) 典型应用

图 4.20 所示为 LM386 的一种基本用法, 也是外接元件最少的一种用法, C_1 为输出电容。由于引脚 1 和 8 开路, 集成功放的电压增益为 26dB, 即电压放大倍数为 20。用 R_w 可调节扬声器的音量。R 和 C_2 串联构成校正网络用来进行相位补偿。

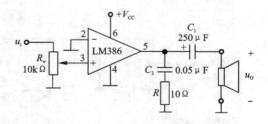

图 4.20　LM386 外接元件最少的用法

静态时输出电容上电压为 $V_{CC}/2$, LM386 的最大不失真输出电压的峰 - 峰值约为电源电压 V_{CC}。设负载电阻为 R_L, 最大输出功率表达式为

$$P_{om} \approx \frac{\left(\dfrac{V_{CC}/2}{\sqrt{2}}\right)}{R_L} = \frac{V_{CC}^2}{8R_L}$$

此时的输入电压有效值的表达式为

$$U_{im} = \frac{\dfrac{V_{CC}}{2}\Big/\sqrt{2}}{A_u}$$

当 $V_{CC} = 16V$、$R_L = 32\Omega$ 时,$P_{om} \approx 1W$,$U_{im} \approx 283mV$。

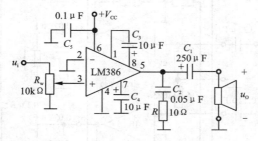

图 4.21　LM386 电压增益最大的用法

图 4.21 所示为 LM386 电压增益最大时的用法,C_3 使引脚 1 和 8 在交流通路中短路,使 $A_u \approx 200$;C_4 为旁路电容;C_5 为去耦电容,滤掉电源的高频交流成分。当 $V_{CC} = 16V$、$R_L = 32\Omega$ 时,与图 4.20 所示电路相同,P_{om} 仍约为 1W;但是,输入电压的有效值 U_{im} 却仅需 28.3mV。

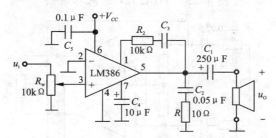

图 4.22　LM386 的一般用法

图 4.22 所示为 LM386 的一般用法,R_2 改变了 LM386 的电压增益,读者可自行分析其 A_u、P_{om} 和 U_{im}。这里不赘述。

2. 其他几种集成功放的应用电路

图 4.23 所示为 TDA1521 的基本用法。TDA1521 为 2 通道 OCL 电路,可作为立体声扩音机左、右两个声道的功放。其内部引入了深度电压串联负反馈,闭环电压增益为 30dB,并具有待机、静噪功能以及短路和过热保护等。

查阅手册可知,当 $\pm V_{CC} = \pm 16V$、$R_L = 8\Omega$ 时,若要求总谐波失真为 0.5%,则 $P_{om} \approx 12W$。由于最大输出功率的表达式为

$$P_{om} = \frac{U_{om}^2}{R_L}$$

可得最大不失真输出电压 $U_{om} \approx 9.8V$，其峰值约为 13.9V，可见功放输出电压的最小值约为 2.1V。当输出功率为 P_{om} 时，输入电压有效值 $U_{im} \approx 327mV$。

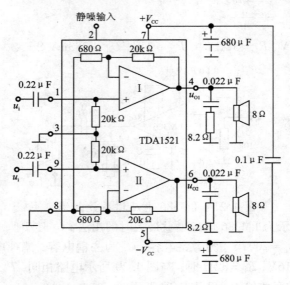

图 4.23　TDA1521 的基本用法

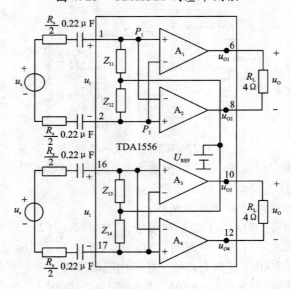

图 4.24　TDA1556 的基本用法

TDA1556 为 2 通道 BTL 电路，与 TDA1521 相同，也可作为立体声扩音机左右两个声道的功放，图 4.24 所示为其基本用法，两个通道的组成完全相同。

TDA1556 内部具有待机、净噪功能，并有短路、电压反向、过电压、过热和扬声器保护等。

TDA1556 内部的每个放大电路的电压放大倍数均为 10，当输入电压为 u_1 时，A_1 的净输入电压 $u_{i1} = u_{P1} - u_{P2} = u_i$，$u_{O1} = A_{u1} u_i$；$A_2$ 的净输入电压 $u_{i2} = u_{P2} - u_{P1} = -u_i$，$u_{O2} = -A_{u2} u_i$；因此，电压放大倍数

$$\dot{A}_u = \frac{\dot{U}_o}{\dot{U}_i} = \frac{\dot{U}_{o1} - \dot{U}_{o2}}{\dot{U}_i} = \frac{\dot{A}_{u1} \dot{U}_i - (-\dot{A}_{u2} \dot{U}_i)}{\dot{U}_i} = 2\dot{A}_{u1} = 20$$

电压增益 $20\lg|A_u| \approx 26\text{dB}$。

为了使最大不失真输出电压的峰值接近电源电压 V_{CC}，静态时，应设置放大电路的同相输入端和反相输入端电位均为 $V_{CC}/2$，输出端电位也为 $V_{CC}/2$，因此内部提供的基准电压 U_{REF} 为 $V_{CC}/2$。当 u_i 由零逐渐增大时，u_{O1} 从 $V_{CC}/2$ 逐渐增大，u_{O2} 从 $V_{CC}/2$ 逐渐减小；当 u_i 增大到峰值时，u_{O1} 达到最大值，u_{O2} 达到最小值，负载上电压可接近 $+V_{CC}$。同理，当 u_i 由零逐渐减小时，u_{O1} 和 u_{O2} 的变化与上述过程相反；当 u_i 减小到负峰值时，u_{O1} 达到最小值，u_{O2} 达到最大值，负载上电压可接近 $-V_{CC}$。因此，最大不失直输出电压的峰值可接近电源电压 V_{CC}。

查阅手册可知，当 $V_{CC} = 14.4\text{V}$、$R_L = 4\Omega$ 时，若总谐波失真为 10%，则 $P_{om} \approx 22\text{W}$。最大不失真输出电压 $U_{om} \approx 9.8\text{V}$，其峰值约为 13.3V，因而内部放大电路输出电压的最小值约为 1.1V。为了减小发非线性失真，应增大的内部放大电路输出电压的最小值，当然势必减小电路的最大输出功率。

TDA2040 集成功率放大器在电源电压为 32V，负载为 4Ω 的情况下，输出功率 22W，失真度仅为 0.5%。该集成电路内部有独特的短路保护系统，可以自动限制功耗而保证输出级晶体管始终处于安全区域，此外，TDA2040 内部还设置了过热关机等保护电路，使集成电路具有较高可靠性。TDA2040 采用单列 5 脚封装，其引脚排列如图 4.25 所示。

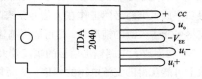

图 4.25   TDA2040 封装和引脚排列

TDA2040 应用比较灵活，既可以采用双电源供电构成 OCL 功率放大器，也可以采用单电源供电构成 OTL 功率放大器。采用双电源供电的功放电路如图 4.26(a) 所示。该电路在 ±16V 电源电压为 4Ω 的情况下，输出功率大于 15W，失真度小于 0.5%。R_3 和 R_2 构成负反馈，使电路的闭环增益为 30dB。R_4、C_7 构成频率校正电路，改差别放大器的高频特性。$C_3 \sim C_6$ 为电源滤液容，用以防止电源引线太长时造成放大器低频自激。

　　TDA2040 采用单电源供电的功放电路如图 4.26(b) 所示。电源电压 V_{CC} 经分压给集成电路脚 1 加上 $V_{CC}/2$ 的直流电压，此时输出端 4 脚的直流电压应为 V_{CC}，R_4 和 R_5 构成交流负反馈，使电路闭环增益为 30dB。C_7 为输出电容。

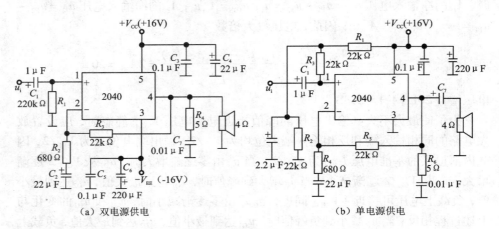

　　(a) 双电源供电　　　　　　　　　　　　　(b) 单电源供电

图 4.26　TDA2040 典型应用电路

本章小结

　　本章主要介绍功率放大电路的特点、组成、最大输出功率与效率的估算。

　　1. 本章要点

　　(1) 功率放大电路要向负载提供大的功率信号，它的输出电压和输出电流都很大，这就使得功率放大电路必然工作在大信号状态下。因此，对于功率放大电路的要求是在输出信号在尽可能不失真的情况下，尽可能提高输出功率和效率。

　　(2) 功率放大电路输出信号的幅值较大，分析时应采用图解法。首先求出功率放大电路负载上可能获得的交流电压的幅值，从而得出负载上可能获得的最大交流功率，即电路的最大输出功率 P_{om}；同时求出此时电源提供的直流平均功率 P_{v}，P_{om} 与 P_{v} 之比即为效率 η。

　　(3) 在忽略晶体管死区电压的条件下，采用一对极性互补的晶体管可以得到互补对称乙类功率放大电路。这种功率放大电路大大提高了电路的输出效率，理论上的最大输出效率可以达到 78.5%。以乙类功率放大电路为基础，可以对功率放大器进行一系列的功率计算。

　　(4) 实际的晶体管是存在死区电压的。往往采用一对极性互补的晶体管构成互补对称甲乙类功率放大电路。甲乙类功率放大电路克服了交越失真，其输出效率略低于乙类功率放大电路。它的功率计算，可以参照乙类功率放大电路的计算方法。

　　2. 主要概念和术语

　　功率放大，互补对称，交越失真，输出功率，效率，甲类、乙类和甲乙类工作状态，OCL、OTL、BTL、复合管。

3. 本章基本要求

(1)掌握晶体管甲类、乙类和甲乙类工作状态、输出功率 P_{om} 和效率 η 等基本概念;

(2)理解功率放大电路的组成原则和 OCL 电路的工作原理;

(3)以 OCL 电路为重点,正确估算功率放大电路的 P_{om}、P_v、η;

(4)了解其他形式功率放大电路的工作原理和功率管的选择。

习 题

4.1　选择合适的答案,填入空内。只需填入 A、B 或 C。

(1)功率放大电路的最大输出功率是在输入电压为正弦波时,输出基本不失真情况下,负载上可能获得的最大_____。

　　A. 交流功率　　　　B. 直流功率　　　C. 平均功率

(2)功率放大电路的转换效率是指_____。

　　A. 输出功率与晶体管所消耗的功率之比

　　B. 最大输出功率与电源提供的平均功率之比

　　C. 晶体管所消耗的功率与电源提供的平均功率之比

(3)在 OCL 乙类功放电路中,若最大输出功率为 1W,则电路中功放管的集电极最大功耗约为_____。

　　A. 1W　　　　　B. 0.5W　　　　　C. 0.2W

(4)在选择功放电路中的晶体管时,应当特别注意的参数有_____。

　　A. β　　　　　B. I_{CM}　　　　　C. I_{CBO}

　　D. $U_{BR(CEO)}$　　　　E. P_{CM}　　　　F. f_T

(5)若图 4.27 所示电路中晶体管饱和管压降的数值为 $|U_{CES}|$,则最大输出功率 $P_{om} =$ _____。

　　A. $\dfrac{(V_{CC} - U_{CES})^2}{2R_L}$　　　B. $\dfrac{(V_{CC} - U_{CES})^2}{R_L}$　　　C. $\dfrac{(2V_{CC} - U_{CES})^2}{2R_L}$

4.2　选择合适的答案,填入空内。只需填入 A、B 或 C。

(1)甲类功放效率低是因为(　　)。

　　A. 只有一个功放管;　　B. 静态电流过大;

C. 管压降过大

(2)功放电路的效率主要与(　)有关。

　　A. 电源供给的直流功率;　　B. 电路输出最大功率;　　C. 电路的工作状态

(3)交越失真是一种(　)失真。

　　A. 截止失真;　　B. 饱和失真;　　C. 非线性失真

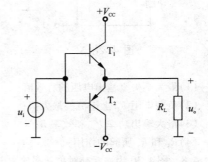

图 4.27

4.3 在图 4.27 所示电路中，$V_{CC} = 12V$，$R_L = 8\Omega$，晶体管饱和管压降 U_{CES} 可以忽略。设输入为正弦信号，要求最大输出功率 $P_{om} = 9W$。试求：

（1）正、负电源 V_{CC} 的最小值；

（2）输出功率最大（$P_{om} = 9W$）时，电源供给的功率 P_v。

4.4 试判断下列说法是否正确，并说明理由。

（1）乙类互补对称电路，输出功率越大，功率管的损耗也越大，所以放大器效率也越小。

（2）由于 OCL 电路输出功率 $P_{om} = \dfrac{V_{CC}^2}{2R_L}$，可见其最大输出功率仅与电源电压 V_{CC} 和负载电阻 R_L 有关，故与管子的参数无关。

（3）OCL 电路中输入信号越大，交越失真也越大。

4.5 图 4.28 所示 OCL 电路的负载 $R_L = 8\Omega$，$V_{CC} = 18V$，估算在下面两种条件下的 P_{om}、η_{max} 和单管管耗 P_{T1max}。

（1）T_1、T_2 的饱和压降 U_{CES} 不计；（2）T_1、T_2 的 $U_{CES} \approx 1V$。

4.6 上题电路中，已知 OCL 功放负载 $R_L = 16\Omega$，若要求输出 8W 的功率，试确定对功率管 T_1 和 T_2 极限参数 P_{CM}、$U_{BR(CEO)}$ 和 I_{CM} 的要求。

4.7 在图 4.29 所示电路中，已知 $V_{CC} = 15V$，T_1 和 T_2 管的饱和管压降 $|U_{CES}| = 2V$，输入电压足够大。求解：

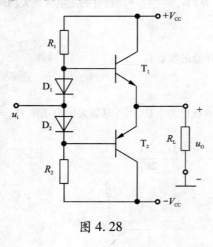

图 4.28

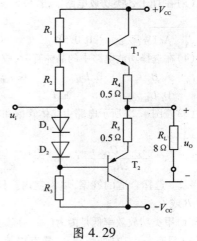

图 4.29

（1）最大不失真输出电压的有效值；

（2）负载电阻 R_L 上电流的最大值；

（3）最大输出功率 P_{om} 和效率 η；

（4）R_4 和 R_5 所起的作用；

4.8 图 4.30 为一互补对称功率放大电路，输入为正弦电压。T_1、T_2 的饱和压降 $U_{CES} = 0$，两管临界导通时的基射极间电压很小，可以忽略不计。试求电路的最大输出功率和效率。

4.9 在如图 4.31 所示的单电源互补对称电路中，设 $V_{CC} = 20V$，$R_L = 8\Omega$，的饱和压降

$U_{CES} = 1V$，试回答下列问题：

(1) 静态时，电容 C_2 两端的电压应是多少？

(2) 动态时，若出现交越失真，应调整哪个元件？如何调整？

(3) 计算出电路的最大不失真输出功率 P_{om} 和效率 η。

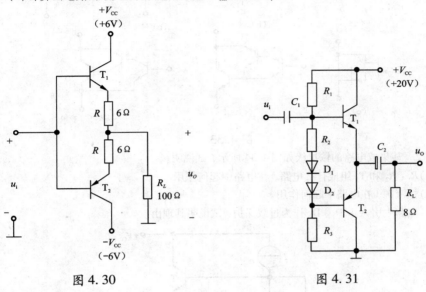

图 4.30   图 4.31

4.10 功放电路如图 4.32 所示，若要求在 8Ω 负载上输出 $8W$ 的功率，试确定该电路不失真的最大输出功率。

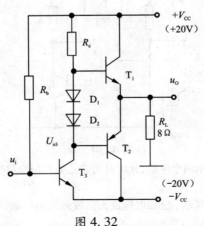

图 4.32

4.11 图 4.33 中的哪些接法可以构成复合管？标出它们等效管的类型 (如 NPN 型、PNP 型、N 沟道结型……) 及管脚 (b、c、e、d、g、s)

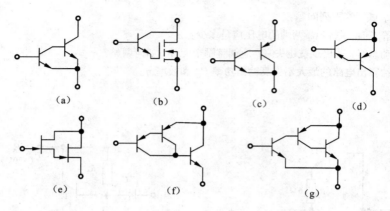

图 4.33

4.12　某集成电路的输出级如图 4.34 所示，试说明：

(1)R_1、R_2 和 T_3 组成什么电路，在电路中起何作用。

(2)恒流源 I 在电路中起何作用。

(3)电路中引入了 D_1、D_2 作为过载保护，试说明其理由。

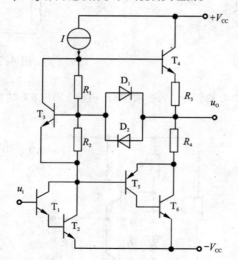

图 4.34

4.13　比较图 4.35 所示两个电路,分别说明它是如何消交除交越失真和如何实现过流保护的。

4.14　电路如图 4.36 所示。已知电压放大倍数为 -100，输入电压 u_i 为正弦波，T_2 和 T_3 管的饱和压降 $|U_{CES}|=1V$。试问：

(1)在不失真的情况下，输入电压最大有效值 U_{imax} 为多少伏?

(2)若 $U_i=10mV$(有效值)，则 $U_o=$? 若此时 R_3 开路，则 $U_o=$? 若 R_3 短路，则 $U_o=$?

+V_{CC}
I
T_2
D_1
D_3
R
u_O
R
D_2
D_4
T_3
+
T_1
u_i
−
$-V_{CC}$
(a)
+V_{CC}
R_1
T_2
T_4
T_6
R_2
u_O
R_2
T_5
T_7
T_3
u_i
T_1
$-V_{CC}$
(b)

图 4.35

+V_{CC}
(+12V)
R_3
T_2
D_1
R_2
+
D_2
R_L
u_O
T_3
−
R_1
T_1
+
u_I
−
$-V_{CC}$
(−12V)

图 4.36

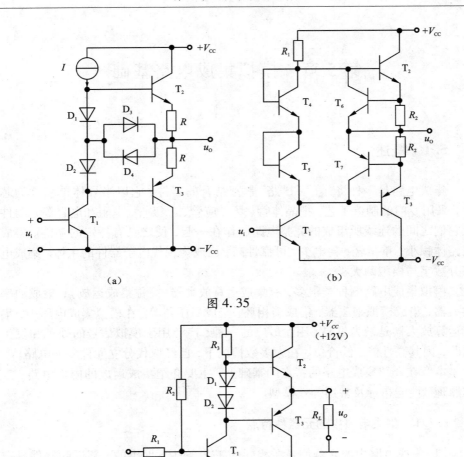

第5章　模拟集成电路基础

5.1　概述

　　集成电路是一种将"管"和"路"紧密结合的器件,它以半导体单晶硅为芯片,采用专门的制造工艺,把晶体管、场效应管、二极管、电阻和电容等元器件及它们之间的连线所组成的完整电路制作在一起,使之具有特定的功能。集成电路体积小、重量轻、耗电少、可靠性高,已成为现代电子器件的主体。集成电路分数字与模拟两大类。

　　模拟集成电路的种类很多,有集成运算放大器(简称集成运放),集成功率放大器,集成模拟乘法器,集成锁相环,集成稳压器等。在模拟集成电路中,集成运算放大器是最为重要、用途最广的一种,广泛用于模拟信号的处理和发生电路,因其高性能、低价位,在大多数情况下,已经取代分立元件放大电路。

　　本章在介绍集成电路的特点的基础上,主要介绍集成运放的内部电路、工作原理、性能指标及常用等效模型。

5.1.1　集成电路中的元器件特点

　　(1)集成电路中的元器件是在相同的工艺条件下做出的,邻近的器件具有良好的对称性,而且受环境温度和干扰的影响后的变化也相同,因而特别有利于实现需要对称结构的电路。

　　(2)集成工艺制造的电阻、电容数值范围有一定的限制。集成电路中的电阻是使用半导体材料的体电阻制成的,因而很难制造大的电阻,其阻值一般在几十欧姆到几十千欧姆之间,体积大的电阻占用的硅片面积大、不经济,体积小的电阻也不易制造;集成电路中的电容是用PN结的结电容做的,一般PN结电容和MOS管电容容量不超过100pF,太大的电容占用硅片面积大,且不易制造。另外,集成电感只限微亨级的小数值,一般尽量避免使用。

　　(3)集成工艺制造晶体管、场效应管最容易,众多数量的晶体管通过一次综合工艺完成。集成晶体管有纵向NPN型管、横向PNP型管和场效应管,前者在集成元器件中占用硅片面积最小、性能好、β值高,用的也最多;而横向PNP管是利用制造纵向NPN管的工艺或稍加改造制成,其中PNP管β值低,但反向耐压高，常和 NPN 管配合使用。另外，集成工艺比较容易制造多极晶体管，如多发射极管、多集电极管等。集成二极管、稳压管等一般用 NPN 管的发射结代替。

5.1.2　集成电路结构形式上的特点

1. 利用元器件参数的对称性来提高电路稳定性

根据集成电路元器件的特点，尽可能使电路的特性依赖于元器件参数间的匹配或它们的比值，即利用同类元器件间参数的相互补偿来弥补单个元器件参数的较大误差，以求得电路性能的稳定。如模拟集成电路中大量采用参数对称的差动放大电路来抑制温度漂移等。

2. 利用有源器件代替无源元件

根据集成电路元器件的特点，电路中尽量多使用占硅片面积小又易制造的有源器件，如各种晶体管和场效应管。尽量少用或不用面积大、不易制造的无源元件，如大电阻、大电容等。所以，在集成电路中，尽可能地用有源器件代替无源元件。例如大量用晶体管或场效应管接成电流源来代替大电阻，或用来设置偏置电流等。

3. 采用直接耦合方式

由于集成工艺的限制、制造大电容和电感不易，所以集成电路中尽量避免使用大电容和电感。这样，集成电路的级间耦合方式就不宜采用阻容耦合或变压器耦合方式，一般都是采用直接耦合方式。

4. 采用较复杂的电路结构

由于集成工艺的特点，使用集成电路在设计时可适当地采用较复杂的电路结构，以提高电路的性能指标。例如，经常用性能较好的双管或多管电路代替单管电路；用高性能的复合电路代替低性能的简单电路等。因此，集成电路的内部电路一般较同功能的分立元件电路要复杂得多。

5. 适当利用外接分立元件

由于集成工艺的限制，对于一些不易制作或不能集成的元器件，通常采用外接形式。如外接可变电阻、大电容、大电阻及电感等。所以集成电路一般总是和其外围电路一起实现电路功能。当然，随着集成工艺的发展，外围元件会越来越少的。

综上可见，集成电路与同功能的分立元件电路相比，无论是在元器件的使用方面，还是在电路的结构形式方面都有着显著的差别，且前者较后者复杂很多。为了帮助大家了解集成电路内部电路及外部特性，以便正确地使用模拟集成电路，后面几节，主要介绍集成电路内部一些基本单元电路。

5.2　晶体管电流源电路及有源负载放大电路

根据集成电路的工艺特点，模拟集成放大电路中的偏置电路、集电极或发射极负载等，一般采用晶体管电流源。这不仅能使电路性能具有不随温度及电源电压变化而变化的良好稳定性（做偏置），而且能获得高增益、大动态范围的特性（做有源负载）。

5.2.1　电流源电路

电流源电路是指能够输出恒定电流的电路。由第 1 章晶体管的特性已知，晶体管本身便具有近似恒流的特性，如在放大区，它的集电极电流 i_C 只取决于基极电流 i_B，而几乎与集—射间电压 u_{CE} 无关。这一特性使晶体管相当于一个内阻很大的电流源。不过，这种恒流特性是不理想的，为了使其趋于理想化，通常总是将晶体管接成具有较好恒流特性的电路，叫晶体管电流源（或恒流源）电路。在集成电路中，常用的电流源电路有：镜像电流源、精密电流源、微电流源、比例电流源和多路电流源等。它主要提供集成运放中各级合适的静态电流或作为有源负载代替高阻值电阻，以提高放大电路的放大倍数。

晶体管电流源电路的形式有多种，这里仅介绍常用的几种基本电流源电路。

1. 镜像电流源

镜像电流源为基本电流源，其电路结构如图 5.1 所示，它由两只特性完全相同的管子 T_1 和 T_2 构成，T_1 的集电极与基极连接在一起，当电源接通时，R 和 T_1 中就有电流流过，并且同时供给 T_2 基极电流，使 T_2 工作。即 R 和 T_1 充当了 T_2 的基极偏置电路，它们所提供的电流 I_R 称为偏置电流，也叫基准电流或参考电流。T_2 的集电极电流 I_{C2} 为所需要的输出电流 I_o，它将提供其他放大电路所需要的偏置电流。T_1、T_2 为集成 NPN 型晶体管，其参数的对称性可以做得很好，因此，可认为 $\beta_1 = \beta_2 = \beta$，$U_{BE1} = U_{BE2} = U_{BE}$，所以 $I_{B1} = I_{B2} = I_B$，$I_{C1} = I_{C2} = I_C$，可见，由于电路的这种特殊接法，使 I_{C1} 和 I_{C2} 呈镜像关系，故称此电路为镜像电流源。

由图可知，输出电流为

$$I_o = I_{C2} = I_{C1} = I_R - 2I_B = I_R - \frac{2I_{C1}}{\beta} = I_R - \frac{2I_o}{\beta}$$

整理得

$$I_{\mathrm{o}} = \frac{\beta}{\beta + 2} \cdot I_{\mathrm{R}} = \frac{1}{1 + \dfrac{2}{\beta}} \cdot I_{\mathrm{R}} \tag{5.1}$$

如果 $\beta \gg 2$ ，则有

$$I_{\mathrm{o}} \approx I_{\mathrm{R}} \tag{5.2}$$

即输出电流等于参考电流。

由图可求得参考电流为

$$I_{\mathrm{R}} = \frac{V_{\mathrm{CC}} - U_{\mathrm{BE}}}{R} \tag{5.3}$$

显然，只要参考电流 I_{R} 恒定，则输出 I_{o} 就是恒定的。由上分析可以看出，只要电路中 T_1、T_2 的结构相同、参数对称，其集电极电流就相同，它们就像镜子中的影像和原物一样，故称之为镜像电流源电路。这种电路的优点是结构简单，两管参数对称，具有一定的温度补偿作用；缺点是电流 I_{o} 仍要受 V_{CC}、R 及晶体管参数 U_{BE} 的影响，另外，当 β 值不大时，其镜像特性变差。为了获得性能较好的电流源电路，通常总是在此基本电流源电路的基础上，采取措施，进行改进。

2. 改进型镜像电流源电路

图 5.2 为镜像电流源电路的改进型之一，由图可以看出，它是在图 5.1 电路的 T_1 管 $c-b$ 极之间插入晶体管 T_3 后组成的。插入 T_3 的目的是减小 I_{B1}、I_{B2} 对参考电流 I_{R} 的分流作用，以提高镜像电流的精度。

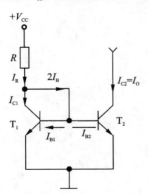

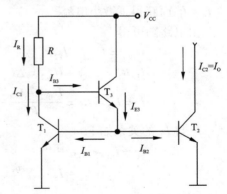

图 5.1   镜像电流源电路   图 5.2   改进型镜像电流源电路

由图可以看出，这时的参考电流为

$$I_{\mathrm{R}} = I_{\mathrm{C1}} + I_{\mathrm{B3}} = I_{\mathrm{C1}} + \frac{I_{\mathrm{E3}}}{1 + \beta_3} = I_{\mathrm{C1}} + \frac{I_{\mathrm{B1}} + I_{\mathrm{B2}}}{1 + \beta_3} = I_{\mathrm{C1}} + \frac{I_{\mathrm{C1}} + I_{\mathrm{C2}}}{(1 + \beta_3)\beta}$$

取 $\beta_1 = \beta_2 = \beta_3 = \beta$

则 $\qquad I_{\text{R}} = \left[\, 1 + \dfrac{2}{\beta(1+\beta)} \right] \cdot I_{\text{C1}}$ （5.4）

所以输出电流为

$$I_{\text{o}} = I_{\text{C2}} = I_{\text{C1}} = \frac{1}{1 + \dfrac{2}{\beta(1+\beta)}} \cdot I_{\text{R}} \qquad (5.5)$$

由此式可以看出，改进后的电路 I_{o} 与 I_{R} 的误差减小、镜像精度提高了 β 倍，且当 β 值较大时，其镜像精度较高。此电流源称为精密镜像电流源。

3. 微电流源

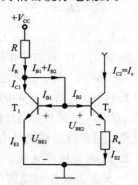

图 5.3　微电流源

在集成电路中，为了降低功耗及提高放大电路的输入电阻，一般都使电路工作在小电流状态。为了从镜像电流源电路中获得小的输出电流（如微安数量级），就要增大电路（图 5.1）中的电阻 R，使参考电流 I_{R} 减小。由于大电阻不易集成，而且还会造成无谓的功率消耗。要想在不增大 R 的情况下获得微小的电流 I_{o}，便在基本镜像电流源电路的基础上作了改进，改进后的电路如图 5.3 所示。由图可以看出，它是在图 5.1 的基础上，给 T_2 的发射极增加了电阻 R_{e}，从而使输出电流 $I_{\text{o}} < I_{\text{R}}$ 而获得了微小电流。

由电路图可得

$$U_{\text{BE1}} = U_{\text{BE2}} + I_{\text{E2}} R_{\text{e}}$$
$$I_{\text{E2}} R_{\text{e}} = U_{\text{BE1}} - U_{\text{BE2}} = \Delta U_{\text{BE}}$$
$$I_{\text{o}} = I_{\text{C2}} \approx I_{\text{E2}} = \frac{U_{\text{BE1}} - U_{\text{BE2}}}{R_{\text{e}}} = \frac{\Delta U_{\text{BE}}}{R_{\text{e}}} \qquad (5.6)$$

I_{o} 与 I_{R} 的关系如下

$$I_{\text{R}} \approx I_{\text{E1}} \approx I_{\text{S1}} \, \mathrm{e}^{U_{\text{BE1}}/U_{\text{T}}}$$
$$I_{\text{o}} = I_{\text{C2}} \approx I_{\text{E2}} \approx I_{\text{S2}} \, \mathrm{e}^{U_{\text{BE2}}/U_{\text{T}}}$$
$$\Delta U_{\text{BE}} = U_{\text{BE1}} - U_{\text{BE2}} = U_{\text{T}} \left(\ln \frac{I_{\text{R}}}{I_{\text{S1}}} - \ln \frac{I_{\text{o}}}{I_{\text{S2}}} \right)$$

一般有 $I_{\text{S1}} = I_{\text{S2}}$，所以 $\qquad I_{\text{o}} = \dfrac{\Delta U_{\text{BE}}}{R_{\text{e}}} = \dfrac{U_{\text{T}}}{R_{\text{e}}} \ln \dfrac{I_{\text{R}}}{I_{\text{o}}}$ （5.7）

或 $\qquad \ln \dfrac{I_{\text{R}}}{I_{\text{o}}} = \dfrac{I_{\text{o}} R_{\text{e}}}{U_{\text{T}}}$ （5.8）

在已知 R_{e} 的情况下，上式对 I_{o} 而言是一个超越方程，可以通过图解法或

累试法解出 I_o，式中参考电流为

$$I_R = \frac{V_{CC} - U_{BE}}{R} \tag{5.9}$$

一般 ΔU_{BE} 很小，因而采用不大的 R_e 即可获得较小的输出电流 I_o。另外，R_e 的电流负反馈作用还可以使电路的稳定性得到提高。

4. 比例电流源

在镜像电流源电路中，若增加两个发射极电阻，使两个发射极电阻中的电流成一定的比例关系，即可构成比例电流源。其电路如图 5.4 所示。

因两三极管基极对地电位相等，于是有

$$U_{BE1} + I_{E1}R_{e1} = U_{BE2} + I_{E2}R_{e2} \tag{5.10}$$

因 $U_{BE1} \approx U_{BE2}$，则 $I_{E1}R_{e1} \approx I_{E2}R_{e2}$

而 $I_R \approx I_{E1}$，$I_o \approx I_{E2}$

所以

$$\frac{I_o}{I_R} \approx \frac{R_{e1}}{R_{e2}} \tag{5.11}$$

可见，只要改变 R_{e1} 和 R_{e2} 的阻值，就可以改变 I_o 和 I_R 的比例关系。式中参考电流为

$$I_R = \frac{V_{CC} - U_{BE1}}{R + R_{e1}} \tag{5.12}$$

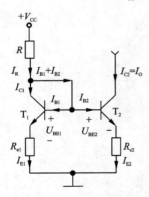

图 5.4 比例电流源

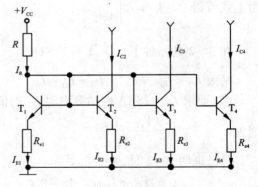

图 5.5 多路电流源

5. 多路电流源

前面介绍的几种电流源电路，都是利用一个参考电流来获得另一路输出电流的。要想利用一个参考电流获得多路输出电流，而且各路电流可以相同，也可以不相同，只要在上述电流源电路的基础上加以推广即成。推广后的多路电

流源电路之一如图 5.5 所示，它是在比例电流源的基础上得到的。I_R 为参考电流，I_{C2}、I_{C3}、I_{C4} 为输出电流。

由图可知

$$U_{BE1} + I_{E1}R_{e1} = U_{BE2} + I_{E2}R_{e2} = U_{BE3} + I_{E3}R_{e3} = U_{BE4} + I_{E4}R_{e4} \qquad (5.13)$$

由于各管的 $b-e$ 间电压 U_{BE} 数值大致相等，所以

$$I_{E1}R_{e1} \approx I_{E2}R_{e2} \approx I_{E3}R_{e3} \approx I_{E4}R_{e4} \qquad (5.14)$$

电流源电路的形式很多，不过基本上都是在基本镜像电流源电路基础上的改进，这里不再赘述。

当然用场效应管也同样可组成上述各种电流源电路。这里不再举例。

例 5.1 在图 5.6 电路中，T_1、T_2 管的特性相同，已知 $V_{CC} = 15V$，$\beta_1 = \beta_2 = \beta$，$U_{BE1} = U_{BE2} = 0.6V$。

(1) 试证明当 $\beta \gg 2$ 时，$I_{C2} \approx I_R$；

(2) 若要求 $I_{C2} = 28\mu A$，电阻 R_1 应取多大？

解 (1) 证明 $I_{C2} \approx I_R$

在三极管对称的条件下，$I_{C1} = I_{C2}$，而

$$I_{C1} = I_R - 2I_B = I_R - 2\frac{I_{C1}}{\beta_1}$$

由上式可得

$$I_{C1} = I_R \left(\frac{1}{1 + \dfrac{2}{\beta}} \right)$$

在 $\beta \gg 2$ 的条件下，$\quad 1 + \dfrac{2}{\beta} \approx 1$

又因 $I_{C2} = I_{C1}$，故 $\quad I_{C2} = I_{C1} \approx I_R$

(2) 要求 $I_{C2} = 28\mu A$ 时估算电阻 R_1 的值

因为

$$I_R = \frac{V_{CC} - U_{BE1}}{R_1}$$

且已证明 $\beta \gg 2$ 时，$I_R \approx I_{C2}$，

所以

$$R_1 \approx \frac{V_{CC} - U_{BE1}}{I_{C1}} = \frac{15 - 0.6}{28 \times 10^{-6}} = 514(k\Omega)$$

例 5.2 在图 5.7 电路中

(1) 指出电路为何种电流源电路；

(2) 根据二极管电流方程，导出 T_1、T_2 管的工作电流 I_{C1}、I_{C2} 的关系式；

(3) 若测得 $I_{C2} = 28\mu A$，$I_{C1} = 0.73mA$，估算电阻 R_e 和 R_1 的阻值；

(4) 说明微电流源和图 5.6 所示镜像电流源的异同。

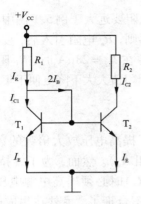

图 5.6 例 5.1 的图

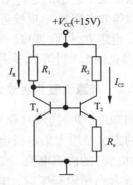

图 5.7 例 5.2 的电路图

解 （1）电路为微电流源电路

（2）推导 I_{C1}、I_{C2} 的关系式

由二极管结电流方程可知 $\qquad I_E = I_S(e^{U_{BE}/U_T} - 1)$

在 U_{BE} 正向偏置条件下，上式可近似为 $\qquad I_E \approx I_S e^{U_{BE}/U_T}$

而 $\qquad\qquad\qquad I_C \approx I_E$

于是 $\qquad\qquad U_{BE} \approx U_T \ln \dfrac{I_C}{I_S}$

由本题电路可得 $\quad U_{BE1} = U_{BE2} + I_{E2}R_e \approx U_{BE2} + I_{C2}R_e$

即 $\qquad I_{C2}R_e \approx U_{BE1} - U_{BE2} \approx U_T(\ln \dfrac{I_{C1}}{I_{S1}} - \ln \dfrac{I_{C2}}{I_{S2}})$

若 $\qquad\qquad\qquad I_{S1} = I_{S2}$

则 $\qquad\qquad I_{C2}R_e \approx U_T \ln \dfrac{I_{C1}}{I_{C2}}$

（3）已知 $I_{C2} = 28\mu A$，$I_{C1} = 0.73mA$，估算电阻 R_e 和 R_1 的阻值

$$R_e \approx \frac{U_T \ln \dfrac{I_{C1}}{I_{C2}}}{I_{C2}} = \frac{26 \times 10^{-3} \times \ln \dfrac{0.73}{0.028}}{0.028 \times 10^{-3}} = 3(k\Omega)$$

$$R_1 \approx \frac{V_{CC} - U_{BE1}}{I_{C1}} = \frac{15 - 0.7}{0.73 \times 10^{-3}} = 20(k\Omega)$$

（4）微电流源和镜像电流源的异同

微电流源和镜像电流源均为集成电路中常用的偏置电路，提供小而稳定的电流。微电流源中由于在 T_2 管的射极接入了负反馈电阻 R_e，因而对温度变化、电源的波动、负载电阻的变化等影响均能起到一定的抑制作用。同时由于 R_e 电阻属

电流串联负反馈组态,使 T_2 管集电极对地等效电阻要远大于例 5.1 图中 T_2 管集电极对地等效电阻 r_{ce2},更接近理想的电流源。再则,R_e 电阻引入后,要保证 I_{C2} $=28\mu A$,电阻 R_1 仅取 $20k\Omega$ 就行,而镜像电流源在 $I_{C2}=28\mu A$ 时,R_1 阻值高达 $514k\Omega$(参见例 5.1 计算),采用微电流源后,电阻阻值大大下降更便于集成。

5.2.2　有源负载共射放大电路

我们知道,共射(或共源)放大电路中,为了提高电压放大倍数的数值,行之有效的方法是增大集电极电阻 R_c(或漏极电阻 R_d)。然而,为了维持晶体管(或场效应管)的静态电流不变,在增大 R_c(或 R_d)时必须提高电源电压。当电源电压增大到一定程度时,电路的设计就变得不合理了。另外在集成电路中,不能使用过大的电阻,而且 R_c 增大,直流功耗也增大,对电源电压的要求也会提高,因此 A_u 的增加受到 R_c 取值的限制。

如果用恒流源来代替 R_c,则由于恒流源的直流电阻不大,故恒流源两端的直流电压并不大,但恒流源的动态交流电阻很大,该交流电阻与交流通道中的 R_c 等效,故 A_u 可以大大提高。由于晶体管和场效应管是有源器件,而上述电路又以它们为负载,故称为有源负载。

图 5.8(a)所示为有源负载共射放大电路。T_1 为放大管,T_2 与 T_3 构成的镜像电流源,T_2 是 T_1 的有源负载。T_2 对直流呈现小电阻,而对交流呈现大电阻,见图 5.8(b)。这样 T_1 的集电极相当接了一个很大的电阻(对交流)。从而大大提高了 T_1 的电压放大倍数而又不需要选用很高的电源电压,这就是采用有源负载的目的。

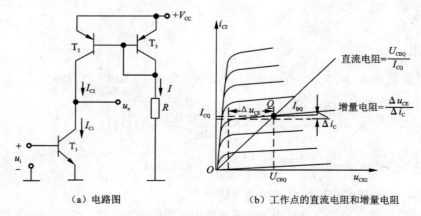

(a)电路图　　　　　　(b)工作点的直流电阻和增量电阻

图 5.8　有源共射放大电路

5.3　差动放大电路

根据集成电路结构形式上的特点,集成电路的级间耦合方式一般都采用直接耦合,直接耦合电路存在温度漂移问题,为了抑制温度漂移,一种有效的电路就是差动放大电路。下面重点分析差动放大电路。

5.3.1　工作原理

1. 电路组成

差动放大电路(以后简称差放)具有对称性的电路结构,图 5.9 是它的两种典型电路。从电路结构上看,差动放大电路具有两个明显的特征:对称性(从上部看)和长尾(从下部看),图 5.9(a)的长尾是电阻,称为电阻长尾式差动放大电路;图 5.9(b)的长尾是恒流源,称为恒流源式差动放大电路。其实两者并无本质区别,假如把 5.9(a)中的长尾电阻 R_e 看成是负电源的 V_{EE} 的内阻,而且 R_e 很大,那么电阻式长尾也就成了恒流源式长尾。

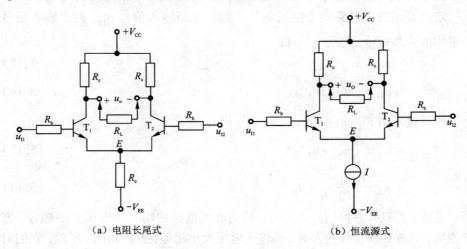

（a）电阻长尾式　　　　　　　　（b）恒流源式

图 5.9　差动放大电路

对称的含义是两个三极管的特性一致,电路参数对应相等。$\beta_1 = \beta_2 = \beta$,$U_{BE1} = U_{BE2} = U_{BE}$,$r_{be1} = r_{be2} = r_{be}$,$I_{CBO1} = I_{CBO2} = I_{CBO}$,$R_{c1} = R_{c2} = R_c$,$R_{b1} = R_{b2} = R_b$。

下面重点对长尾式差动放大电路进行分析。

2. 输入输出方式

差动放大电路一般有两个输入端,一个为同相输入端,另一个为反相输入端。

根据规定的正方向，在一个输入端加上一定极性的信号，如果所得到的输出信号极性与其相同，则该输入端称为同相输入端。反之，如果所得到的输出信号的极性与其相反，则该输入端称为反相输入端。

信号的输入方式：若信号同时加到同相输入端和反相输入端，称为双端输入；若信号仅从一个输入端加入，另一个输入端接地，称为单端输入。

差动放大电路可以有两个输出端，一个是 T_1 的集电极 C_1，另一个是 T_2 的集电极 C_2。若从 C_1 和 C_2 两端输出称为双端输出，仅从集电极 C_1 或 C_2 对地输出称为单端输出。

综上所述，差动放大电路的差模工作状态分为以下四种：

（1）双端输入、双端输出（双入——双出）；

（2）双端输入、单端输出（双入——单出）；

（3）单端输入、双端输出（单入——双出）；

（4）单端输入、单端输出（单入——单出）。

3. 差模信号与共模信号

定义差动放大电路两个输入信号之差为差模输入信号 u_{Id}，两个输入信号的平均值为共模输入信号 u_{Ic}，即

$$u_{Id} = u_{I1} - u_{I2} \qquad\qquad (5.15)$$

$$u_{Ic} = \frac{1}{2}(u_{I1} + u_{I2}) \qquad\qquad (5.16)$$

若反过来用 u_{Id}、u_{Ic} 表示 u_{I1}、u_{I2} 时，则有

$$u_{I1} = \frac{1}{2}u_{Id} + u_{Ic} \qquad\qquad (5.17)$$

$$u_{I2} = -\frac{1}{2}u_{Id} + u_{Ic} \qquad\qquad (5.18)$$

显然，当只有差模信号输入时，差动放大电路两输入端电压大小相等，方向相反；只有共模信号输入时，两输入电压大小相等，方向相同。所以，我们对差模信号和共模信号又有如下定义。

差模信号是指在两个输入端加上大小相等，极性相反的信号；而共模信号是指在两个输入端加上大小相等，极性相同的信号。

一般情况下，对于一个任意信号输入，$u_{I1} \neq u_{I2}$，由式（5.17）和式（5.18）可知，它们可看成是一对差模信号和一对共模信号的叠加。这样，对于放大器这个准线性系统而言，分别求得差放对差模和共模信号的响应特性，应用叠加定理即可求得总的响应特性。

例如，$u_{I1} = 10\text{mV}$，$u_{I2} = 6\text{mV}$，根据式(5.15)和(5.16)可知，$u_{Id} = 4\text{mV}$，u_{Ic} $= 8\text{mV}$，在差模信号和共模信号同时存在的情况下，可利用叠加原理求出总的输出电压为

$$u_o = A_d u_{Id} + A_c u_{Ic} \qquad\qquad (5.19)$$

又如单端输入可视为一般情况下的一个特例，$u_{I1} \neq u_{I2}$，设 $u_{I1} = u_I$，$u_{I2} = 0$，则 $u_{Id} = u_I$，$u_{Ic} = u_I/2$，这样就可以把它等效成双端输入。

4. 差放对差模信号的放大作用和对共模信号的抑制作用

在电路对称的条件下，静态(即 $u_{I1} = u_{I2} = 0$)时，两管的 Q 点是相同的，故其双端输出电压 $u_o = 0$，而单端输出电压 $u_{o1} = u_{o2} = V_{CQ2} = V_{CQ2}$。

(1) 对差模信号的放大作用

输入差模信号时，即 $u_{I1} = -u_{I2}$ 时，由于电路的参数对称，在静态的基础上，T_1 管和 T_2 管产生的电流变化大小相等而方向相反，即 $\Delta i_{B1} = -\Delta i_{B2}$，$\Delta i_{C1} = -\Delta i_{C2}$；因此两管集电极电位的变化也是大小相等方向相反，即 $\Delta u_{C1} = -\Delta u_{C2}$，也就是说两个单端输出电压的变化量也是大小相等而方向相反的一对差模信号，而双端输出电压的变化量则是单端输出电压变化量的两倍，即 $\Delta u_o = \Delta u_{C1} - \Delta u_{C2} = 2\Delta u_{C1}$，从而可以实现电压放大。但由于 $\Delta i_{E1} = -\Delta i_{E2}$，则在差模信号作用下 R_e 中的电流变化为零，也就是说 R_e 对差模信号相当于短路，E 点相当于差模接地；因此大大提高了电路对差模信号的放大能力。

为了描述差动放大电路对差模信号的放大能力，引入一个新的参数——差模放大倍数 A_d，定义为

$$A_d = \frac{\Delta u_{Od}}{\Delta u_{Id}} \qquad\qquad (5.20)$$

式中 Δu_{Od} 是差模输入电压 Δu_{Id} 作用下的输出电压，它们可以是缓慢变化的信号，也可以是正弦交流信号。

(2) 对共模信号的抑制作用

输入共模信号时，即 $u_{I1} = u_{I2}$ 时，由于电路的参数对称，在静态的基础上，T_1 管和 T_2 管产生的电流变化大小相等而方向相同，即 $\Delta i_{B1} = \Delta i_{B2}$，$\Delta i_{C1} = \Delta i_{C2}$；因此两管集电极电位的变化相同，即 $\Delta u_{C1} = \Delta u_{C2}$，也就是说两个单端输出电压的变化量也是大小相等而方向相同的一对共模信号，而双端输出电压的变化量则为零，即 $\Delta u_o = \Delta u_{C1} - \Delta u_{C2} = 0$。所以双端输出时，共模信号被完全抑制掉了。单端输出时，由于 $\Delta i_{E1} = \Delta i_{E2}$，则在共模信号作用下 R_e 中的电流变化量为 $2\Delta i_{E1}$，也就是说发射极电位变化量 $\Delta u_E = 2\Delta i_{E1} R_e$，它将削弱共模信号的作用。例如，设输入共模电压为正，长尾上的压降方向将提高发射极电位，从而使 u_{BE} 减小，最终使两管的电流变化量减小，输出的共模成分被抑制到很低的水平。

长尾电阻 R_e 的上述作用被叫做共模负反馈(关于负反馈的概念,将在下章介绍)。

可见,电路的匹配精度越高,长尾电阻 R_e 越大,差放抑制共模信号的能力就越强。由于恒流源的动态内阻远大于长尾差放的长尾电阻 R_e,所以恒流源式差放具有更强的抑制共模信号的能力。

在我们周围,存在着种种干扰(如各种电器设备产生的干扰),常常干扰着放大电路的正常工作。特别是在放大微弱信号时,这种干扰的危害就更大。但对于差放而言,外界的这种干扰将同时作用于它的两个输入端子、相当于输入了共模信号,如果将有用信号以差模形式输入,那么上述的干扰就将被抑制得很小。

此外,在电路对称条件下,温度变化时引起差放电路两个管子的电流变化完全相同,故可以将温度漂移(零点漂移)等效成共模信号,因此差动放大电路也能充分地抑制温度漂移。

为了描述差动放大电路对共模信号的抑制能力,引入一个新的参数—共模放大倍数 A_c,定义为

$$A_c = \frac{\Delta u_{Oc}}{\Delta u_{Ic}} \tag{5.21}$$

式中 Δu_{Oc} 是差共模输入电压 Δu_{Ic} 作用下的输出电压。

为了综合考察差动放大电路对差模信号的放大能力和对共模信号的抑制能力,特引入一个指标参数—共模抑制比 K_{CMR},定义为

$$K_{CMR} = \left| \frac{A_d}{A_c} \right| \quad \text{或} \quad K_{CMR} = 20\lg \left| \frac{A_d}{A_c} \right| \tag{5.22}$$

其值愈大,说明电路性能愈好。

5.3.2　基本性能分析

由于差动电路两半对称,今后在分析差动放大电路时,经常采用一种"半电路分析法",即先画出一半电路的等效电路,分析计算一半电路的性能参数,然后再对整个差动放大电路进行分析计算。下面先以双入—双出差动放大电路为例进行电路的静态分析、差模性能分析与共模性能分析。

1. 静态分析

电路的静态指的是输入信号为零时的状态。所以,对图 5.10(a)而言,静态时 $u_{I1} = u_{I2} = 0$,由于两个差动管的电路参数对称,两管的静态工作点完全相同,即 $I_{BQ1} = I_{BQ2} = I_{BQ}$, $I_{CQ1} = I_{CQ2} = I_{CQ}$, $U_{CEQ1} = U_{CEQ2} = U_{CEQ}$。求静态工作点时先画出一半电路的等效电路,然后再进行分析计算。

在画一半电路的等效电路时，对公共元件 R_e 和 R_L 要注意以下两点：（1）电阻 R_e 中的电流为 $I_{R_e} = I_{EQ1} + I_{EQ2} = 2I_{EQ1} = 2I_{EQ}$，（2）而对负载电阻 R_L，由于 $V_{CQ1} = V_{CQ2}$，所以 R_L 中无电流流过。这样可以得到图 5.10（b）所示的等效电路。

对 5.10（b）图，静态工作点的分析如下。

根据基极回路方程

$$I_{BQ}R_b + U_{BEQ} + 2I_{EQ}R_e + (-V_{EE}) = 0 \tag{5.23}$$

得

$$I_{BQ} = \frac{V_{EE} - U_{BEQ}}{R_b + 2(1+\beta)R_e} \tag{5.24}$$

$$I_{CQ} = \beta I_{BQ} \tag{5.25}$$

对输出回路有

$$U_{CEQ} = V_{CC} + V_{EE} - I_{CQ}R_c - 2I_{EQ}R_e \tag{5.26}$$

只要合理选择电路参数，就可以设置合适的静态工作点。

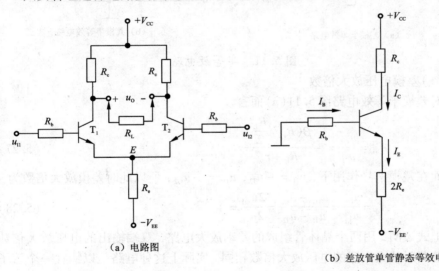

（a）电路图 （b）差放管单管静态等效电路

图 5.10 长尾式差动放大电路静态分析

2. 差模特性分析

由于信号有差模和共模之分，所以差放的动态分析也有差模与共模之分。我们将在各项指标的右下方缀以下标"d"（代表差模）和"c"（代表共模），以示区别。不论差模还是共模，均采用小信号等效电路法进行分析。同时，由于电路是对称的，可以只画出等效电路的一半，谓之"半等效电路"。当然，在画这一半时，必须考虑到另一半的影响。

下面仍以图 5.10（a）所示差动放大电路为例进行分析。画差模半等效电路时，应注意以下 3 点：（1）长尾电阻 R_e 对差模信号而言应视为短路（E 点为差模信号接地点）；（2）两个单端输出电压大小相等而相位相反，所以接在两输出端之间的负载电阻 R_L，其中点必为差模零电位；（3）一个输入端到地的差模输入电压是总的差模输入电压 u_{Id} 的一半。考虑到这几点之后，即可画出图 5.10 所示差放左半边的差模半等效电路如图 5.11(a)所示。由此即可求得各项差模特性指标。

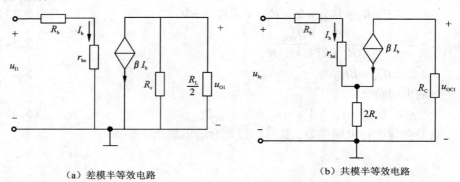

（a）差模半等效电路　　　　　　　　（b）共模半等效电路

图 5.11　半等效电路

（1）差模电压放大倍数

对差模半等效电路图 5.11(a)而言

$$A_{u1} = \frac{u_{O1}}{u_{I1}} = -\frac{\beta(R_c // \frac{R_L}{2})}{R_b + r_{be}} \tag{5.27}$$

而在差模信号作用下，$u_{I1} = -u_{I2}$，$u_{O1} = -u_{O2}$，所以此时差模放大倍数为

$$A_d = \frac{u_{Od}}{u_{Id}} = \frac{u_{O1} - u_{O2}}{u_{I1} - u_{I2}} = \frac{2u_{O1}}{2u_{I1}} = A_{u1} \tag{5.28}$$

上式表明，用两个晶体管组成的差动放大电路，双端输出的电压放大倍数与单管共射放大电路的电压放大倍数相同。实际上这种电路是以牺牲一个管子的放大作用来换取对零点漂移的抑制。

（2）差模输入电阻

根据输入电阻的定义

$$R_{id} = \frac{u_{Id}}{i_{Id}} = \frac{u_{Id}}{I_b} = 2R_{i1} = 2(R_b + r_{be}) \tag{5.29}$$

它是单管共射放大电路的输入电阻的两倍。

（3）差模输出电阻

根据输出电阻的定义

$$R_{od} = 2R_c \tag{5.30}$$

也是单管共射放大电路的输出电阻的两倍。

3. 共模特性分析

在共模信号作用下，流过长尾电阻 R_e 的电流是两管电流之和，两个单端输出电压大小、相位均相同，故在共模半等效电路中，长尾电阻 R_e 应加倍，而 R_L 则应视为开路，如图 5.11(b) 所示，且有 $u_{Ic1} = u_{Ic2} = u_{Ic}$，$u_{Oc1} = u_{Oc2} = u_{Oc}$。所以共模电压放大倍数为

$$A_c = \frac{u_{Oc}}{u_{Ic}} = \frac{u_{Oc1} - u_{Oc2}}{u_{Ic}} = 0 \tag{5.31}$$

即只要电路完全对称，双端输出时，共模信号得到完全抑制。

5.3.3　差动放大电路的 4 种接法

从前面介绍可知，差动放大电路有双端输入、双端输出，双端输入、单端输出，单端输入、双端输出，单端输入、单端输出 4 种工作方式，前面重点讨论了双端输入、双端输出的情况，下面对其他 3 种情况的特点作一个简单的介绍。

1. 双端输入单端输出电路

图 5.12(a) 电路为双端输入单端输出差动放大电路，与图 5.10(a) 所示电路相比，仅输出方式不同，因而输出回路已不对称，故影响了电路的静态工作点和动态参数。

图 5.12(b) 为双端输入单端输出差动放大电路的直流通路，图中 V'_{CC} 和 R'_c 是利用戴维宁定理进行等效变换得出的等效电源和等效电阻，其表达式分别为

$$V'_{CC} = \frac{R_L}{R_c + R_L} V_{CC} \tag{5.32}$$

$$R'_c = R_c /\!/ R_L \tag{5.33}$$

由于图 5.12(a) 电路输入回路电路参数对称，则静态电流 $I_{BQ1} = I_{BQ2} = I_{BQ}$，从而 $I_{CQ1} = I_{CQ2} = I_{CQ}$，其计算方法与双端输入、双端输出电路相同；但是由于输出回路不对称，则 $V_{CQ1} \neq V_{CQ2}$，$U_{CEQ1} \neq U_{CEQ2}$，由图 5.12(b) 可得

$$U_{CQ1} = V'_{CC} - I_{CQ} R'_c$$

$$U_{CQ2} = V_{CC} - I_{CQ} R_c$$

此时，对差模性能和共模性能的分析仍可采用"半等效电路"法，该电路的差模放大倍数为

$$A_d = \frac{u_{Od}}{u_{Id}} = \frac{u_{O1}}{2u_{I1}} = \frac{1}{2} A_{u1} = -\frac{1}{2} \cdot \frac{\beta(R_c /\!/ R_L)}{R_b + r_{be}} \tag{5.34}$$

电路的输入回路没有变，所以差模输入电阻仍为 $R_{id} = 2R_{i1} = 2(R_b + r_{be})$。

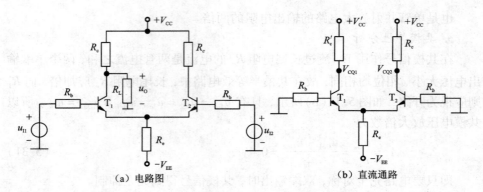

（a）电路图　　　　　　　　　　　　（b）直流通路

图 5.12　双端输入单端输出差动放大电路

电路的差模输出电阻为 $R_{od} = R_c$，是双端输出电路输出电阻的一半。

电路的共模放大倍数为

$$A_c = \frac{u_{Oc}}{u_{Ic}} = -\frac{\beta(R_c /\!/ R_L)}{R_b + r_{be} + 2(1+\beta)R_e} \tag{5.35}$$

共模抑制比为

$$K_{CMR} = \left| \frac{A_d}{A_c} \right| = \frac{R_b + r_{be} + 2(1+\beta)R_e}{2(R_b + r_{be})} \tag{5.36}$$

由式（5.35）和式（5.36）可以看出，R_e 愈大，A_c 的值愈小，K_{CMR} 愈大，电路的性能也就愈好。因此，增大 R_e 是改善共模抑制比的基本措施。

2. 单端输入双端输出电路

单端输入双端输出电路如图 5.13（a）所示。单端输入方式可以看成双端输入方式的一种特殊情况，此时不妨将输入信号进行如下的等效变换。在加信号的一端，可以将输入信号分解为两个串联的信号源，它们的数值均为 $\frac{u_1}{2}$，极性相同；在接地的一端，也可以等效成两个串联的信号源，它们的数值均为 $\frac{u_1}{2}$，极性相反，如图 5.13（b）所示。不难看出，同双端输入时一样，左、右两边分别获得的差模信号为 $+\frac{u_1}{2}$ 和 $-\frac{u_1}{2}$；但是与此同时，两边各输入了 $+\frac{u_1}{2}$ 的共模信号。

可见，单端输入电路与双端输入电路的区别在于：在差模信号输入的同时，伴随着共模信号输入。因此，在共模放大倍数 A_c 不为零时，输出端不仅有差模信号作用而得到的差模输出，而且还有共模信号作用而得到的共模输出电压。

当两个输入端 u_{Id} 和 u_{Ic} 共同存在时，电路的输出电压为

$$u_o = A_d u_{Id} + A_c u_{Ic} = A_d u_1 + A_c \cdot \frac{u_I}{2} \tag{5.37}$$

当然，当电路参数对称时，$A_c = 0$，此时 K_{CMR} 为无穷大。

所单端输入双端输出电路与双端输入双端输出电路的静态工作点和动态性能参数的分析完全相同，这里不再一一推导。

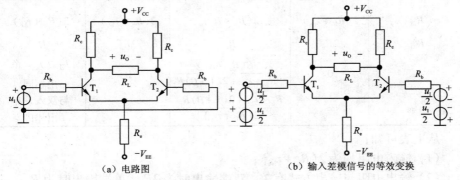

(a) 电路图　　　　　　　　　　(b) 输入差模信号的等效变换

图 5.13　单端输入双端输出差动放大电路

3. 单端输入单端输出电路

单端输入单端输出差动放大电路如图 5.14 所示。对于单端输出电路，常常将不输出信号一边的 R_c 省掉。该电路的静态工作点、动态性能的分析与双端输入单端输出电路相同。

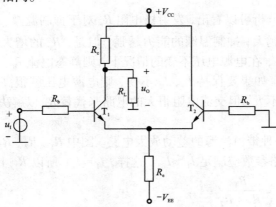

图 5.14　单端输入单端输出差动放大电路

4.4 种接法的比较

通过上面的分析，可以将长尾式差动放大电路的四种接法的动态参数进行归纳比较，如表 5.1 所示。

表 5.1　差动放大电路 4 种接法时动态参数比较

电路工作方式 动态参数	双入－双出	双入－单出	单入－双出	单入－单出
A_d	$-\dfrac{\beta\left(R_c // \dfrac{R_L}{2}\right)}{R_b + r_{be}}$	$-\dfrac{1}{2}\dfrac{\beta(R_c // R_L)}{R_b + r_{be}}$	$-\dfrac{\beta\left(R_c // \dfrac{R_L}{2}\right)}{R_b + r_{be}}$	$-\dfrac{1}{2}\dfrac{\beta(R_c // R_L)}{R_b + r_{be}}$
R_{id}	$2(R_b + r_{be})$	$2(R_b + r_{be})$	$2(R_b + r_{be})$	$2(R_b + r_{be})$
R_{od}	$2R_c$	R_c	$2R_c$	R_c
A_c	0	$-\dfrac{\beta(R_c // R_L)}{R_b + r_{be} + 2(1+\beta)R_c}$	0	与双入－单出相同
K_{CMR}	∞	$\dfrac{R_b + r_{be} + 2(1+\beta)R_c}{2(R_b + r_{be})}$	∞	与双入－单出相同

从上表可知：

（1）输入电阻均为 $2(R_b + r_{be})$；

（2）输出电阻与输出方式有关，双端输出时为 $2R_c$，单端输出时为 R_c；

（3）A_d、A_c、K_{CMR} 均与输出方式有关，双端输出时，当电路参数完全对称，有 $A_c = 0$，$K_{CMR} = \infty$，共模信号得到完全抑制；单端输出时，共模信号的抑制与 R_e 有关，R_e 愈大抑制效果愈好。

5.3.4　差动放大电路的改进

通过前面的分析可以看出，发射极电阻 R_e 对于抑制温漂、提高共模抑制比有很大作用，A_c 越大，抑制温漂的能力越强。但是，R_e 的增大是有限度的。如果 R_e 增大的太多，在电源电压不变的情况下，则静态电流 I_B、I_C 太小，会影响电路的正常工作。如果要保持 I_B、I_C 不变，则电源电压就很高。因而我们希望用一种直流电阻不大，但交流电阻很大的电路来代替 R_e 以解决以上问题。这种电路就是恒流源。

图 5.15 是一种带恒流源的差动放大电路。图中 R_1、R_2、R_3 和 T_3 组成工作点稳定电路，电路参数应满足 $I_1 \gg I_{B3}$。这样，$I_1 \approx I_2$，所以 R_1 上的电压降为

$$U_{R_1} = \frac{R_1}{R_1 + R_2} \cdot V_{EE}$$

T_3 管集电极电流

$$I_{C3} \approx I_{E3} = \frac{U_{R_1} - U_{BE3}}{R_3}$$

若 U_{BE3} 的变化可以忽略，则 T_3 管的集电极电流 I_{C3} 就基本不受温度影响。

而且，由图可知电路的动态信号不可能作用到 T_3 的基极和发射极，因此可以认为 I_{C3} 为一恒定电流，发射极所接电路可以等效成一个恒流源。此时 T_1 和 T_2 管的发射极电流为

$$I_{EQ1} = I_{EQ2} = \frac{I_{C3}}{2}$$

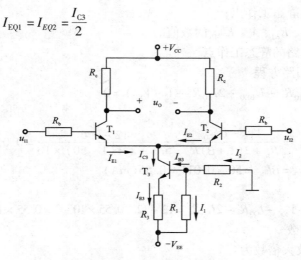

图 5.15　带恒流源的差动放大电路

当 T_3 管输出特性为理想特性时，即当 T_3 在放大区的输出特性是与横轴平行时，恒流源的内阻为无穷大，即相当于 T_1 管和 T_2 管的发射极接了一个阻值为无穷大的电阻，对共模信号的负反馈作用很强，因此使电路的 $A_c = 0$，$K_{CMR} = \infty$。

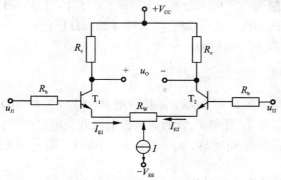

图 5.16　恒流源电路的简单画法及电路调零措施

恒流源电路可用一恒流源取代，如图 5.16 所示。在实际电路中，难以做到两差动管参数理想对称，常用一阻值很小的电位器加在两只管子的发射极之间，如图中的 R_w，调节该电位器的滑动端便可使电路在 $u_{I1} = u_{I2} = 0$ 时，$u_o = 0$，所以常称 R_w 为调零电位器，此电路称为射极调零电路。当然，也可以采用集电

极调零电路来实现调零，以解决两差动管参数难以理想对称问题。

例 5.3　在图 5.10(a)所示的差动放大电路中，已知 $V_{CC} = V_{EE} = 12V$，$R_b = 5.1k\Omega$，$R_c = R_e = 10k\Omega$，$R_L = 20k\Omega$，$U_{BEQ} = 0.6V$，$\beta = 50$，$r_{be} = 2.6k\Omega$ 试求：

(1)电路的静态工作点；

(2)A_d、R_{id}、R_{od}、A_c、K_{CMR} 的数值。

解　(1)电路的静态工作点

根据基极回路方程

$$I_{BQ}R_b + U_{BEQ} + 2I_{EQ}R_e + (-V_{EE}) = 0$$

有

$$I_{BQ} = \frac{V_{EE} - U_{BEQ}}{R_b + 2(1+\beta)R_e} = \frac{12 - 0.6}{5.1 + 2 \times (1+50) \times 10} = 0.011(mA)$$

而　$I_{CQ} = \beta I_{BQ} = 50 \times 0.011 = 0.55(mA)$

对输出回路有

$$U_{CEQ} = V_{CC} + V_{EE} - I_{CQ}R_c - 2I_{EQ}R_e = 12 + 12 - 0.55 \times 10 - 2 \times 0.55 \times 10 = 7.5(V)$$

(2)动态参数

单管电压放大倍数为

$$A_{u1} = -\frac{\beta(R_c // \frac{R_L}{2})}{R_b + r_{be}} = -\frac{50 \times (10 // 10)}{5.1 + 2.6} = -32.5$$

所以　$A_d = A_{u1} = -32.5$

差模输入电阻为　$R_{id} = 2(R_b + r_{be}) = 2 \times (5.1 + 2.6) = 15.4(k\Omega)$

差模输出电阻为　$R_{od} = 2R_c = 2 \times 10 = 20(k\Omega)$

共模放大倍数为　$A_c = 0$

共模抑制比为　$K_{CMR} = \left| \frac{A_d}{A_c} \right| = \infty$

例 5.4　电路如图 5.17 所示，晶体管的 $\beta = 50$，$r_{bb'} = 100\Omega$。

(1)计算静态时 T_1 管和 T_2 管的集电极电流和集电极电位；

(2)用直流表测得 $u_O = 2V$，$u_I = ?$ 若 $u_I = 10mV$，则 $u_O = ?$ 设共模输出电压可忽略不计。

解　(1)用戴维宁定理计算出左边电路的等效电阻和电源为

$$R'_L = R_c // R_L \approx 6.67(k\Omega)，\quad V'_{CC} = \frac{R_L}{R_c + R_L} \cdot V_{CC} = 5(V)$$

静态时 T_1 管和 T_2 管的集电极电流和集电极电位分别为

$$I_{CQ1} = I_{CQ2} = I_{CQ} \approx I_{EQ} \approx \frac{V_{EE} - U_{BEQ}}{2R_e} = \frac{6 - 0.7}{2 \times 10} = 0.265(mA)$$

$$V_{CQ1} = V'_{CC} - I_{CQ}R'_L = 5 - 0.265 \times 6.67 = 3.23\,(V)$$
$$V_{CQ2} = V_{CC} = 15\,(V)$$

　（2）由于用直流表测得的输出电压中既含有直流（静态）量又含有变化量（信号作用的结果），而共模输出电压可忽略不计，所以此时的差模电压应等于直流表所测得的电压减去 T_1 管的静态电位，即

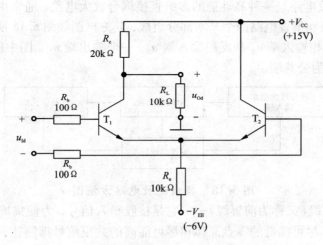

图 5.17　例 5.4 的图

$$u_{Od} = u_O - V_{CQ1} \approx -1.23\,(V)$$

其中
$$V_{CQ1} = \frac{R_L}{R_C + R_L} \times V_{CC} - I_{CQ}(R_C /\!/ R_L)$$
$$= \frac{10}{10+20} \times 15 - 0.265 \times (10 /\!/ 20) = 3.23\,(V)$$

$$r_{be} = r_{bb'} + (1+\beta)\frac{26\,mA}{I_{EQ}} \approx 5.1\,(k\Omega)$$

$$A_d = -\frac{\beta R'_L}{2(R_b + r_{be})} \approx -32.7$$

$$u_{Id} = \frac{u_{Od}}{A_d} \approx 37.6\,(mV)$$

若 $u_I = 10\,mV$，则

$$u_{Od} = A_d u_{Id} \approx -0.327\,(V)$$
$$u_O = V_{CQ1} + u_{Od} \approx 2.9\,(V)$$

5.4 集成运算放大电路

5.4.1 集成运放电路的组成及各部分的作用

集成运放电路是一种高性能的多级直接耦合放大电路。通常由输入级、中间级、输出级和偏置电路四个基本部分组成,其方框图如图 5.18 所示。它有两个输入端(同相输入端 u_P 和反相输入端 u_N)一个输出端 u_O,图中所标 u_P、u_N、u_O 均以"地"为公共端。

图 5.18　集成运放电路方框图

(1)输入级(又称为前置级)——它是接收输入信号,为使集成运放有较高的输入电阻、尽可能低的零点漂移和尽可能高的共模信号抑制比,输入级都采用高性能的差分放大电路组成。

(2)中间级——它主要进行电压放大,以提供足够大的电压放大倍数,以保证运放的运算精度。中间级的电路形式多为共射极(共源极)接法的放大电路。而且为了提高电压放大倍数,经常采用复合管做放大管,以恒流源做集电极的有源负载。其电压放大倍数可高达千倍以上。

(3)输出级——它与负载相接,要求其输出电阻低,带负载能力强,能提供足够大的输出电压和输出电流,一般采用不同组合形式的射极输出器或互补对称电路组成。此外,输出级还设有保护电路,以防输出端意外短路或负载电流过大对电路造成损坏。

(4)偏置电路——它为以上各级电路提供稳定的、合适的、几乎不随温度而变化的偏置电流,以稳定工作点,有时还作为放大器的有源负载,一般由各种恒流源构成。

5.4.2 F007 通用集成运放电路简介

F007(μA741)是最有代表性的集成运放,它充分利用了集成电路的优点,结构合理、性能优良,是目前应用最广的模拟集成电路之一。该产品的封装主要有 3 种形式:圆形金属外壳封装、双列直插式(塑料封装)和扁平式,图 5.19

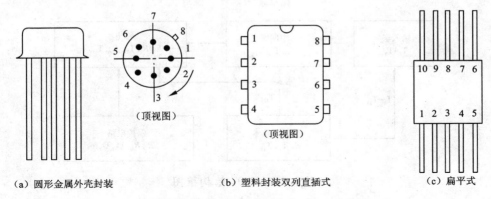

（a）圆形金属外壳封装　　　　（b）塑料封装双列直插式　　　　（c）扁平式

图 5.19　集成运放的封装样式

是它们的外形图。其内部电路图如图 5.20 所示。

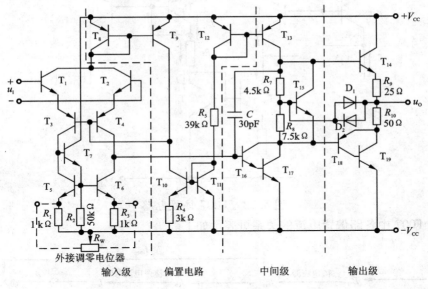

图 5.20　F007 电路原理图

F007 由 19 个晶体管、10 个电阻、两个二极管和 1 个电容所组成，其结构框图如图 5.21 所示。

1. 偏置电路

F007 的电流偏置是通过微电流源电路来提供的。如图 5.22 所示。基准电流 I_R 从 $+V_{CC}$ 流经 T_{12}、R_5、T_{11} 到 $-V_{CC}$。

$$I_R = \frac{2V_{CC} - U_{EB12} - U_{BE11}}{R_5} = \frac{30 - 0.7 - 0.7}{39} \approx 0.73 \, (\text{mA})$$

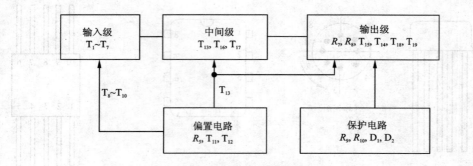

图 5.21　F007 结构框图

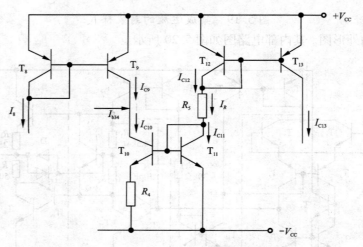

图 5.22　F007 偏置电路

F007 中各路偏置电流的关系可表示如下。

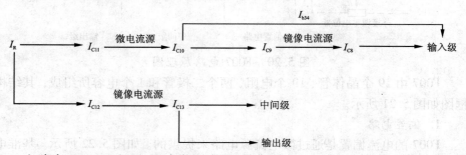

电路中 T_{10}、T_{11} 和 R_4 组成微电流源，根据式(5.7)有

$$I_{C10} = \frac{U_T}{R_4}\ln\frac{I_R}{I_{C10}} = \left(\frac{26}{3}\ln\frac{0.73}{I_{C10}}\right)(\mu A)$$

利用累试法或图解法求得 $I_{C10} \approx 28\mu A$，因此 I_{C10} 比 $I_{C11} \approx I_R$ 小得多且更为稳定。I_{C10} 提供 T_9 的 I_{C9} 和 T_3、T_4 的基极电流 I_{B34}。T_8、T_9 为镜像电流源，为输入级提供静态电流。

由 $I_{C9} \rightarrow I_8 \rightarrow I_{E1} \rightarrow I_{B34} \rightarrow I_{C9}$ 回路可以列出下列方程组

$$\begin{cases} I_{C10} = I_{C9} + I_{B3} + I_{B4} = I_{C9} + \dfrac{2I_{E1}}{1 + \beta_1} \\ I_8 \approx 2I_{E1} = I_{C8} + 2I_{B9} = I_{C9}\left(1 + \dfrac{2}{\beta_9}\right) \end{cases}$$

联立可求得 I_{E1} 和 I_{C9}。从而也可求出输入级的其他电流，这里不再一一推导。

T_{12}、T_{13} 构成另一个镜像电流源，为中间级和输出级提供静态电流，同时又作为中间级的有源负载。

$$I_{C12} = I_{C13} = \frac{\beta_{12}}{\beta_{12} + 2} \cdot I_R = \frac{5}{5 + 2} \times 0.73 = 0.52(mA)$$

其中 T_{12}、T_{13} 为横向管，设 $\beta_{12} = \beta_{13} = 5$

2. 输入级

输入级是由 $T_1 \sim T_7$ 组成。其中 T_1、T_2、T_3、T_4 组成共集 – 共基差分放大电路，$T_5 \sim T_7$ 与 $R_1 \sim R_3$ 组成了输入级的有源负载电路。差模输入信号由 T_1、T_2 的基极输入，从 T_3（或 T_4）的集电极输出（单端输出）到中间级。

纵向 NPN 管 T_1、T_2 组成共集电极接法（射极输出），不仅可以提高输入电阻，而且还可以提高共模输入电压范围。因为在共射接法时，电阻 R_c 上的压降使集电极电位降低。而 F007 中 T_1、T_2 的集电极电位几乎等于 V_{CC}，所以其共模输入电压最高可达 13V。而横向 PNP 管 T_3、T_4 组成共基极接法，加上 T_5、T_6 作为其有源负载，可以提高输入级的放大倍数，所以 T_4 的集电极输出的电压增益可以很高。另外共基极结构高频特性好的特点弥补了横向 PNP 管高频特性差的缺点，改善了频率响应。横向 PNP 管基射之间的反向击穿电压高，可以有效地保护 T_1、T_2 的发射结不被反向击穿，因此提高了差模输入电压范围。T_3、T_4 还起到电平移位作用。

T_4 与 T_5，T_6 构成镜像电流源作为差动放大器的有源负载，使 T_3、T_4 的集电极负载比较平衡。T_2、R_2 构成的射极跟随器，将 T_3 集电极的信号变化量通过 T_6 基极反映到 T_6 集电极，可起到单端输出时不减小差模放大倍数的作用。其原理简要分析如下：

因为 NPN 管的 β 大，所以 T_7 的 i_{B7} 很小，可忽略不计。当输入信号为零时有

$$i_{C3} = i_{C4} = i_{C5} = i_{C6} = I_C , \ i_0 = i_{C4} - i_{C6} = 0$$

当输入端接入差模输入信号时，有 $u_{I1} = -u_{I2} = \frac{1}{2}u_{Id}$，这时 $i_{C6} = i_{C5} = i_{C3} = -i_{C4}$，$i_0 = i_{C4} - i_{C6} = 2i_{C4}$，即输出电流等于单管输出电流的两倍。这样单端输出的差模电压放大倍数近似等于双端输出时的放大倍数，实现了单端输出时不减小差模电压放大倍数的目的。

R_w 是外接的调零电位器，调节电位器可改变 T_5、T_6 发射极电阻，即调节差分放大器两臂负载的对称性，对失调电压进行补偿。

综上所述，输入级是一个输入电阻大、输入端耐压高、对温漂和共模信号抑制能力强、具有较大差模放大倍数的双端输入单端输出的差动放大电路。

3. 中间级

中间放大级是由 T_{16}、T_{17} 组成的复合管共射放大电路担当，T_{13} 是它的有源负载，故本级可以获得很高的电压放大倍数和输入电阻。

4. 输出级

本级是准互补对称功率放大电路。由 T_{18}、T_{19} 复合而成的 PNP 管与 NPN 管 T_{14} 构成，为了弥补它们的非对称性，在发射极增加了两个阻值不同的电阻 R_9、R_{10}，R_7、R_8 和 T_{15} 构成 U_{BE} 倍增电路，为输出级提供合适的静态工作点，以消除交越失真。

5. 保护电路

为保证输出管 T_{14}、T_{18}、T_{19} 工作安全，F007 在输出级设置了短路保护电路。功能是在负载电阻过小或输出短路时限制输出电流，以免输出管被烧毁。该电路由 R_9、R_{10}、D_1、D_2 组成，R_9、R_{10} 对输出电流（发射极电流）进行采样。

正向保护由 D_1 及 R_9 担当。当 T_{14} 导通时，有

$$u_{R7} + u_{D1} = u_{BE14} + i_0 R_9$$

当 i_0 未超过额定值时，D_1 截止；而当 i_0 过大时，R_9 上压降增大，使 D_1 导通，为 T_{14} 的基极分流，从而限制了 T_{14} 的发射极电流，保护了 T_{14} 管。

同理，D_2 在 T_{18}、T_{19} 导通时起保护作用。

5.4.3 集成运放的主要性能指标

运算放大器的技术指标很多，其中一部分与差分放大器和功率放大器相同，另一部分则是根据运算放大器本身的特点而设立的。各种主要参数均比较适中的是通用型运算放大器，对某些项技术指标有特殊要求的是各种特种运算放大器。

1. 运算放大器的静态技术指标

(1)输入失调电压 U_{IO} 及其温漂 dU_{IO}/dT：由于集成运放的输入级电路参数不可能绝对对称，所以当输入电压为零时，u_o 并不为零，U_{IO} 是使输出电压为零时在输入端所加的补偿电压，其数值是输入电压为零时，将输出电压除以电压增益，即为折算到输入端的失调电压。U_{IO} 是表征运放内部电路对称性的指标，U_{IO} 愈小，表明电路参数对称性愈好。对于有外接调零电位器的运放，可以通过改变电位器的滑动端的位置使得零输入时输出为零。

dU_{IO}/dT 是 U_{IO} 的温度系数，为在规定工作温度范围内，输入失调电压随温度的变化量与温度变化量之比值。其值愈小，表明运放的温漂愈小。

(2)输入失调电流 I_{IO} 及其温漂 dI_{IO}/dT：$I_{IO}=|I_{B1}-I_{B2}|$，I_{IO} 用于表征输入级差动管输入电流不对称的程度。

dI_{IO}/dT 是 I_{IO} 的温度系数，为在规定工作温度范围内，输入失调电流随温度的变化量与温度变化量之比值。其值愈小，表明运放质量愈好。

(3)输入偏置电流 I_B：运放两个输入端偏置电流的平均值，即 $I_B=\dfrac{1}{2}(I_{B1}+I_{B2})$，$I_B$ 愈小，信号源内阻对集成运放静态工作点的影响也就愈小；而且通常 I_B 愈小，往往也 I_{IO} 愈小。

(4)最大差模输入电压 U_{Idmax}：当集成运放所加差模信号大到一定程度时，输入级至少有一个 PN 结承受反向电压，U_{Idmax} 是不至于使 PN 结反向击穿所允许的最大差模输入电压。当输入电压大于此值时，输入级将损坏。

(5)最大共模输入电压 U_{Icmax}：在保证运放正常工作条件下，共模输入电压的允许范围。共模电压超过此值时，输入差分对管出现饱和，放大器失去共模抑制能力。

2. 运算放大器的动态技术指标

(1)开环差模电压放大倍数 A_{od}：集成运放在无外加反馈条件下，输出电压与输入电压的变化量之比，$A_{od}=\dfrac{u_o}{u_P-u_N}$，常用分贝(dB)表示，其分贝数为 20lg$|A_{od}|$，通用型集成运放的 A_{od} 在 100dB 左右。

(2)差模输入电阻 R_{id}：它是集成运放在差模输入信号时的输入电阻。R_{id} 愈大，从信号源索取的电流愈小。F007C 的 R_{id} 大于 2MΩ。

(3)共模抑制比 K_{CMR}。它与差动放大电路中的定义相同，是差模电压增益 A_{od} 与共模电压增益 A_{oc} 之比，常用分贝数来表示。

$$K_{CMR}=20\lg(A_{od}/A_{oc})\ (dB) \tag{5.38}$$

F007C 的 K_{CMR} 大于 80dB，由于 A_{od} 大于 94dB，所以 A_{oc} 小于 14dB。

（4）-3dB 带宽 f_H。它是运算放大器的差模电压放大倍数 A_{od} 下降 3dB 所对应的信号频率。

（5）单位增益带宽 f_C。当 A_{od} 下降到 1 时，所对应的信号频率，定义为单位增益带宽 f_C。

（6）转换速率 S_R。它反映运放对于快速变化的输入信号的响应能力。转换速率 S_R 的表达式为

$$S_R = \left| \frac{du_o}{dt} \right|_{max} \qquad (5.39)$$

（7）等效输入噪声电压 U_n。输入端短路时，输出端的噪声电压折算到输入端的数值。这一数值往往与一定的频带相对应。

表 5.2 是 F007 通用集成运放的典型参数。

表 5.2　F007 通用集成运放的典型参数（25℃时）

输入失调电压 U_{IO}	5mV
输入失调电流 I_{IO}	$0.2\mu\text{A}$
输入偏置电流 I_B	$0.5\mu\text{A}$
开环差模电压放大倍数 A_{od}	109dB
共模抑制比 K_{CMR}	80dB
差模输入电阻 R_{id}	$1\text{M}\Omega$
输出阻抗	200Ω
dU_{IO}/dT 的温漂	$20\mu\text{V}/℃$
dI_{IO}/dT 的温漂	$1\text{nA}/℃$
静态功耗	120mW
电源电压	$\pm(9 \sim 18)\text{V}$

5.4.4　集成运放电路的低频等效电路

对集成运放及其应用电路进行分析，特别是进行较精确的分析时，首要的问题就是为它建立合适的电路模型。但集成运放内部所包含的有源器件少则十几个，多则成百上千个，若采用传统的对每个器件均建立模型的方法，则整个运放的模型（称为"器件级模型"）势必非常巨大，它所包含的节点数和支路数数不胜数，即使用计算机分析，也是非常麻烦的。

实际上，从工程角度考虑，因为总是可允许一定量误差的存在，往往没有必要进行那样严密的分析。因此，可以按照实际的应用场合和所选运放性能的

状况，建立一些简化的模型，这样便可使分析简便、快速，并往往能突出主要的因素。这些模型都只从宏观上与运放的某些性能(不一定是全部性能)等效，故谓之"宏模型"。"宏模型"的种类很多，不过，一般而言，欲要分析简便，模型就要简单，但误差就会加大；欲要分析精确，模型就必然复杂，分析就较困难。所以，应该根据实际情况建立不同的模型。这里主要介绍被人们广泛应用的低频等效电路及其简化模型。

图 5.23 为集成运放的低频等效电路。对于输入回路，考虑了差模输入电阻 R_{id}、偏置电流 I_B、失调电压 U_{IO}、失调电流 I_{IO} 等 4 个参数；对于输出回路，考虑了差模输出电压 u_{Od}、共模输出电压 u_{Oc} 及输出电阻 R_o 等 3 个参数。显然，图示电路中没有考虑管子的结电容及分布电容、寄生电容等的影响，因此，只适用于输入信号频率不高的情况下的电路分析。

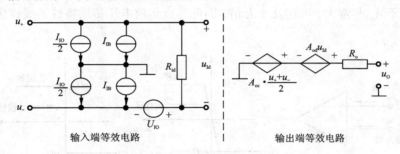

图 5.23　集成运放低频等效电路

如果仅研究对输入信号(即差模信号)的放大问题，而不考虑失调因素对电路的影响，那么可以使用图 5.24 所示的简化集成运放低频等效电路模型。这时，从运放的输入端看进去，等效为一个电阻；从输出端看进去，等效为一个压控电压源，内阻为 R_o。若将集成运放理想化，则 $R_o = 0$。

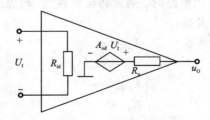

图 5.24　简化的集成运放低频等效电路

5.4.5　集成运放的电压传输特性

集成运放的两个输入端分别为同相输入端和反相输入端，这里的"同相"和

"反相"是指运放的输入电压与输出电压之间的相位关系，其符号如图 5.25(a)所示。从外部看，可以认为集成运放是一个双端输入、单端输出、具有高差模放大倍数、高输入电阻、低输出电阻、能较好地抑制温漂的差动放大电路。

集成运放的输出电压与输入电压(即同相输入端与反相输入端之间的差值电压)之间的关系曲线称为电压传输特性，即

$$u_o = f(u_P - u_N) \tag{5.40}$$

对于正、负两路电源供电的集成运放，电压传输特性如图 5.25(b)所示。从图示特性曲线可以看出，集成运放有线性放大区域(称为线性区)和饱和区(称为非线性区)两部分。

在线性区，曲线的斜率为电压放大倍数，该区满足

$$u_o = A_{od}(u_P - u_N)$$

由于 A_{od} 非常大，可达几十万倍，因此集成运放电压传输特性的线性区非常窄。

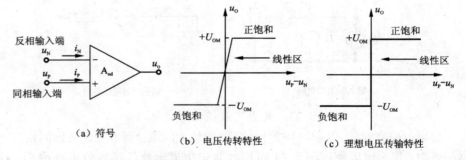

(a) 符号　　　　(b) 电压传转特性　　　　(c) 理想电压传输特性

图 5.25　集成运放的符号与电压传输特性

在非线性区输出电压只有两种可能：$+U_{OM}$ 或 $-U_{OM}$。

在分析集成运放应用电路时，通常将运放视为"理想运放"，即将运放的各项参数理想化。具体来说是：

(1)开环差模电压增益　　　　$A_{od} \to \infty$

(2)差模输入阻抗　　　　$R_{id} \to \infty$

(3)共模抑制比　　　　$K_{CMR} \to \infty$

(4)输出阻抗　　　　$R_o \to 0$

(5)输入偏置电流　　　　$I_B \to 0$

(6)无失调误差

由于实际运放的各项技术指标与理想运放相接近，因此在分析应用电路时，用理想运放代替实际运放所带来的误差并不严重，在一般的工程计算中是允许的，而且会给分析带来很大的方便。以后对各种集成运放应用电路的分

析，均将运放视为理想运放。理想电压传输特性如图 5.25(c) 所示。

1. 运放工作在线性区的实用特性

对于工作在线性区的理想运放，利用它的参数可以导出下述两条重要的特性，也称为理想运放的实用特性。

(1) 运放同相输端入与反相输入端的电位相同或电压差近似为零，即

$$u_P \approx u_N \quad \text{或} \quad u_{Id} = u_P - u_N \approx 0 \tag{5.41}$$

这是因为在线性区内，输出电压 u_o 为有限值，而 $A_{od} \to \infty$，因而 $u_{Id} = u_o / A_{od} \approx 0$

(2) 流入运放两个输入端的电流等于零，即

$$i_P = i_N \approx 0 \tag{5.42}$$

这是因为理想运放 $R_{id} \to \infty$。

运放理想化所引出的式(5.41)和式(5.42)是运放线性应用电路分析的主要出发点。对于理想运放的输入端，根据式(5.41) 可以将它看做短路，称为"虚短"。而根据式(5.42)，又可将它看做断路，称为"虚断"。

2. 运放工作在非线性区的实用特性

当运放的工作范围超出线性区时，输出与输入之间不再满足 $u_o = A_{od}(u_P - u_N)$，以上特性不再适用。实际上运放处于开环情况下，就工作在非线性状态，输出不是偏向于正饱和值($+U_{OM}$)，就是偏向于负饱和值($-U_{OM}$)。这是因为集成运放的开环电压增益很高，只要放大器的两个输入端之间存在微小的差模电压，输出电压就偏向它的饱和值，使运放输出处于饱和状态。例如，当 $+U_{OM} = 10V$，$A_{od} = 10^5$ 时，为使输出电压由 $+U_{OM}$ 翻转到 $-U_{OM}$ 所需的差模输入电压值仅为 0.02mV。因此集成运放工作在非线性区时，有如下特性：

(1) 输出电压 u_o 只有两种可能的状态：$+U_{OM}$ 或 $-U_{OM}$。而输入电压 u_P 与 u_N 不一定相等。且

$$u_P > u_N \text{ 时, } u_o = +U_{OM}$$
$$u_P < u_N \text{ 时, } u_o = -U_{OM}$$

(2) 运放的两个输入端输入电流仍为零。

这是因为理想运放的 $R_{id} \to \infty$，因此尽管 $u_P \neq u_N$，但输入电流仍然为零，两输入端仍是"虚断"。

以上两个特性可以作为分析运放非线性应用电路的依据。

5.5　自学材料

5.5.1　其他几种集成运算放大器简介

1. CMOS 集成运算放大器简介

CMOS 运放在 20 世纪 80 年代以来迅速发展的一种以互补的场效应器件为有源器件的运算放大器。与 F007 通用运放不同，它多作为集成系统的单元电路，与其他电路一起集成在同一芯片上。它的主要优点是输入阻抗高。

CMOS 运放的电路结构与双极型运放相同，也是由差分输入级、中间放大级、输出级和偏置电路等几个主要部分组成。下面简单举例介绍。

图 5.26 是最简单的 CMOS 运放，其中 $T_1 \sim T_4$ 组成差分放大级，T_1 和 T_2 是差动放大管，T_7 充当源极耦合电阻，并确定输入级的静态偏置电流。T_3 和 T_4 是有源负载，也担当双端输入至单端输出的转换任务。T_5 是第二级的放大管，T_6 是它的有源负载，也作为输出级。这种输出级的优点是输出电压摆幅大，缺点是输出阻抗高，只能用在负载电阻很大的场合。$T_6 \sim T_8$ 是两路输出的电源镜。R_z 和 C_c 是频率补偿元件。

另一种常用的 CMOS 运放如图 5.27 所示。$T_1 \sim T_2$ 组成差分放大级，T_1 的漏极电流经镜像电流源 T_5/T_6 和 T_7/T_8 传输到输出端，T_2 的电流经镜像电流源 T_9/T_{10}，传输到输出端，负载上的电流等于 T_{10} 和 T_8 的输出电流之差。显然，其输出的是电流，输入的是电压。所以叫运算跨导放大器，简称 OTA。OTA 的特性是

$$\dot{I}_o = g_m \dot{U}_{Id} \tag{5.43}$$

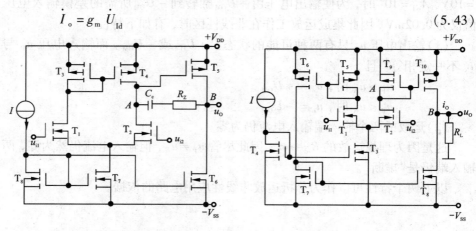

図 5.26　简单的 CMOS 运放　　　　　図 5.27　OTA 电路图

可见,OTA 不但可用作跨导放大,而且也可用作电压放大,但放大倍数与负载有关。OTA 的优点是频带较宽,它也是一种通用型模拟集成电路,在仪器仪表等方面有广泛应用。

2. 电流型集成运放简介

自 20 世纪 80 年代末期以来,应用电流模技术和先进的互补双极工艺以及介质隔离超高速互补双极工艺,推出了高速性能优越的电流反馈型集成运放,称之为电流型集成运放。

图 5.28(a)是普通的电压型运放的内部等效模型框图,图 5.28(b)是电流型运放的内部等效模型框图。

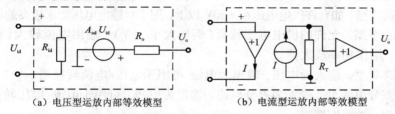

（a）电压型运放内部等效模型   （b）电流型运放内部等效模型

图 5.28 集成运放内部等效模型

从图中可以看出,电压型运放的输入端可以等效成一个输入电阻 R_{id},其输出端可以等效成一个电压源 $A_{od}U_{id}$ 与输出电阻 R_o 串联。电流型运放与一般电压型运放的内部结构是不同的,它的输入级是个单位增益缓冲器。其作用是使反相输入端的电位跟随同相端变化,输入缓冲级之后是互阻增益级。它将输入缓冲级的电流 I 线性转变为输出电压 U_o,其放大作用以互阻增益 A_r 表示,有

$$A_r = \frac{U_o}{I} = R_T \tag{5.44}$$

因而互阻增益级可以用一个电流源 I 和一个电阻 R_T 并联来表示,R_T 很大,一般在 $10^6 \Omega$ 以上。输出端又是一个单位增益缓冲器,输出电阻很小。

电流模电路的特点决定了温度的变化对电流的线性传输特性影响甚小。因此,电流型运放输入级不再像电压型运放那样受温漂的困扰,可以抛弃传统的差动电路,输入缓冲级偏置电流不必很小,对等效电容的充电电流比较大,这样就使得转换速度大大提高,可以达到(1000～3500)V/μs 以上。开环带宽可以达到几百兆赫兹。这是电压型运放无法达到的。

电流型运放的典型产品有:AD8009、AD811、AD9618、MAX4180 等。

5.5.2 集成运放使用注意事项

1. 集成运放分类与选择

集成运放品种繁多,规格各异。由于种种原因,要生产出各项参数均很理

想的运放是很困难的，因此出现了各种特殊型运放。按运放的用途不同有以下几种类型：

①通用型。其性能指标适合于一般使用，产品量大面广。

②低功耗型。如静态功耗在1mW左右，可用于便携设备或航空、航天设备。

③高精度型。如失调电压温漂在$1\mu V$以下，用于对放大精度和稳定性要求较高的场合。

④高速型。如转换速率在$10V/\mu s$以上，用于适应高速大幅度输入信号。

⑤高阻型。如输入电阻在$10^{12}\Omega$，用于对输入电阻需求很高的场合。

⑥宽带型。如单位增益带宽在10MHz左右，用于放大高频小信号。

⑦高压型。如允许供电电压在±30V以上，用于对输出电压要求较高的场合。

⑧功率型。允许的供电电压较高（例如大于15V），输出电流较大（例如大于1A），用作功率放大器。

⑨跨导型。输入为电压，输出为电流 可用于电压/电流转换器。

⑩差分电流型。输入为差分电流，输出为电压，可用于电流/电压转换器。

其他：如程控型等。

在选用集成运放时，应充分了解电路的性质和要求，根据输入信号的性质、负载的性质、对运放精度的要求、环境条件等情况进行选择。对输入信号的性质应考虑信号源等效为电压源还是电流源；信号幅度为伏特级还是毫伏级甚至微伏级；信号频率为直流、慢变信号或工频、音频信号还是快速变化的脉冲信号等；信号是否含有共模成分、共模电压的大小。对负载性质应考虑负载是纯电阻还是电感、电容性负载；负载的输出电压大小；负载的输出电流大小；负载是否有一端接地等。对运放精度的要求应考虑对运放的失调参数、频域或时域参数及噪声等是否有特殊的要求。对环境条件应考虑电路的工作温度、能耗、体积要求及环境的干扰情况等。针对上述情况，正确选择合适的集成运放。例如，对于内阻很高的信号源应考虑高阻型集成运放；对于低频微弱信号的高精度测量，需要选用高精度型集成运放（如CF7650或ICL7650）；对耗电有严格限制的手提式仪器，可考虑低功耗型集成运放（如CF3078或CA3078）；普通运放的输出电压一般不超过±14V，当要求输出电压超过±14V时，应选用高压型运放或在普通运放的基础上增加电压扩展电路；普通运放的输出电流通常为几毫安至几十毫安，对于要求直接驱动执行机构时，可考虑功率型集成运放或采用运放扩流电路。

2. 使用时必做的工作

(1)集成运放的外引线(管脚)

目前集成运放的常见封装方式有金属壳封装和双列直插式封装，外形如图

5.19 所示,而且以后者居多。双列直插式有 8、10、12、14、16 管脚等种类,虽然它们的外引线排列日趋标准化,但各制造厂仍略有区别。因此,使用运放前必须查阅有关手册,辨认管脚,以便正确连线。

(2) 参数测量

使用运放之前往往要用简易测试法判断其好坏,例如用万用表中间档(" × 100Ω" 或 " ×1kΩ" 档,避免电流或电压过大) 对照管脚测试有无短路和断路现象。必要时还要采用测试设备量测运放的主要参数。

(3) 调零或调整偏置电压

由于失调电压及失调电流的存在,输入为零时输出往往不为零。对于内部无自动稳零措施的运放需外加调零电路,使之在零输入时输出为零。

对于单电源供电的运放,有时还需在输入端加直流偏置电压,设置合适的静态输出电压,以便能放大正、负两个方向的变化信号。

(4) 消除自激振荡

为防止电路产生自激振荡,应在集成运放的电源端加上去耦电容。有的集成运放还需外接频率补偿电容 C,应注意接入合适容量的电容。

3. 保护措施

集成运放在使用中常因以下 3 种原因被损坏:输入信号过大,使 PN 结击穿;电源电压极性接反或过高;输出端接 "地" 或接电源,此时,运放将因输出级功耗过大而损坏。因此,为使运放安全工作,也从这 3 个方面进行保护。

(1) 输入保护

一般情况下,运放工作在开环(即未引反馈)状态时,易因差模电压过大而损坏;在闭环状态时,易因共模电压超出极限值而损坏。图 5.29(a)所示是防止差模电压过大的保护电路,图 5.29(b)所示是防止共模电压过大的保护电路。

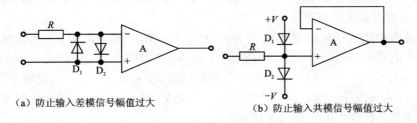

(a) 防止输入差模信号幅值过大　　　　　(b) 防止输入共模信号幅值过大

图 5.29　输入保护措施

(2) 输出保护

图 5.30 所示为输出端保护电路,限流电阻 R 与稳压管 D_z 构成限幅电路,它一方将负载与集成运放输出端隔离开来,限制了运放的输出电流,另一方面也限制了输出电压的幅值。当然,任何保护措施都是有限度的,若将输出端直

接接电源，则稳压管会损坏，使电路的输出电阻大大提高，影响了电路的性能。

（3）电源端保护

为了防止电源极性接反，可利用二极管单向导电性，在电源端串联二极管来实现保护，如图 5.31 所示。

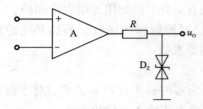

图 5.30　输出保护电路

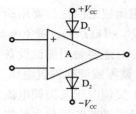

图 5.31　电源端保护电路

5.5.3　输出电压与输出电流的扩展

集成运放选定后，其参数便确定，可以通过附加外部电路来提高它某方面的性能。

1. 提高输出电压

为使输出电压幅值提高，势必要将运放的电源电压提高，然而集成运放的电源电压是不能任意改变的，因而电源电压的提高有一定的限度。为此，常采用在运放输出端再接一级由较高电压电源供电的电路，来提高输出电压幅值，图 5.32 所示就是这类电路。

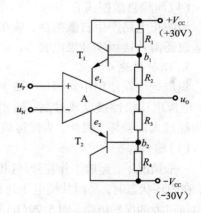

图 5.32　提高输出电压的电路

设图中集成运放的电源电压为 ±15V，$R_1 = R_2 = R_3 = R_4 = R$。当集成运放的输入电压 $u_P = u_N = 0$ 时，其输出电压 $u_O = 0$，因而 b_1 和 b_2 点的电位分别为 $u_{B1} = +15V$、$u_{B2} = -15V$，b_1 和 b_2 点的电位差 $u_{B1} - u_{B2} = 30V$。若忽略 T_1 与 T_2 管的 b～e 间电压，则 $u_{E1} \approx +15V$，$u_{E2} \approx -15V$，$u_{E1} - u_{E2} \approx u_{B1} - u_{B2}$，可见对运放 A 来说，其供电电压仍为 ±15V。

当有输入信号时，$u_{B1} = \dfrac{1}{2}(V_{CC} - u_O) + u_O = \dfrac{1}{2}(V_{CC} + u_O)$

$$u_{B2} = \frac{1}{2}(-V_{CC} - u_O) + u_O = \frac{1}{2}(-V_{CC} + u_O)$$

$$u_{B1} - u_{B2} = V_{CC} = 30(V)$$

说明两路供电电源的差值与无信号时相同,但是,由于 $\pm V_{CC} = \pm 30V$,使得输出电压的幅值变大了,可达二十几伏。

值得注意的是,虽然运放供电电源电压总值$(u_{B1} - u_{B2})$没变,但实际上,当 $u_O = +15V$ 时,运放的正电源电压 u_{B1} 约为 22.5V,负电源电压约为 $-7.5V$,这将使运放的参数产生一些变化。

2. 增大输出电流

为了使负载上获得更大的电流,可在运放的输出端加一级射极输出器或互补输出级,如图 5.33 所示。

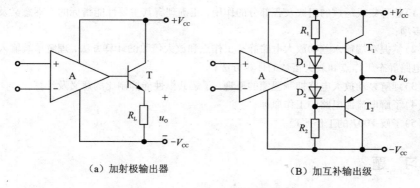

(a) 加射极输出器   (B) 加互补输出级

图 5.33 增大输出电流的措施

本章小结

本章主要介绍了集成运放的结构特点、电路的组成、主要性能指标和内部单元电路的工作原理等。

1. 本章要点

(1)集成运放是一个高性能的多级直接耦合放大电路,从外部看,可以等效成双端输入、单端输出的差动放大电路。通常由输入级、中间级和输出级和偏置电路等四部分组成。对于由双极型管组成的集成运放,输入级多采用差动放大电路,中间级为复合管共射电路,输出级多采用互补对称放大电路,偏置电路由各种电流源电路的组成。

(2)多级直接耦合放大电路的一个严重的问题是零点漂移。差动放大电路是解决零点漂移问题的有效方法。差动放大电路既能放大直流信号,又能放大交流信号。它对差模信号有很强的放大能力,对共模信号有很强的抑制能力。因此,集成运算放大器都使用差动放大电路作为输入级。

(3)电流源电路是构成运放的基本单元电路,其特点是直流电阻小,而交流电阻很大。电流源电路既可以为电路提供偏置电流,又可以作为放大器的有源负载使用。运放的输出级通常采用互补对称射极输出电路,其特点是输入电阻大,输出电阻小,输出效率高。

（4）除了通用集成运放以外，还有大量特殊类型的运放。了解这些运放的特性，对于正确选择和使用运放有很大帮助。

（5）集成运放是模拟集成电路的典型组件。在实际的电路分析中，应掌握其电压传输特性。并根据不同的使用情况选择不同的运放模型。

2. 主要概念和术语

模拟集成电路，镜像电流源、微电流源、比例电流源，多路电流源，差动放大电路，温漂（或零漂），差模信号，共模信号，差模放大倍数，共模放大倍数，共模性能抑制比，集成运放，电压传输特性，虚短，虚断。

3. 本章基本要求

（1）熟悉集成运放的组成及各部分的作用，正确理解其主要性能指标的物理意义及使用注意事项；

（2）掌握双端输入差动放大电路静态工作点和放大倍数的计算方法，理解单端输入差动放大电路静态工作点和放大倍数的计算方法；

（3）理解差动放大电路抑制温漂的原理，了解共模性能抑制比的意义及计算；

（4）了解电流源电路的工作原理；

（5）了解 F007 的工作原理。

习　题

5.1　选择合适答案填入空内。

（1）集成运放电路采用直接耦合方式是因为＿＿＿＿。

　　A. 可获得很大的放大倍数　　　B. 可使温漂小

　　C. 集成工艺难于制造大容量电容

（2）通用型集成运放适用于放大＿＿＿＿。

　　A. 高频信号　　　　　　　　　B. 低频信号

　　C. 任何频率信号

（3）集成运放制造工艺使得同类半导体管的＿＿＿＿。

　　A. 指标参数准确　　　　　　　B. 参数不受温度影响

　　C. 参数一致性好

（4）集成运放的输入级采用差分放大电路是因为可以＿＿＿＿。

　　A. 减小温漂　　　　　　　　　B. 增大放大倍数

　　C. 提高输入电阻

（5）为增大电压放大倍数，集成运放的中间级多采用＿＿＿＿。

　　A. 共射放大电路　　　　　　　B. 共集放大电路

　　C. 共基放大电路

5.2　根据下列要求，将应优先考虑使用的集成运放填入空内。已知现有集成运放的类型是：①通用型　②高阻型　③高速型　④低功耗型　⑤高压型　⑥大功率型　⑦高精度型

(1)作低频放大器,应选用_____。

(2)作宽频带放大器,应选用_____。

(3)作幅值为 1μV 以下微弱信号的量测放大器,应选择_____。

(4)作内阻为 100kΩ 信号源的放大器,应选择_____。

(5)负载需 5V 电流驱动的放大器,应选择_____。

(6)要求输出电压幅值为 ±20 的放大器,应选用_____。

(7)宇航仪器中所用的放大器,应选择_____。

5.3 电路如图 5.34 所示,已知 $\beta_1 = \beta_2 = \beta_3 = 100$。各管的 U_{BE} 均为 0.7V,试求 I_{C2} 的值。

5.4 多路电流源电路如图 5.35 所示,已知所有晶体管的特性均相同,U_{BE} 均为 0.6V。试求 I_{C1}、I_{C2} 各为多少?

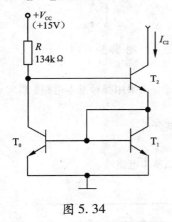

图 5.34

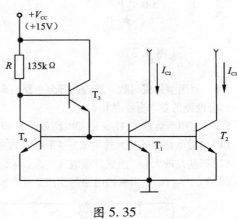

图 5.35

5.5 差动放大电路如图 5.36 所示。

(1)若 $|A_{ud}| = 100$,$|A_{uc}| = 0$,$u_{I1} = 10\text{mV}$,$u_{I2} = 5\text{mV}$,则 $|u_o|$ 有多大?

(2)若 $A_{ud} = -20$,$A_{uc} = -0.2$,$u_{I1} = 0.49\text{V}$,$u_{I2} = 0.51\text{V}$,则 u_o 变为多少?

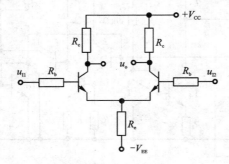

图 5.36

5.6 图 5.37 所示电路参数理想对称,晶体管的 β 均为 50,$r_{bb'} = 100\Omega$,$U_{BEQ} \approx 0.7$。试计算 R_w 滑动端在中点时 T_1 管和 T_2 管的发射极静态电流 I_{EQ},以及动态参数 A_d 和 R_{id}。

5.7 电路如图 5.38 所示，T_1 管和 T_2 管的 β 均为 40，r_{be} 均为 3kΩ。试问：若输入直流信号 $u_{I1} = 20\text{mV}$，$u_{I2} = 10\text{mV}$，则电路的共模输入电压 $u_{IC} = ?$ 差模输入电压 $u_{Id} = ?$ 输出动态电压 $\Delta u_O = ?$

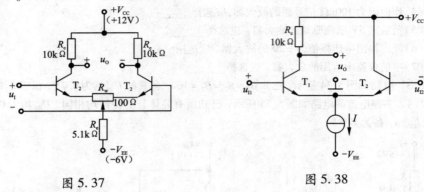

图 5.37　　　　　　　　　　图 5.38

5.8 通用型集成运放一般由几部分电路组成，每一部分常采用哪种基本电路？通常对每一部分性能的要求分别是什么？

5.9 通用型运放 F747 的内部电路如图 5.39 所示，试分析：

（1）偏置电路由哪些元件组成？基准电流约为多少？

（2）哪些是放大管，组成几级放大电路，每级各是什么基本电路？

（3）T_{19}、T_{20} 和 R_8 组成的电路的作用是什么？

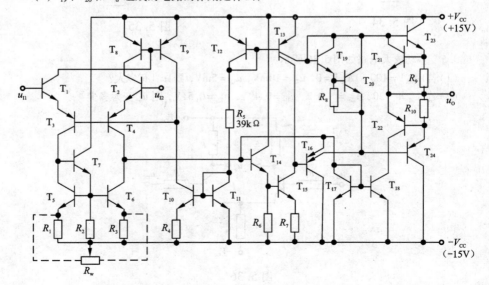

图 5.39

第 6 章　放大电路的反馈

反馈在电子电路中应用非常广泛，放大电路中往往引入负反馈来改善放大性能。例如，引入负反馈后，不仅可以稳定放大电路的静态工作点还可以改善输入电阻和输出电阻，稳定放大倍数，消除非线性失真、展宽频带等，因此，几乎所有实用放大电路都是带反馈的电路。本章从反馈的基本概念入手，介绍反馈的判断方法，研究负反馈电路的一般分析方法、负反馈放大电路的 4 种组态及电压放大倍数的估算，讨论负反馈对放大电路性能的影响，最后分析引入负反馈后产生自激振荡的条件及消除办法。

6.1　概　述

6.1.1　反馈的基本概念

所谓反馈就是将放大电路输出量(电流或电压)的一部分或全部，通过一定形式的反馈取样网络，并以一定的方式作用到输入回路以影响放大电路输入量(输入电流或输入电压)的过程。包含反馈作用的放大电路称为反馈放大电路。

反馈放大电路的方框图如图
6.1 所示。图中上方框表示基本放
大电路，下方框表示输出信号回
送到输入回路所经过的电路，称
为反馈网络，通过反馈网络，可
将输出信号与输入信号联系起来。
箭头表示信号流通方向，符号

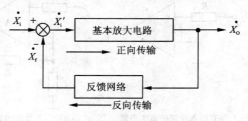

图 6.1　反馈放大电路的方框图

"$\otimes$"表示信号叠加，也称比较环节或比较电路。基本放大电路和反馈网络构成一个反馈环路，$\dot{X}_i$ 为输入量，$\dot{X}_f$ 为反馈量，$\dot{X}_o$ 为输出量，$\dot{X}'_i$ 为输入量与反馈量求和后得到净输入量。所以有

$$\dot{X}'_i = \dot{X}_i - \dot{X}_f \quad 或 \quad \dot{X}'_i = \dot{X}_i + \dot{X}_f$$

输入量、反馈量、净输入量和输出量等既可以是电压，也可以是电流，所以分别用 $\dot{X}_i$、$\dot{X}_f$、$\dot{X}'_i$、$\dot{X}_o$ 等表示。

在基本放大电路中，信号的传输是从输入端到输出端，这个方向称为正向传输。反馈就是将输出信号取出一部分或全部送回到放大电路的输入回路（反向传输），与原输入信号相加或相减后再作用到放大电路的输入端，反馈信号的传输是反向传输，放大电路与反馈网络组成一个闭环系统。所以，有时把引入了反馈的放大电路称为闭环放大电路，而未引入反馈的基本放大电路称为开环放大电路。

6.1.2 反馈的判断

放大电路中是否引入反馈和引入不同形式的反馈，对放大电路的性能影响是有很大区别的。因此，在具体分析反馈放大电路之前，首先要搞清楚是否有反馈？反馈量是直流还是交流？是电压还是电流？反馈信号反馈到输入端后与输入信号是如何叠加的？是加强了原输入信号还是削弱了原输入信号？对于多级放大电路，是局部反馈还是级间反馈等。下面我们从定性的角度来研究这几个问题。

1. 有无反馈的判断

若放大电路中存在将输出回路与输入回路相连接的通路，即反馈通路，并由此影响了放大电路的净输入，则表明电路中引入了反馈；否则电路中便没有反馈。

例 6.1 判断图 6.2(a)、(b)、(c)所示的电路是否引入了反馈？

解 在图 6.2(a)所示电路中，集成运放的输出端与同相输入端、反相输入端均无通路，故电路中没有引入反馈。

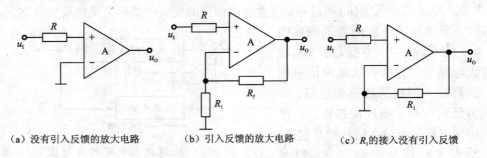

(a) 没有引入反馈的放大电路　　　(b) 引入反馈的放大电路　　　(c) R_1 的接入没有引入反馈

图 6.2　有无反馈的判断

在图 6.2(b)所示电路中，电阻 R_f 将集成运放的输出端与反相输入端相连接，因而集成运放的净输入量不仅决定于输入信号，还与输出信号有关，所以该电路中引入了反馈。

在图 6.2(c)所示电路中，虽然电阻 R_1 跨接在集成运放的输出端与反相输入端之间，但是由于反相输入端接地，所以 R_1 只不过是集成运放的负载，而不会使输出电压 u_o 作用于输入回路，可见电路中没有引入反馈。

　　由以上分析可知，通过寻找电路中是否存在除正向放大通路外，另有输出至输入的通路即反馈通路，就可判断出电路中是否引入了反馈。

　　2. 直流反馈与交流反馈的判断

　　按照反馈信号本身的交直流性质，把反馈分为直流反馈与交流反馈。若反馈信号中只有直流成分，则为直流反馈。若反馈信号中只有交流成分，则为交流反馈。在多数情况下，反馈信号中既有交流成分，又有直流成分，此时称为交直流反馈。

　　根据直流反馈与交流反馈的定义，可以通过观察反馈是存在于放大电路的直流通路之中还是交流通路之中，来判断电路引入的是直流反馈还是交流反馈。直流负反馈影响放大电路的直流性能，常用以稳定静态工作点；交流负反馈影响放大电路的交流性能，常用以改善放大电路的交流性能。直流负反馈在以前讨论放大电路静态工作点稳定时已做了介绍，所以本章主要讨论交流负反馈电路的构成及对放大电路性能的影响。

　　例 6.2　判断图 6.3(a)、(b)、(c)所示的电路是否引入了反馈；若引了反馈，则是判断直流反馈还是交流反馈？

　　解　在图 6.3(a)所示电路中，对于交流信号，电容 C 视为短路，即交流通路中不存在连接输出回路与输入回路的通路，故电路中没有交流反馈；而对直流信号，电容 C 相当于开路，此时 R_f 既联系输入回路又联系输出回路，故电路中引入了直流反馈。

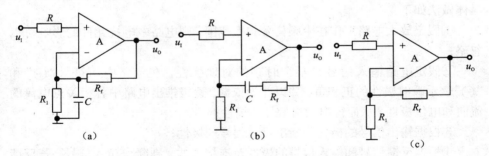

图 6.3　直流反馈与交流反馈的判断

　　在图 6.3(b)所示电路中，对于交流信号，电容 C 视为短路，因而 R_f 将集成运放的输出端与反相输入端相连接，故电路中引入了交流反馈。而对直流信号，电容 C 相当于开路，即直流通路中不存在连接输出回路与输入回路的通路，故电路中没有直流反馈。

　　在图 6.3(c)所示电路中，因 R_f 将集成运放的输出端与反相输入端相连接，故电路中引入了反馈。又因为无论在直流通路中还是在交流通路中，反馈通路均存在，所以电路中既引入了直流反馈又引入了交流反馈。

3. 本级反馈与级间反馈的判断

一个放大电路可由多级放大电路组成，若反馈信号取自本级的输出，回送到本级的输入回路，则称为本级反馈；若反馈信号取自后级的输出，回送到前级的输入回路，则称为级间反馈；若反馈信号取自最后一级的输出（整体输出），回送到第一级的输入回路（整体输入），则称为整体反馈。这里我们着重分析整体反馈。

4. 反馈极性的判断

根据反馈的效果，反馈分为正反馈和负反馈。如果引入的反馈信号使放大电路的净输入量增大，这样的反馈称为正反馈。相反，如果反馈信号使放大电路的净输入量减小，则这样的反馈称为负反馈。由于反馈的结果影响了净输入量，因而必然影响输出量和放大倍数。所以根据输出量的变化或放大倍数的变化也可以区分反馈的极性。在同样输入量的作用下，有反馈和无反馈进行比较，若反馈的结果使输出量增大或使放大倍数提高时便为正反馈；若反馈的结果使输出量减小或使放大倍数降低时便为负反馈。

负反馈广泛应用于放大电路中，它虽然损失了放大倍数，但改善了电路的其他性能。而正反馈虽然提高了放大电路的放大倍数，但它使放大电路难以稳定工作，故在放大电路中用得较少，主要应用于振荡电路中，以获得各种振荡波形。

为了判断引入的是正反馈还是负反馈，通常采用的方法是"瞬时极性法"。具体做法如下：

①假定放大电路工作在中频信号频率范围，则电路中电抗元件的影响可以忽略；

②假定电路输入信号在某个时刻的对地极性，在电路中用符号"⊕"和"⊖"表示瞬时极性的正和负，并以此为依据，逐级推出电路中各相关点电流的流向和电位极性，从而得出输出信号的极性；

③根据输出信号的极性判断出反馈信号的极性；

④根据反馈信号和输入信号的极性及连接方式，判断净输入信号，若反馈信号使基本放大电路的净输入信号增强，则为正反馈；若反馈信号使基本放大电路的净输入信号削弱，则为负反馈。

例6.3 判断图6.4(a)、(b)、(c)所示的电路的反馈极性。

解 在图6.4(a)所示电路中，设输入电压 u_1 的瞬时极性对地为正，输入电流 i_1 的正方向如图，则集成运放反相输入端电流 i_N 流入集成运放，集成运放的反相输入端 u_N 对地电位也为正，因而输出电压 u_0 极性对地为负（集成运放输入信号从反相输入端输入，输出信号与输入信号相位相反），u_0 作用于电阻

R_f，产生电流 i_F 如图所示。导致集成运放净输入电流减小，所以说明电路中引入了负反馈。

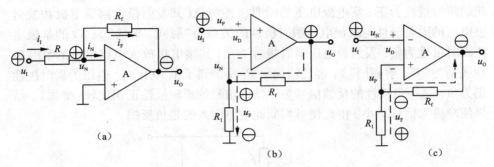

图 6.4 反馈极性的判断

在图 6.4（b）所示电路中，设输入电压 u_I 的瞬时极性对地为正，即集成运放的同相输入端 u_P 对地电位为正，因而输出电压 u_O 极性对地为正（集成运放输入信号从同相输入端输入，输出信号与输入信号相位相同），u_O 在电阻 R_f 和 R_1 回路产生电流，方向如图中虚线所示。并且在 R_1 上产生上正下负的反馈电压 u_F，而 $u_N = u_F$，由此导致集成运放净输入电压（即 $u_D = u_P - u_N = u_I - u_F$）的数值减小，所以说明电路中引入了负反馈。

在图 6.4（c）所示电路中，设输入电压 u_I 的瞬时极性对地为正，即集成运放的反相输入端 u_N 对地电位为正，因而输出电压 u_O 极性对地为负（集成运放输入信号从反相输入端输入，输出信号与输入信号相位相反），u_O 在电阻 R_f 和 R_1 回路产生电流，方向如图中虚线所示。并且在 R_1 上产生上负下正的反馈电压 u_F，而 $u_P = -u_F$，由此导致集成运放净输入电压（即 $u_D = u_N - u_P = u_I + u_F$）的数值增大，所以说明电路中引入了正反馈。

应当特别指出，反馈量是仅仅决定于输出量的物理量，而与输入量无关。例如图 6.4（b）中的反馈电压 u_F 不表示 R_1 上的实际电压，而只表示输出电压 u_O 作用的结果。因此，在分析反馈极性时，可将输出量视为作用于反馈网络的独立电源。

以上分析表明，在集成运放组成的反馈放大电路中，可以通过分析集成运放的净输入电压 u_D 或者净输入电流 i_P（或 i_N）因反馈的引入是增大了还是减小了，来判断反馈极性。凡使净输入量增大者为正反馈，凡使净输入量减小者为负反馈。

例 6.4 判断图 6.5 所示的电路的反馈极性。

解 在判断反馈极性前先判断电路中是否存在反馈，只须判断电路中有无反馈通路。如图中 R_f 为将电路的输出与输入联系起来的元件，说明电路中存在反馈。

　　再根据"瞬时极性法"(对交流或动态而言)进行判断：假定电路输入中频信号电压的瞬时极性为上正下负(见图中所标"⊕"、"⊖")，则 T_1 基极信号电压的瞬时极性为正，集电极电压的瞬时极性为负(共发射极电路集电极和发射极电压的瞬时极性与基极电压瞬时极性的关系为"射同、集反")；T_2 的基极电压瞬时极性为负，发射极电压瞬时极性为负(共集电极放大电路电压的瞬时极性关系为"基、射相同")；经反馈网络 R_f 反馈到了 T_1 基极时，电压的瞬时极性仍为负，这一负极性的反馈信号与原输入信号的瞬时极性正相比较(叠加)，结果使净输入信号减小，由此便可判断此电路引入的是负反馈。

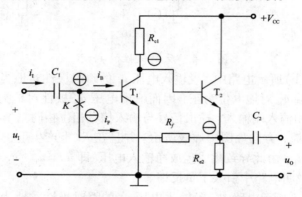

图 6.5　分立元件放大电路反馈极性的判断

5. 电压反馈与电流反馈的判断

　　根据反馈信号是取自输出电压还是取自输出电流，把反馈分为电压反馈和电流反馈。若反馈信号取自输出电压，即 X_f 正比于 u_o，则为电压反馈，若反馈信号取自输出电流，即 X_f 正比于 i_o，则为电流反馈。反馈信号取自输出电压也称为从输出进行电压取样，取自输出电流也称为从输出进行电流取样。

　　电压反馈和电流反馈的判断可以用输出短路法，即把输出端交流负载短路(令 $u_o=0$)，若反馈信号仍然存在，则是电流反馈，否则为电压反馈。

　　电压反馈和电流反馈的判断也可以用输出开路法，即把输出端交流负载开路(令 $i_o=0$)，若反馈信号仍然存在，则是电压反馈，否则为电流反馈。

　　在实际电路中还可根据反馈电路与输出信号的连接方式直观地判断，即反馈电路与输出端直接相连的是电压反馈，否则是电流反馈。

　　例 6.5　判断下列电路中的反馈是电压反馈还是电流反馈？

　　解　在图 6.6(a)所示电路中，令 $u_o=0$，则 R_f 与 R_1 并联后接于运放的反相输入端，此时反馈信号不存在了，所以为电压反馈。

　　在图 6.6(b)所示电路中，令 $u_o=0$，此时反馈信号仍然存在，所以为电流反馈。

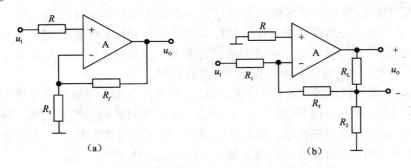

图 6.6　电压反馈与电流反馈的判断

6. 串联反馈与并联反馈的判断

　　根据反馈信号与输入信号在放大电路输入端连接方式的不同，反馈分为串联反馈和并联反馈。若反馈信号与输入信号在输入回路中串联，即以电压方式叠加，则称为串联反馈，反馈信号用电压 u_f 表示，如图 6.4(b)、(c)电路所示；若反馈信号与输入信号在输入回路中并联，即以电流方式叠加，则称为并联反馈，反馈信号用电流 i_f 表示，如图 6.4(a) 电路所示。

　　串联反馈和并联反馈可以从反馈信号与输入信号的连接方式上直观地判断：若反馈信号与输入信号在同一点叠加，则是并联反馈；若反馈信号与输入信号在不同点叠加，则是串联反馈。

　　对于三极管来说，反馈信号与输入信号同时加在输入三极管的基极或发射极，则为并联反馈；一个加在基极，另一个加在发射极(或集电极)则为串联反馈。

　　对于运算放大器来说，反馈信号与输入信号同时加在同相输入端或反相输入端，则为并联反馈；一个加在同相输入端，另一个加在反相输入端则为串联反馈。

　　综上所述，正确判断反馈类型是反馈放大电路定性分析的基础，因为不同类型的反馈对放大电路性能的影响是不同的。在实际电路中，反馈的判别方法可分以下几步：

　　(1)寻找反馈网络。反馈网络可以是一个元件，也可以是若干个元件。根据反馈的定义，寻找联系本级输出回路和输入回路的元件(电阻、电容等)，或寻找联系后级输出回路与前级输入回路的元件，若有，则为本级反馈或级间反馈。

　　(2)判断反馈信号的交直流性质。若反馈量中只含有直流量，或者说仅在直流通路中存在的反馈为直流反馈；若反馈量中只含有交流量，或者说仅在交流通路中存在的反馈为交流反馈；若反馈量中既有交流成分又有直流成分，则为交直流反馈。直流负反馈起稳定静态工作点的作用，交流负反馈则从不同方面改善动态性能指标，如对 A_u、R_i、R_o 等的影响。

（3）根据反馈信号和输入信号的连接方式（即反馈信号与输入信号在输入端的求和方式）判断串联反馈和并联反馈。若反馈量与输入量以电压的形式相叠加，或者说，反馈量与输入量加在放大电路输入回路的不同电极上，为串联反馈；若反馈量与输入量以电流的形式相叠加，或者说，反馈量与输入量加在放大电路输入回路的同一个电极上，为并联反馈。

（4）应用短路法或开路法判断电压反馈和电流反馈。短路法易于掌握，具体做法是：将输出电压"短路"（令 $u_o = 0$），若反馈回来的反馈量为零，则为电压反馈；若反馈量仍然存在，则为电流反馈。电压负反馈起稳定放大电路的输出电压的作用，电流负反馈起稳定放大电路的输出电流的作用。

（5）应用瞬时极性法判断正反馈和负反馈。在明确串联反馈和并联反馈后，正、负反馈极性可用下列方法来判断：若反馈量和输入量作用于输入回路的同一点时，瞬时极性相同的为正反馈，瞬时极性相反的是负反馈；若反馈量和输入量作用于输入回路的不同点时，瞬时极性相同的为负反馈，瞬时极性相反的是正反馈。

例 6.6　判断下列电路级间反馈的类型。

解　在图 6.7 中，因反馈信号与输入信号在一点相加，为并联反馈。根据瞬时极性法判断，为负反馈，且反馈信号与输出电压成比例，为电压负反馈。结论是交直流电压并联负反馈。

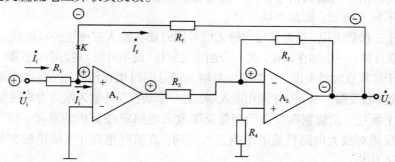

图 6.7　例 6.6 的电路图

例 6.7　在图 6.8 电路中判断电路级间反馈的类型。

解　对图 6.8（a）所示电路，根据瞬时极性法判断（如图中的"⊕"、"⊖"符号），经 R_f 加在发射极 E_1 上的反馈电压为"⊕"，与输入电压极性相同，且加在输入回路的两点，故为串联负反馈。反馈信号与输出电压成比例，是电压反馈。后级对前级的这一反馈是交流反馈。结论是交流电压串联负反馈。

对图 6.8（b），因输入信号和反馈信号加在运放的两个输入端，故为串联反馈，根据瞬时极性判断是负反馈，且为电压负反馈。结论是交直流电压串联负反馈。

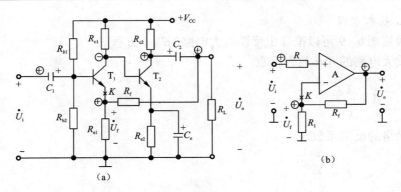

图 6.8　例 6.7 的电路图

6.2　负反馈放大电路的方框图

从前面分析可知，反馈量可以取样输出电压，也可以取样输出电流。根据反馈量在输出端取样方式不同有电压反馈和电流反馈之分。当反馈量取自输出电压时称为电压反馈，当反馈量取自输出电流时称为电流反馈。而反馈量与输入量在输入回路叠加方式可以是电压叠加，也可以是电流叠加，根据反馈量与输入量在输入回路叠加方式不同有串联反馈和并联反馈之分，若为电压叠加称为串联反馈，若为电流叠加称为并联反馈。因此，交流负反馈放大电路有 4 种基本组态，即电压串联、电压并联、电流串联和电流并联。

负反馈放大电路的组态不同，电路各不相同，而且即使是同一种组态，其具体电路也各不相同。为了研究负反馈放大电路的共同规律，可以利用方框图来描述所有电路，本节介绍负反馈放大电路的方框图与一般表达式，以及不同组态下负反馈电路的特点。

6.2.1　负反馈放大电路的方框图及一般表达式

任何负反馈放大电路都可以用图 6.9 所示的方框图表示。图中，上一个方块是反馈放大电路的基本放大电路，下一个方块是负反馈放大电路的反馈网络。连线的箭头方向表示信号的流通方向，其他各物理量的定义与图 6.1 相同。

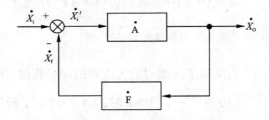

图 6.9　负反馈放大电路的方框图

1. 基本方程

根据图 6.9 可以推导出反馈放大电路的基本方程。

放大电路的开环放大倍数

$$\dot{A} = \frac{\dot{X}_\text{o}}{\dot{X}'_\text{i}} \tag{6.1}$$

反馈网络的反馈系数

$$\dot{F} = \frac{\dot{X}_\text{f}}{\dot{X}_\text{o}} \tag{6.2}$$

放大电路的闭环放大倍数

$$\dot{A}_\text{f} = \frac{\dot{X}_\text{o}}{\dot{X}_\text{i}} \tag{6.3}$$

以上几个量都采用了复数表示，因为要考虑实际电路的相移。由于

$$\dot{X}'_\text{i} = \dot{X}_\text{i} - \dot{X}_\text{f} \tag{6.4}$$

$$\dot{A}_\text{f} = \frac{\dot{X}_\text{o}}{\dot{X}_\text{i}} = \frac{\dot{A}\,\dot{X}'_\text{i}}{(\dot{X}'_\text{i} + \dot{X}_\text{f})} = \frac{\dot{A}}{1 + \dot{A}\dot{F}} \tag{6.5}$$

式中 $\dfrac{\dot{X}_\text{f}}{\dot{X}'_\text{i}} = \dfrac{\dot{X}_\text{o}}{\dot{X}'_\text{i}}\dfrac{\dot{X}_\text{f}}{\dot{X}_\text{o}} = \dot{A}\dot{F}$，$\dot{A}\dot{F}$ 称为环路放大倍数。

在中频段，$\dot{A}$、$\dot{F}$、$\dot{A}_\text{f}$ 均为实数，因此上式可写成为

$$A_\text{f} = \frac{A}{1 + AF} \tag{6.6}$$

2. 反馈深度

在式(6.5)中，我们将 $|1 + \dot{A}\dot{F}|$ 称为反馈深度。

$$1 + \dot{A}\dot{F} = \frac{\dot{A}}{\dot{A}_\text{f}}$$

它反映了反馈对放大电路的影响程度，可分为下列 3 种情况：

(1)当 $|1 + \dot{A}\dot{F}| > 1$ 时，$|\dot{A}_\text{f}| < |\dot{A}|$，说明电路中引入了负反馈；

(2)当 $|1 + \dot{A}\dot{F}| < 1$ 时，$|\dot{A}_\text{f}| > |\dot{A}|$，说明电路中引入了正反馈；

(3)当 $|1 + \dot{A}\dot{F}| = 0$ 时，$|\dot{A}_\text{f}| = \infty$，相当于输入为零时就有输出，故电路产

生了自激振荡。

　　应当指出，通常所说的负反馈放大电路是指中频段的电压极性，当信号频率进入低频段或高频段时，由于附加相移的产生，负反馈可能在某一特定的频率产生正反馈过程，甚至产生自激振荡。

　　3. 深度负反馈条件下闭环放大倍数的表达式

　　当 $|1 + \dot{A}\dot{F}| \gg 1$ 时，称此时的负反馈为深度负反馈，于是闭环放大倍数

$$\dot{A}_f = \frac{\dot{A}}{1 + \dot{A}\dot{F}} \approx \frac{1}{\dot{F}} \tag{6.7}$$

　　上式表明，在深度负反馈条件下，闭环放大倍数近似等于反馈系数的倒数，即闭环放大倍数仅仅取决于反馈网络，而与有基本放大电路无关。一般反馈网络是无源元件构成的，其稳定性优于有源器件，因此深度负反馈时的放大倍数比较稳定。

6.2.2　4 种组态的方框图

　　若将负反馈放大电路的基本放大电路与反馈网络均看成是二端口网络，则不同反馈组态表明两个网络的不同连接方式。4 种反馈组态电路的方框图如图 6.10 所示。其中图 6.10(a)为电压串联负反馈电路，图 6.10(b)为电流串联负反馈电路，图 6.10(c)为电压并联负反馈电路，图 6.10(d)为电流并联负反馈电路。

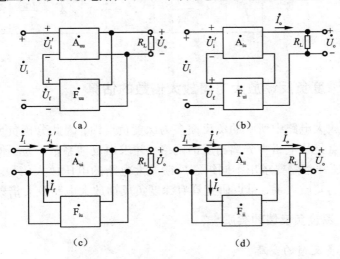

图 6.10　4 种反馈组态电路的方框图

　　由于电压负反馈电路中反馈量取样输出电压，所以有 $\dot{X}_o = \dot{U}_o$；电流负反馈

电路中反馈量取样输出电流，所以有 $\dot{X}_o = \dot{I}_o$；串联负反馈电路中反馈信号与输入信号以电压形式叠加，所以有 $\dot{X}_i = \dot{U}_i$，$\dot{X}'_i = \dot{U}'_i$，$\dot{X}_f = \dot{U}_f$；并联负反馈电路中反馈信号与输入信号以电流形式叠加，所以有 $\dot{X}_i = \dot{I}_i$，$\dot{X}'_i = \dot{I}'_i$，$\dot{X}_f = \dot{I}_f$。

不同的反馈组态中，$\dot{A}$、$\dot{F}$、$\dot{A}_f$ 的物理意义不同，量纲也不同，如表6.1所示。

表6.1 4种组态负反馈放大电路的比较

反馈组态	$\dot{X}_i$、$\dot{X}_f$、$\dot{X}'_i$	$\dot{X}_o$	$\dot{A}$	$\dot{F}$	$\dot{A}_f$	功　能
电压串联	$\dot{U}_i$、$\dot{U}_f$、$\dot{U}'_i$	$\dot{U}_o$	$\dot{A}_{uu}=\dfrac{\dot{U}_o}{\dot{U}'_i}$	$\dot{F}_{uu}=\dfrac{\dot{U}_f}{\dot{U}_o}$	$\dot{A}_{uuf}=\dfrac{\dot{U}_o}{\dot{U}_i}$	$\dot{U}_i$控制$\dot{U}_o$ 电压放大
电流串联	$\dot{U}_i$、$\dot{U}_f$、$\dot{U}'_i$	$\dot{I}_o$	$\dot{A}_{iu}=\dfrac{\dot{I}_o}{\dot{U}'_i}$	$\dot{F}_{ui}=\dfrac{\dot{U}_f}{\dot{I}_o}$	$\dot{A}_{iuf}=\dfrac{\dot{I}_o}{\dot{U}_i}$	$\dot{U}_i$控制$\dot{I}_o$ 电压转换成电流
电压并联	$\dot{I}_i$、$\dot{I}_f$、$\dot{I}'_i$	$\dot{U}_o$	$\dot{A}_{ui}=\dfrac{\dot{U}_o}{\dot{I}'_i}$	$\dot{F}_{iu}=\dfrac{\dot{I}_f}{\dot{U}_o}$	$\dot{A}_{uif}=\dfrac{\dot{U}_o}{\dot{I}_i}$	$\dot{I}_i$控制$\dot{U}_o$ 电流转换成电压
电流并联	$\dot{I}_i$、$\dot{I}_f$、$\dot{I}'_i$	$\dot{I}_o$	$\dot{A}_{ii}=\dfrac{\dot{I}_o}{\dot{I}'_i}$	$\dot{F}_{ii}=\dfrac{\dot{I}_f}{\dot{I}_o}$	$\dot{A}_{iif}=\dfrac{\dot{I}_o}{\dot{I}_i}$	$\dot{I}_i$控制$\dot{I}_o$ 电流放大

6.3　深度负反馈放大电路放大倍数的估算

实用的放大电路中所引的负反馈多为深度负反馈，因此分析负反馈放大电路电压的重点是从电路中分离出反馈网络，并求出反馈系数。为了便于研究和测试，人们还常常需要求出不同组态反馈放大电路的电压放大倍数。本节将从深度负反馈的实质入手，重点研究具有深度负反馈放大电路放大倍数的估算。

6.3.1　深度负反馈的实质

1. 深度负反馈的实质

从前面分析可知，在负反馈放大电路一般表达式中，若 $|1 + \dot{A}\dot{F}| \gg 1$，则

$$\dot{A}_f \approx \frac{1}{\dot{F}}$$

根据 $\dot{A}_f$ 和 $\dot{F}$ 的定义

$$\dot{A}_f = \frac{\dot{X}_o}{\dot{X}_i}, \quad \dot{F} = \frac{\dot{X}_f}{\dot{X}_o}, \quad \dot{A}_f \approx \frac{1}{\dot{F}} = \frac{\dot{X}_o}{\dot{X}_f}$$

说明 $\dot{X}_i \approx \dot{X}_f$。可见,深度负反馈的实质是在近似分析中忽略净输入量。但组态不同,可忽略的净输入量将不同。

当电路引入深度串联负反馈时,有

$$\dot{U}_f \approx \dot{U}_i \tag{6.8}$$

则 $\dot{U}'_i = \dot{U}_i - \dot{U}_f \approx 0$,即放大电路净输入电压可以忽略不计。

当电路引入深度并联负反馈时,有

$$\dot{I}_f \approx \dot{I}_i \tag{6.9}$$

则 $\dot{I}'_i = \dot{I}_i - \dot{I}_f \approx 0$,即放大电路净输入电流可以忽略不计。

2. 深度负反馈时集成运放电路的特点——"虚短"与"虚断"

图 6.11 为集成运放示意图。

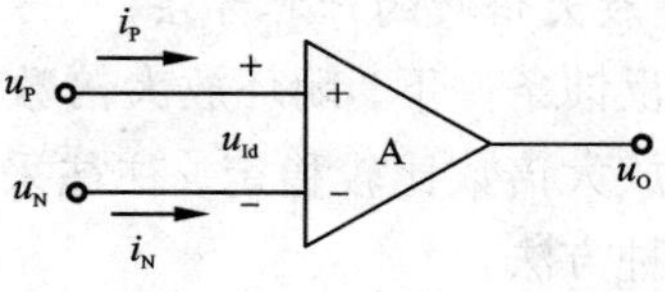

图 6.11　集成运放示意图

(1) 深度串联负反馈情况

根据深度串联负反馈的实质,此时必有

$$\dot{U}'_i = u_{Id} \approx 0 \qquad 或 \qquad u_P \approx u_N \tag{6.10}$$

由于 u_{Id} 非常小,集成运放工作在线性区,即此时 u_o 与 u_{Id} 之间有线性关系。又由于 $u_{Id} \approx 0$,此时集成运放两输入端之间接近于短路($u_P \approx u_N$),但又不是真正的短路,这一现象称为"虚短"。如果真正短路,$u_{Id} = 0$,必有 $u_o = 0$,集成运放也就不工作了。

实际上,由于集成运放的开环差模增益 A_{od} 非常大(理想运放的 $A_{od} \to \infty$),所以一般工作在线性区的集成运放都有"虚短"这一特点。例如,当 $u_o = 12V$,而 $A_{od} = 10^6$ 时,则 $u_{Id} = 12\mu V$,即集成运放的线性工作区很窄。只有加上深度负反馈才能保证它工作在线性区，因而有输入端"虚短"的特点。

考虑到集成运放的输入电阻 R_{id} 很大（理想运放 $R_{id} \to \infty$），所以此时，还可近似认为

$$i_{Id} \approx 0 \quad 或 \quad i_P \approx i_N \approx 0 \tag{6.11}$$

也就是说流经集成运放同相输入端与反相输入端的电流几乎为零。这种状态叫做"虚断路"，简称"虚断"，即指集成运放在深度负反馈条件下输入端似断非断的状态。

（2）深度并联负反馈情况

根据深度并联负反馈的实质，此时必有

$$\dot{I}'_i = i_{Id} \approx 0 \quad 或 \quad i_P \approx i_N = 0$$

因此，集成运放输入端有"虚断"。又因深度负反馈保证了集成运放工作在线性区，必有

$$u_{Id} \approx 0 \quad 或 \quad u_P \approx i_N$$

因此，集成运放输入端有"虚短"。

"虚短"和"虚断"是两个非常重要的概念，在分析集成运放的线性应用电路时有很大用处，必须熟练掌握。其实对分立元件组成的反馈放大电路，在深度串联负反馈的的条件下，也有"虚断"和"虚短"的概念。

3. 深度负反馈条件下放大倍数的计算方法

综上所述，在深度负反馈条件下，闭环放大倍数与有源器件的参数基本无关，因此深度负反馈时的放大倍数比较稳定，往往采用近似计算。根据深度负反馈的实质，又有以下两种方法。

（1）利用闭环放大倍数的定义 $\dot{A}_f = \dfrac{1}{\dot{F}}$ 进行求解

这里的 $\dot{A}_f$ 是广义的，其含义因反馈组态而异：对于电压串联负反馈为 $\dot{A}_{uf}$；对于电流并联负反馈为 $\dot{A}_{if}$；对于电压并联负反馈为 $\dot{A}_{uif}$；对于电流串联负反馈为 $\dot{A}_{iuf}$。如要估算电压放倍数，除了 $\dot{A}_{uf}$ 外，其他几种增益都要转换。

反馈系数的确定如下：如果是并联反馈，将输入端对地短路，可求出反馈系数 $\dot{F} = \dfrac{\dot{X}_f}{\dot{X}_o}$；如果是串联反馈，将输入回路开路，可求出反馈系数 $\dot{F} = \dfrac{\dot{X}_f}{\dot{X}_o}$。

（2）用"虚短"与"虚断"的概念求解 $\dot{A}_f$ 及 $\dot{A}_{uf}$

利用"虚短"与"虚断"概念求出反馈系数 $\dot{F}$ 后，再利用 $\dot{A}_{\text{f}} \approx \dfrac{1}{\dot{F}}$ 求出闭环放大倍数，然后再通过转换求出电压放大倍数 $\dot{A}_{\text{uf}}$。或直接利用"虚短"与"虚断"概念进行放大倍数和电压放大倍数的估算。

抓住深度负反馈的实质写出有关方程式，并利用"虚短"和"虚断"的概念，往往可以直接而且简捷地得到电压放大倍数。这是分析反馈电路的一种实用方法。

6.3.2　放大倍数的分析

1. 电压串联负反馈电路

根据表 6.1，电压串联负反馈电路的放大倍数就是电压放大倍数，即

$$\dot{A}_{\text{f}} = \dot{A}_{\text{uuf}} = \frac{\dot{U}_{\text{o}}}{\dot{U}_{\text{i}}} = \dot{A}_{\text{uf}} \tag{6.12}$$

而反馈系数

$$\dot{F}_{\text{uu}} = \frac{\dot{U}_{\text{f}}}{\dot{U}_{\text{o}}} \tag{6.13}$$

在深度负反馈条件下，闭环电压放大倍数由 $\dot{F}_{\text{uu}}$ 决定，即

$$\dot{A}_{\text{uf}} \approx \frac{1}{\dot{F}_{\text{uu}}} = \frac{\dot{U}_{o}}{\dot{U}_{\text{f}}} \tag{6.14}$$

例 6.8　求解图 6.8 所示电路在深度负反馈条件下的电压放大倍数。

解　对于图 6.8(a)所示电路，在深度负反馈条件下

$$\dot{F}_{\text{uu}} = \frac{\dot{U}_{\text{f}}}{\dot{U}_{\text{o}}} \approx \frac{R_{\text{e1}}}{R_{\text{f}} + R_{\text{e1}}}$$

$$\dot{A}_{\text{uf}} = \dot{A}_{\text{uuf}} \approx \frac{1}{\dot{F}_{\text{uu}}} \approx 1 + \frac{R_{\text{f}}}{R_{\text{e1}}}$$

对于图 6.8(b)所示电路，应用"虚断"概念有

$$\dot{I}_{\text{P}} \approx \dot{I}_{\text{N}} = 0$$

所以

$$\dot{U}_{\text{P}} = \dot{U}_{\text{i}}$$

应用"虚短"概念有

$$\dot{U}_{\text{f}} = \dot{U}_{\text{N}} \approx \dot{U}_{\text{P}} = \dot{U}_{\text{i}}$$

所以

$$\dot{A}_{\text{uf}} = \frac{\dot{U}_{\text{o}}}{\dot{U}_{\text{i}}} \approx \frac{\dot{U}_{\text{o}}}{\dot{U}_{\text{f}}} = 1 + \frac{R_{\text{f}}}{R_{\text{l}}}$$

2. 电流串联负反馈电路

根据表 6.1，电流串联负反馈电路的放大倍数

$$\dot{A}_{\text{f}} = \dot{A}_{\text{iuf}} = \frac{\dot{I}_{\text{o}}}{\dot{U}_{\text{i}}} \tag{6.15}$$

而反馈系数

$$\dot{F}_{ui} = \frac{\dot{U}_{\text{f}}}{\dot{I}_{\text{o}}} \tag{6.16}$$

在深度负反馈条件下，闭环放大倍数由 $\dot{F}_{ui}$ 决定，即

$$\dot{A}_{\text{iuf}} \approx \frac{1}{\dot{F}_{ui}} = \frac{\dot{I}_{\text{o}}}{\dot{U}_{\text{f}}} \tag{6.17}$$

从图 6.10(b)所示的方框图可知，输出电压 $\dot{U}_{\text{o}} = \dot{I}_{\text{o}}R_{\text{L}}$，随负载的变化成线性关系，故电压放大倍数

$$\dot{A}_{\text{uf}} = \frac{\dot{U}_{\text{o}}}{\dot{U}_{\text{i}}} \approx \frac{\dot{I}_{\text{o}}R_{\text{L}}}{\dot{U}_{\text{i}}} = \frac{1}{\dot{F}_{ui}} \cdot R_{\text{L}} \tag{6.18}$$

例 6.9 判断图 6.12 电路的反馈组态，对 6.12(b)图计算深度负反馈条件下 $\dot{A}_{\text{f}}$ 和 $\dot{A}_{\text{uf}}$。

解 （1）判断反馈组态

对图 6.12(a)，反馈电压从 R_{e1} 上取出，根据瞬时极性和反馈电压接入方式，可判断为串联负反馈。因输出电压短路，反馈信号仍然存在，故为电流反馈。结论是交流电流串联负反馈。

对图 6.12(b)的电路，根据瞬时极性和反馈电压接入方式，可判断为串联负反馈。因输出电压短路，反馈信号仍然存在，故为电流反馈。结论是交直流电流串联负反馈。

（2）对 6.12(b)图计算深度负反馈条件下 $\dot{A}_{\text{f}}$ 和 $\dot{A}_{\text{uf}}$

方法 1：利用深度负反馈的实质及放大倍数的定义进行求解

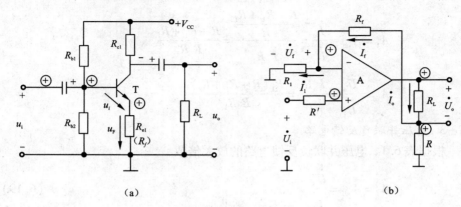

图 6.12　例 6.9 的电路图

由于　　　　　　$\dot{U}_f = \dfrac{R}{R + R_1 + R_f}\dot{I}_o R_1$

因为是电流串联负反馈，所以有

$$\dot{U}_i \approx \dot{U}_f = \frac{R\,R_1}{R + R_1 + R_f}\dot{I}_o$$

所以　　　　　　$\dot{A}_f = \dot{A}_{iuf} \approx \dfrac{\dot{I}_o}{\dot{U}_i} = \dfrac{R + R_1 + R_f}{R\,R_1}$

电压放大倍数为

$$\dot{A}_{uf} = \frac{\dot{U}_o}{\dot{U}_i} = \frac{\dot{I}_o}{\dot{U}_i}R_L = \dot{A}_{iuf}R_L = \frac{R_L(R + R_1 + R_f)}{R\,R_1}$$

方法 2：利用"虚短"和"虚断"的概念进行求解

由"虚断"，有

$$\dot{U}_P = \dot{U}_i$$

且

$$\dot{I}_1 \approx \dot{I}_f$$

由"虚短"，有

$$\dot{U}_i = \dot{U}_P \approx \dot{U}_N = \dot{U}_f = \dot{I}_1 R_1$$

而

$$\dot{I}_f = \frac{R}{R + R_1 + R_f}\cdot\dot{I}_o$$

所以

$$\dot{A}_f = \dot{A}_{iuf} \approx \frac{\dot{I}_o}{\dot{U}_i} = \frac{\dfrac{R + R_1 + R_f}{R}}{\dot{I}_1 R_1} = \frac{R + R_1 + R_f}{R R_1}$$

$$\dot{A}_{uf} = \frac{\dot{U}_o}{\dot{U}_i} = \frac{\dot{I}_o R_L}{\dot{U}_i} = \frac{R_L (R + R_1 + R_f)}{R R_1}$$

3. 电压并联负反馈电路

根据表 6.1，电压并联负反馈电路的放大倍数

$$\dot{A}_f = \dot{A}_{uif} = \frac{\dot{U}_o}{\dot{I}_i} \tag{6.19}$$

而反馈系数

$$\dot{F}_{iu} = \frac{\dot{I}_f}{\dot{U}_o} \tag{6.20}$$

在深度负反馈条件下，闭环放大倍数由 $\dot{F}_{iu}$ 决定，即

$$\dot{A}_{uif} \approx \frac{1}{\dot{F}_{iu}} = \frac{\dot{U}_o}{\dot{I}_f} \tag{6.21}$$

实际上，并联反馈电路的输入量 $\dot{I}_i$ 通常不是理想的恒流信号。在绝大多数情况下，信号源 $\dot{I}_s$ 是有内阻 R_s，如图 6.13(a) 所示。根据诺顿定理，可将信号源换成内阻为 R_s 的电压源 $\dot{U}_s$，如图 6.13(b) 所示。由于 $\dot{I}_i \approx \dot{I}_f$，$\dot{I}'_i$ 趋于零，可以认为 $\dot{U}_s$ 几乎全部降落在内阻 R_s 上，所以

$$\dot{U}_s \approx \dot{I}_s R_s \approx \dot{I}_f R_s$$

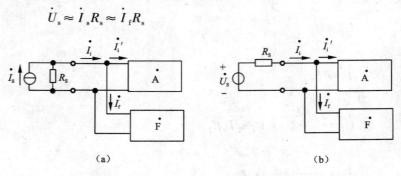

(a)   (b)

图 6.13　并联负反馈的信号源

于是得电压放大倍数

$$\dot{A}_{usf} = \frac{\dot{U}_o}{\dot{U}_s} \approx \frac{\dot{U}_o}{\dot{I}_f R_s} = \dot{A}_{uif} \cdot \frac{1}{R_s} \tag{6.22}$$

应当指出,对于并联负反馈电路,信号源内阻 R_s 是必不可少的。因为倘若 $R_s = 0$,恒压源将直接加在基本放大电路的输入端,使净输入电流 $\dot{I}'_i$ 仅决定于恒压源的电压值及基本放大电路的输入电阻,而与反馈电流 $\dot{I}_f$ 无关。换而言之,反馈将不起作用。R_s 愈大,$\dot{I}_i$ 愈趋于恒流,反馈作用愈明显。

例 6.10　在图 6.7 所示电路中,计算深度负反馈条件下 $\dot{A}_f$ 和 $\dot{A}_{uf}$。

解　从例 6.6 分析可知,该电路引入了电压并联负反馈,在深度负反馈的条件下,根据"虚短"与"虚断",有

$$\dot{I}'_i \approx 0, \quad \dot{I}_i \approx \dot{I}_f, \quad \dot{U}_P \approx \dot{U}_N = 0$$

$$\dot{A}_f = \dot{A}_{uif} = \frac{\dot{U}_o}{\dot{I}_i} = \frac{-\dot{I}_f R_f}{\dot{I}_i} = -R_f$$

而电压增益为　$\dot{A}_{uf} = \frac{\dot{U}_o}{\dot{U}_i} = \frac{\dot{U}_o}{\dot{I}_i R_1} = \frac{-\dot{I}_f R_f}{\dot{I}_i R_1} = -\frac{R_f}{R_1}$

或　　　　　$\dot{A}_{uf} = \frac{\dot{U}_o}{\dot{U}_i} = \frac{\dot{U}_o}{\dot{I}_i R_1} = \frac{\dot{A}_{uif}}{R_1} = -\frac{R_f}{R_1}$

4. 电流并联负反馈电路

根据表 6.1,电压并联负反馈电路的放大倍数

$$\dot{A}_f = \dot{A}_{iif} = \frac{\dot{I}_o}{\dot{I}_i} = \dot{A}_{if} \tag{6.23}$$

而反馈系数

$$\dot{F}_{ii} = \frac{\dot{I}_f}{\dot{I}_o} \tag{6.24}$$

在深度负反馈条件下,闭环放大倍数由决定,即

$$\dot{A}_{iif} \approx \frac{1}{\dot{F}_{ii}} = \frac{\dot{I}_o}{\dot{I}_f} \tag{6.25}$$

例 6.11　判断图 6.14 电路的反馈组态，对 6.14(b)图计算深度负反馈条件下 $\dot{A}_\mathrm{f}$ 和 $\dot{A}_\mathrm{uf}$。

解　(1)判断电路的反馈组态

对于图 6.14(a)电路，图中因反馈信号与输入信号在同一点叠加，为并联反馈；根据瞬时极性法判断，为负反馈；且因输出电压短路，反馈电压仍然存在，故为电流反馈。结论是交流电流并联负反馈。

对于图 6.14(b)电路，也为电流并联负反馈。

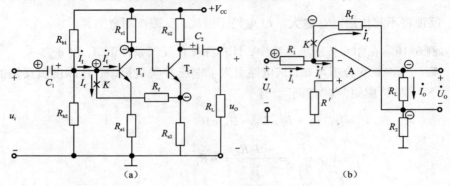

图 6.14　例 6.11 的电路图

(2)对图 6.14(b)计算深度负反馈条件下 $\dot{A}_\mathrm{f}$ 和 $\dot{A}_\mathrm{uf}$

图 6.14(b)中电流反馈系数

$$\dot{F}_\mathrm{ii} = \frac{\dot{I}_\mathrm{f}}{\dot{I}_\mathrm{o}}$$

因为 $\dot{U}_\mathrm{P} \approx \dot{U}_\mathrm{N} = 0$，所以反相输入端为虚地点，利用电阻分流公式有：

$$-\dot{I}_\mathrm{f} = \frac{R_2}{R_2 + R_\mathrm{f}} \times \dot{I}_\mathrm{o}$$

$$\dot{F}_\mathrm{ii} = \frac{\dot{I}_\mathrm{f}}{\dot{I}_\mathrm{o}} = -\frac{R_2}{R_2 + R_\mathrm{f}}$$

闭环放大倍数即为电流放大倍数

$$\dot{A}_\mathrm{f} = \dot{A}_\mathrm{iif} \approx \frac{1}{\dot{F}_\mathrm{ii}} = -\left(1 + \frac{R_\mathrm{f}}{R_2}\right)$$

显然，电流放大倍数基本上只与外电路的参数有关，与运放内部参数无关。

电压放大倍数为

$$\dot{A}_{uf} = \frac{\dot{U}_o}{\dot{U}_i} = \frac{\dot{I}_o R_L}{\dot{I}_i R_1} = \dot{A}_{iif} \cdot \frac{R_L}{R_1} = -\left(1 + \frac{R_f}{R_2}\right) \cdot \frac{R_L}{R_1}$$

6.4 负反馈对放大电路的影响

负反馈虽然使放大电路的放大倍数下降，但其他方面的性能会得到改善，例如，提高了放大倍数的稳定性，减小了非线性失真，扩展了通频带，改变了输入电阻、输出电阻等。

6.4.1 提高闭环放大倍数的稳定性

通常放大电路的开环放大倍数 $\dot{A}$ 是不稳定的，它会因许多干扰因素的影响而发生变化。引入负反馈后，在输入量不变时，输出量得到了稳定，因此闭环放大倍数 $\dot{A}_f$ 也得到了稳定。尤其在深度负反馈条件下，$\dot{A}_f \approx \frac{1}{\dot{F}}$，即闭环放大倍数 $\dot{A}_f$ 仅仅取决于反馈网络，而与有基本放大电路无关。而反馈网络一般由无源元件构成的，其稳定性优于有源器件，因此深度负反馈时的放大倍数比较稳定。但是，正因为引入负反馈，$\dot{A}_f$ 本身也比减小到 $\frac{1}{1+\dot{A}\dot{F}}$，所以，要衡量负反馈对放大电路放大倍数稳定性的影响，更合理的做法是比较相对变化量 $\frac{dA_f}{A_f}$ 与 $\frac{dA}{A}$。

为了简化，我们只讨论信号频率处于中频范围的情况，此时 $\dot{A}_f$、$\dot{A}$、$\dot{F}$ 均为实数，此时

$$A_f = \frac{A}{1 + AF}$$

对上式求微分得

$$dA_f = \frac{(1+AF) \cdot dA - AF \cdot dA}{(1+AF)^2} = \frac{dA}{(1+AF)^2}$$

所以

$$\frac{dA_f}{A_f} = \frac{1}{1+AF} \cdot \frac{dA}{A} \tag{6.26}$$

对于负反馈，$(1+AF) > 1$，所以

$$\frac{dA_f}{A_f} < \frac{dA}{A}$$

式(6.26)表明，负反馈放大电路的放大倍数 A_f 的相对变化量 $\dfrac{\mathrm{d}A_\mathrm{f}}{A_\mathrm{f}}$ 仅为其基

本放大电路放大倍数 A 的相对变化量 $\dfrac{\mathrm{d}A}{A}$ 的 $(1+AF)$ 分之一，也就是说，A_f 的稳

定性是 A 的 $(1+AF)$ 倍。

例如 $\mathrm{d}A/A = \pm 10\%$，若反馈深度 $(1+AF)=100$，则 $\mathrm{d}A_\mathrm{f}/A_\mathrm{f} = \pm 0.1\%$，即减小到 $\mathrm{d}A/A$ 的 $1/100$；反之，如果要求 $\mathrm{d}A_\mathrm{f}/A_\mathrm{f}$ 减小到 $\mathrm{d}A/A$ 的 1%，可以算出应加负反馈的反馈深度为 $(1+AF)=100$ 或 $AF=99$，如果 A 已知，则可以算出反馈系数 F。

6.4.2 改善输入电阻和输出电阻

在放大电路中引入不同组态的交流负反馈，将对输入电阻和输出电阻产生不同的影响。为了简化，我们只讨论信号频率处于中频范围的情况，此时 $\dot{A}_\mathrm{f}$、$\dot{A}$、$\dot{F}$ 均为实数。

1. 对输入电阻的影响

输入电阻是从放大电路输入端看进去的等效电阻，因而负反馈对输入电阻的影响仅与基本放大电路和反馈网络在输入端的连接方式有关，即仅与串联反馈或并联反馈有关，而与电压反馈或电流反馈无关。

（1）串联负反馈增大输入电阻

串联负反馈削弱了放大电路输入电压的作用，使真正加到放大电路输入端的净输入电压下降了，因此，在同样的输入电压下，输入电流将下降。换言之，串联负反馈使输入电阻增大，其定量分析如下。

图 6.15 为串联负反馈电路的方框图，根据输入电阻的定义，基本放大电路的输入电阻

$$R_\mathrm{i} = \frac{U'_\mathrm{i}}{I_\mathrm{i}}$$

而整个电路的输入电阻为

$$R_\mathrm{if} = \frac{U_\mathrm{i}}{I_\mathrm{i}} = \frac{U'_\mathrm{i} + U_\mathrm{f}}{I_\mathrm{i}} = \frac{U'_\mathrm{i} + AFU'_\mathrm{i}}{I_\mathrm{i}} = (1+AF)R_\mathrm{i} \tag{6.27}$$

上式表明，加入串联负反馈后，闭环输入电阻为开环输入电阻的 $(1+AF)$ 倍。因此串联负反馈使输入电阻增大，且反馈越深，R_if 提高越多。

（2）并联负反馈减小输入电阻

并联负反馈削弱了放大电路的输入电流，使真正流入放大电路输入端的净输入电流下降。或者说，在同样的输入电压下，为了保持同样的净输入电流，

总的输入电流将增大。换言之，并联负反馈使输入电阻减小，其定量分析如下。

图 6.16 为并联负反馈电路的方框图，根据输入电阻的定义，基本放大电路的输入电阻

$$R_i = \frac{U_i}{I'_i}$$

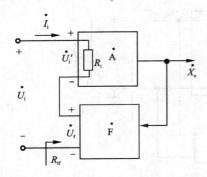

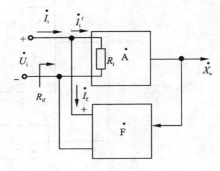

图 6.15　串联负反馈电路的方框图　　　图 6.16　串联负反馈电路的方框图

而整个电路的输入电阻为

$$R_{if} = \frac{U_i}{I_i} = \frac{U_i}{I'_i + I_f} = \frac{U_i}{I'_i + AFI'_i} = \frac{1}{1+AF}R_i \tag{6.28}$$

上式表明，加入并联负反馈后，闭环输入电阻为开环输入电阻的 $(1+AF)$ 分之一。因此并联反馈使输入电阻减小，且反馈越深，R_{if} 减小越多。

2. 对输出电阻的影响

输出电阻是从放大电路输出端看进去的等效内阻，因而负反馈对输出电阻的影响仅与反馈网络在输出端的取样方式有关，即仅与电压反馈或电流反馈有关，而与串联反馈或并联反馈无关。

（1）电压负反馈减小输出电阻

电压负反馈使输出电压在负载变动时保持稳定，也就是提高了放大电路的带负载能力，使之接近于恒压源。因此，电压负反馈必然使放大电路的输出电阻减小，其定量分析如下。

图 6.17 为电压负反馈电路的方框图，根据输出电阻的定义，令输入量 $\dot{X}_i$ =0，在输出端加交流电压 $\dot{U}_o$，产生电流 $\dot{I}_o$，则电路的输出电阻为

$$R_{of} = \frac{U_o}{I_o}$$

而 $$I_o = \frac{U_o - (-AFU_o)}{R_o} = \frac{(1 + AF)U_o}{R_o}$$

所以 $$R_{of} = \frac{1}{1 + AF} \cdot R_o \qquad (6.29)$$

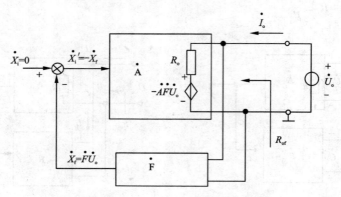

图 6.17　电压负反馈电路的方框图

上式表明，加入电压负反馈后，闭环输出电阻为开环输出电阻的 $(1 + AF)$ 分之一。因此电压负反馈使输出电阻减小，且反馈越深，R_{of} 愈小。当 $(1 + AF)$ 趋于无穷大时，R_{of} 趋于零，因此电压负反馈电路的输出可近似为恒压源。

（2）电流负反馈增大输出电阻

电流负反馈使输出电流在负载变动时保持稳定，也就是使放大电路接近于恒流源。因此，电流负反馈必然使放大电路的输出电阻增大。

图 6.18 为电流负反馈电路的方框图，根据输出电阻的定义，令输入量 $\dot{X}_i$ =0，在输出端断开负载电阻并外加交流电压 $\dot{U}_o$，由此产生了电流 $\dot{I}_o$，则电路的输出电阻为

$$R_{of} = \frac{U_o}{I_o}$$

而 $$I_o = \frac{U_o}{R_o} + (-AF\,I_o)$$

即 $$I_o = \frac{\dfrac{U_o}{R_o}}{1 + AF}$$

所以 $$R_{of} = (1 + AF)R_o \qquad (6.30)$$

上式表明，加入电流负反馈后，闭环输出电阻为开环输出电阻的 $(1 + AF)$ 倍。因此电流负反馈使输出电阻增大，且反馈越深，R_{of} 增加愈多。当 $(1 + AF)$

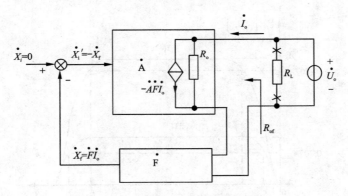

图 6.18 电流负反馈电路的方框图

趋于无穷大时，R_{of} 也趋于无穷大，因此电流负反馈电路的输出等效为恒流源。

（1）对输入电阻的影响：串联负反馈使输入电阻增加 $(1 + \dot{A}\dot{F})$ 倍，并联负反馈使输入电阻减小 $(1 + \dot{A}\dot{F})$ 倍；

（2）对输出电阻的影响：电压负反馈使输出电阻减小 $(1 + \dot{A}\dot{F})$ 倍，电流负反馈使输出电阻增加 $(1 + \dot{A}\dot{F})$ 倍。

6.4.3 展宽通频带

前面已经介绍过，负反馈放大器可以增加闭环放大倍数的稳定性。因此，当信号频率变化引起放大倍数变化时，负反馈同样可以增加放大倍数的稳定性，使放大倍数基本保持不变。这样，当频率变化时，闭环放大倍数的变化减小，也就是扩展了通频带，如图 6.19 所示。其定性分析如下。

为了使问题简化，设反馈网络为纯电阻网络，且在放大电路波特图的低频段和高频段各仅有一个拐点；设无反馈时基本放大器的放大倍数为 $\dot{A}_m$，其上限频率为 f_H，下限频率为 f_L，因此高频时的放大倍数为

$$\dot{A}_h = \frac{\dot{A}_m}{1 + j\dfrac{f}{f_H}} \tag{6.31}$$

引入反馈后，电路的高频段放大倍数为

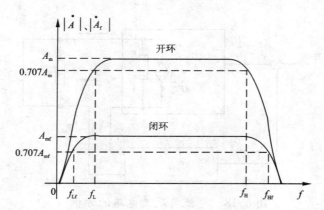

图 6.19 开环与闭环的通频带比较

$$\dot{A}_{hf} = \frac{\dot{A}_h}{1 + \dot{A}_h \dot{F}} = \frac{\dfrac{\dot{A}_m}{1 + j\dfrac{f}{f_H}}}{1 + \dfrac{\dot{A}_m}{1 + j\dfrac{f}{f_H}} \cdot \dot{F}} = \frac{\dot{A}_m}{1 + j\dfrac{f}{f_H} + \dot{A}_m \dot{F}}$$

将分子分母同除以 $(1 + \dot{A}_m \dot{F})$，可得

$$\dot{A}_{hf} = \frac{\dfrac{\dot{A}_m}{1 + \dot{A}_m \dot{F}}}{1 + j\dfrac{f}{(1 + \dot{A}_m \dot{F})f_H}} = \frac{\dot{A}_{mf}}{1 + j\dfrac{f}{f_{Hf}}} \qquad (6.32)$$

式中，$\dot{A}_{mf}$ 为负反馈放大电路的中频电压放大倍数，f_{Hf} 为其上限频率，故

$$f_{Hf} = (1 + \dot{A}_m \dot{F})f_H \qquad (6.33)$$

上式表明引入负反馈后，上限频率增大到基本放大电路的 $(1 + \dot{A}_m \dot{F})$ 倍。
利用上述推导方法可以得出负反馈放大电路下限频率的表达式为

$$f_{Lf} = \frac{f_L}{1 + \dot{A}_m \dot{F}} \qquad (6.34)$$

可见，引入负反馈后，下限频率减小到基本放大电路的 $(1 + \dot{A}_m \dot{F})$ 分之一。
一般情况下，$f_H \gg f_L$，$f_{Hf} \gg f_{Lf}$，因此基本放大电路及负反馈放大电路的通频带分别可近似表示为

$$f_{BW} = f_H - f_L \approx f_H \tag{6.35}$$

$$f_{BWf} = f_{Hf} - f_{Lf} \approx f_{Hf} \tag{6.36}$$

即引入负反馈使频带展宽到基本放大电路的$(1 + \dot{A}_m \dot{F})$倍。但负反馈放大电路扩展通频带有一个重要的特性,即增益与通频带之积为常数。

6.4.4 减小非线性失真

理想的放大电路在输入信号为正弦波时,输出为完好的正弦波,输入输出之间是线性关系。但是,放大电路中含有非线性元件,例如晶体管。从晶体管的输入特性曲线(图6.20)可以看出:输入电压u_i是一个正弦波,但输入电流i_o却不是一个完好的正弦波,因此输出电压u_o(或电流i_c)也不是一个完好的正弦波。这种因放大电路的非线性特性而造成的失真现象叫非线性失真,它表现为输入为正弦波而输出不再是正弦波。

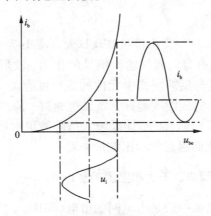

图 6.20 晶体管输入特性曲线

在多级放大电路的输出级,信号的幅度比较大,放大器件的工作点可能延伸到特性曲线的非线性部分,因而使输出波形产生非线性失真。

在大信号放大时,晶体管本身的非线性特性就要显露出来,当用一个纯正弦信号驱动放大器时,其输出波形如图6.21(a)所示。输出波形的摆幅不对称,上摆大、下摆小,产生以偶次谐波为主的非线性失真。将这样的放大器引入负反馈以后,假如F不产生非线性失真,那么经取样而回归到输入端的反馈信号也应该是上摆大、下摆小。再与原输入信号进行相减后,产生的净输入信号就变成上摆小、下摆大。这种净输入信号预先产生的畸变正好纠正了基本放大器的失真,使得输出波形得到改善,如图6.21(b)所示。

从本质而言,负反馈是利用失真了的输出信号波形来改善输出信号波形的

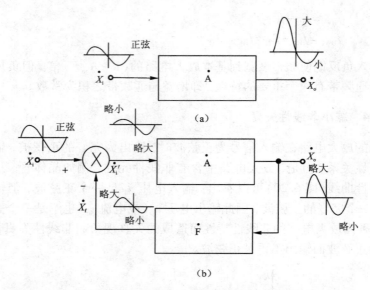

图 6.21　负反馈使非线性失真减小示意图

失真, 就是说, 负反馈有自动调整输出信号的作用。波形失真的改善程度不但与反馈深度有关, 而且与反馈网络中元件的线性度有关, 即负反馈越深, 效果越好; 反馈网络中元件的线性度越好, 效果也越好。应当注意, 负反馈减小非线性失真是针对反馈环内而言的, 如果输入信号波形本身存在失真, 负反馈放大电路不可能改善由此而引起的输出波形失真。

6.4.5　负反馈对噪声、干扰和温漂的影响

放大电路的直流电源一般是由电网的市电(50Hz, 220V 或 380V)经过交流降压、整流、滤波、稳压而得来的, 所以直流电压中还存在交流纹波。另外, 如果电网容量不够大或稳压性能不好, 这种直流电压也会随电网电压和负载的变动而变化, 直流电源中的这些因素通过放大电路对其输出的影响叫做"电源干扰"。

放大电路中晶体管和电阻等元器件在工作时, 由于载流子热运动的不规则性, 也会使放大电路输出量中出现杂乱无章的波形。如果放大器的负载是电声设备, 此时就会出现杂音, 通常叫做"噪声"。

一般说来, 这种干扰和噪声对放大电路输出量的影响是微弱的, 折合到放大电路输入端也只有微伏数量级。但是, 如果输入信号本身也很微弱, 也是微伏级, 那么这种影响就不能忽视, 甚至干扰和噪声会把有用信号淹没。为了衡量干扰和噪声对信号的影响程度, 工程上采用信号电压与噪声电压之比, 叫做

"信噪比"。在用分贝（dB）为单位时，表示为

$$信噪比(dB) = 20\lg\frac{信号电压}{噪声电压} = 20\lg\frac{S}{N} \tag{6.37}$$

通常要求信噪比大于 20dB（$S \geqslant 10N$）。

　　干扰和噪声对放大器的影响也可看成是在输出端出现了新的频率成分。与非线性失真一样，负反馈也可以削弱这些新的频率成分。但由于信号也以同样程度受到削弱，所以必须提高输入信号的幅度，使输出端上信号的成分恢复到引入负反馈前的值。这样，由于干扰或噪声受到负反馈的削弱，输出端的信噪比就可显著提高[提高到引入反馈前的 $(1 + AF)$ 倍]。

　　值得指出的是，负反馈对它所包围的闭环以外的量是无法起作用的。因此，如果非线性失真或干扰和噪声来自输入信号本身，则引入负反馈也无法改善放大器在这方面的性能。

6.4.6　放大电路中引入负反馈的一般原则

　　通过以上分析可知，引负反馈可以改善放大电路多方面的性能，而且反馈组态不同，所产生的影响也各不相同。因此在设计放大电路时，应根据需要和目的，引入合适的负反馈。下面对放大电路中引入负反馈的一般原则进行介绍。

　　（1）为了稳定静态工作点，应引入直流负反馈；为了改善动态性能（如输入电阻、输出电阻、通频带、放大倍数的稳定性和非线性失真等），应引入交流负反馈。

　　（2）根据信号源的性质决定引入串联负反馈还是并联负反馈。当信号源为恒压源或内阻较小的电压源时，为了增大放大电路的输入电阻，以减小信号源的输出电流和内阻上的压降，应引入串联负反馈；当信号源为恒流源或内阻较大的电压源时，为了减小放大电路的输入电阻，使电路获得更大的输入电流，应引入并联负反馈。

　　（3）根据负载对放大电路输出量的要求，即负载对其信号源的要求，决定引入电压负反馈还是电流负反馈。当负载需要稳定的是电压信号或希望电路的带负载能力强时，应引入电压负反馈；当负载需要稳定的电流信号时，应引入电流负反馈。

　　（4）根据交流负反馈 4 种组态的功能，在需要进行信号变换时，选择合适的组态。例如，若需要将电流信号转换成电压信号，应在放大电路中引入电压并联负反馈；若需要将电压信号转换成电流信号，应在放大电路中引入电流串联负反馈，等等。

　　例 6.12　电路如图 6.22 所示，为了达到下列目的，分别说明应引入哪种组态的负反馈以及电路如何连接。

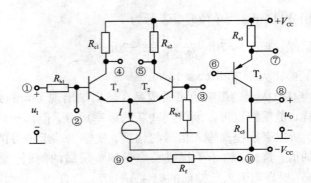

图 6.22　例 6.11 的电路图

(1)减小放大电路从信号源索取的电流并增强带负载能力;

(2)将输入电流 i_I 转换成与之成稳定线性关系的输出电流 i_0;

(3)将输入电流 i_I 转换成稳定的输出电压 u_0。

　　解　(1)电路需要增大输入电阻并减小输出电阻,故应引入电压串联负反馈。

　　反馈信号从输出电压取样,故将⑧与⑩相连接;反馈量应为电压量,故将③与⑨相连接;这样,u_0 作用于 R_f 和 R_{b2} 回路,在 R_{b2} 上得到反馈电压 u_F。为了保证电路引入的为负反馈,当 u_I 对地"⊕"时,u_F 应为上" + "下" - ",即⑧的电位为"⊕",因此应将④与⑥连接起来。

　　结论:电路中应将④与⑥、③与⑨、⑧与⑩分别连接起来。

　　(2)电路应引入电流并联负反馈

　　将⑦与⑩、②与⑨分别相连,R_f 与 R_{e3} 对 i_0 分流,R_f 中的电流为反馈电流 i_F。为保证电路引入的是负反馈,当 u_I 对地"⊕"时,i_F 应自输入端流出,即应使⑦端的电位为"⊖",因此应将④与⑥连接起来。

　　结论:电路中应将④与⑥、⑦与⑩、②与⑨分别连接起来。

　　(3)电路应引入电压并联负反馈

　　电路中应将②与⑨、⑧与⑩、⑤与⑥分别连接起来。

　　应当指出,对于一个确定的放大电路,输出量与输入量的相位关系惟一地被确定,因此所引入的负反馈的组态将受它们相位关系的约束。例如,当⑤与⑥相连接时,u_0 与 u_I 将反相,此时该电路便不可能引入电压串联负反馈,而只能引入电压并联负反馈。读者可自行总结这方面的规律。

　　例 6.13　电路如图 6.23 所示。

　　(1)合理连线,接入信号源和反馈,使电路的输入电阻增大,输出电阻减小;

（2）若 $|\dot{A}_{uf}| = \dfrac{\dot{U}_o}{\dot{U}_i} = 10$，则 R_f 应取多少千欧？

解　（1）应引入电压串联负反馈，如图 6.24 所示。

（2）因 $\dot{A}_{uf} \approx 1 + \dfrac{R_f}{R_2} = 10$，故 $R_f = 90\text{k}\Omega$

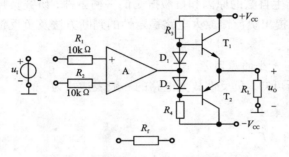

图 6.23　例 6.12 的电路图

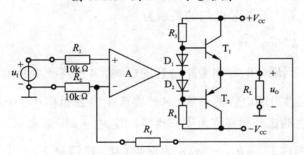

图 6.24　例 6.13 的电路图

6.5　自学材料

6.5.1　负反馈放大电路的稳定性

如前所述，负反馈可使放大电路的性能得到改善，改善的程度与反馈深度 $|1 + \dot{A}\dot{F}|$ 有关，当 $|1 + \dot{A}\dot{F}|$ 越大，反馈越深，改善程度越显著。在实际的反馈放大电路中，为了改善电路的性能指标，总是使之具有很深的反馈深度（$|1 + \dot{A}\dot{F}| \gg 1$），此时闭环放大倍数 $\dot{A}_f \approx \dfrac{1}{\dot{F}}$。为了获得一定的闭环放大倍数，反馈系数 F 往往较小，因而反馈深度的增加必须靠提高开环放大倍数 A 来实

现，就是说，基本放大电路必须由多级放大电路构成，以实现很高的开环放大倍数。然而在多级放大电路的级间加负反馈，信号的相位移动可能使负反馈放大电路工作不稳定，产生自激振荡。此时，即使放大电路输入端不加信号，输出端也有一定频率和幅度的信号输出。自激振荡破坏了放大电路的正常输入输出关系，使电路不能正常工作。因此，应该尽量避免或设法消除自激振荡。

下面分析产生自激的原因和自激振荡的平衡条件，研究负反馈放大电路的稳定工作条件，提出负反馈放大电路稳定性的判断方法及负反馈放大电路自激振荡的消除方法。

1. 自激振荡产生的原因

由前面分析可知，负反馈放大电路的一般表达式为

$$\dot{A}_f = \frac{\dot{A}}{1 + \dot{A}\dot{F}}$$

在中频段，由于 $|\dot{A}\dot{F}| > 0$，$\dot{A}$ 和 $\dot{F}$ 的相角 $\varphi_A + \varphi_F = 2n\pi$（$n$ 为整数），因此净输入量、输入量与反馈量之间的关系为

$$|\dot{X}'_i| = |\dot{X}_i| - |\dot{X}_f| \tag{6.38}$$

在低频段，因耦合电容和旁路电容的影响，$\dot{A}\dot{F}$ 将产生超前相移；在高频段，因半导体元件极间电容的影响，$\dot{A}\dot{F}$ 将产生滞后相移；在中频段相位关系的基础上所产生的这些相移称为附加相移，用 $\varphi'_A + \varphi'_F$ 来表示。当某一频率 f_0 的信号使附加相移 $\varphi'_A + \varphi'_F = n\pi$（$n$ 为奇数）时，反馈量 $\dot{X}_f$ 与中频段相移比产生了超前或滞后 $180°$，即放大电路的工作状态就由负反馈变成了正反馈，因而使净输入量

$$|\dot{X}'_i| = |\dot{X}_i| + |\dot{X}_f| \tag{6.39}$$

于是，输出量 $|\dot{X}_o|$ 也随之增大，反馈的结果使放大倍数增大。

如果在输入信号为零时，由于某种电扰动（如合闸通电），其中含有频率为 f_0 的信号，使 $\varphi'_A + \varphi'_F = \pm\pi$，由此产生了一定频率和幅值的输出信号 $\dot{X}_o$。即电路产生了自激振荡。

根据阻容耦合单级共射极放大电路的对数幅频特性及相频特性（如图6.25所示），中频段输入输出输出相位相反，$\varphi = -180°$；当频率 f 增大时，相位 φ 逐渐减小，最小达到 $-270°$；当频率 f 增大时，相位 φ 逐渐增大，最大达到 $-90°$。若以中频段的相位差 φ_1 为准（$\varphi_1 = -180°$），将低频段和高频段偏离 φ_1 的相移

叫"附加相移",记为 $\Delta\varphi$,则单级共
射极放大电路的高频段的附加相移
为 $0° \sim -90°$,低频段的附加相移为
$0° \sim +90°$。显然,两级放大电路的
附加相移可接近 $\pm 180°$,三级放大电
路的附加相移可达 $\pm 270°$,依此
类推。

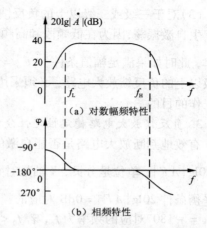

（a）对数幅频特性

（b）相频特性

图 6.25　阻容耦合放大电路的频率特性

由此可见:如果一个多级放大
电路在某一频率下附加相移达到 $\pm$
$180°$,则反馈信号 $\dot{U}_f$ 与 $\dot{U}_i$ 由中频段
时的相减变为相加,因此负反馈变
成了正反馈。如果此时反馈深度满
足 $|1 + \dot{A}\dot{F}| = 0$,则 $\dot{A}_f \to \infty$,这表明:放大电路即使不加输入信号,也会由于电
路中的某种瞬间扰动而在输出端出现信号。此时放大电路处于自激振荡状态。

因此,负反馈放大电路产生自激振荡的根本原因是 $\dot{A}\dot{F}$ 的附加相移。

2. 稳定工作的条件

由以上分析可知,负反馈放大电路产生自激振荡的条件

$$|1 + \dot{A}\dot{F}| = 0 \tag{6.40}$$

或

$$\dot{A}\dot{F} = -1 \tag{6.41}$$

相应地,自激振荡的幅值条件和相位条件分别为

$$|\dot{A}\dot{F}| = 1 \tag{6.42}$$

$$\varphi_A + \varphi_F = \pm(2n+1)\pi, \quad 其中 \quad n = 0, 1, 2\cdots \tag{6.43}$$

为了使负反馈放大电路稳定工作,必须设法破坏自激振荡的幅值条件或相
位条件。即当幅值条件满足时($|\dot{A}\dot{F}| = 1$),必须使 $\varphi_A + \varphi_F \neq \pm(2n+1)\pi$,或
者当相位条件满足时,必须使 $|\dot{A}\dot{F}| < 1$。

根据上述分析可以看出:

(1)单级负反馈放大电路是稳定的,因为它的最大附加相移不可能超过 $90°$。

(2)两级放大电路也是稳定的,因为当 $f \to \infty$ 或 $f \to 0$ 时,最大附加相移虽然
可达到 $180°$,但此时幅度 $|\dot{A}\dot{F}| = 0$,不满足幅值条件。

(3)对于三级或三级以上的负反馈放大电路,只要有一定的反馈深度,就可能产生自激振荡,因为在低频段和高频段可以分别找出一个满足相移为180°的频率,此时如果满足幅值条件$|\dot{A}\dot{F}|=1$,则将产生自激振荡。因此,对三级或三级以上的负反馈放大电路,必须采用校正措施来破坏自激振荡,达到电路稳定工作的目的。

3. 负反馈放大电路稳定性定性分析

有效地判断放大电路是否能自激的方法,是用波特图。波特图的 Y 轴坐标是$20\lg|\dot{A}\dot{F}|$,单位是分贝,X 轴是对数坐标,单位是赫兹。设满足自激振荡幅值平衡条件$20\lg|\dot{A}\dot{F}|=0$dB 对应的频率为f_0,满足自激振荡相位平衡条件 $\varphi_{\mathrm{A}}+\varphi_{\mathrm{F}}=-180°$对应的频率为$f_c$,若$f_0<f_c$,则电路稳定,不会产生自激振荡;若$f_0>f_c$,则电路不稳定,将产生自激振荡。并且定义$f=f_c$时所对应的 $20\lg|\dot{A}\dot{F}|$值称为幅值裕度 G_{m},一般要求 $G_{\mathrm{m}}\leqslant-10$dB;定义$f=f_0$时的与180°的差值称为相位裕度,一般要求 $\varphi_{\mathrm{m}}\geqslant+45°$。下面用一个例子说明负反馈放大电路稳定性定性分析方法。

例 6.14　反馈放大电路的频率特性曲线如图 6.26(a)~(d)所示。

(1)判断哪个电路会产生自激振荡;

(2)图 6.26(a)~(d)中哪个电路最稳定?哪个电路最不稳定?

(3)若图 6.26(a)所示电路反馈系数为 0.1,则电路的开环增益为多大?

(4)要使图 6.26(a)所示曲线的相位裕度$\varphi_{\mathrm{m}}=45°$,反馈系数应改为多大?

解

分析　判断反馈放大电路是否产生自激振荡通常是先看电路的相位条件是否满足,在相位条件满足的前提下,再根据幅值条件来确定。

当电路$|\dot{A}\dot{F}|$的附加相移满足 ±180°,即

$$\varphi_{\mathrm{AF}}=\pm(2n+1)\pi$$

时,有以下 3 种情况;

①$|\dot{A}\dot{F}|<1$:电路不振,为稳定状态;

②$|\dot{A}\dot{F}|=1$:电路出现等幅振荡;

③$|\dot{A}\dot{F}|>1$:电路出现增幅振荡。

后两种都称自激振荡。自激振荡的出现,使电路正常的输入、输出关系被破坏,放大电路也就无法正常工作了。

除采用上述方法外,也可从电路的幅频、相频特性曲线判断电路是否会出

现自激振荡。

取幅频特性的纵坐标为 $20\lg|\dot{A}\dot{F}|$，曲线和横坐标的交点定义为增益交界频率 f_0；在相频特性图上，定义附加相移为 $-180°$ 处的频频率为相位交界频率 f_c。于是在 f_0 和 f_c 处，有

$$20\lg|\dot{A}\dot{F}|\big|_{f=f_0} = 0\text{dB}$$

$$\Delta\varphi\big|_{f=f_c} = -180°$$

根据 f_0、f_c 的大小，可直接判定电路是否会自激：

$$f_c > f_0 \qquad 不振荡$$

$$f_c < f_0 \qquad 自激振荡$$

现用上述的第 2 种方法对本题电路进行具体讨论。

（1）自激振荡的判断

图 6.26（a）电路中，相位交界频率 f_c 位于增益交界频率 f_0 的右侧，即 $f_c > f_0$，电路是稳定的，不会振荡。

图 6.26（b）电路中、$f_0 > f_c$，即在 $|\dot{A}\dot{F}|$ 的附加相移 $-180°$ 处、$|\dot{A}\dot{F}| > 1$，故电路会产生自激振荡。

图 6.26（c）电路肯定为稳定的电路，这是因为幅频曲线的斜率为 -20dB/dec。

图 6.26（d）电路幅频特性以 -60dB/dec 的斜率下降，系统通常是不稳定的，会自激振荡。

从图 6.26（d）中 $f_0 > f_c$；或对应于附加相移 $-180°$ 处，幅频曲线约为 80dB 左右（即 $|\dot{A}\dot{F}| = 10^4$ 远大于 1）都可说明图 6.26（d）电路会产生自激振荡。

（2）最稳定的和最不稳定的电路

比较图 6.26（a）～（d）波特图，因 6.26（c）应为最稳定的，不会产生自激振荡，因幅频曲线以 -20dB/dec 斜率下降，$\Delta\varphi$ 的附加相移最大约为 $-90°$ 左右。

图 6.26（d）所示曲线所对应的电路为最不稳定的，因 $\Delta\varphi = -180°$ 处，$|\dot{A}\dot{F}| = 10^4$，极易振荡。

（3）图 6.26（a）电路的开环增益

由图 6.26（a）曲线知

$$20\lg|\dot{A}\dot{F}| = 80$$

即　　　　　$|\dot{A}\dot{F}| = 10^4$　　因为反馈系数为 0.1

所以　　　　$|\dot{A}| = 10^5$

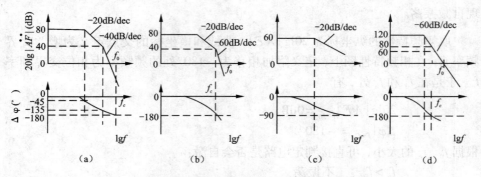

图 6.26 例 6.14 的电路图

(4)求图 6.26(a)相位裕度为 45°时，$|\dot{F}|$ 的大小

为保证图 6.26(a)所示曲线的相位裕度 $\varphi_\mathrm{m} = 45°$。即在 $\Delta\varphi = -135°$ 处欲使 $20\lg|\dot{A}\dot{F}| = 0\mathrm{dB}$，原幅频曲线需下降 40dB，相当于 $|\dot{A}\dot{F}|$ 要下降 10^2，因此，反馈系数应从 0.1 改为 0.001。这样幅频持性曲线和横坐标的交点或称增益交界频率 f_0 处正好和 $-135°$ 的附加相移相对应，保证了电路的相位裕度 $\varphi_\mathrm{m} = 45°$。

4. 消除自激振荡的方法

从前面的分析中可以看出，反馈系数 $\dot{F}$ 的大小对负反馈放大电路的稳定性影响很大，反馈系数 $\dot{F}$ 越小，稳定性越好，越不易产生自激振荡。因此，从稳定性的角度出发，我们希望反馈系数小一些。但是从 6.4 节中还知道，负反馈可以改善放大器的性能，反馈系数越大，改善的效果越好。从改善放大器的性能来看，希望反馈系数大一些。这两者对反馈系数 $\dot{F}$ 的要求是互相矛盾的。为了保证放大器既有足够的稳定裕度，又有较大的反馈系数 $\dot{F}$，可以采用频率补偿的方法，消除自激振荡。

频率补偿法（又称相位补偿法）是在反馈放大电路的适当部分加入 RC 网络，以改变的频率响应，使得反馈放大电路在幅值裕度和相位裕度满足要求的前提下，能获得较大的环路增益。常见的补偿方法有电容滞后补偿、RC 滞后补偿和密勒效应补偿等，如图 6.27 所示。

6.5.2 电流反馈型运算放大电路

1. 电流模电路简介

(1)概述

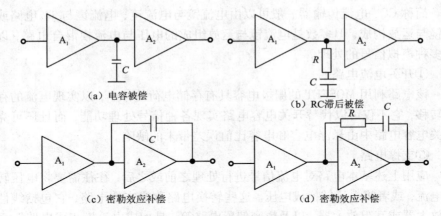

<table>
<tr><td>（a）电容被偿</td><td>（b）RC滞后被偿</td></tr>
<tr><td>（c）密勒效应补偿</td><td>（d）密勒效应补偿</td></tr>
</table>

图 6.27　各种频率补偿电路

电流模电路是一种用来传送、放大和处理电流信号的电路，它以电流为参量。相应地，以电压为参量来处理模拟信号的电路称为电压模电路。电流模电路与电压模电路相比较，容易获得超宽频、超高速、超高精度等指标。近年来，电流模技术发展很快，已成为模拟集成电路的重要基础。

以往在模拟集成电路的设计与应用中，人们习惯以电压作为输入、输出信号进行研究，忽视了对电流信号的研究。其实，半导体三极管和场效应晶体管都是电流输出型器件，在对其组成的电路进行分析时，采用电流模的处理方法更简单方便，更接近实际情况。电流模与电压模电路的主要区别在于输入与输出阻抗的高低上，例如，理想电压放大电路具有输入阻抗无穷大，输出阻抗为零的特点，便于电压信号的传输；而理想电流放大电路则具有零输入阻抗和无穷大输出阻抗的特点，便于电流信号的传输。

（2）基本单元电路

与电压模电路相类似，各种线性和非线性电流模电路与系统也都是由基本电流模单元电路组成，常用的基本电路有以下几种：

①跨导线性电路

简称 TL 电路，它是基于跨导线性回路原理的一类电路，用于实现电流量之间的各种线性和非线性运算和变换。

②电流镜（镜像电流源）

简称 CM，由晶体管和场效应管等组成的各种形式的电流镜，不仅可作为电流源和有源负载，而且还可实现电流量按比例的精确传送，电流镜作为一个基本单元用于电流模集成电路中。

③电流传输器

简称 CC，电流传输器一般可以由电流镜与电流镜、电流镜与 TL 电路或电流镜与运放构成，但多数是电流镜与运放组成的电压与电流模混合电路，以实现多种模拟信号的处理。

④开关电流电路

该电路利用 MOSFET 的栅极电容具有存储电荷的特点，以实现电流的存储和转移，它不仅可以代替开关电容电路实现各种信号处理功能，而且还可克服开关电容电路中由悬浮电容和电容比值误差带来的缺陷。

⑤支撑电路

应用上述基本电路对电流信号进行处理之前或之后，往往需要将电压转换成电流，或者将电流转换成电压。这些转换电路称为支撑电路，它包括线性互导放大器或互阻放大器，以及精密偏置电路等，是构成电流模集成电路及系统所不可缺少的基本单元电路。

（3）电流模电路特点

电流模电路与电压模电路相比较，有以下特点：

①输入、输出阻抗的区别

用电流模方法和电压模方法处理的电路实际区别仅表现在输入、输出阻抗的高低上。理想的电压放大器应具有无穷大的输入阻抗和零输出阻抗，理想的电流放大器应具有零输入阻抗和无穷大输出阻抗。电流模电路为电流放大器，输入阻抗低，输出阻抗高。

②动态范围的区别

无论是电压还是电流，输入信号的最小值都将受到等效输入噪声电压、输入失调及温漂的限制。在电压模电路中的最大输出电压最终受到电源电压的限制，特别是在模数混合超大规模集成电路系统中，为了降低功耗，电源电压往往必须降低到 3.3V 或更低，在这种情况下，电压模电路输出动态范围受到的限制非常突出；而在电流模电路中，由于以电流作为参量，所以电源电压在 $(0.7 \sim 1.5)$ V 范围内均可正常工作，其输出动态范围可在 nA～mA 的数量级内变化，从而显示出电流输出的优越性。电流模电路最大输出电流最终仅受到管子的限制。

③速度快、频带宽

理想的电流模电路无电压摆幅（$R_L = 0$）时，仅只有很大动态范围的电流摆幅。且电流增益可以快速改变，其频带很宽。这是因为影响速度和带宽的晶体管结电容都处于低阻抗的结点上，由这些电容和低节点电阻所决定的极点频率都很高，几乎接近三极管的特征频率 f_T。同时，由于结电容充电的时间常数极小，因而转换速率很高。另外，与电压模电路相比，电流量变化所引起三极管

输入电压 u_{BE} 变化很小，因此在电流模电路中载流子达到平衡所需的建立时间也很小，从而提高了速度。

④传输持性非线性误差小，非线性失真小

在电流模电路中，传送的是电流，指数规律的伏安特性曲线通常不影响电流传输的线性度。由电流镜、电流传输器等电路的传输特性可一直保持线性，直到过载。另外，电流模电路的传输特性对温度不敏感。所以电流模电路的非线性失真要比电压模电路小许多，从而提高了处理信号的精度。

⑤动态电流镜的电流存储和转移功能

动态电流镜可以实现电流 1:1 的比例传输（拷贝）关系，故输出电流可精确再现输入电流。

⑥制约电流模电路性能的因素

电流模电路在性能上的优越性之所以不能充分发挥出来，主要受前置变换器（V/I）和后置变换器（I/V）的限制。因为各种模拟信号通常是以电压量来标定的，所以电流模技术实现中的支撑电路往往是整个电流模信号处理系统性能（高速、宽带和高精度）的主要制约因素。

3. 电流模运算放大器

下面简单介绍一下电流模运算放大器。它是一种采用电流反馈方式的集成运放电路，称为电流模集成运放。

电流模集成运放的简化原理图如图 6.28 所示。T_1 管的基极为同相输入端，T_3 管和 T_4 管的发射极为反相输入端，R 为外接电阻。

输入级是由 $T_1 \sim T_4$ 管组成的射极输出互补电路。反相输入端电位 u_N 跟随同相输入端电位 u_P 的变化，即 $u_N = u_P$；且若同相输入端电流 $i_p = i_1$，则反相输入端电流 $i_N = -i_1$，所以称输入级为单位增益缓冲器。

$T_5 \sim T_8$ 管构成的两个镜像电流源将输入电流 i_1 传递到输出级。由于 T_6 管和 T_8 管以集电极为输出端，输出电阻很大（理想情况下可以认为是无穷大），因而输出呈恒流源特性，且输出电流也等于 i_1，可见 $T_5 \sim T_8$ 管所组成的电路实现了电流控制电流源的功能。

$T_9 \sim T_{12}$ 管组成互补输出级，仅对电流具有放大作用，其电压放大倍数等于 1，且空载情况下其输入电阻趋于无穷大。因为前级电路均为电流模电路，所以 $T_1 \sim T_8$ 管极间电容所在回路均为低阻回路。电路中惟一的高阻结点为图中所示的 Z 点。设 Z 点到地的等效电容为 C_z，等效电阻 R_z 是前级（T_6、T_8）的输出电阻与输出级 $T_9 \sim T_{12}$ 的输入电阻的并联值。C_z 的数值主要决定于电路中外接频率补偿电容的大小，一般为 $3 \sim 5 pF$。因此，图 6.27 所示电路的截止频率主要取决于 $R_z C_z$。

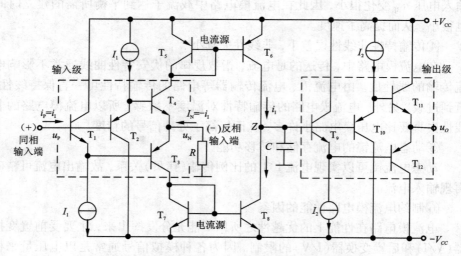

图 6.28　电流反馈运算放大电路的简化原理框图

图 6.29 所示为图 6.28 电路输入级和输出级的等效电路图；图中，R_o 是输入级从反相输入端看进去的输入电阻，也是输入级的输出电阻。

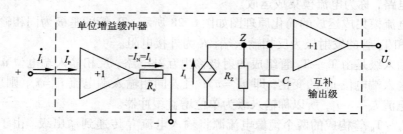

图 6.29　电流反馈运算放大电路的等效电路

本章小结

1. 本章要点

本章从反馈的基本概念出发，引出了反馈在电路中的多种表现形式和放大电路的 4 种反馈组态，重点讨论了负反馈组态的判断、负反馈对放大电路性能的影响和负反馈放大电路的分析方法。

（1）反馈是放大电路中普遍采用的方法，它是将输出量的一部分或全部反送回输入回路，并与输入信号共同控制输出量变化的一种自动调节过程。反馈信号在输入端与输入信号进行比较后，使净输入信号减小的称负反馈；使净输入信号增加的，则称正反馈。反馈放大电路由基本放大电路和反馈网络组成，其基本关系式为 $\dot{A}_\mathrm{f} = \dfrac{\dot{A}}{1 + \dot{A}\dot{F}}$，对于不同类型的反馈，式中参数的含义是不同的。

（2）判断一个电路有无反馈，只要看它有无反馈元件，将输出回路与输入回路联系起来的元件称为反馈元件。判断反馈的极性采用瞬时极性法：先假设输入信号的瞬时极性，然后顺着信号传输方向逐步推出有关量的瞬时极性，最后得到反馈信号的瞬时极性，若反馈信号削弱净输入信号的，则为负反馈，加强净输入信号的，则为正反馈。

（3）负反馈有 4 种基本类型：电压串联反馈、电流串联反馈、电压并联反馈和电流并联反馈。反馈信号取样于输出电压的，称电压反馈，取样于输出电流的，则称电流反馈。若反馈网络与信号源、基本放大电路串联连接，则称串联反馈，反馈信号为 $\dot{U}_\mathrm{f}$，比较式为 $\dot{U}'_\mathrm{i} = \dot{U}_\mathrm{i} - \dot{U}_\mathrm{f}$；若反馈网络与信号源、基本放大电路并联连接，则称并联反馈，反馈信号为 $\dot{I}_\mathrm{f}$，比较式为 $\dot{I}'_\mathrm{i} = \dot{I}_\mathrm{i} - \dot{I}_\mathrm{f}$。

（4）负反馈对放大电路性能的影响主要表现在：①使放大倍数降低、其稳定性提高，②使输入、输出电阻改变；③使通频带展宽；④使非线性失真减小。对各项性能的改善程度都与反馈深度 $|1 + \dot{A}\dot{F}|$ 密切相关，反馈愈深，其改善的程度愈显著。但是，这些改善都是用牺牲放大倍数为代价换取的。

电压负反馈能减小输出电阻、稳定输出电压，从而提高带负载能力；电流负反馈能增大输出电阻、稳定输出电流。

串联负反馈能增大输入电阻，并联负反馈能减小输入电阻。

（5）当反馈深度 $|1 + \dot{A}\dot{F}| \gg 1$ 时，称为深度负反馈，此时 $\dot{A}_\mathrm{f} \approx \dfrac{1}{\dot{F}}$。串联深度负反馈，其输入电阻很大，$\dot{U}'_\mathrm{i} = 0$ 或 $\dot{U}_\mathrm{i} \approx \dot{U}_\mathrm{f}$；并联深度负反馈，其输入电阻趋于零，$\dot{I}'_\mathrm{i} = 0$ 或 $\dot{I}_\mathrm{i} \approx \dot{I}_\mathrm{f}$；电压深度负反馈，其输出电阻趋于零；电流深度负反馈，其输出电阻很大。根据上述特点，可对深度负反馈放大电路的放大倍数和电压放大倍数进行估算。

（6）负反馈放大电路在某些条件下会形成正反馈，产生自激振荡，干扰电路正常工作，应根据具体电路，分析可能引起自激的因素，决定是否采取相应的措施避免和消除自激振荡。

2. 主要概念和术语

开环与闭环，正反馈与负反馈，交流反馈与直流反馈，本级反馈与级间反馈，电压反馈与电流反馈，反馈组态，反馈深度，深度负反馈，反馈放大倍数，自激振荡及其条件。

3. 本章基本要求

（1）学习方法与学习要求

①能够正确判断电路中是否引入了反馈及反馈的性质；

②熟练掌握反馈的组态与判别方法；

③熟练掌握深度负反馈条件下 $\dot{A}_{uf}$ 的估算；

④正确理解反馈的概念与增益的一般表达式；

⑤正确理解负反馈对放大电路性能的影响；

⑥正确理解自激与稳定工作条件及稳定性的分析；

⑦一般了解频率补偿技术。

（2）学习方法

①对反馈极性的判断，既是本章的重点也是本章的难点，关键是掌握瞬时极性法。判断的熟练程度有赖于对三极管共射、共集和共基等各种接法放大电路输入极性与输出极性之间关系的理解与掌握，有赖于对运放同相输入端和反相输入端对输出极性影响的理解与掌握。

②从反馈的概念与分类入手，掌握各种情况的特点与判别方法，从而才能熟练进行4种反馈组态的判别。对于是串联反馈还是并联反馈，关键是看反馈信号与输入信号是否在输入回路的同一点叠加，若反馈信号与输入信号在输入回路的同一点叠加，为并联反馈；若反馈信号与输入信号在输入回路的不同点叠加，则为串联反馈。对于是电压反馈还是电流反馈，关键是看反馈信号取样的是输出电压还是输出电流，即令 $\dot{U}_o = 0$（找到图中的 $\dot{U}_o$ 或 R_L），若此时反馈信号不存在了，为电压反馈；若此时反馈信号仍然存在，则为电流反馈。

③对深度负反馈条件下闭环放大倍数的计算，要从深度负反馈的条件（$\dot{X}'_i \approx 0$，$\dot{X}_i \approx \dot{X}_f$）入手，抓住这个特点写出有关方程式，利用"虚短"和"虚断"的概念，往往可以直接而且简捷地得到电压放大倍数。这是分析反馈电路的一种实用方法。

④掌握负反馈的4种组态对放大电路性能的影响及放大电路引负反馈的一般原则，就可以根据需要在放大电路中引入合适的交流负反馈。

习　题

6.1　选择填空（只填①、②…）

（1）放大电路中的反馈是把电路的 _____（①输出电压；②输出电流；③输出电压或输出电流）的 _____（①一部分；②全部；③一部分或全部），通过一定的方式回送到 _____（①基极；②发射极；③输入回路），并与输入信号一起参与控制的过程。

（2）正反馈是指 _____（①反馈信号极性为正；②反馈信号极性为负；③反馈信号增强净输入信号）；负反馈是指 _____（①反馈信号减弱净输入信号；②反馈信号的瞬时极性为负；③反馈信号与原输入信号极性相反）。

（3）直流反馈是指 _____（①只存在于直流放大电路中的反馈；②只存在于直流通路中的反馈；③反馈信号中只含直流成分的反馈）；交流反馈是指 _____（①只存在于交流放大电路中的反馈；②反馈信号中只含交流成分的反馈；③只存在于交流通路中的反馈）。

（4）电压反馈是指_____（①反馈信号是电压；②反馈信号是输出电压；③反馈信号取自输出电压）；电流反馈是指_____（①反馈信号取自输出电流；②反馈信号是电流；③反馈信号是输出电流）。

（5）串联反馈是_____（①反馈信号与输出信号串联；②反馈信号与输入信号串联；③反馈信号与净输入信号串联）；并联反馈是指_____（①反馈信号与输入信号并联；②反馈信号与输出信号并联；③反馈信号与净输入信号并联）。

（6）$|1+\dot{A}\dot{F}|>1$，是_____；$|1+\dot{A}\dot{F}|\gg1$，是_____；$|1+\dot{A}\dot{F}|<1$，是_____；$|1+\dot{A}\dot{F}|=0$，是_____（①正反馈；②负反馈；③深度负反馈；④无反馈；⑤产生自激振荡）。

6.2　选择合适的答案填入括号中（只填①、②…）；

（1）只要引入合适的交流负反馈，就可以使（　　）（①输出电压稳定；②输出电流稳定；③闭环放大倍数稳定）。

（2）只要引入合适的电压反馈，就可以使（　　）（①输出电压稳定；②电压放大倍数降低；③输出电阻减小；④电压放大倍数的稳定性提高）。

（3）只要引入合适的串联负反馈，就可以使（　　）（①输入电阻增大；②带负载能力增大；③信号源的负载变轻；④电压放大倍数稳定）。

（4）串联负反馈要求信号源内阻（　　）；并联负反馈要求信号耗内阻（　　）（①尽可能大；②尽可能小；③大小无所谓）。

6.3　判断对错（对的打"√"、错的打"×"）

（1）反馈深度$|1+\dot{A}\dot{F}|$越大，负反馈量越大（　　）；

（2）反馈深度$|1+\dot{A}\dot{F}|$越大，输出电压越稳定（　　）；

（3）反馈深度$|1+\dot{A}\dot{F}|$越大，输出电流越稳定（　　）；

（4）反馈深度$|1+\dot{A}\dot{F}|$越大，输入电阻越大（　　）；

（5）反馈深度$|1+\dot{A}\dot{F}|$越大，通频带越宽（　　）；

（6）$\dot{A}$ 和 $\dot{A}_f$ 均指电压放大倍数（　　）；$\dot{F}$ 指电压反馈系数（　　）；$|1+\dot{A}\dot{F}|$指电压反馈深度（　　）。

（7）$\dot{A}_f\approx1/\dot{F}$ 表明，深度负反馈放大电路的闭环放大倍数只取决于反馈系数，而与电路中的其他参数根本无任何关系（　　）。

6.4　已知一个负反馈放大电路的 $A=10^5$，$F=2\times10^{-3}$。

（1）$A_f=?$

（2）若 A 的相对变化率为 20%，则 A_f 的相对变化率为多少？

6.5　已知一个电压串联负反馈放大电路的电压放大倍数 $A_{uf}=20$，其基本放大电路的电压放大倍数 A_u 的相对变化率为 10%，A_{uf}的相对变化率小于 0.1%，试问 F 和 A_u 各为多少？

6.6　电路如图 6.30 所示，分别为集电极输出和发射极输出电路，问 R_e 在电路中是电压反馈还是电流反馈?

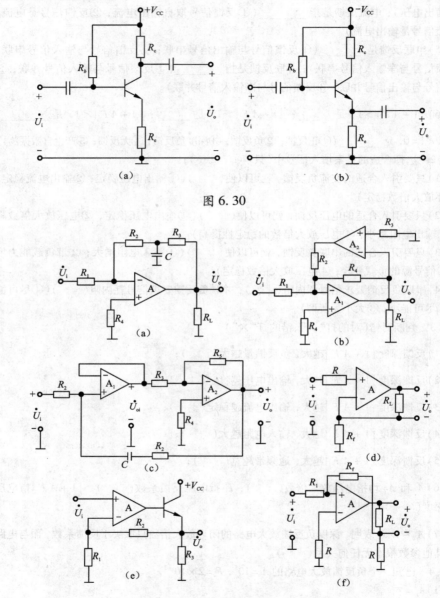

图 6.30

图 6.31

6.7　在图 6.31 所示电路中,说明有无反馈,由哪些元器件组成反馈网络,是直流反馈还是交流反馈?并判断其反馈极性。若为交流负反馈,判断其反馈组态,并计算深度负反馈条件下的电压放大倍数。

6.8 反馈放大电路如图 6.32(a)、(b)、(c)、(d)所示。分析电路中的级间反馈的极性及反馈组态。若为负反馈,试导出深度负反馈条件下,闭环电压放大倍数的计算公式。

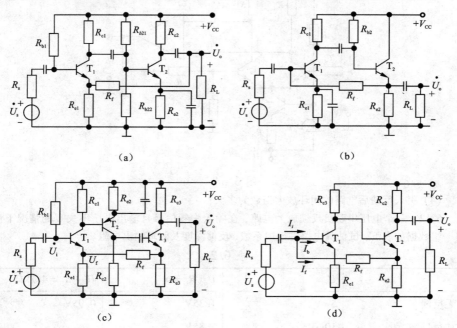

图 6.32

6.9 理想运放组成如图 6.33 所示。判断图中电路的反馈极性,若为负反馈讨论其组态,并求出闭环电压放大倍数。

6.10 理想运放构成的反馈放大电路如图 6.34 所示。分析电路中反馈为何组态? 电压放大倍数 A_{uf} 应为多大? 若使反馈为并联的方式,电路应作何变动? 改动后电路的电压放大倍数 A_{uf} 为多大?

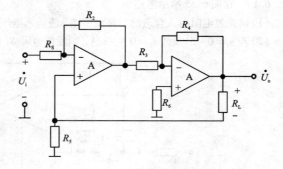

图 6.33

6.11 如果要求一个放大电路的非线性失真系数由 10% 减至 0.5%,同时要求该电路从信号源索取的电流尽可能小,负载电阻变化时输出电压尽可能稳定。

(1) 应当引什么样的反馈?

(2) 若引入反馈前电路的放大倍数为 10^4,问反馈系数应为多大?

(3) 为保持输出电压的幅值不变,输入电压的幅值应如何变化?

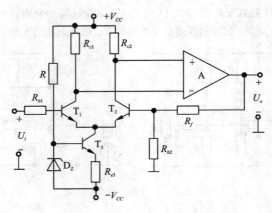

图 6.34

（4）引入反馈后电路的闭环放大倍数为多大?

6.12 一个电压串联负反馈放大电路，在输入中频信号且输出电压不失真的情况下测得一组数据如表下，试估算电路的反馈系数、反馈深度及闭环输出电阻。

表 6.2

	U_i	$U_o(R_L = \infty)$	$U'_o(R_L = 4.7k\Omega)$
无反馈	5mV	1.35V	0.95V
加负反馈	10mV	1.35V	

6.13 在图 6.35 所示电路中

（1）试通过电阻引入合适的交流负反馈，使输入电压 u_1 转换成稳定的输出电流 i_L；

（2）若 $u_1 = 0 \sim 5V$ 时，$i_L = 0 \sim 10mA$，则反馈电阻 R_F 应取多少?

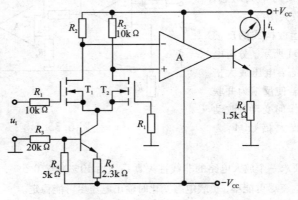

图 6.35

6.14 以集成运放作为放大电路，引入合适的负反馈，分别达到下列目的，要求画出电路图来。

(1)实现电流 – 电压转换电路；

(2)实现电压 – 电流转换电路 ；

(3)实现输入电阻高、输出电压稳定的电压放大电路；

(4)实现输入电阻低、输出电流稳定的电流放大电路。

6.15 要想实现以下要求，在放大电路中应引入何种形式的反馈？

(1)稳定静态电流 I_C；

(2)稳定输出电压；

(3)稳定输出电流；

(4)提高带负载能力；

(5)增大输入电阻；

(6)减小输出电阻；

(7)减小放大电路向信号源索取的电流；

(8)减小输入电阻；

(9)扩展通频带；

(10)减小非线性失真。

6.16 反馈放大电路的幅频、相频特性曲线如图 6.36 所示。

(1)说明放大电路是否会产生自激振荡，理由是什么。

(2)若要求电路的相位裕度，应下降多少倍？

6.17 反馈放大电路的幅频，相频特性曲线如图 6.37 所示。

(1)判断电路是否会自激，并说明理由。

(2)确定电路的幅值裕度 G_m 为多大？

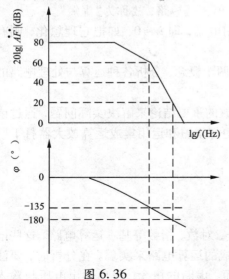

图 6.36   图 6.37

第 7 章　信号的运算与处理电路

7.1　概　　述

随着科学技术的发展，集成运算放大器在信号运算、信号处理、信号发生、信号交换、及信号测量等方面得到了愈来愈广泛的应用。它与外部各种形式的反馈网络相配合，可以实现多种功能电路。这里所讨论的是模拟信号运算电路，包括比例、加法、减法、微分、积分、对数、指数运算电路以及乘法和除法运算电路等。

信号处理与转换电路的内容也较广泛，包括有源滤波、精密整流电路、电压比较器和取样－保持电路等。这里只重点讨论有源滤波电路，波形发生与信号转换电路将在第 8 章讨论。

第 6 章在讨论深度负反馈条件下对负反馈电路进行近似计算时，曾经得出两个重要的概念；

（1）集成运放两个输入端之间的电压（净输入电压）通常接近于零，即 $u_I = u_P - u_N \approx 0$，若把它理想化，则有 $u_I = 0$，但不是短路，故称为"虚短"。

（2）集成运放两个输入端几乎不取用电流，即 $i_I \approx 0$，如把它理想化，则有 $i_I = 0$，但不是断开，故称"虚断"。

运用理想运放的"虚短"、"虚断"这两个概念，分析各种运算与处理电路的线性工作情况将十分简便。

本章重点在于如何应用理想集成运放的重要结论来解决实际问题，通过诸多应用方面典型电路的分析与计算，为更好学习和运用集成运算放大器打下坚实的基础。

7.2　基本运算电路

本节将介绍比例、加减、积分、微分、对数、指数等基本运算电路。这些电路一般是由集成运放外加反馈网络所构成的运算电路来实现。在分析时，要注意输入方式，判别反馈类型，并利用虚短、虚断的概念，得出输出电压与输入电压的运算关系式。

7.2.1　比例运算电路

将输入信号按比例放大的电路，称为比例运算电路。按输入信号加在不同的输入端，又可分为反相比例运算、同相比例运算、差分比例运算 3 种。比例运算电路实际就是集成运算放大电路的 3 种主要放大形式。

1. 反相比例运算电路

输入信号加在反相输入端，电路如图 7.1 所示。

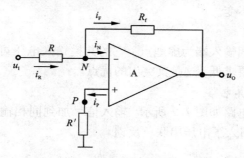

图 7.1　反相比例运算电路

电阻 R_f 跨接在集成运放的输出端和反相输入端，引入了电压并联负反馈。同相输入端通过电阻 R' 接地，R' 为平衡电阻，以保证集成运放输入级差分放大电路的对称性，其值为 $u_I = 0$（即将输入端接地）时反相输入端总等效电阻，即各路电阻的并联，所以 $R' = R /\!/ R_f$。

（1）比例系数·

根据"虚短"和"虚断"的概念，有

$$u_P = u_N = 0$$

上式表明，集成运放两个输入端的电位均为零，但由于它们并没有接地，故称之为"虚地"。节点 N 的电流方程为

$$i_R = i_F$$

$$\frac{u_I - u_N}{R} = \frac{u_N - u_O}{R_f}$$

由于 N 点为虚地，整理得出

$$u_O = -\frac{R_f}{R} u_I \tag{7.1}$$

u_O 与 u_I 成比例关系，比例系数为 $-R_f/R$，负号表示 u_O 与 u_I 反相。比例系数的数值可以是大于、等于和小于 1 的任何值。在 $R_f = R$，$u_O = -u_I$ 的情况下，反相比例运算电路称为反相器或反号器。

（2）输入电阻和输出电阻

尽管集成运放本身的开环差模输入电阻很高，但由于并联深度负反馈的作用，电路的输入电阻较小，考虑到反相端为虚地，则输入电阻 R_i 约等于输入回路电阻 R，即

$$R_i = R \tag{7.2}$$

输入电阻低是反相输入方式的一个缺点。

由于深度电压负反馈的作用，输出电阻 R_o 很低，理想情况时，$R_o = 0$，电路带负载后运算关系不变。

（3）共模抑制比

集成运放的反相输入端为虚地点，它的共模输入电压可视为零。因此，对运放的共模抑制比要求低，这是其突出的优点。

2. 同相比例运算电路

同相比例运算电路如图 7.2 所示。输入信号加到同相输入端，输出电压与输入电压同相位，引入了电压串联负反馈。

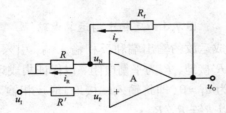

图 7.2 同相比例运算电路

（1）比例系数

根据"虚短"和"虚断"的概念，集成运放的净输入电压为零，即

$$u_P = u_N = u_I \tag{7.3}$$

说明集成运放有共模输入电压。

因为净输入电流为零，因而 $i_R = i_F$，即

$$\frac{u_N - 0}{R} = \frac{u_O - u_N}{R_f}$$

$$u_O = \left(1 + \frac{R_f}{R}\right)u_N = \left(1 + \frac{R_f}{R}\right)u_P$$

则有

$$u_O = \left(1 + \frac{R_f}{R}\right)u_I \tag{7.4}$$

式（7.4）表明 u_O 与 u_I 同相且 u_O 大于 u_I，比例系数为 $(1 + R_f/R)$。同相比例

运算电路的比例系数可大于 1，最小等于 1。若断开反相输入端与地之间的电阻，而反馈电阻为一数值或为零，则比例系数等于 1，此时的电路如图 7.3 所示，称为电压跟随器，通常用作阻抗转换或隔离缓冲级。

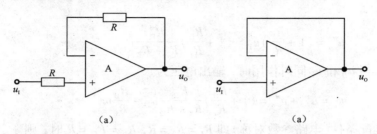

图 7.3　电压跟随器

（2）由于电路引入了深度电压串联负反馈，能使输入电阻增加 $(1+AF)$ 倍，可高达 $1000\mathrm{M\Omega}$ 以上。输出电阻 R_o 很低，理想情况时，$R_\mathrm{o}=0$，电路带负载后运算关系不变。输入电阻很高是同相输入电路的突出优点。

（3）共模抑制比

因为集成运放有共模输入，因此为了提高运算精度，应当选用高共模抑制比的集成运放。从另一角度看，在对电路进行误差分析时，应特别注意共模信号的影响。

3. 差分比例运算电路

当集成运放的两个输入端同时加输入信号时，输出电压将与此两个输入信号之差成比例，故称为差分比例运算电路。

集成运放线性应用电路作定量计算时，对于有多个输入信号同时作用在两个输入端的情况，可采用叠加原理的方法进行分解，使求得输出量和输入量之间的关系式变得十分方便。

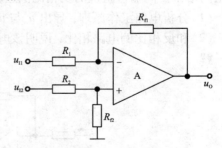

图 7.4　差分比例运算电路

在图 7.4 电路中，反相输入端加入信号 u_{I1}，同相输入端加入信号 u_{I2}，推导 u_o 与 u_{I1}、u_{I2} 的关系表达式时，可采用叠加原理的方法进行分析解决。

（1）当 u_{I1} 单独作用时（$u_{\mathrm{I2}}=0$），则相当于反相比例运算电路，其输出电压为

$$u'_{\rm o} = -\frac{R_{\rm f1}}{R_1}u_{\rm I1}$$

（2）当 $u_{\rm I2}$ 单独作用时（$u_{\rm I1}=0$），则相当于同相比例运算电路，其输出电压为

$$u''_{\rm o} = \left(1+\frac{R_{\rm f1}}{R_1}\right)u_{\rm P} = \left(1+\frac{R_{\rm f1}}{R_1}\right)\frac{R_{\rm f2}}{R_2+R_{\rm f2}}u_{\rm I2}$$

（3）当 $u_{\rm I1}$ 和 $u_{\rm I2}$ 同时作用时，输出电压为

$$u_{\rm o} = u'_{\rm o}+u''_{\rm o} = \left(1+\frac{R_{\rm f1}}{R_1}\right)\frac{R_{\rm f2}}{R_2+R_{\rm f2}}u_{\rm I2} - \frac{R_{\rm f1}}{R_1}u_{\rm I1}$$

当满足匹配条件（电路参数对称）即 $R_1=R_2=R$，$R_{\rm f1}=R_{\rm f2}=R_{\rm f}$ 时，则

$$u_{\rm O} = \frac{R_{\rm f}}{R}(u_{\rm I2}-u_{\rm I1}) \tag{7.5}$$

若四个外接电阻全相等，即 $R_1=R_2=R_{\rm f1}=R_{\rm f2}$，则

$$u_{\rm O} = u_{\rm I2}-u_{\rm I1}$$

可以看出，四只电阻全相同的差分比例运算电路可作减法运算。当 $u_{\rm I2}>u_{\rm I1}$ 时，$u_{\rm O}$ 为正值；当 $u_{\rm I2}<u_{\rm I1}$ 时，$u_{\rm O}$ 为负值。这种性能在自动控制和测量系统中得到了广泛应用，例如控制电动机的正反转。

当电路对称时，不难看出，基本型差分比例运算电路的输入电阻 $R_{\rm i}$ 为

$$R_{\rm i} = 2R_1 \tag{7.6}$$

例7.1 反相输入高阻抗比例运算电路如图 7.5 所示，这是一个采用 T 型电阻网络来提高输入阻抗的反相比例运算电路。

（1）分析电路工作原理，导出 $u_{\rm o}$ 与 $u_{\rm I}$ 的关系式；

（2）和反相比例电路相比，说明该电路能使输入阻抗提高的原因。

解

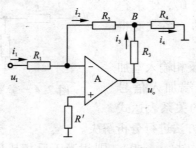

图 7.5　例 7.1 选用的电路

（1）推导 $u_{\rm o}$ 与 $u_{\rm I}$ 的关系式

根据反相输入端的"虚地"、"虚断"特点，可得

$$i_1 = i_2$$

$$\frac{u_I}{R_1} = -\frac{u_B}{R_2}$$

式中 u_B 为 R_2、R_3、R_4 互相连接在一起的那一结点相对于"地"的电压。又因

$$i_2 + i_3 = i_4$$

$$-\frac{u_B}{R_2} + \frac{u_O - u_B}{R_3} = \frac{u_B}{R_4}$$

故得

$$\frac{u_I}{R_1} + \frac{u_O}{R_3} + \frac{R_2 u_I}{R_1 R_3} = -\frac{R_2 u_I}{R_1 R_4}$$

上式经整理后，即可得出 u_o 与 u_i 的关系为

$$u_o = -\left(\frac{R_3}{R_1} + \frac{R_2}{R_1} + \frac{R_2 R_3}{R_1 R_4}\right)u_I$$

（2）电路输入阻抗的讨论

从反相比例运算电路 u_o 与 u_i 的关系式

$$u_O = -\frac{R_f}{R}u_I$$

来看，电路的输入电阻 R 不可能太高，特别是在闭环增益要求较大情况下。而当闭环增益一定时，电阻 R 增大，必然要使反馈电阻 R_f 成比例增大，但 R_f 太大，将影响电路的精度和稳定性。

具有 T 型网络的反相比例运算电路的 u_o 与 u_i 的关系式为

$$u_o = -\left(\frac{R_3}{R_1} + \frac{R_2}{R_1} + \frac{R_2 R_3}{R_1 R_4}\right)u_I$$

两者相比，$R_3 + R_2 + \frac{R_2 R_3}{R_4}$ 相当于前述电路的 R_f，这样利用电阻 R_3/R_4 的可调性，可以得到较高的闭环增益；或者保持闭环增益为一定值，这样 T 型网络的电阻不必很大也能获得很高的输入电阻。

由 u_o 的表达式可知，只要适当选择 R_1、R_2、R_3 和 R_4 各参数，就可在 T 型网络为低电阻下获得高增益，同时电路具有较高的输入阻抗。

如本例的元件参数取值如下：

$$R_2 = 100k\Omega, \ R_3 = 9\ k\Omega, \ R_4 = 1k\Omega$$

要保证闭环增益 A_{uf} 为 -100，则电阻 R_1 的取值应为 $10k\Omega$，电路的输入电阻即为 $10k\Omega$。

同样参数条件下，反相比例运算电路的电阻 R_1 只能取 $1k\Omega$，电路的输入电阻也即为 $1k\Omega$。由此可见，采用 T 型网络的反相比例运算电路确实可以提高电

路的输入阻抗。

例 7.2　电路如图 7.6 所示, 试写出 u_o 与 u_I 的关系式。

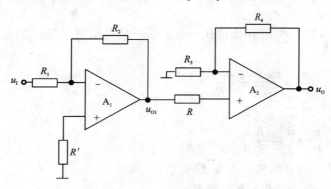

图 7.6　例 7.2 选用的电路

解　对于多级电路, 一般均可将前级电路看成为恒压源, 故可分别求出各级电路的运算关系式, 然后以前级的输出作为后级的输入, 逐级代入后级的运算关系式, 从而得出整个电路的运算关系式。

图 7.6 电路中, A_1 构成反相比例运算电路, A_2 构成同相比例运算电路。因此

$$u_{o1} = -\frac{R_2}{R_1}u_I$$

$$u_o = \left(1 + \frac{R_4}{R_3}\right)u_{o1}$$

故 u_o 与 u_I 的关系式为

$$u_o = -\frac{R_2}{R_1}\left(1 + \frac{R_4}{R_3}\right)u_I$$

7.2.2　加减运算电路

实现多个输入信号按各自不同的比例求和或求差的电路统称为加减运算电路。若所有输入信号均作用于集成运放的同一个输入端, 则实现加法运算; 若一部分输入信号作用于集成运放的同相输入端, 而另一部分输入信号作用于反相输入端, 则实现加减运算。

1. 求和运算电路

(1) 反相求和运算电路

反相求和运算电路的多个输入信号均作用于集成运放的反相输入端, 如图7.7 所示。

根据"虚短"和"虚断"的原则，$u_N = u_P = 0$，节点 N 的电流方程为

$$i_1 + i_2 + i_3 = i_F$$

$$\frac{u_{I1}}{R_1} + \frac{u_{I2}}{R_2} + \frac{u_{I3}}{R_3} = -\frac{u_O}{R_f}$$

所以 u_O 的表达式为

$$u_O = -R_f\left(\frac{u_{I1}}{R_1} + \frac{u_{I2}}{R_2} + \frac{u_{I3}}{R_3}\right) \tag{7.7}$$

当 $R_1 = R_2 = R_3 = R_f$ 时，得 $u_O = -(u_{I1} + u_{I2} + u_{I3})$。按照同样的原则，输入变量可以扩展到多个输入电压相加。

反相求和电路的实质是将各个输入电压彼此独立地通过自身的电阻转换成电流，在反相输入端相加后流向电阻 R_f，由 R_f 转换成输出电压。因而，反相端又称"相加点"或"Σ"点。

反相求和电路的特点是，调节反相求和电路某一路信号的输入电阻（R_1 或 R_2、R_3）的阻值，不影响其他输入电压和输出电压的比例关系。因而，在计算和实验时调节很方便。

（2）同相求和运算电路

同相求和运算电路的多个输入信号均作用于集成运放的同相输入端，如图 7.8 所示。

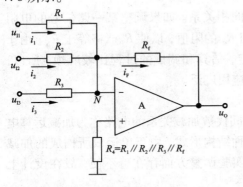

图 7.7　反相求和运算电路

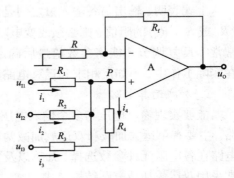

图 7.8　同相求和运算电路

根据同相比例运算电路的基本式 $u_O = (1 + R_f/R)u_P$，因此求出图 7.8 所示电路的 u_P，即可得到输出电压与输入电压的运算关系。节点 P 的电流方程为

$$i_1 + i_2 + i_3 = i_4$$

$$\frac{u_{I1} - u_P}{R_1} + \frac{u_{I2} - u_P}{R_2} + \frac{u_{I3} - u_P}{R_3} = \frac{u_P}{R_4}$$

$$\left(\frac{1}{R_1} + \frac{1}{R_2} + \frac{1}{R_3} + \frac{1}{R_4}\right)u_P = \frac{u_{I1}}{R_1} + \frac{u_{I2}}{R_2} + \frac{u_{I3}}{R_3}$$

所以同相输入端电位为

$$u_P = R_P\left(\frac{u_{I1}}{R_1} + \frac{u_{I2}}{R_2} + \frac{u_{I3}}{R_3}\right)$$

式中 $R_P = R_1 /\!/ R_2 /\!/ R_3 /\!/ R_4$。

将 u_P 表达式代入同相比例运算电路的基本式中，得出

$$\begin{aligned}
u_O &= \left(1 + \frac{R_f}{R}\right) \times R_P \times \left(\frac{u_{I1}}{R_1} + \frac{u_{I2}}{R_2} + \frac{u_{I3}}{R_3}\right) \\
&= \frac{R + R_f}{R} \times \frac{R_f}{R_f} \times R_P \times \left(\frac{u_{I1}}{R_1} + \frac{u_{I2}}{R_2} + \frac{u_{I3}}{R_3}\right) \\
&= R_f \times \frac{R_P}{R_N} \times \left(\frac{u_{I1}}{R_1} + \frac{u_{I2}}{R_2} + \frac{u_{I3}}{R_3}\right)
\end{aligned}$$

式中 $R_N = R /\!/ R_f$。若 $R_N = R_P$，则

$$u_O = R_f\left(\frac{u_{I1}}{R_1} + \frac{u_{I2}}{R_2} + \frac{u_{I3}}{R_3}\right) \tag{7.8}$$

与式(7.7)相比，仅差符号。

当 $R_1 = R_2 = R_3 = R_f$ 时，得 $u_O = (u_{I1} + u_{I2} + u_{I3})$。

上式表明，输出与各输入量之间是同相关系。如果调整某一路信号的电阻（R_1 或 R_2、R_3）的阻值，则必须改变电阻 R_4 的阻值，以使 R_P 严格等于 R_N。由于常常需反复调节才能将参数值最后确定，估算和调试的过程比较麻烦。所以，在实际工作中，不如反相求和运算电路应用广泛。

2. 加减运算电路

能够实现输出电压与多个输入电压间代数加减关系的电路称为加减运算电路。主要有单运放加减和双运放加减两种结构形式。由于单运放所构成的加减电路在各电阻元件参数选择、计算以及实验调整方面存在着不便，故在设计上常采用双运放加减电路结构形式。

根据求和项经两个运放传输，而差项只需经过一次运放传输，形成图 7.9 所示的加减运算电路。下面结合设计实例，分析其构成。

例 7.3 设计一个由集成运放构成的运算电路，以实现如下的运算关系式

$$u_O = 5u_{I1} + 2u_{I2} - 0.3u_{I3}$$

且电路级数最多不超过两级。

解 设计加减运算电路时，原则上可采用同相或反相输入方式，但最好只采用反相输入方式。因为该方式输入回路各电阻元件参数选择、计算以及实验

调整方便,而同相输入方式却不方便。为此,选择双运放加减运算电路,如图7.9 所示。

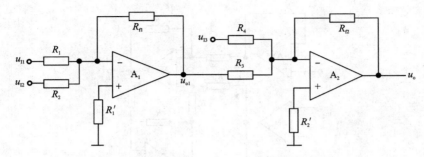

图 7.9　例 7.3 选用的电路

由图可知

$$u_{o1} = -\frac{R_{f1}}{R_1}u_{I1} - \frac{R_{f1}}{R_2}u_{I2}$$

$$u_o = -\frac{R_{f2}}{R_3}u_{o1} - \frac{R_{f2}}{R_4}u_{I3}$$

因为第一级为反相求和电路,因此,u_o 对 u_{o1} 需要反号一次,应选 $R_{f2}=R_3$。对照 $u_o = 5u_{I1} + 2u_{I2} - 0.3u_{I3}$ 关系式,可见

$$R_{f1} = 5R_1 \qquad R_{f1} = 2R_2 \qquad R_{f2} = 0.3R_4$$

若选 $R_{f1} = 100\text{k}\Omega$,$R_{f2} = 75\text{k}\Omega$,则 $R_1 = 20\text{k}\Omega$,$R_2 = 50\text{k}\Omega$,$R_3 = 75\text{k}\Omega$,$R_4 = 250\text{k}\Omega$。

根据输入端电阻平衡对称条件,在图 7.9 电路中,R'_1 和 R'_2 应分别为

$$R'_1 = R_1 /\!/ R_2 /\!/ R_{f1} = 20 /\!/ 50 /\!/ 100 = 12.5(\text{k}\Omega)$$

$$R'_2 = R_3 /\!/ R_4 /\!/ R_{f2} = 75 /\!/ 250 /\!/ 75 = 32.6(\text{k}\Omega)$$

例 7.4　电路如图 7.10(a)所示,已知:$R_1 = R_2 = R_3 = R_4$,试分析输出电压 u_o 与输入电压 u_{I1}、u_{I2} 的运算关系式。

解　A_1、A_2 的反相输入端与输出端相连,均引入负反馈,每一运放的两个输入端间虚短,故有

$$u_{O1} = u_{I1}$$

$$u_{O2} = u_{I2}$$

A_3 有两个反馈,其一是输出端经 R_2 反馈到反相输入端,引入的为负反馈;其二是输出端经 A_4 构成的电路反馈到 A_3 的同相输入端。由于 A_4 构成的是反相输入比例运算电路,其输出 u_{O4} 与 A_4 的输入(即 u_o)相位相反。因而,A_3 经 A_4 引入的仍是负反馈,A_3 工作于线性状态。A_3 构成的电路可以用图 7.10(b)

所示电路等效。其中，u_{O4} 是反相比例运算电路（由 A_4 组成）的输出电压，与 A_4 输入电压的关系为

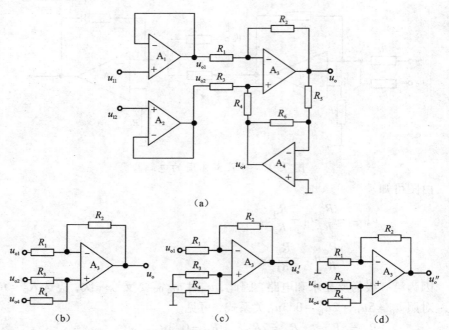

图 7.10　例 7.4 选用的电路

$$u_{o4} = -\frac{R_6}{R_5}u_o$$

因为 A_3 有 3 个输入信号，分别是从反相输入端输入的 u_{O1} 和同相输入端输入的 u_{O2}、u_{O4}，可以再用叠加原理，把 u_o 看做是 u_{O1} 与 u_{O2}、u_{O4} 分别作用时的等效电路，如图 7.10(c)、(d) 所示。

由图 7.10(c) 得

$$u'_o = -\frac{R_2}{R_1}u_{o1} = -\frac{R_2}{R_1}u_{I1} = -u_{I1}$$

由图 7.10(d) 得

$$u''_o = \left(1 + \frac{R_2}{R_1}\right)\left(\frac{R_4}{R_3 + R_4}u_{o2} + \frac{R_3}{R_3 + R_4}u_{o4}\right)$$

$$= 2\left(\frac{1}{2}u_{o2} + \frac{1}{2}u_{o4}\right) = u_{I2} - \frac{R_6}{R_5}u_o$$

$$u_o = u'_o + u''_o = -u_{I1} + u_{I2} - \frac{R_6}{R_5}u_o$$

经整理可得

$$u_o = \frac{R_5}{R_5 + R_6}(u_{I2} - u_{I1})$$

集成运放在线性状态工作时,分析线性电路用的电路定理均可使用,当它有几个信号输入时,输出电压可以用叠加原理,看做是各输入电压单独作用下产生的各输出电压的代数和。

7.2.3　积分运算电路与微分运算电路

积分运算和微分运算互为逆运算。在自控系统中,常用积分电路和微分电路作为调节环节;此外,它们还广泛应用于波形的产生和变换以及仪器仪表之中。以集成运放作为放大电路,利用电阻和电容作为反馈网络,可以实现这两种运算电路。

1. 积分运算电路

在图 7.11 所示积分运算电路中,由于集成运放的同相输入端通过 R' 接地,$u_P = u_N = 0$,为"虚地"。

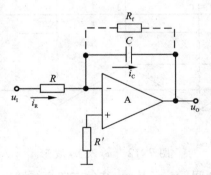

图 7.11　积分运算电路

电路中,电容 C 中电流等于电阻 R 中电流

$$i_C = i_R = \frac{u_I}{R}$$

输出电压与电容上电压的关系为

$$u_O = -u_C$$

而电容上电压等于其电流的积分,故

$$u_O = -\frac{1}{C}\int i_C \mathrm{d}t = -\frac{1}{RC}\int u_I \mathrm{d}t \qquad (7.9)$$

在求解 t_1 到 t_2 时间段的积分值时

$$u_{\mathrm{O}} = -\frac{1}{RC}\int_{t_1}^{t_2} u_{\mathrm{I}}\mathrm{d}t + u_{\mathrm{O}}(t_1) \tag{7.10}$$

式中 $u_{\mathrm{O}}(t_1)$ 为积分起始时刻的输出电压，即积分运算的起始值，积分的终值是 t_2 时刻的输出电压。

当 u_{I} 为常量时，

$$u_{\mathrm{O}} = -\frac{u_{\mathrm{I}}}{RC}(t_2 - t_1) + u_{\mathrm{O}}(t_1) \tag{7.11}$$

例 7.5 设图 7.11 电路中 $R = 1\mathrm{M}\Omega$，$C = 1\mu\mathrm{F}$，电容 C 初始电压 $u_C(0) = 0$，输入电压 u_{I} 波形如图 7.12 所示，试画出输出电压 u_{O} 波形，并标明其幅度。

解 因输入电压 u_{I} 是矩形波，在不同时间间隔内，u_{I} 为正恒定值或负恒定值。在定性分析和定量计算 u_{O} 波形和幅度大小时，应该按 u_{I} 为为正或负恒定值，分成不同时间间隔进行计算，并注意到每个时间间隔的初始电压 $u_{\mathrm{O}}(t_1)$ 的大小。

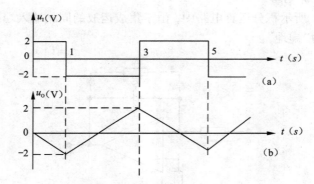

图 7.12 u_{I} 及 u_{O} 波形

（1）在 $t = 0 \sim 1\mathrm{s}$ 期间，$u_{\mathrm{I}} = 2\mathrm{V}$，$u_{\mathrm{O}}$ 往负方向直线增长，则

$$u_{\mathrm{O}} = -\frac{u_{\mathrm{I}}}{RC}(t - 0) + u_{\mathrm{O}}(0) = -\frac{2}{10^6 \times 10^{-6}}t = -2t$$

即 u_{O} 按照每秒 $-2\mathrm{V}$ 的速度线性增长。当 $t = 0$ 时，$u_{\mathrm{O}} = 0$；当 $t = 1\mathrm{s}$ 时，$u_{\mathrm{O}} = -2\mathrm{V}$。

（2）在 $t = 1 \sim 3\mathrm{s}$ 期间，$u_{\mathrm{I}} = -2\mathrm{V}$，$u_{\mathrm{O}}$ 在 $u_{\mathrm{O}}(1) = -2\mathrm{V}$ 的基础上往正方向线性增长，即

$$u_{\mathrm{O}} = -\frac{u_{\mathrm{I}}}{RC}(t - 1) + u_{\mathrm{O}}(1) = \frac{2}{10^6 \times 10^{-6}}(t - 1) - 2 = 2t - 4$$

$t = 2\mathrm{s}$ 时，$u_{\mathrm{O}} = 0\mathrm{V}$；$t = 3\mathrm{s}$ 时，$u_{\mathrm{O}} = 2\mathrm{V}$。

（3）在 $t = 3 \sim 5\mathrm{s}$ 时，$u_{\mathrm{I}} = 2\mathrm{V}$，$u_{\mathrm{O}}$ 又往负方向直线增长，以后重复上述过程。

u_0 的波形如图 7.12(b)所示的三角波。

从上例可以看出,积分电路具有波形变换的作用,可将方波变为三角波。

当输入为正弦波时,输出电压波形如图 7.13 所示。

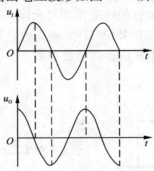

图 7.13　正弦波作用时的 u_0 波形

可见,u_0 的相位比 u_I 的领先 $90°$。此时,积分电路具有移相 $90°$ 的作用。另外,积分电路在时间延迟、电压量转换为时间量等方面也得到了广泛的应用。

在实用电路中,为了防止低频信号增益过大,常在电容上并联一个电阻加以限制,如图 7.11 中虚线所示。

2. 微分运算电路

(1)基本微分运算电路

若将图 7.11 所示电路中电阻 R 和电容 C 的位置互换,则得到基本微分运算电路,如图 7.14 所示。

根据“虚短”和“虚断”的原则,$u_P = u_N = 0$,为“虚地”,电容两端电压 $u_C = u_I$。因而

$$i_R = i_C = C \frac{\mathrm{d}u_I}{\mathrm{d}t}$$

输出电压

$$u_O = -i_R R = -RC \frac{\mathrm{d}u_I}{\mathrm{d}t} \tag{7.12}$$

输出电压与输入电压的变化率成比例。

(2)实用微分运算电路

在图 7.14 所示电路中,无论是输入电压产生阶跃变化,还是脉冲式大幅值干扰,都会使得集成运放内部的放大管进入饱和或截止状态,以至于即使信号消失,管子还不能脱离原状态回到放大区,出现阻塞现象,电路不能正常工作;同时,由于反馈网络为滞后环节,它与集成运放内部的滞后环节相叠加,易于

满足自激振荡的条件，从而使电路不稳定。

为了解决上述问题，可在输入端串联一个小阻值的电阻 R_1，以限制输入电流，也就限制了 R 中电流；在反馈电阻 R 上并联稳压二极管，以限制输出电压，也就保证集成运放中的放大管始终工作在放大区，不至于出现阻塞现象；在 R 上并联小容量电容 C_1，起相位补偿作用，提高电路的稳定性；如图 7.15 所示。该电路的输出电压与输入电压成近似微分关系。

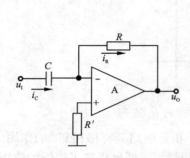

图 7.14　基本微分运算电路

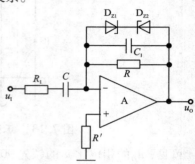

图 7.15　实用微分运算电路

微分电路的应用是很广泛的，在线性系统中，除了可作微分运算外，在数字电路中，常用来做波形变换，例如输入电压为方波，且 $RC \ll T/2$（T 为方波的周期），则输出为尖顶波，如图 7.16 所示。

（3）逆函数型微分运算电路

若将积分运算电路作为反馈回路，则可得到微分运算电路，如图 7.17 所示。为了保证电路引入的是负反馈，使 A_2 的输出电压 u_{O2} 与输入电压 u_I 极性相反，u_I 应加在 A_1 的同相输入端一边。

根据"虚短"和"虚断"的原则，$u_P = u_N = 0$，为"虚地"，$i_1 = i_2$，因而

$$\frac{u_I}{R_1} = -\frac{u_{O2}}{R_2}$$

$$u_{O2} = -\frac{R_2}{R_1} \cdot u_I$$

由积分运算电路的运算关系可知

$$u_{O2} = -\frac{1}{R_3 C} \int u_O \mathrm{d}t$$

因此

$$-\frac{R_2}{R_1} u_I = -\frac{1}{R_3 C} \int u_O \mathrm{d}t$$

从而得到输出电压的表达式为

$$u_O = \frac{R_2 R_3 C}{R_1} \cdot \frac{\mathrm{d}u_I}{\mathrm{d}t} \qquad (7.13)$$

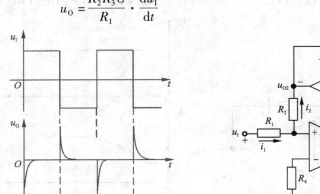

图 7.16　微分电路输入、输出波形分析　　　图 7.17　递函数型微分运算电路

利用积分运算电路来实现微分运算的方法具有普遍意义。例如，采用乘法运算电路作为集成运放的反馈通路，便可以实现除法运算；采用乘方运算电路作为集成运放的反馈通路，便可以实现开方运算；等等。

以上分析了比例、加减、积分、微分等运算电路。在这些电路中，Z_1 和 Z_f 只是简单的 R、C 元件。一般说来，它们可以是 R、L、C 元件的串联或并联组合。应用拉氏变换，将 Z_1 和 Z_f 写成运算阻抗的形式 $Z_1(s)$、$Z_f(s)$，其中 s 为复频率变量。这样，输出电压为

$$U_o(s) = -\frac{Z_f(s)}{Z_1(s)} U_i(s)$$

这是反相运算电路的一般数学表达式。改变 $Z_1(s)$ 和 $Z_f(s)$ 的形式，即可实现各种不同的数学运算。例如，图 7.18(a) 所示是一种比较复杂的运算电路，其传递函数为

$$A_u(s) = \frac{U_o(s)}{U_i(s)} = -\frac{R_f + \dfrac{1}{SC_f}}{\dfrac{R_1}{SC_1} \Big/ \Big(R_1 + \dfrac{1}{SC_1}\Big)} = -\Big(\frac{R_f}{R_1} + \frac{C_1}{C_f} + SR_f C_1 + \frac{1}{SR_1 C_f}\Big)$$

上式右侧括号内第 1、2 两项表示比例运算；第 3 项表示微分运算，因 $s = \mathrm{d}/\mathrm{d}t$；第四项表示积分运算，因 $1/s$ 表示积分。

在自动控制系统中，比例 - 积分 - 微分运算经常用来组成 PID 调节器。在常规调节中，比例、积分运算(PI 调节器)在系统中用来克服积累误差，抑制输

入端的噪声和干扰,提高调节精度;而比例、微分运算(PD 调节器)在系统中起加速作用,用来加速过渡过程。图 7.18(b)表示在阶跃信号作用下的 PID 响应。

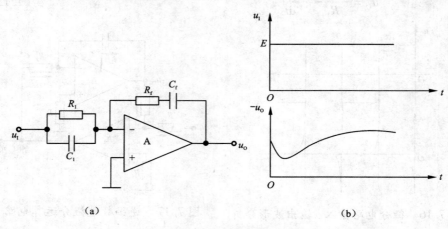

（a）　　　　　　　　　　　　　　　　（b）

图 7.18　比例 – 积分 – 微分运算电路

7.2.4　对数运算电路和指数运算电路

利用 PN 结伏安特性所具有指数规律,将二极管或者三极管分别接入集成运放的反馈回路和输入回路,可以实现对数运算和指数运算,而利用对数运算、指数运算和加减运算电路相结合,便可实现乘法、除法、乘方和开方等运算。

1. 对数运算电路

（1）基本对数运算电路

对数运算电路的输出电压是输入电压的对数函数。根据半导体基础知识可知,二极管的正向电流 i_D 与它两端的电压 u_D 在一定条件下成指数关系,将反相比例电路中反馈电阻换成半导体二极管或双极型三极管,即可实现对数运算。图 7.19 就是基本对数运算电路,下面求它的输出电压与输入电压的函数关系。当图 7.19 中的 u_I 为正值,二极管正向导通电流为

$$i_D \approx I_s e^{\frac{u_D}{U_T}}$$

因而

$$u_D \approx U_T \ln \frac{i_D}{I_S}$$

由于 $u_P = u_N = 0$,为虚地,则

$$i_D = i_R = \frac{u_I}{R}$$

根据以上分析可得输出电压

$$u_O = -u_D \approx -U_T \ln \frac{u_I}{I_S R} \tag{7.14}$$

可见，在一定条件下，能实现对数运算。

　　为了获得较大的工作范围和便于温度补偿，将双极型三极管接成二极管的形式，作为反馈元件，如图 7.20 所示。

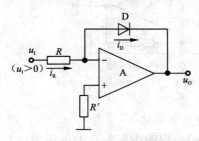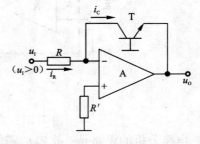

　　图 7.19　基本对数运算电路　　　　图 7.20　用三极管的对数运算电路

因反相输入端为虚地，三极管集电结压降为零，则有

$$i_C = i_R = \frac{u_I}{R}$$

在忽略晶体管基区体电阻压降且认为晶体管的共基电路放大系数 $\alpha \approx 1$ 的情况下，若 $u_{BE} \gg U_T$，则

$$i_C = \alpha i_E \approx I_s e^{\frac{u_{BE}}{U_T}}$$

$$u_{BE} \approx U_T \ln \frac{i_C}{I_S}$$

可求出输出电压

$$u_O = -u_{BE} \approx -U_T \ln \frac{u_I}{I_S R}$$

基本对数运算电路有如下缺点：

　　①只有当 $u_I > 0$ 时，电路才能工作，因而，它是一个单极性电路。

　　②由于 U_T 和 I_s 是温度的函数，因此，运算精度受温度影响。

　　③小信号时运算误差大。

　　为了克服上述缺点，必须采取改进措施，用来减小 I_s 对运算关系的影响。

　　（2）集成对数运算电路

　　在集成对数运算电路中，根据差分电路的基本原理，利用特性相同的两只晶体管进行补偿，消去 I_s 对运算关系的影响。型号为 ICL8048 的对数运算电路

如图 7.21 所示，虚线框内为集成电路，框外为外接电阻。

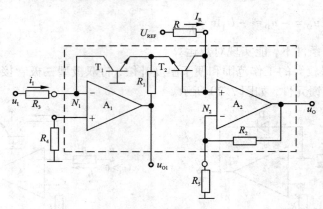

图 7.21　集成对数运算电路

电路分析的思路是：欲知 u_O 需知 u_{P2}，而根据图中所标注的电压方向，u_{P2} $= u_{BE2} - u_{BE1}$；因为 u_{BE2} 与 I_R 成对数关系，u_{BE1} 与 i_1 成对数关系，而 i_1 与 u_1 成线性关系，故可求出与的运算关系。

节点 N_1 的电流方程为

$$i_{C1} = i_I = \frac{u_I}{R_3} \approx I_S e^{\frac{u_{BE1}}{U_T}}$$

因而

$$u_{BE1} \approx U_T \ln \frac{u_I}{I_S R_3}$$

节点 P_2 的电流方程为

$$i_{C2} = I_R \approx I_S e^{\frac{u_{BE2}}{U_T}}$$

因而

$$u_{BE2} \approx U_T \ln \frac{I_R}{I_S}$$

P_2 点的电位为

$$u_{P2} = u_{BE2} - u_{BE1} \approx -U_T \ln \frac{u_I}{I_R R_3}$$

因此输出电压为

$$u_O \approx -\left(1 + \frac{R_2}{R_5}\right) U_T \ln \frac{u_I}{I_R R_3} \tag{7.15}$$

若外接电阻 R_5 为热敏电阻，则可补偿 U_T 的温度特性。R_5 应具有正温度系数，当环境温度升高时，R_5 阻值增大，使得放大倍数 $(1 + R_2/R_5)$ 减小，以补偿

U_T 的增大，使 u_0 在 u_1 不变时基本不变。

2. 指数运算电路

（1）基本指数运算电路

指数运算电路是对数运算电路的逆运算。将图 7.20 所示对数运算电路中的电阻和三极管互换，便可得到指数运算电路，如图 7.22 所示。

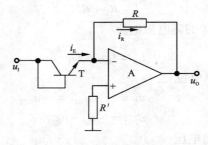

因为集成运放反相输入端为虚地，所以

图 7.22　基本指数运算电路

$$u_{BE} = u_I$$

$$i_R = i_E \approx I_S e^{\frac{u_1}{U_T}}$$

输出电压

$$u_O = -i_R R = -I_S e^{\frac{u_1}{U_T}} R \tag{7.16}$$

可见，在一定条件下，能实现指数运算。

基本指数运算电路也存在前述基本对数运算电路类似的缺点，同样采用温度补偿方法，用来减小 I_S 对运算关系的影响。

（2）集成指数运算电路

在集成指数运算电路中，采用了类似集成对数运算电路的方法，利用两只双极型晶体管特性的对称性，消除 I_S 对运算关系的影响；并且，采用热敏电阻补偿 U_T 的变化；电路如图 7.23 所示。

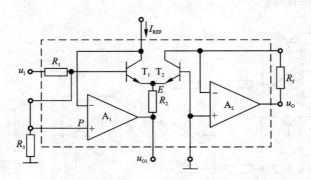

图 7.23　集成指数运算电路

电路分析如下：

在忽略 T_1 管基极电流的情况下，P 点的电位

$$u_{\mathrm{P}} \approx \frac{R_3}{R_1 + R_3} \cdot u_{\mathrm{I}}$$

T_1 管的集电极电流

$$i_{\mathrm{C1}} = I_{\mathrm{REF}} \approx I_{\mathrm{S}} \mathrm{e}^{\frac{u_{\mathrm{BE1}}}{U_{\mathrm{T}}}}$$

E 点电位

$$u_{\mathrm{E}} = u_{\mathrm{P}} - u_{\mathrm{BE1}} = - u_{\mathrm{BE2}}$$

$$u_{\mathrm{BE2}} = - u_{\mathrm{P}} + u_{\mathrm{BE1}}$$

输出电压

$$u_{\mathrm{O}} = i_{\mathrm{C2}} R_{\mathrm{f}} = I_{\mathrm{S}} \mathrm{e}^{\frac{u_{\mathrm{BE2}}}{U_{\mathrm{T}}}} R_{\mathrm{f}} = I_{\mathrm{S}} \mathrm{e}^{\frac{u_{\mathrm{BE1}}}{U_{\mathrm{T}}}} \mathrm{e}^{-\frac{R_3}{R_1 + R_3} \cdot \frac{u_{\mathrm{I}}}{U_{\mathrm{T}}}} R_{\mathrm{f}} = I_{\mathrm{REF}} \mathrm{e}^{-\frac{R_3}{R_1 + R_3} \cdot \frac{u_{\mathrm{I}}}{U_{\mathrm{T}}}} R_{\mathrm{f}}$$

　　上述讨论的对数和指数运算电路仅适用于输入信号为正极性的情况。若 u_{I} <0 时，只需将 NPN 型三极管换成 PNP 型管，或将二极管反向即可。

　　例 7.6　试用对数和指数运算电路设计一个能实现 $u_{\mathrm{o}} = k\, u_x / u_y$ 运算功能的电路，画出电路图，并验证功能。

　　解

$$u_{\mathrm{o}} = k\, u_x / u_y$$

$$\ln \frac{u_{\mathrm{o}}}{k} = \ln u_x - \ln u_y$$

　　再用指数运算电路从 $\ln u_{\mathrm{o}}$ 中求 u_{o}。即 u_x 和 u_y 经对数运算电路、减法运算电路、指数运算电路，输出就为 u_x 和 u_y 进行除法运算的结果。设计电路如图 7.24，选各晶体管特性一致。

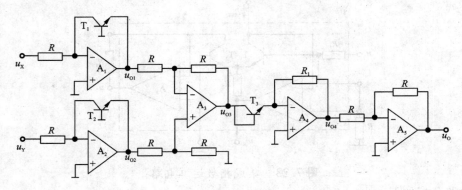

图 7.24　例 7.6 设计的电路

功能验证：

由图可见，A_1、A_2 组成对数运算电路，输出分别为

$$u_{o1} = -U_T \ln \frac{u_x}{RI_s}$$

$$u_{o2} = -U_T \ln \frac{u_y}{RI_s}$$

A_3 组成减法运算电路，输出为

$$u_{o3} = u_{o2} - u_{o1} = -U_T \ln \frac{u_y}{RI_s} - \left(-U_T \ln \frac{u_x}{RI_s} \right)$$

$$= U_T (\ln u_x - \ln RI_s - \ln u_y + \ln RI_s) = U_T \ln \frac{u_x}{u_y}$$

A_4 组成指数运算电路，输出为

$$u_{o4} = -I_s R_1 e^{u_{o3}/U_T} = -I_s R_1 e^{\ln(u_x/u_y)} = -I_s R_1 \frac{u_x}{u_y} = -k\, u_x/u_y$$

A_5 组成 $A_{uf} = -1$ 的反相比例运算电路，也称反相器，输出电压为

$$u_o = -u_{o4} = k\, u_x/u_y$$

说明设计电路的功能符合设计要求。

7.3　模拟乘法器及其应用

模拟乘法器是实现两个模拟量相乘的非线性电子器件，利用它可以方便地实现乘、除、乘方和开方运算电路。此外，由于它还能广泛地应用于广播电视、通信、仪表和自动控制系统之中，进行模拟信号的处理。集成模拟乘法器是继集成运放之后另一大类通用型有源器件，成为模拟集成电路的重要分支之一。

7.3.1　模拟乘法器简介

模拟乘法器有两个输入端，一个输出端，输入及输出均对"地"而言，如图 7.25(a)所示。输入的两个模拟信号是互不相关的物理量，输出电压是它们的乘积，即

$$u_O = k u_x u_y \tag{7.17}$$

k 为乘积系数，也称乘积增益或标尺因子，其值多为 $+0.1V^{-1}$ 或 $-0.1V^{-1}$。

模拟乘法器的等效电路如图 7.25(b)所示，R_{i1} 和 R_{i2} 分别为两个输入端的输入电阻，R_o 是输出电阻。

理想模拟乘法器应具备如下条件。

(1) R_{i1} 和 R_{i2} 为无穷大；

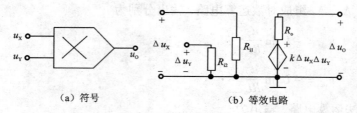

(a) 符号　　　　　　　(b) 等效电路

图 7.25　模拟乘法器的符号及其等效电路

（2）R_o 为零；

（3）k 值不随信号幅值而变化，且不随频率而变化；

（4）当 u_X 或 u_Y 为零时，u_0 为零，电路没有失调电压、电流和噪声。

在上述条件下，无论 u_X 和 u_Y 的波形、幅值、频率、极性如何变化，式（7.17）均成立。本节的分析均设模拟乘法器为理想器件。

根据乘法运算的代数性质，乘法器有 4 个工作区域，由它的两个输入信号的极性来确定。并可用 $X-Y$ 平面中的 4 个象限表示。乘法器工作区域如图 7.26 所示。

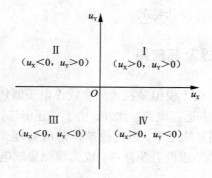

图 7.26　模拟乘法器输入信号的四个象限

若两个输入信号可以为正，也可以为负，或者正负交替，即是四象限乘法器。若只允许两个信号之一可以为正，也可以为负，而另一个输入信号只能是一种极性，称为两象限乘法器。单象限乘法器的两个输入信号均限定为某一种极性。

实现模拟信号相乘的方法很多，现有五种有成效的模拟相乘技术，即四分之一平方、时间分割、三角波平均、对数指数以及变跨导式相乘等，但就集成电路而言，多采用变跨导型电路。

7.3.2　模拟乘法器的工作原理

1. 简单的变跨导二象限模拟乘法器

变跨导型模拟乘法器利用输入电压控制差动放大电路差动管的发射极电路，使之跨导做相应的变化，从而达到与输入差模信号相乘的目的。

在图 7.27(a)所示差动放大电路中，u_X 为差模输入电压

$$u_X = u_{id} = u_{BE1} - u_{BE2}$$

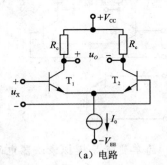
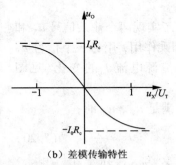

（a）电路　　　　　　　　　　（b）差模传输特性

图 7.27　恒流源差动放大电路及其差模传输特性

差动管的跨导

$$g_m = \frac{I_{EQ}}{U_T} = \frac{I_0}{2U_T}$$

恒流源电流

$$I_0 = i_{E1} + i_{E2} \approx I_S e^{u_{BE1}/U_T} + I_S e^{u_{BE2}/U_T}$$

$$= I_S e^{u_{BE2}/U_T} (1 + e^{(u_{BE1} - u_{BE2})/U_T}) = i_{E2} (1 + e^{(u_{BE1} - u_{BE2})/U_T})$$

根据上式，T_2 管的发射极电流

$$i_{E2} = \frac{I_0}{1 + e^{+u_X/U_T}}$$

利用上面的方法可得 T_1 管的发射极电流

$$i_{E1} = \frac{I_0}{1 + e^{-u_X/U_T}}$$

因此，

$$i_{C1} - i_{C2} \approx i_{E1} - i_{E2} = I_0 \operatorname{th} \frac{u_X}{2U_T} \tag{7.18}$$

可见，差动放大电路的传输方程是双曲函数。

若 $u_X \ll 2U_T \approx 50\text{mV}$，因有

$$\text{th}\frac{u_X}{2U_T} = \frac{u_X}{2U_T} - \frac{1}{3}\left(\frac{u_X}{2U_T}\right)^3 + \frac{2}{15}\left(\frac{u_X}{2U_T}\right)^5 - \cdots$$

故式(7.18)可近似为

$$i_{C1} - i_{C2} \approx I_0\frac{u_X}{2U_T} \tag{7.19}$$

说明在输入电压 u_X 为小信号情况下,差分电流$(i_{C1} - i_{C2})$与 u_X 成正比。

为了实现两个输入信号 u_X 和 u_Y 的相乘作用,用另一个信号 u_Y 控制恒流源电流 I_o 的变化(见图7.28)。

当满足 $u_Y \gg u_{BE}$ 时,

$$I_o \approx \frac{u_Y}{R_e} \tag{7.20}$$

将式(7.20)代入式(7.19),得到

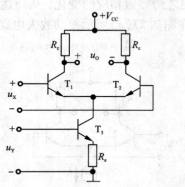

图7.28 简单变跨导模拟乘法器电路

$$i_{C1} - i_{C2} = \frac{1}{2U_TR_e}u_Xu_Y \tag{7.21}$$

这说明差分电流$(i_{C1} - i_{C2})$是 u_X 和 u_Y 乘积的函数。

根据跨导的定义,对式(7.21)微分,可得差动电路的跨导

$$g_m = \frac{\mathrm{d}(i_{C1} - i_{C2})}{\mathrm{d}u_X} = \frac{1}{2U_TR_e}u_Y \tag{7.22}$$

$$i_{C1} - i_{C2} = g_mu_X$$

由此得知,差动放大电路的跨导 g_m 受输入信号 u_Y 的线性控制,即改变 u_Y 的大小,必将引起跨导的变化,进而使差分电流也变化。因此,差分放大类型的乘法器称为可变跨导式模拟乘法器。

差动放大电路的双端输出电压为

$$u_o = -(i_{C1} - i_{C2})R_c = -g_mR_cu_X = -\frac{R_c}{2U_TR_e}u_Xu_Y \tag{7.23}$$

故

$$u_O = ku_Xu_Y \tag{7.24}$$

式中, $k = -R_c/2U_TR_e$,即为乘积系数。

对于变跨导式乘法器,其性能好坏完全取决于各差分对管之间的对称性,故要求三极管和电阻严密配对,只有利用单片集成工艺才可能达到所要求的对

称性。

　　分析结果表明，图 7.28 电路可以实现两个输入信号相乘，其条件是 $u_X \ll 2U_T \approx 50mV$，$u_Y \gg u_{BE}$，即线性相乘作用受到输入电压幅度的限制，应解决扩大线性范围问题。另外，u_Y 必须为正极性，但 u_X 极性可正可负，它是二象限乘法器，应该设法实现四象限相乘。

　　2. 双平衡式模拟乘法器

　　为了解决四象限相乘问题，u_Y 输入通道也应采用差动形式，其电路如图 7.29 所示。这是用 u_X 和 u_Y 控制的双平衡差分电路。6 只三极管两两结成 3 个差动对，T_1、T_2、T_3 和 T_4 的集电极交叉耦合，T_5 和 T_6 分别为上面两对差分电路的恒流源。设计电路的指导思想是 u_X 控制两组差分对管中的电流 i_1、i_2 和 i_3、i_4，用 u_Y 控制恒流源电流 i_5 和 i_6 的分配，进而实现总的差分电流和双端输出电压受 u_X 和 u_Y 控制。

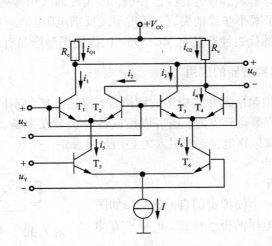

图 7.29　双平衡四象限变跨导型模拟乘法器

　　根据前面讨论的差动电路基本公式，并按图 7.29 中标明的电压极性和电流方向，可以推出

$$i_1 - i_2 = i_5 \operatorname{th} \frac{u_X}{2U_T} \tag{7.25}$$

$$i_4 - i_3 = i_6 \operatorname{th} \frac{u_X}{2U_T} \tag{7.26}$$

$$i_5 - i_6 = I \operatorname{th} \frac{u_Y}{2U_T} \tag{7.27}$$

$$i_{O1} - i_{O2} = (i_5 - i_6)\,\text{th}\,\frac{u_X}{2U_T} = I\left(\text{th}\,\frac{u_Y}{2U_T}\right)\left(\text{th}\,\frac{u_X}{2U_T}\right)$$

只有输入信号幅度足够小(即 $u_X \ll 2U_T$, $u_Y \ll 2U_T$),即小信号情况,才有

$$i_{O1} - i_{O2} \approx \frac{I}{4U_T^2} \cdot u_X u_Y$$

所以,输出电压

$$u_O = -(i_{O1} - i_{O2})R_c \approx -\frac{IR_c}{4U_T^2}u_X u_Y = ku_X u_Y \tag{7.28}$$

式中,乘积系数 $k = -IR_c/4U_T^2$。

由于 u_X 和 u_Y 均可正可负,故图 7.29 所示电路为四象限模拟乘法器。双平衡式模拟乘法器又称压控吉尔伯特乘法器。

为了扩大线性输入动态范围,还需对输入信号加一级具有反双曲正切函数的附加网络,作为输入信号的非线性补偿,以实现输入信号幅度较大时具有线性相乘作用。为了减小非线性失真,还需引入反馈电阻。

模拟乘法器的代表性产品有 MC1595,国内同类型产品有 BG314 等。

7.3.3　模拟乘法器的应用

利用集成模拟乘法器和集成运放相结合,通过外接的不同电路,可以组成乘除、开方及平方等运算电路,还可以组成各种函数发生器,调制解调和锁相环电路等。在构成运算电路时,引入的必须是负反馈。

1. 乘法运算电路

(1)乘方电路

乘方运算是一个模拟量的自乘运算。如图 7.30 所示。输入电压的极性任意,u_o 呈平方律特性,即

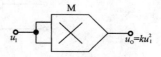

图 7.30　平方运算电路

$$u_O = ku_I^2 \tag{7.29}$$

图 7.31 是三次方及四次方运算电路。串联式的高次方运算会积累较大的运算误差。一般,串联相乘数量不超过 2 ~ 3 个。

在实现高次幂的乘方运算时,可以考虑采用模拟乘法器与集成对数运算电路和指数运算电路组合而成,如图 7.32 所示。

对数运算电路的输出电压

$$u_{O1} = k_1 \ln u_I$$

模拟乘法器的输出电压

$$u_{O2} = k_1 k_2 N \ln u_I$$

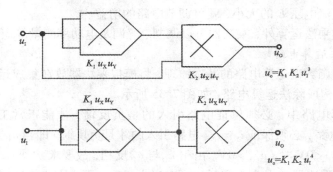

图 7.31　三次方和四次方运算电路

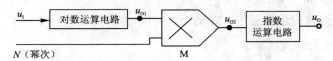

图 7.32　N 次方运算电路

式中 k_2 为乘积因子。

输出电压

$$u_O = k_3 u_I^{k_1 k_2 N} = k_3 u_I^{kN} \tag{7.30}$$

设 $k_1 = 10$，$k_2 = 0.1\mathrm{V}^{-1}$，则当 $N > 1$ 时，电路实现乘方运算。若 $N = 2$，则电路为平方运算电路；若 $N = 10$，则电路为 10 次幂运算电路。

（2）正弦波倍频电路

电路如图 7.33 所示。设 $u_I = \sqrt{2} U_i \sin\omega t$ 时，则

$$u_O = 2k U_i^2 \sin^2 \omega t = k U_i^2 (1 - \cos 2\omega t) \tag{7.31}$$

输出为输入的二倍频电压信号，为了得到纯交流电压，可在输出端加耦合电容，以隔离直流电压。

（3）压控增益

电路如图 7.34 所示，设 u_X 为一直流控制电压 E，u_Y 为输入电压，则 $u_o = KE u_Y$。

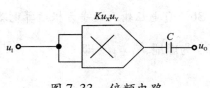

图 7.33　倍频电路

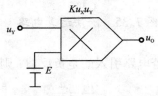

图 7.34　压控增益电路

改变直流电压 E 的大小，就可调节电路的增益。

除上述乘法运算外，乘法器可以调制、解调及电功率测量等应用。

2. 除法运算电路

利用反函数型运算电路的基本原理，将模拟乘法器放在集成运放的反馈通路中，便可构成除法运算电路，如图 7.35 所示。

在运算电路中，必须保证电路引入的是负反馈，才能正常工作。对于图 7.35 所示电路，必须保证 $i_1 = i_2$，电路引入的才是负反馈。即当 $u_{I1} > 0\text{V}$ 时，$u'_o < 0\text{V}$；而 $u_{I1} < 0\text{V}$ 时，$u'_o > 0\text{V}$。由于 u_o 与 u_{I1} 反相，故要求 u'_o 与 u_o 同符号。因此，当模拟乘法器的 k 小于零时，u_{I2} 应当小于零；而 k 大于零时，u_{I2} 应当大于零；即 u_{I2} 与 k 同符号。

设集成运放为理想运放，则 $u_N = u_P = 0$，为虚地，$i_1 = i_2$，即

$$\frac{u_{I1}}{R_1} = -\frac{u'_o}{R_2} = -\frac{k u_{I2} u_o}{R_2}$$

整理上式，得出输出电压

$$u_O = -\frac{R_2}{k R_1} \cdot \frac{u_{I1}}{u_{I2}} \tag{7.32}$$

由于 u_{I2} 的极性受 k 的限制，故图 7.35 所示电路为两象限除法运算电路。

3. 开方运算电路

利用乘方运算电路作为集成运放的反馈通路，就可构成开方运算电路。在除法运算电路中，令 $u_{I2} = u_O$，就构成平方根运算电路，如图 7.36 所示。

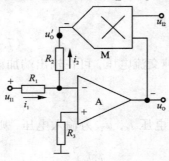

图 7.35　除法运算电路

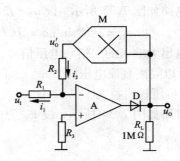

图 7.36　负电压输入的平方根运算电路

若电路引入的是负反馈，则 $u_N = u_P = 0$，为虚地，$i_1 = i_2$，即

$$-\frac{u_I}{R_1} = \frac{u'_o}{R_2}$$

$$u'_{\mathrm{O}} = -\frac{R_2}{R_1} \cdot u_{\mathrm{I}} = k u_{\mathrm{O}}^2$$

故

$$u_{\mathrm{O}} = \sqrt{-\frac{R_2 u_{\mathrm{I}}}{k R_1}} \tag{7.33}$$

　　式(7.33)表明，u_{O}大于零，而u_{O}与u_{I}极性相反，故u_{I}必须小于零；由于根号下的数大于零，所以模拟乘法器的k应大于零。因此，图中所标注的电流方向是电阻中电流的实际方向。电路中二极管的作用是防止输入电压u_{I}为正时电路闭锁，R_{L}为二极管提供直流通路。按照平方根运算电路的组成思路，将 3 次方电路作为集成运放的反馈通路，就可实现立方根运算电路，如图7.37 所示。

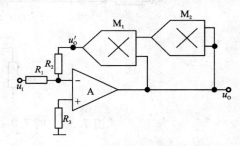

图 7.37　立方根运算电路

　　由于k^2大于零，且u_{O}^3与u_{I}反相，所以不管k值为正还是为负，电路均引入了负反馈。电路中$u_{\mathrm{N}} = u_{\mathrm{P}} = 0$，为虚地，$i_1 = i_2$，即

$$\frac{u_{\mathrm{I}}}{R_1} = -\frac{u'_{\mathrm{O}}}{R_2}$$

$$u'_{\mathrm{O}} = -\frac{R_2}{R_1} \cdot u_{\mathrm{I}} = k^2 u_{\mathrm{O}}^3$$

整理，可得

$$u_{\mathrm{O}} = \sqrt[3]{-\frac{R_2}{k^2 R_1} \cdot u_{\mathrm{I}}} \tag{7.34}$$

　　与乘方运算电路相类似，当多个模拟乘法器串联实现高次根的运算时，将产生较大的误差。因此，为了提高精度，也可采用如图 7.32 所示电路。设$k_1 = 10$，$k_2 = 0.1\,\mathrm{V}^{-1}$，则当$N < 1$时，电路实现开方运算。

　　例 7.7　集成模拟乘法器组成图 7.38 所示电路，写出输出u_{o}的表达式。

　　解　图 7.38 电路中，乘法器输出u_{OM}为

$$u_{\mathrm{OM}} = K u_{\mathrm{O}}^2$$

运放A_2做反相比例运算，且比例系数为 -1，故A_2输出u_{A}为

$$u_{\mathrm{A}} = -u_{\mathrm{OM}}$$

同样，运放的反相输入端U_{N}为虚地，且反相输入端净输入电流为 0，因此

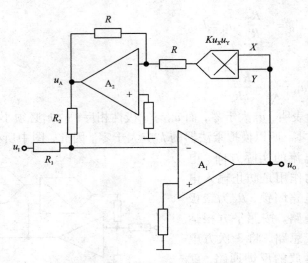

图 7.38　例 7.7 选用的电路

$$\frac{u_1}{R_1} = -\frac{u_A}{R_2}$$

将 u_A、u_{OM} 的表达式代入上式，解得

$$u_o = \sqrt{\frac{R_2}{KR_1}u_1}$$

可见此电路实现的是开平方的运算。

例 7.8　电路如图 7.39 所示，设模拟乘法器和集成运放的性能理想，$k_1 = k_2 = k$，$u_{i1} = U_{im}\sin\omega t$，$u_{i2} = U_{im}\cos\omega t$。试求 u_O 的表达式。

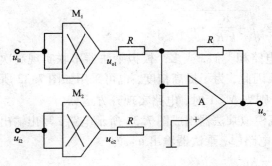

图 7.39　例 7.8 选用的电路

解

$$u_{o1} = k_1 u_{i1}^2 = kU_{im}^2\sin^2\omega t$$

$$u_{o2} = k_2 u_{i2}^2 = kU_{im}^2 \cos^2 \omega t$$

u_{o1}、u_{o2} 分别是乘法器 M_1、M_2 的输出电压。

运放 A 是反相求和运算电路，故输出电压 u_O 为

$$u_O = -(u_{O1} + u_{O2}) = -kU_{im}^2 (\sin^2 \omega t + \cos^2 \omega t) = -kU_{im}^2$$

7.4　有源滤波电路

　　滤波电路是一种能使有用频率信号通过，同时抑制无用频率成分的电路。在实际的电子系统中，外来的干扰信号多种多样，应当设法将其滤除或衰减到足够小的程度。而在另一些场合，有用信号和其他信号混在一起，必须设法把有用信号挑选出来。为了解决上述问题，可采用滤波电路。一般情况滤波电路用它来作信号处理、抑制干扰等。按所处理的信号是连续变化还是离散的，可分为模拟滤波电路和数字滤波电路。本节只介绍模拟滤波电路。以往这种滤波电路主要采用无源元件 R、L 和 C 组成的无源滤波电路，20 世纪 60 年代以后，集成运放获得了迅速发展，形成了由有源器件和 RC 滤波网络组成的有源滤波电路。与无源滤波器相比较，有源滤波器有许多优点。

　　(1) 它不使用电感元件，故体积小，重量轻，也不必屏蔽。

　　(2) 有源滤波电路中的集成运放可加电压串联深度负反馈，电路的输入阻抗高，输出阻抗低，输入与输出之间具有良好的隔离。只要将几个低阶 RC 滤波网络串联起来，就可得到高阶滤波电路。本节重点介绍同相输入接法的 RC 有源滤波电路。因同相接法输入阻抗很高，对 RC 滤波网络影响很小。

　　(3) 除了滤波作用外，还可以放大信号，而且调节电压放大倍数不影响滤波特性。

　　有源滤波电路的缺点主要是，因为通用型集成运放的带宽较窄，故有源滤波电路不宜用于高频范围，一般使用频率在几十千赫兹以下，也不适合在高压或大电流条件下应用。

7.4.1　滤波电路的基础知识

1. 滤波电路的基本概念

　　滤波器是一种选频电路，这能使指定频率范围内的信号顺利通过；而对其他频率的信号加以抑制，使其衰减很大。

　　滤波电路通常根据信号通过的频带来命名。

　　低通滤波电路(LPF)——允许低频信号通过，将高频信号衰减；

　　高通滤波电路(HPF)——允许高频信号通过，将低频信号衰减；

　　带通滤波电路(BPF)——允许某一频段内的信号通过,将此频段之外的信号衰减;

　　带阻滤波电路(BEF)——阻止某一频段内的信号通过,而允许此频段之外的信号通过;

　　全通滤波电路(APF)——没有阻带,信号全通,但相位变化。

　　它们的理想幅频特性如图7.40所示。

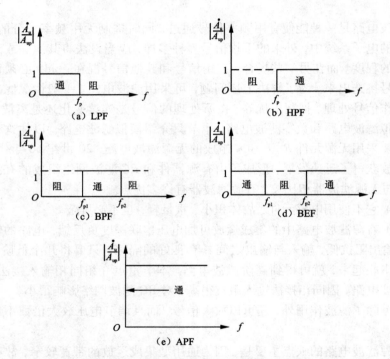

图7.40　5种滤波电路的理想幅频特性

　　对于幅频响应,通常把能够通过的信号频率范围定义为通带,而把受阻或衰减的信号频率范围称为阻带,通带和阻带的界限频率叫做截止频率。

　　以低通滤波电路为例,其理想滤波电路的幅频特性应是以 f_p 为边界频率的矩形特性,而实际滤波特性通带与阻带之间有过渡带,如图7.41所示,过渡带越窄说明滤波电路的选择性越好。

　　滤波电路的输出电压 $\dot{U}_o$ 与输入电压 $\dot{U}_i$ 之比称为电压放大倍数,即

$$\dot{A}_u = \frac{\dot{U}_o}{\dot{U}_i}$$

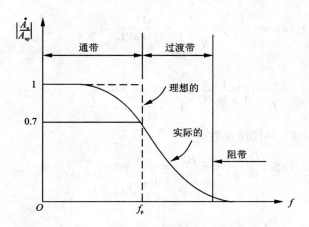

图 7.41　低通滤波电路的幅频特性

图中，A_{up} 是通带电压放大倍数。对于低通滤波电路而言，即为 $f=0$ 时输出电压与输入电压之比。当 $|\dot{A}_u|$ 下降到 $|A_{up}|$ 的 $1/\sqrt{2} \approx 0.707$（即下降 3dB）时，对应的频率 f_p 称为通带截止频率。

2. 高通滤波电路 HPF 与低通滤波电路 LPF 的对偶关系

电阻、电容等无源元件可以构成简单的无源滤波电路。RC 低通和高通滤波电路于图 7.42 所示。

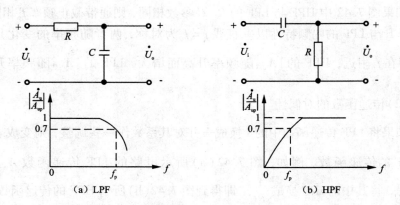

图 7.42　RC 无源滤波电路及其幅频特性

图 7.42（a）中 LPF 的传递函数为

$$A_u(s) = \frac{U_o(s)}{U_i(s)} = \frac{\frac{1}{sC}}{R + \frac{1}{sC}} = \frac{1}{1+sRC} \tag{7.35}$$

或 $\quad \dot{A}_u = \frac{\dot{U}_o}{\dot{U}_i} = \frac{1}{1+j\omega RC} = \frac{1}{1+j\frac{\omega}{\omega_o}} = \frac{1}{1+j\frac{f}{f_o}} \tag{7.36}$

图 7.42(b) 中 HPF 的传递函数为

$$A_u(s) = \frac{U_o(s)}{U_i(s)} = \frac{R}{R+\frac{1}{sC}} = \frac{1}{1+\frac{1}{sRC}} = \frac{sRC}{1+sRC} \tag{7.37}$$

或 $\quad \dot{A}_u = \frac{\dot{U}_o}{\dot{U}_u} = \frac{1}{1+\frac{1}{j\omega RC}} = \frac{1}{1-j\frac{\omega_o}{\omega}} = \frac{1}{1-j\frac{f_o}{f}} \tag{7.38}$

以上两式中 $\omega_o = \frac{1}{RC}$, $f_o = \frac{1}{2\pi RC}$, 称为 RC 电路的特征频率。

通带截止频率 $\quad f_p = f_o = \frac{1}{2\pi RC}$

基于上述分析, 可总结出 HPF 与 LPF 的对偶关系。

(1)幅频特性对偶性

如果图 7.42 中 HPF 与 LPF 的 R、C 参数相同, 则通带截止频率 f_p 相同, 那么, HPF 与 LPF 的幅频特性以垂直线 $f = f_p$ 为对称, 两者随频率的变化是相反的, 即在 f_p 附近, HPF 的 $|\dot{A}_u|$ 随频率升高而增大, LPF 的 $|\dot{A}_u|$ 随频率升高而减小。

(2)传递函数的对偶性

如果将 LPF 传递函数中的 s 换成 $\frac{1}{s}$ 并对其系数作一些调整, 则变成了相应的 HPF 的传递函数。例如, 图 7.42(a) 所示电路的 LPF 传递函数 $A_u(s) = \frac{1}{1+sRC}$, 将其中的 sRC 换成 $\frac{1}{sRC}$, 即得到图 7.42(b) 所示 HPF 的传递函数,

$$A_u(s) = \frac{1}{1+\frac{1}{sRC}} = \frac{sRC}{1+sRC}$$

(3)电路结构上的对偶性

将 LPF 电路中起滤波作用的 C 换成 R, R 换成 C, 即 R 与 C 互换位置, 就

转换成了相应的 HPF，其示意图如图 7.43 所示。

图 7.43　HPF 与 LPF 的结构对偶关系

掌握 HPF 与 LPF 的对偶原则，很容易将 LPF 转换成相应的 HPF，并迅速得到电压传递函数。这对分析计算 HPF 与 LPF 的性能十分有利。

分析 RC 无源 HPF 及 LPF 还知道，它们存在如下缺点：

（1）电压放大倍数 $|\dot{A}_u|$ 最大为 1，没有电压放大作用。

（2）带负载能力差。若在 RC 无源滤波电路的输出端接上负载 R_L，则其截止频率和电压放大倍数都将随 R_L 而变化。

为了解决以上几个问题，可采用集成运放与 RC 滤波网络组成有源滤波电路。

在 RC 滤波网络与负载 R_L 之间，接一个集成运放电压跟随器，它的直流输入电阻可达 1000MΩ，输出阻抗可低至 0.1Ω 以下，带负载能力很强。如果希望既有滤波作用，又有电压放大作用，可在 RC 滤波网络与 R_L 之间接上同相比例放大电路。

7.4.2　低通滤波器

本节以低通滤波器为例，阐明有源滤波电路的组成、特点及分析方法。

1. 一阶电路

一阶有源 LPF 电路如图 7.44 所示。

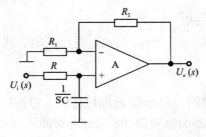

图 7.44　一阶 LPF 电路

它的主要性能分析如下：

（1）通带放大倍数

LPF 的通带放大倍数 A_{up} 是指 $f = 0$ 时输出电压与输入电压之比。对于直流信号而言，图 7.44 电路中的电容视为开路。因此，A_{up} 就是同相比例电路的电压放大倍数，即

$$A_{up} = 1 + \frac{R_2}{R_1} \qquad (7.39)$$

（2）传递函数

由图 7.44 电路可知

$$A_u(s) = \frac{U_o(s)}{U_i(s)} = \left(1 + \frac{R_2}{R_1}\right)U_P(s) = \left(1 + \frac{R_2}{R_1}\right)\frac{1}{1 + sRC} \qquad (7.40)$$

由于式（7.40）中分母为 s 的一次幂，故上式所示滤波电路为一阶低通有源滤波电路。

（3）幅频特性及通带截止频率

将式（7.40）中的 s 换成 $j\omega$，并令 $f_o = \frac{1}{2\pi RC}$（f_o 与元件参数有关，称为特征频率），可得

$$\dot{A}_u = \frac{1}{1 + j\dfrac{f}{f_o}}A_{up} \qquad (7.41)$$

根据式（7.41），归一化的幅频特性的模为

$$\left|\frac{\dot{A}_u}{A_{up}}\right| = \frac{1}{\sqrt{1 + \left(\dfrac{f}{f_o}\right)^2}}$$

由上式看出，当 $f = f_o$ 时，$|\dot{A}_u| = \dfrac{1}{\sqrt{2}}A_{up}$。因此通带截止频率是

$$f_p = f_o = \frac{1}{2\pi RC} \qquad (7.42)$$

对数幅频特性如图 7.45 所示。可见，当 $f \gg f_p$ 时，其衰减斜率为 $-20\text{dB}/$十倍频。

2. 简单二阶电路

为使有源滤波器的滤波特性接近理想特性，即在通频带内特性曲线更平缓，在通频带外特性曲线衰减更陡峭，只有增加滤波网络的阶数。

将串联的两节 RC 低通网络直接与同相比例电路相连，可构成图 7.46 所示的简单二阶 LPF。在过渡带可获得 $-40\text{dB}/$十倍频的衰减特性。

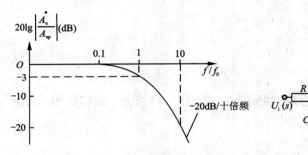

图 7.45 一阶 LPF 的幅频特性

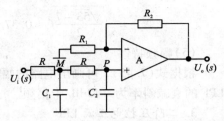

图 7.46 简单二阶 LPF 电路

主要性能分析：

（1）通带放大倍数

$$A_{up} = 1 + \frac{R_2}{R_1}$$

（2）传递函数

$$A_u(s) = \left(1 + \frac{R_2}{R_1}\right) \cdot \frac{U_p(s)}{U_i(s)} = \left(1 + \frac{R_2}{R_1}\right) \cdot \frac{U_p(s)}{U_M(s)} \cdot \frac{U_M(s)}{U_i(s)} \qquad (7.43)$$

当 $C_1 = C_2 = C$ 时，

$$\frac{U_p(s)}{U_M(s)} = \frac{1}{1 + sRC}$$

$$\frac{U_M(s)}{U_i(s)} = \frac{\frac{1}{sC} /\!/ \left(R + \frac{1}{sC}\right)}{R + \left[\frac{1}{sC} /\!/ \left(R + \frac{1}{sC}\right)\right]}$$

代入式（7.43），整理可得

$$A_u(s) = \left(1 + \frac{R_2}{R_1}\right) \frac{1}{1 + 3sRC + (sRC)^2} \qquad (7.44)$$

（4）通带截止频率

将式（7.44）中的 s 换成 $j\omega$，并令 $f_0 = \dfrac{1}{2\pi RC}$，则得

$$\dot{A}_u = \frac{A_{up}}{1 - \left(\dfrac{f}{f_0}\right)^2 + j3\dfrac{f}{f_0}} \qquad (7.45)$$

当 $f = f_p$ 时，上式右边的分母之模应等于 $\sqrt{2}$，即

$$\left|1 - \left(\frac{f}{f_0}\right)^2 + j3\frac{f}{f_0}\right| \approx \sqrt{2}$$

解得

$$f_p = \sqrt{\frac{\sqrt{53}-7}{2}} f_o \approx 0.37 f_o \tag{7.46}$$

（5）幅频特性

根据式（7.45），可画出电路的幅频特性，如图 7.47 所示。该图说明，二阶 LPF 的衰减斜率为 −40dB/十倍频。

3. 二阶压控电压源 LPF

由简单二阶 LPF 的幅频特性（见图 7.47）看出，在 f_o 附近的幅频特性与理想情况差别较大，即在 $f < f_o$ 附近，幅频特性曲线已开始下降；而 $f > f_o$ 在附近，它的下降斜率还不快。为了使 f_o 附近的电压放大倍数提高，改善在 f_o 附近的滤波特性，将图 7.46 电路中的 C_1 的接地端接到集成运放的输出端，形成正反馈，便得到二阶压控电压源低通滤波电路，如图 7.48 所示。只要参数选择合适，既可在 $f = f_o$ 时使电压放大倍数数值增大，又不会因正反馈过强而产生自激振荡。因为同相输入端电位控制由集成运放和 R_1、R_2 组成的电压源，故称之为压控电压源滤波电路。

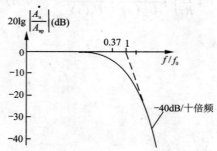

图 7.47 简单二阶 LPF 的幅频特性

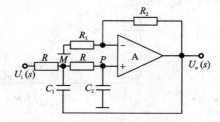

图 7.48 二阶压控电压源 LPF

主要性能分析：

（1）通带放大倍数

$$A_{up} = 1 + \frac{R_2}{R_1}$$

（2）传递函数

设 $C_1 = C_2 = C$ 时，M 点的电流方程为

$$\frac{U_i(s) - U_M(s)}{R} = \frac{U_M(s) - U_o(s)}{\frac{1}{sC}} + \frac{U_M(s) - U_P(s)}{R} \tag{7.47}$$

P 点的电流方程为

$$\frac{U_M(s) - U_p(s)}{R} = \frac{U_p(s)}{\dfrac{1}{sC}} \tag{7.48}$$

由式(7.47)和式(7.48)联立，解出传递函数

$$A_u(s) = \frac{A_{up}}{1 + [3 - A_{up}]sRC + (sRC)^2} \tag{7.49}$$

在式(7.49)中，只有当 A_{up} 小于 3 时，即分母中 s 的一次项系数大于零，电路才能稳定工作，而不产生自激振荡。

若令 $s = j\omega$，$f_0 = \dfrac{1}{2\pi RC}$，则电压放大倍数

$$\dot{A}_u = \frac{A_{up}}{1 - \left(\dfrac{f}{f_0}\right)^2 + j(3 - A_{up})\dfrac{f}{f_0}} \tag{7.50}$$

(3)幅频特性

若令 $Q = \dfrac{1}{3 - A_{up}}$，则 $f = f_0$ 时 $\left| \dot{A}_u \right| = \left| \dfrac{A_{up}}{3 - A_{up}} \right| = |QA_{up}|$ (7.51)

可见，Q 的物理意义是 $f = f_0$ 时电压放大倍数与通带放大倍数之比。

图 7.49 所示为 Q 值不同时的幅频特性，当 $f \gg f_p$ 时，其衰减斜率为 $-40\text{dB}/$ 十倍频。

不同的 Q 值将使频率特性在 f_0 附近范围变化较大。当进一步增加滤波电路阶数，其幅频特性将更接近理想特性。

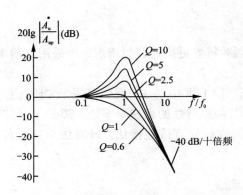

图 7.49 二阶压控电压源 LPF 的幅频特性

说明两点：

（1）当 $Q=1$ 时，在 $f=f_0$ 的情况下，$\left.|\dot{A}_u|\right|_{f=f_0}=A_{up}$，即维持了通带内的电压增益，故滤波效果为佳。这时，$3-A_{up}=1$，$A_{up}=2$，$R_2=R_1$。

（2）当 $A_{up}=3$ 时，Q 将趋于无穷大，意味着该 LPF 将产生自激现象。因此，电路参数必须满足 $A_{up}<3$，$R_2<2R_1$，且要求元器件参数性能稳定。

例 7.9　若要求二阶压控电压源 LPF 的 $f_p=400\mathrm{Hz}$，$Q=0.7$，试求图 7.48 电路中的各电阻、电容值。

解　（1）滤波网络的电阻 R 和电容 C 确定特征频率 f_0 的值。根据 f_0 的值选择 C 的容量，求出 R 的值。

C 的容量一般低于 $1\mu\mathrm{F}$，R 的值在千欧范围内选择。

取 $C=0.1\mu\mathrm{F}$，

$$R=\frac{1}{2\pi f_0 C}=\frac{1}{2\pi\times 400\times 0.1\times 10^{-6}}=3979(\Omega)$$

可取 $R=3.9\mathrm{k}\Omega$

（2）已知 Q 值求 A_{up} 值

$$Q=\frac{1}{3-A_{up}}=0.7,\quad A_{up}=1.57$$

（3）根据集成运放两个输入端外接电阻的对称条件及 A_{up} 与 R_1、R_2 的关系，有

$$\begin{cases}1+\dfrac{R_2}{R_1}=1.57\\[2mm]R_1/\!/R_2=R+R=2R\end{cases}$$

解出 $R_1=5.51R$，$R_2=3.14R$。前面已取 $R=3.9\mathrm{k}\Omega$，因此，R_1 取 $21.5\mathrm{k}\Omega$，R_2 取 $12.2\mathrm{k}\Omega$。

4. 高阶 LPF

为了使 LPF 的幅频特性更接近理想情况，可采用高阶 LPF。构成高阶 LPF 有两种方法。

（1）多个二阶或一阶 LPF 串联法。例如将两个二阶压控电压源 LPF 串联起来，就是四阶 LPF，其幅频特性的衰减斜率是 $-80\mathrm{dB}/$ 十倍频。

（2）RC 网络与集成运放直接连接法。该方法节省元件，但设计和计算较复杂。

7.4.3　高通滤波器

根据 HPF 与 LPF 的对偶原则，可将二阶压控电压源 LPF 变换成如图 7.50 所示的二阶压控电压源 HPF。

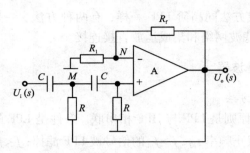

图 7.50　二阶压控电压源 HPF

性能分析

（1）通带放大倍数

当频率 f 很高时，电容 C 可视为短路，通带放大倍数仍为

$$A_{\text{up}} = 1 + \frac{R_{\text{f}}}{R_1} \tag{7.52}$$

（2）传递函数

根据对偶原则，将式（7.49）中的 sRC 换成 $\frac{1}{sRC}$，则得图 7.50HPF 的传递函数

$$A_{\text{u}}(s) = A_{\text{up}} \cdot \frac{(sRC)^2}{1 + [3 - A_{\text{up}}]sRC + (sRC)^2} \tag{7.53}$$

（3）频率特性

将式（7.53）中的 s 换成 $j\omega$，并令 $f_{\text{o}} = \frac{1}{2\pi RC}$，得

$$\dot{A}_{\text{u}} = \frac{\dot{U}_{\text{o}}}{\dot{U}_{\text{i}}} = \frac{A_{\text{up}}}{1 - \left(\dfrac{f_{\text{o}}}{f}\right)^2 - j(3 - A_{\text{up}})\dfrac{f_{\text{o}}}{f}} \tag{7.54}$$

令 $Q = \dfrac{1}{3 - A_{\text{up}}}$,

上式可写成

$$\dot{A}_{\text{u}} = \frac{A_{\text{up}}}{1 - \left(\dfrac{f_{\text{o}}}{f}\right)^2 - j\dfrac{1}{Q}\dfrac{f_{\text{o}}}{f}} \tag{7.55}$$

根据式（7.55）可画出图 7.51 电路的幅频特性。应注意到：① $f \ll f_{\text{o}}$ 时，幅频特性的斜率为 +40dB/十倍频。② $A_{\text{up}} < 3$, $R_{\text{f}} < 2R_1$。③ 当 $Q = 1$, 即 $R_{\text{f}} = R_1$ 时，滤波效果最佳。

高阶 HPF 构成方法同高阶 LPF 一样，有两种方法。一是由几个低阶 HPF 串联；二是由 RC 滤波网络和集成运放直接连接。

7.4.4　带通滤波器

1. BPF 的构成方法

BPF 构成的总原则是 LPF 与 HPF 相串联。条件是 LPF 的通带截止频率 f_{p1} 高于 HPF 的通带截止频率 f_{p2}，$f > f_{p1}$ 的信号被 LPF 滤掉；$f < f_{p2}$ 的信号被 HPF 滤掉，只有 $f_{p2} < f < f_{p1}$ 的信号才能顺利通过。

BPF 的示意图如图 7.52 所示。

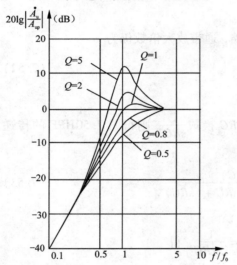

图 7.51　二阶压控电压源 HPF 的幅频特性

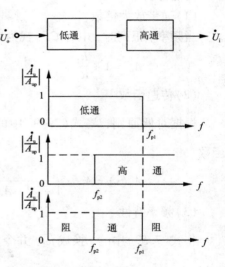

图 7.52　BPF 组成原理

LPF 与 HPF 串联有两种情况：

（1）将有源 LPF 与有源 HPF 两级直接串联。用这种方法构成的 BPF 通带宽，而且通带截止频率易调整，但所用元器件多。

（2）将两节电路直接相连，其优点是电路简单。

2. 二阶压控电压源 BPF

二阶压控电压源 BPF 电路如图 7.53 所示。

性能分析：

（1）传递函数

$U_p(s)$ 为同相比例运算电路的输入，比例系数

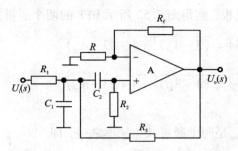

图 7.53 二阶压控电压源 BPF

$$A_{uf} = \frac{\dot{U}_o}{\dot{U}_p} = 1 + \frac{R_f}{R_1} \tag{7.56}$$

当 $C_1 = C_2 = C$，$R_1 = R$，$R_2 = 2R$ 时，电路的传递函数

$$A_u(s) = A_{uf} \cdot \frac{sRC}{1 + [3 - A_{uf}]sRC + (sRC)^2} \tag{7.57}$$

（2）中心频率和通带放大倍数

将式（7.57）中 s 换成 $j\omega$，则得电压放大倍数

$$\dot{A}_u = \frac{A_{uf}}{3 - \dot{A}_{uf}} \cdot \frac{1}{1 + j\frac{1}{3 - A_{uf}}\left(\frac{f}{f_0} - \frac{f_0}{f}\right)} \tag{7.58}$$

式中，$f_0 = \frac{1}{2\pi RC}$ 称为 BPF 的中心频率，因为当 $f = f_0$ 时 $|\dot{A}_u|$ 最大。

将 $f = f_0$ 时，$\dot{A}_u$ 的值称为 BPF 的通带放大倍数。由式（7.58）可知，BPF 的通带放大倍数是

$$A_{up} = \frac{A_{uf}}{3 - A_{uf}} \tag{7.59}$$

应注意到，有源 LPF 和有源 HPF 的 $A_{up} = A_{uf} = 1 + \frac{R_f}{R_1}$，而有源 BPF 的 A_{up} 不等于 A_{uf}。

（3）通带截止频率

根据求通带截止频率 f_p 的方法是令 $|\dot{A}_u| = \frac{1}{\sqrt{2}}A_{up}$，则可令式（7.59）中的分母虚部系数之绝对值等于 1，求出 f_p，即

$$\left| \frac{1}{3 - A_{uf}}\left(\frac{f_p}{f_0} - \frac{f_0}{f_p}\right) \right| = 1$$

解该方程，取正根，则得图7.53所示BPF的两个通带截止频率

$$f_{p1} = \frac{f_o}{2} \left[\sqrt{(3 - A_{uf})^2 + 4} - (3 - A_{uf}) \right] \tag{7.60}$$

$$f_{p2} = \frac{f_o}{2} \left[\sqrt{(3 - A_{uf})^2 + 4} + (3 - A_{uf}) \right] \tag{7.61}$$

（4）通频带

BPF的通频带f_{bw}是两个通带截止频率之差，即

$$f_{bw} = f_{p2} - f_{p1} = (3 - A_{uf}) f_0 \tag{7.62}$$

（5）Q值

BPF的Q值是中心频率与通频带之比值，由式（7.62）得

$$Q = \frac{f_o}{f_{bw}} = \frac{1}{3 - A_{uf}} \tag{7.63}$$

（6）频率特性

根据式（7.58）、式（7.59）和式（7.63），可得

$$\frac{\dot{A}_u}{A_{up}} = \frac{1}{1 + jQ\left(\dfrac{f}{f_o} - \dfrac{f_o}{f}\right)} \tag{7.64}$$

由式（7.64）可画出不同Q值的二阶BPF的幅频特性曲线，如图7.54所示，可以看出，Q值越大，BPF的通频带越窄，选择性越好。

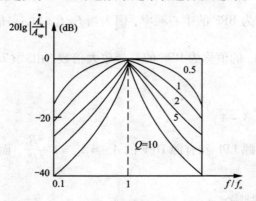

图 7.54　二阶压控电压源 BPF 的幅频响应

7.4.5　带阻滤波器

1. BEF 的构成方法

BEF 构成的总原则是 LPF 与 HPF 相并联，条件是 LPF 的通带截止频率f_{p1}

小于 HPF 的通带截止频率 f_{p2}，只有
$f_{p1}<f<f_{p2}$ 的信号无法通过。阻带宽
度 $BW=f_{p2}-f_{p1}$。BEF 构成的原理框
图如图 7.55 所示。

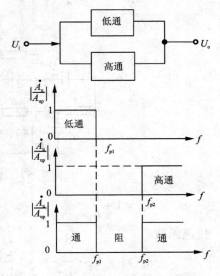

图 7.55　BEF 组成原理框图

　　LPF 与 HPF 并联有两种情况。

　　（1）将有源 LPF 与有源 HPF 直
接并联，这种方法实现较困难，而且
电路元器件用的多，不宜采用。

　　（2）用两节 RC 网络（即一个无
源 LPF 和一个无源 HPF）相并联，构
成无源 BEF，再将它与同相比例电路
直接相连，这种方法应用广泛。

　　图 7.56（a）是一个无源 LPF，图
7.56（b）是一个无源 HPF，将它们并
联起来，就得到无源 BEF（双 T 网

络）。在双 T 网络后面接上同相比例电路，就可构成基本的有源 BEF。为了减小
阻带宽度，提高选择性，应使阻带中心频率 f_0 附近两边的幅度增大。为此，将
$\frac{1}{2}R$ 电阻接地端改接到集成运放的输出端，形成正反馈。只要电路参数选择合
适，会有很好的选择性。

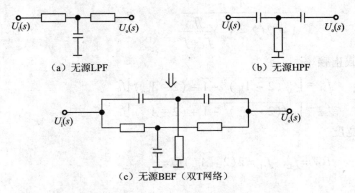

（a）无源LPF　　　　　　（b）无源HPF

（c）无源BEF（双T网络）

图 7.56　无源 BEF

2. 二阶压控电压源 BEF

二阶压控电压源 BEF 典型电路如图 7.57 所示。

性能分析：

通带放大倍数

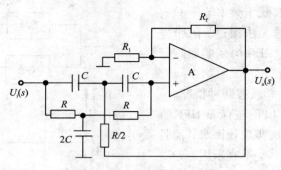

图 7.57 典型的 BEF

$$A_{up} = 1 + \frac{R_f}{R_1} \tag{7.65}$$

传递函数

$$A_u(s) = A_{up} \cdot \frac{1 + (sRC)^2}{1 + 2[2 - A_{up}]sRC + (sRC)^2} \tag{7.66}$$

令中心频率 $f_0 = \dfrac{1}{2\pi RC}$，则电压放大倍数

$$\dot{A}_u = A_{up} \cdot \frac{1 - \left(\dfrac{f}{f_0}\right)^2}{1 - \left(\dfrac{f}{f_0}\right)^2 + j2(2 - A_{up})\dfrac{f}{f_0}}$$

$$= \frac{A_{up}}{1 + j2(2 - A_{up})\dfrac{ff_0}{f_0^2 - f^2}} \tag{7.67}$$

通带截止频率

$$f_{p1} = \left[\sqrt{(2 - A_{up})^2 + 1} - (2 - A_{up})\right]f_0$$

$$f_{p2} = \left[\sqrt{(2 - A_{up})^2 + 1} + (2 - A_{up})\right]f_0 \tag{7.68}$$

阻带宽度

$$BW = f_{p2} - f_{p1} = 2(2 - A_{up})f_0 = \frac{f_0}{Q} \tag{7.69}$$

其中 $Q = \dfrac{1}{2(2 - A_{up})}$，不同 Q 值时的幅频特性如图 7.58 所示。

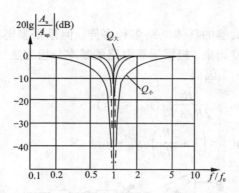

图 7.58　图 7.57 所示 BEF 的幅频特性

7.5　自学材料

7.5.1　预处理放大器

在电子信息系统中，通过传感器或其他途径所采集的信号往往很小，不能直接进行运算、滤波等处理，必须进行放大。本节将介绍几种常用的放大电路和预处理中的一些实际问题。

1. 仪表用放大器

集成仪表用放大器，也称为精密放大器，用于弱信号放大。

（1）仪表用放大器的特点

在测量系统中，通常都用传感器获取信号，即把被测物理量通过传感器转换为电信号，然后进行放大。因此，传感器的输出是放大器的信号源。然而，多数传感器的等效电阻均不是常量，它们随所测量物理量的变化而变。这样，对于放大器而言，信号源内阻 R_S 是变量，根据电压放大倍数的表达式

$$\dot{A}_{us} = \frac{R_i}{R_s + R_i} \cdot \dot{A}_u$$

可知，放大器的放大能力将随信号大小而变。为了保证放大器对不同幅值信号具有稳定的放大倍数，就必须使得放大器的输入电阻 R_i，R_S，R_i 愈大，因信号源内阻变化而引起的放大误差就愈小。

此外，从传感器所获得的信号常为差模小信号，并含有较大共模部分，其数值有时远大于差模信号。因此，要求放大器应具有较强的抑制共模信号的能力。

综上所述，仪表用放大器除具备足够大的放大倍数外，还应具有输入电阻和共模抑制比。

（2）基本电路

集成仪表用放大器的具体电路多种多样，但是很多电路都是在图7.59所示电路的基础上演变而来。根据运算电路的基本分析方法，在图7.59所示电路中，$u_A = u_{I1}$，$u_B = u_{I2}$，因而

$$u_{I1} - u_{I2} = \frac{R_2}{2R_1 + R_2}(u_{O1} - u_{O2})$$

即

$$u_{O1} - u_{O2} = \left(1 + \frac{2R_1}{R_2}\right)(u_{I1} - u_{I2})$$

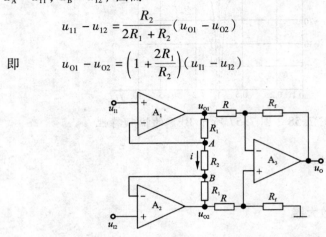

图7.59　三运放构成的精密放大器

所以输出电压

$$u_O = -\frac{R_f}{R}(u_{O1} - u_{O2}) = -\frac{R_f}{R}\left(1 + \frac{2R_1}{R_2}\right)(u_{I1} - u_{I2}) \tag{7.70}$$

设 $u_{Id} = u_{I1} - u_{I2}$，则

$$u_O = -\frac{R_f}{R}\left(1 + \frac{2R_1}{R_2}\right)u_{Id} \tag{7.71}$$

当 $u_{I1} = u_{I2} = u_{Ic}$ 时，由于 $u_A = u_B = u_{Ic}$，R_2 中电流为零，$u_{O1} = u_{O2} = u_{Ic}$，输出电压 $u_O = 0$。可见，电路放大差模信号，抑制共模信号。差模放大倍数数值愈大，共模抑制比愈高。当输入信号中含有共模噪声时，也将被抑制。

（3）集成仪表放大器

图7.60所示为型号是INA102的集成仪表用放大器。

图中各电容均为相位补偿电容。第一级电路由 A_1 和 A_2 组成，与图7.59所示电路中的 A_1 和 A_2 对应，电阻 R_1、R_2 和 R_3 与图7.59中的 R_2 对应，R_4 和 R_5 与图7.59中的 R_1 对应；第二级电路的电压的放大倍数为1。INA102的电源和输入级失调调整引脚接法如图7.61所示，两个 $1\mu F$ 电容为去耦电容。改变其它管脚的外部接线可以改变第一级电路的增益，分为1、10、100、和1000 4种情况，接法如表7.1所示。

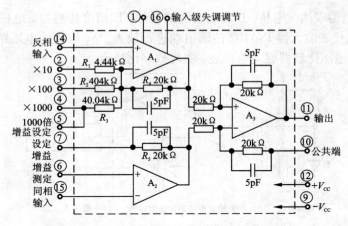

图 7.60　型号为 INA102 的集成仪表用放大器

表 7.1　INA102 集成仪表用放大器增益的设定

增　　　益	引脚连接	增　　　益	引脚连接
1	6 和 7	100	3 和 6 和 7
10	2 和 6 和 7	1000	4 和 7，5 和 6

INA102 的输入电阻可达 $10^4 M\Omega$，共模抑制比为 100dB，输出电阻为 0.1Ω，小信号带宽为 300kHz；当电源电压 ±15V 时，最大共模输入电压为 ±12.5V。

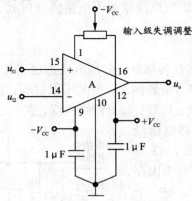

图 7.61　INA102 的外接电源和输入失调调整

(4) 应用举例

图 7.62 所示为采用 PN 结温度传感器的数字式温度计电路，测量范围为 −50 ~ +150℃，分辨率为 0.1℃。电路由 3 部分组成，如图中所标注。图中 R_1、

R_2、D 和 R_{w1} 构成测量电桥，D 为温度测试元件，即温度传感器。电桥的输出信号接到集成仪表放大器 INA102 的输出端进行放大。A_2 构成的电压跟随器，起隔离作用。电压比较器驱动电压表，实现数字化显示。

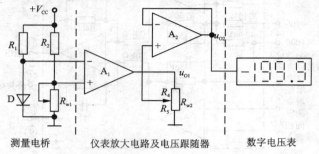

图 7.62　仪表放大电路及电压跟随器

　　设放大后电路的灵敏度为 10mV/℃，则在温度从 −50℃ 变化到 +150℃ 时，输出电压的变化范围为 2V，即从 −0.5 ~ +1.5V。当 INA102 的电源电压为 ±18V 时，可将 INA102 的引脚 和 连接在一起，设定仪表放大器的电压放大倍数为 10，因而仪表放大器的输出电压范围为 −5 ~ +15V。根据运算电路的分析方法，可以求出 A_1 和 A_2 输出电压的表达式为

$$u_{O1} = -10(u_D - u_{R_{w1}})$$

$$u_{O2} = -10 \cdot \frac{R_5}{R_{w2}}(u_D - u_{R_{w1}}) \tag{7.72}$$

　　改变 R_{w2} 滑动端的位置可以改变放大电路的电压放大倍数，从而调整数字电压表的显示数据。

　　2. 电荷放大器

　　某些传感器属于电容性传感器，如压电式加速度传感器、压力传感器等。这类传感器的阻抗非常高，呈容性，输出电压很微弱；它们工作时，将产生正比于被测物理量的电荷量，且具有较好的线性度。

　　积分运算电路可以将电荷量转换成电压量，电路如图 7.63 所示。电容性传感器可以等效为因存储电荷而产生的电动势 u_t 与一个输出电容 C_t 串联，如图中虚线框内所示。u_t、C_t 和电容上的电量之间的关系为

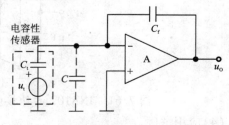

图 7.63　电荷放大器

$$u_t = \frac{q}{C_t} \qquad\qquad (7.73)$$

在理想运放条件下，根据"虚短"和"虚断"的概念，为虚地。将传感器对地的杂散电容 C 短路，消除因 C 而产生的误差。集成运放 A 的输出电压将式 (7.73) 代入，可得

$$u_O = -\frac{\dfrac{1}{j\omega C_f}}{\dfrac{1}{j\omega C_t}} u_t = -\frac{C_t}{C_f} u_t$$

$$u_O = -\frac{q}{C_f} \qquad\qquad (7.74)$$

为了防止因 C_f 长时间充电导致集成运放饱和，常在 C_f 上并联电阻 R_f，如图 7.64 所示。并联 R_F 后，为了使 $\dfrac{1}{\omega C_f} \ll R_f$，传感器输出信号频率不能过低，$f$ 应大于 $\dfrac{1}{2\pi R_f C_f}$。

在实用电路中，为了减少传感器输出电缆的电容对放大电路的影响，一般常将电荷放大器装在传感器内；而为了防止传感器在过载时有较大的输出，则在集成运放输入端加保护二极管；如图 7.64 所示。

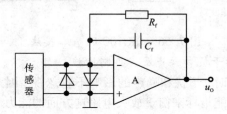

图 7.64　C_f 上并联电阻 R_f 的电荷放大器

3. 光电耦合放大器

图 7.65 所示为型号是 ISO100 的光电耦合放大器，由两个运放 A_1 和 A_2、两个恒流源 I_{REF1} 和 I_{REF2} 以及一个光电耦合器组成。光电耦合器由一个发光二极管 LED 和两个光电二极管 D_1、D_2 组成，起隔离作用，使输入侧和输出没有电通路。两侧电路的电源与地也相互独立。

ISO100 的基本接法如图 7.66 所示，R 和 R_f 为外接电阻，调整它们可以改变增益。若 D_1 和 D_2 所受光照相同，则可以证明

$$u_D = \frac{R_f}{R} \cdot u_I$$

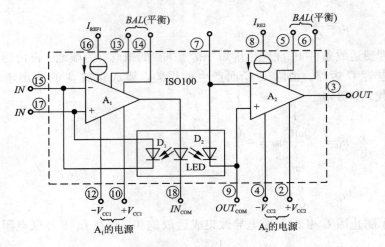

图 7.65 ISO100 光电耦合放大器

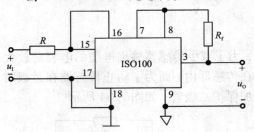

图 7.66 ISO100 的基本接法

4. 放大电路中的干扰和噪声及其抑制措施

在微弱信号放大时，干扰和噪声的影响不容忽视。因此，常用抗干扰能力和信号噪声比作为性能指标来衡量放大电路这方面的能力。

（1）干扰的来源及抑制措施

较强的干扰常常来源于高压电网、电焊机、无线电发射装置(如电台、电视台等)以及雷电等，它们所产生的电磁波或尖峰脉冲通过电源线、磁耦合传输线间的电容进入放大电路。

因此，为了减小干扰对电路的影响，在可能的情况应远离干扰源，必要时加金属屏蔽罩；并且在电源接入电路之处加滤波环节，通常将一个 $10 \sim 30\mu F$ 的钽电容和一个 $0.01 \sim 0.1\mu F$ 独石电容并联接在电源程序接入处；同时，在已知干扰的频率范围的情况下，还可在电路中加一个合适的有源滤波电路。

（2）噪声的来源及抑制措施

在电子电路中，因电子无序的热运动而产生的噪声，称为热噪声；因单位时间内通过 PN 结的载流子数目的随机变化而产生的噪声，称为散弹噪声；上述两种噪声的功率频谱均为均匀的。此外，还有一种频谱集中在低频段且与频率成反比的噪声，称为闪烁噪声或者 $1/f$ 噪声。晶体三极管和场效应管中存在上述三种噪声，而电阻仅存在热噪声和 $1/f$ 噪声。

若设放大器的输入和输出信号的功率分别为 P_{si} 和 P_{so}，输入和输出的噪声功率为 P_{ni} 和 P_{no}，则噪声系数定义为

$$N_F = \frac{P_{si}/P_{ni}}{P_{so}P_{no}} \text{或} N_F(dB) = 100\lg N_F \tag{7.75}$$

因为 $P = U/R$，故可以将式（7.75）改写为

$$N_F(dB) = 100\lg \frac{U_{si}/U_{ni}}{U_{so}U_{no}} \tag{7.76}$$

在放大电路中，为了减小电阻产生的噪声，可选用金属膜电阻，且避免使大阻值电阻；为了减小放大电路的噪声，可选用低噪声集成运放；当已知信号频率范围时，可加有源滤波电路；此外，在数据采集系统中，可提高放大电路输出量的取样频率，剔除异常数据取平均值的方法，减小噪声影响。

7.5.2　开关电容滤波器

开关电容电路由受时钟脉冲信号控制的模拟开关、电容器和运算放大电路三部分组成。这种电路的特性与电容器的精度无关，而仅与各电容器电容量之比的准确性有关。在集成电路中，可以通过均匀地控制硅片上氧化层的介电常数及其厚度，使电容量之比主要取决于每个电容电极的面积，从而获得准确性很高的电容比。自 20 世纪 80 年代以来，开关电容电路广泛地应用于滤波器、振荡器、平衡调制器和自适应均衡器等各种模拟信号处理电路之中。由于开关电容电路应用 MOS 工艺，故尺寸小、功耗低、工艺过程较简单，且易于制成大规模集成电路。

1. 基本开关电容单元

图 7.67 所示为基本开关电容单元电路，两相时钟脉冲 ϕ 和 $\overline{\phi}$ 互补，即 ϕ 为高电平 $\overline{\phi}$ 为低电平，ϕ 为低电平时 $\overline{\phi}$ 为高电平；它们分别控制电子开关 S_1 和 S_2，因此两个开关不可能同时闭合或断开。

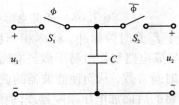

图 7.67　基本开关电容单元电路

当 S_1 闭合时，S_2 必然断开，对 C 充电，充电电荷 $Q_1 = Cu_1$；而 S_1 断开时，S_2 必然闭合，C 放电，放电电荷 $Q_2 = Cu_2$。设开关的周期 T_c，节点从左到右传输的总电荷为

$$\Delta Q = C\Delta u = C(u_1 - u_2)$$

等效电流

$$i = \frac{\Delta Q}{T_c} = \frac{C}{T_c}(u_2 - u_1)$$

如果时钟脉冲的频率 f_c 足够高，以至于可以认为在一个时钟周期内两个端口的电压基本不变，则基本开关电容单元就可以等效为电阻，其阻值为

$$R = \frac{u_1 - u_2}{i} = \frac{T_c}{C} \tag{7.77}$$

若 $C = 1\text{pF}$，$f_c = 100\text{kHz}$ 则等效电阻 R 等于 $10\text{M}\Omega$。利用 MOS 工艺，电容只需硅片 0.01mm^2，所占面积极小，所以解决了集成运放不能直接制作大电阻的问题。

2. 开关电容滤波电路

图 7.68 所示为开关电容低通滤波器，图(b)所示为它的原型电路。电路正常工作的条件是 ϕ 和 $\overline{\phi}$ 的频率 f_c 远大于输入电压 $\dot{U}_i$ 的频率 f，因而开关电容单元等效成电阻 R，且 $R = T_c/C_1$。电路的通带截止频率 f_p 决定于时间常数

$$\tau = RC_2 = \frac{C_2}{C_1}T_c$$

$$f_p = \frac{1}{2\pi\tau} = \frac{C_1}{C_2} \cdot f_C \tag{7.78}$$

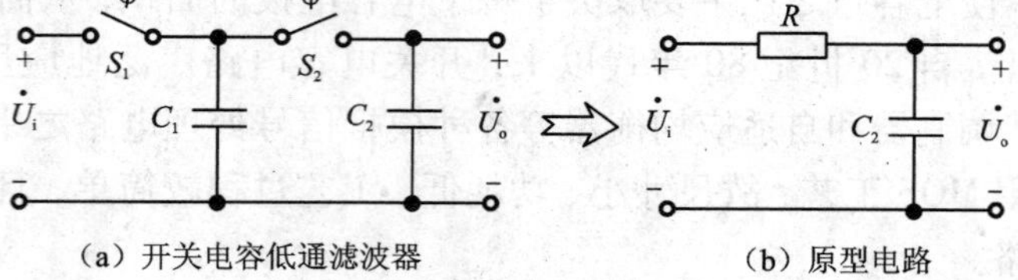

（a）开关电容低通滤波器　　　　　（b）原型电路

图 7.68　开关电容低通滤波器及其原型电路

由于 f_c 是时钟脉冲，频率相当稳定；而且 C_1/C_2 是两个电容的电容量之比，在集成电路制作时易于做到准确和稳定，所以开关电容电路容易实现稳定准确的时间常数，从而使滤波器的截止频率稳定。实际电路常常在图 7.68(a) 所示电路的后面加电压跟随器或同相比例运算电路，如图 7.69 所示。

7.5.3　其他形式滤波电路

1. 反相输入滤波器

1. 反相输入低通滤波器

（1）一阶电路

图 7.70 所示为反相输入一阶低通滤波电路。

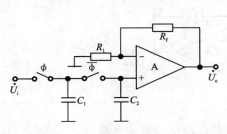 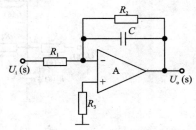

图 7.69　实际开关电容低通滤波器　　图 7.70　反相输入一阶低通滤波电路

令信号频率等于零，求出通带放大倍数

$$A_{up} = -\frac{R_2}{R_1} \tag{7.79}$$

电路的传递函数

$$A_u(s) = -\frac{R_2 \,/\!/\, \dfrac{1}{sC}}{R_1} = -\frac{R_2}{R_1} \cdot \frac{1}{1 + sR_2C} \tag{7.80}$$

用 $j\omega$ 取代 s，令 $f_0 = \dfrac{1}{2\pi R_2 C}$，得出电压放大倍数

$$\dot{A}_u = \frac{A_{up}}{1 + j\dfrac{f}{f_0}} \tag{7.81}$$

通带截止频率 $f_p = f_0$。

（2）二阶电路

与同相输入电路类似，增加 RC 环节，可以使滤波器的过渡带变窄，衰减斜率的值加大，如图 7.71 所示。为了改善 f_0 附近的频率特性，也可采用与压控电压源二阶滤波器相似的方法，即多路反馈的方法，如图 7.72 所示。

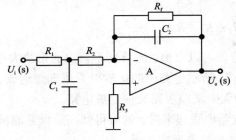

图 7.71　反相输入简单二阶低通滤波电路

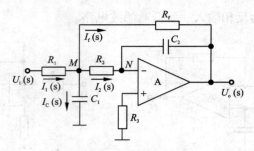

图 7.72 无限增益多路反馈二阶低通滤波电路

在图 7.72 所示电路中，当 $f=0$ 时，C_1 和 C_2 均开路，故通带放大倍数

$$A_{up} = -\frac{R_f}{R_1} \tag{7.82}$$

M 点的电流方程为

$$I_1(s) = I_f(s) + I_2(s) + I_c(s)$$

$$\frac{U_i(s) - U_M(s)}{R_1} = \frac{U_M(s) - U_o(s)}{R_f} + \frac{U_M(s)}{R_2} + U_M(s)sC_1 \tag{7.83}$$

其中

$$U_o(s) = -\frac{1}{sR_2C_2} \cdot U_M(s) \tag{7.84}$$

解式(7.83)和式(7.84)组成的联立方程，得到传递函数

$$A_u(s) = \frac{A_{up}}{1 + sC_2R_2R_f\left(\dfrac{1}{R_1} + \dfrac{1}{R_2} + \dfrac{1}{R_f}\right) + s^2C_1C_2R_2R_f} \tag{7.85}$$

特征频率为

$$f_0 = \frac{1}{2\pi\sqrt{C_1C_2R_2R_f}} \tag{7.86}$$

品质因数为

$$Q = (R_1 /\!/ R_2 /\!/ R_f)\sqrt{\frac{C_1}{R_2R_fC_2}} \tag{7.87}$$

从式(7.85)的分母可以看出，滤波器不会因通带放大倍数数值过大而产生自激振荡。因为图 7.72 所示电路中的运放可看成理想运放，即可认为其增益无穷大，故称该电路为无限增益多路反馈滤波电路。

当多个低通滤波器串联起来时，就可得到高阶低通滤波器。

2. 无限增益多路反馈高通滤波器

图 7.73 所示为无限增益多路反馈高通滤波电路。

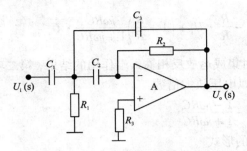

图 7.73　无限增益多路反馈高通滤波电路

图 7.73 所示电路的传递函数、通带放大倍数、截止频率和品质因数分别为

$$A_u(s) = A_{up} \cdot \cfrac{s^2 R_1 R_2 C_2 C_3}{1 + s\dfrac{R_2}{C_2 C_3}(C_1 + C_2 + C_3) + s^2 R_1 R_2 C_2 C_3} \qquad (7.88)$$

$$A_{up} = -\frac{C_1}{C_3} \qquad (7.89)$$

$$f_p = \frac{1}{2\pi \sqrt{R_1 R_2 C_2 C_3}} \qquad (7.90)$$

$$Q = (C_1 + C_2 + C_3)\sqrt{\frac{R_1}{C_2 C_3 R_2}} \qquad (7.91)$$

3. 全通滤波电路(APF)

图 7.74 所示为两个一阶全通滤波电路。

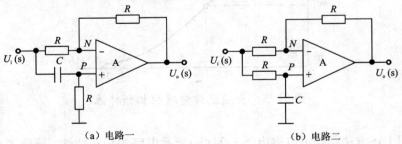

(a) 电路一　　　　　　　　　　　(b) 电路二

图 7.74　全通滤波电路

在图 7.74(a) 所示电路中，N 点和 P 点的电位为

$$\dot{U}_n = \dot{U}_p = \cfrac{R}{\dfrac{1}{j\omega C} + R} \cdot \dot{U}_i = \frac{j\omega RC}{1 + j\omega RC} \cdot \dot{U}_i$$

因而，输出电压

$$\dot{U}_\mathrm{o} = -\frac{R}{R} \cdot \dot{U}_\mathrm{i} + \left(1 + \frac{R}{R}\right)\frac{j\omega RC}{1 + j\omega RC} \cdot \dot{U}_\mathrm{i}$$

第一项是 $\dot{U}_\mathrm{i}$ 对集成运放反相输入端作用的结果，第二项是 $\dot{U}_\mathrm{i}$ 对同相输入端作用的结果，所以电压放大倍数

$$\dot{A}_\mathrm{u} = -\frac{1 - j\omega RC}{1 + j\omega RC}$$

写成模和相角的形式

$$|\dot{A}_\mathrm{u}| = 1 \tag{7.92}$$

$$\varphi = 180° - 2\arctan\frac{f}{f_0} \tag{7.93}$$

$$f_0 = \frac{1}{2\pi RC}$$

式（7.92）表明，信号频率从零到无穷大，输出电压的数值与输入电压相等。式（7.93）表明，当 $f = f_0$ 时，$\varphi = 90°$；f 趋于零时，φ 趋于 $180°$；f 趋于无穷大时，φ 趋于 $0°$。相频特性如图 7.75 中实线所示。

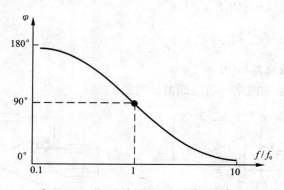

图 7.75　全通滤波电路的相频特性

用上述方法同样可以得出图 7.74(b)所示电路的相频特性，请读者自行画出该电路的相频特性曲线。

本章小结

1. 比例、加减、积分、微分、对数、指数和乘除等电路均为模拟运算电路，其电路共有的特点是集成运放接成深度负反馈形式，集成运放工作在线性放大状态。在分析运算电路的输入、输出关系时，总是从理想运放工作在线性区时的两个特点，即"虚短"和"虚断"出

发，因此，必须熟练掌握。重点要求能够运用基本概念来分析、推导各种运算电路输出电压和输入电压的函数关系，掌握比例、求和、积分电路的工作原理和输入与输出的函数关系，了解微分电路、对数运算电路、模拟乘法器的工作原理和输入与输出的函数关系，并能根据需要合理选择上述有关电路。

（1）比例运算电路是最基本的信号运算电路，在此基础上可以扩展、演变成为其他运算电路。有反相、同相和差分三种输入方式，不同的输入方式对应不同的电路性能和特点。

（2）在加减电路中，着重介绍应用比较广泛的反相输入求和电路，这种电路的实质上是利用"虚短"和"虚断"的特点，通过将各输入回路的电流求和的方法实现各路输入电压求和。

原则上此类电路也可采用同相输入和差分输入方式，但由于这两种电路参数的调整比较繁琐，实际上较少应用。

（3）积分和微分互为逆运算，其电路构成是在比例电路的基础上将反馈或输入回路的电阻换为电容。它们的工作原理主要是利用电容两端的电压与流过电容的电流之间存在着积分关系。积分电路应用较为广泛。在分析含有电容的积分或微分电路时可以运用拉氏变换，先求出电路的传递函数，再进行拉氏反变换，得出输出与输入的函数关系。

（4）对数和指数电路是利用半导体二极管的电流和电压之间存在指数关系，在比例电路的基础上，将反馈回路或输入回中的电阻换为二极管而组成的。

（5）乘除电路可由单片集成模拟乘法器构成，主要介绍了变跨导式模拟乘法器。集成模拟乘法器是一种重要的信号处理功能器件，用途广泛，除完成运算功能外，更多地应用在信息工程领域的频率变换技术中。

2. 有源滤波电路通常由 RC 网络和集成运放构成，利用它可以抑制信号中不必要成分或突出所需要的成分。按幅频特性的不同可划分为 LPF、HPF、BPF、BEF 及 APF。它们的主要性能指标是通带电压放大倍数 A_{up}、通带截止频率 f_p 和特征频率 f_o、Q 值和通带宽度等。掌握上述几种滤波电路间的相互联系并能根据需要进行合理选择。将 LPF 中起滤波作用的电阻和电容对调即变成 HPF。如果参数合适，将 LPF 和 HPF 串接起来可成为 BPF；将二者并接，可成为 BEF。

为了改善滤波特性，可将两级或更多级的 RC 电路串联，组成二阶或更高阶的滤波器。应重点掌握二阶压控电压源 LPF 的工作原理及主要性能指标的分析、计算。

除了上述内容外，本章还介绍了开关电容滤波器以及用于小信号放大的仪表用放大器、电荷放大器和光电耦合放大器等。

习 题[①]

7.1 电路如图 7.76 所示，集成运放输出电压的最大幅值为 ±15V，填表 7-2。

---

① 本间习题中的集成运放均为理想运放。

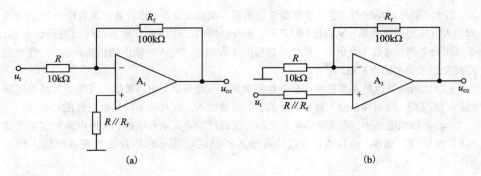

图 7.76

表 7 - 2

u_1(V)	0.1	0.5	1.0	2.0
u_{01}(V)				
u_{02}(V)				

7.2 设计一个比例运算电路，要求输入电阻 $R_i = 10\text{k}\Omega$，比例系数为 -50。

7.3 电路如图 7.77 所示，集成运放输出电压的最大幅值为 $\pm 15\text{V}$，u_1 为 3V 的直流信号。分别求出下列各种情况下的输出电压：

(1)R_2 短路；

(2)R_3 短路；

(3)R_4 短路；

(4)R_4 断路。

7.4 试求图 7.78 所示各电路输出电压与输入电压的运算关系式。

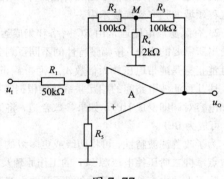

图 7.77

7.5 图 7.79 所示为恒流源电路，已知稳压管工作在稳压状态，试求负载电阻中的电流。

7.6 电路如图 7.80 所示。

(1)写出 u_0 与 u_{11}、u_{12} 的运算关系式：

(2)当 R_W 的滑动端在最上端时，若 $u_{11} = 30\text{mV}$，$u_{12} = 50\text{mV}$，则 $u_0 = ?$

7.7 分别求解图 7.81 所示各电路的运算关系。

7.8 试分别求解图 7.82 所示各电路的运算关系。

7.9 试求出图 7.83 所示电路的运算关系。

7.10 在图 7.84 所示电路中，已知 $u_{11} = 4\text{V}$，$u_{12} = -1\text{V}$。回答下列问题：

（1）当开关 S 闭合时，分别求解 A、B、C、D 和 u_0 的电位；

（2）设 $t = 0$ 时 S 打开，问经过多长时间 $u_0 = 0$？

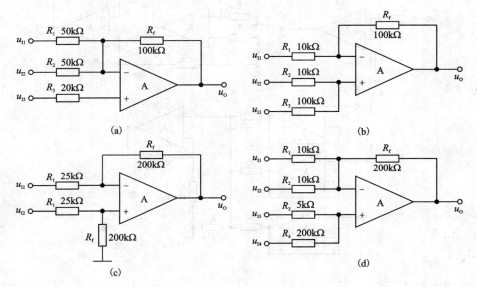

图 7.78

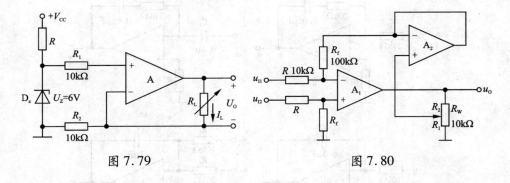

图 7.79　　　　　　　　　　　　图 7.80

7.11　电路如图 7.85 所示，试求解电路的运算关系。

7.12　电路如图 7.86 所示，模拟乘法器的乘积系数 k 大于零，试求解电路的运算关系。

7.13　为了使图 7.87 所示电路实现除法运算，

（1）标出集成运放的同相输入端和反相输入端；

（2）求出 u_0 和 u_{11}、u_{12} 的运算关系式。

7.14　运算电路如图 7.88 所求。已知模拟乘法器的运算关系式为 $u'_o = k u_X u_Y = -0.1V^{-1} u_X u_Y$。

（1）电路对 u_{13} 的极性是否有要求？简述理由；

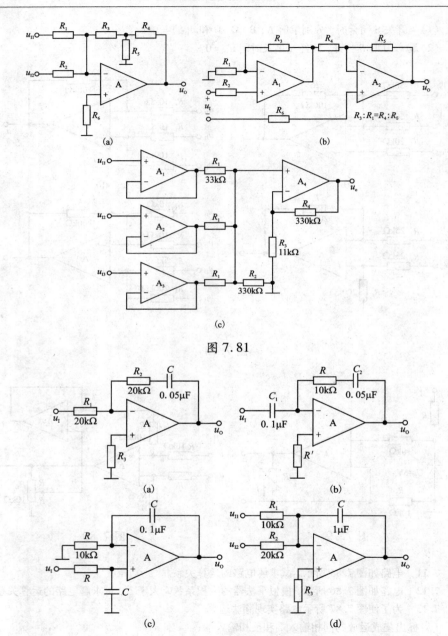

图 7.81

图 7.82

(2)求解电路的运算关系式。

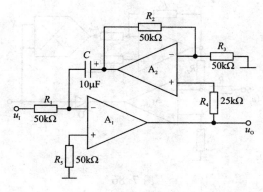

图 7.83

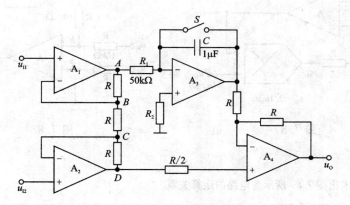

图 7.84

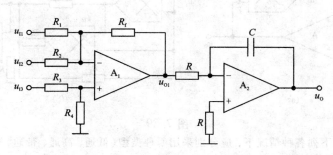

图 7.85

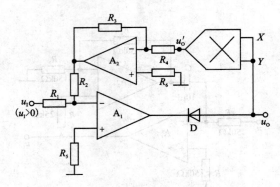

图 7.86

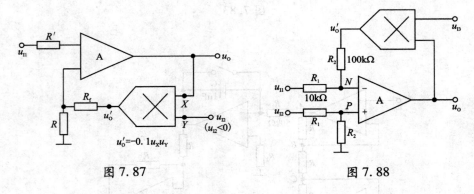

图 7.87   图 7.88

7.15 求出图 7.89 所示各电路的运算关系。

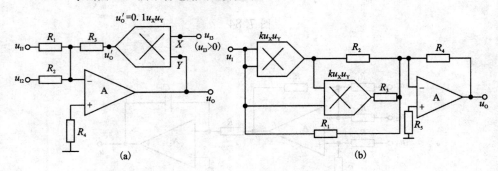

(a)   (b)

图 7.89

7.16 在下列各种情况下, 应分别采用哪种类型(低通、高通、带通、带阻)的滤波电路。

(1)抑制 50Hz 交流电源的干扰;

(2)处理具有 1Hz 固定频率的有用信号;

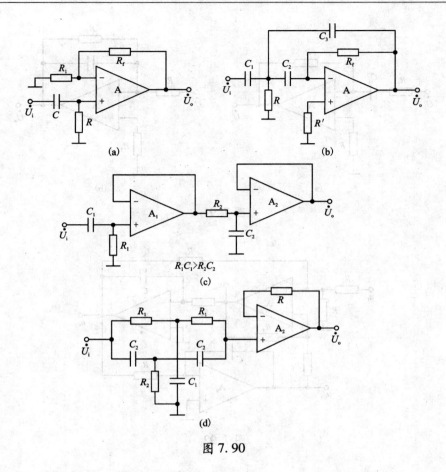

图 7.90

（3）从输入信号中取出低于 2kHz 的信号；

（4）抑制频率为 100kHz 以上的高频干扰。

7.17　试说明图 7.90 所示各电路属于哪种类型的滤波电路，是几阶滤波电路。

7.18　设一阶 LPF 和二阶 HPF 的通带放大倍数均为 2，通带截止频率分别为 20kHz 和 20Hz。试用它们构成一个带通滤波电路，并画出幅频特性。

7.19　分别推导出图 7.91 所示各电路的传递函数，并说明它们属于哪种类型的滤波电路。

7.20　试分析图 7.92 所示电路的输出 u_{o1}、u_{o2} 和 u_{o3} 分别具有哪种滤波特性（LPF、HPF、BPF、BEF）？

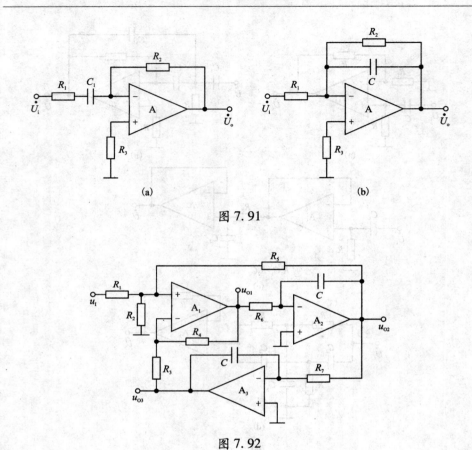

图 7.91

图 7.92

第 8 章　波形发生与信号转换电路

8.1　概述

波形发生电路又称信号源或振荡器,在生产实践和科技领域中有着广泛的应用。例如在通信、广播、电视系统中,都需要射频(高频)发射,这里的射频波就是载波,把音频(低频)、视频信号或脉冲信号运载出去,就需要能够产生高频信号的振荡器。在工业、农业、生物医学等领域内,如高频感应加热、熔炼、淬火、超声波焊接、超声诊断、核磁共振成像等,都需要功率或大或小、频率或高或低的振荡器。

振荡电路按波形分为正弦波和非正弦波振荡器两大类。非正弦信号(方波、矩形波、三角波、锯齿波等)发生器在测量设备、数字系统及自动控制系统中有着广泛应用。为了使所采集的信号能够用于测量、控制、驱动负载或送入计算机,常常需要将信号进行转换,如将电压转换成电流、将电流转换成电压、将电压转换成频率与之成正比的脉冲……本章将讲述有关波形发生和信号转换电路的组成原则、工作原理以及主要参数。

8.2　正弦波振荡电路

8.2.1　正弦波振荡的条件

1. 产生正弦波振荡的条件

从结构上来看,正弦波振荡电路就是一个没有外加输入信号的带选频网络的正反馈放大电路。图 8.1(a)表示接成正反馈时,放大电路在输入信号 $\dot{X}_i=0$ 时的方框图,改画一下,便得图 8.1(b)。

由图可知,如在放大电路的输入端(1 端)外接一定频率、一定幅值的正弦波信号 $\dot{X}'_i$,经过基本放大电路和反馈网络所构成的环路传输后,在反馈网络的输出端(2 端),得到反馈信号 $\dot{X}_f$,如果 $\dot{X}_f$ 和 $\dot{X}'_i$ 在大小和相位上都一致,那

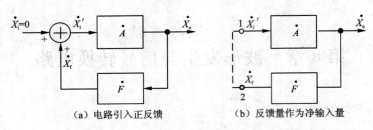

（a）电路引入正反馈　　　　（b）反馈量作为净输入量

图 8.1　正弦波振荡电路的方框图

么，就可以除去外接信号 $\dot{X}'_{\mathrm{i}}$，而将 1、2 两端连接在一起（如图中的虚线所示）而形成闭环系统，其输出端可能继续维持与开环时一样的输出信号。这样，由于 $\dot{X}_{\mathrm{f}} = \dot{X}'_{\mathrm{i}}$，便有

$$\frac{\dot{X}_{\mathrm{f}}}{\dot{X}'_{\mathrm{i}}} = \frac{\dot{X}_{\mathrm{o}}}{\dot{X}'_{\mathrm{i}}} \cdot \frac{\dot{X}_{\mathrm{f}}}{\dot{X}_{\mathrm{o}}} = 1$$

或　　　　　　　　　$\dot{A}\dot{F} = 1$ 　　　　　　　　　　　　　　　　　　　　(8.1)

在上式中，仍设 $\dot{A} = |\dot{A}| \underline{/\varphi_{\mathrm{A}}}$，$\dot{F} = |\dot{F}| \underline{/\varphi_{\mathrm{F}}}$，则可得

$$\dot{A}\dot{F} = |\dot{A}\dot{F}| \underline{/\varphi_{\mathrm{A}} + \varphi_{\mathrm{F}}} = 1 \tag{8.2}$$

于是，可得到产生自激振荡两个平衡条件。

（1）相位平衡条件

$$\varphi_{\mathrm{A}} + \varphi_{\mathrm{F}} = 2n\pi \quad （n \text{ 为整数}） \tag{8.3}$$

说明产生振荡时，反馈信号的相位与所需输入信号的相位相同，即形成正反馈。因此，由相位平衡条件可确定振荡电路的振荡频率。

（2）幅值平衡条件

$$|\dot{A}\dot{F}| = 1 \tag{8.4}$$

说明反馈信号的大小与所需的输入信号相等。满足 $|\dot{A}\dot{F}| = 1$ 时产生等幅振荡；当 $|\dot{A}\dot{F}| > 1$ 时，振荡输出愈来愈大产生增幅振荡；若 $|\dot{A}\dot{F}| < 1$，振荡输出愈来愈小直到最后停振，称为减幅振荡。

（3）起振幅值条件

正弦波振荡从起振到稳态需要一个过程。起振开始瞬间，如果反馈信号太小（或为零），则输出信号也太小（或为零），容易受到某种干扰而停振或者干脆振不起来。只有当 $|\dot{A}\dot{F}| > 1$ 时，经过多次循环放大，输出信号才会从小到大，最后达到稳幅状态。因此，起振的幅值条件是

$$|\dot{A}\dot{F}| > 1 \tag{8.5}$$

若起振幅值条件及相位条件均已满足，电路就能振荡。那么，起振的原始信号是从哪儿来的呢？它是来源于合闸时引起的电扰动以及电路中产生的噪声，电路将产生一个幅值很小的输出量，它含有丰富的频率，而如果电路只对频率为 f_0 的正弦波产生正反馈过程，则输出信号在正反馈过程中越来越大。由于晶体管的非线性特性，当输出信号的幅值增大到一定程度时，放大倍数的数值将减小。因此，输出信号不会无限制地增大，当它增大到一定数值时，电路达到动态平衡。这时，输出信号通过反馈网络产生反馈信号作为放大电路的输入信号，而输入信号又通过放大电路维持着输出信号。电路把除频率 $f = f_0$ 以外的输出信号均逐渐衰减为零，因此输出信号为 $f = f_0$ 的正弦波。起振过程如图8.2 所示。

(4) 振幅的稳定

为了说明增长的振幅最后怎样会稳定在一个固定数值，我们把放大电路的振幅特性(即输出电压振幅 U_o 和输入电压振幅 U_i 的关系曲线。在振荡电路中，U_i 就是反馈电压幅度 U_f)和反馈网络反馈特性(U_o 和 U_f 的关系曲线)画在同一坐标中，如图8.3 所示。当 U_f 较小时，振幅特性基本是线性的，但 U_f 较大时，振幅特性弯曲，这是因为晶体管进入非线性工作状态所致。振幅特性可用实验法获得。反馈网络若由线性电路元件组成，反馈系数 $F(F = U_f/U_o)$ 是一常数，因此，反馈特性是一直线。

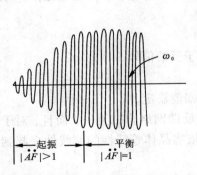

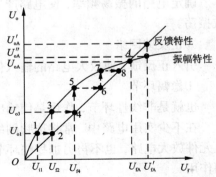

图 8.2　正弦波振荡电路的起振过程　　图 8.3　由振幅特性和反馈特性说明振荡的建立和稳定

在振荡电路电源刚接通时，电路中便出现一个电冲击，这个电信号使得放大电路输入端产生一个微弱电压 U_{i1}，经过放大，可从振幅特性上点 1 求得输出电压 U_{o1}，U_{o1} 通过反馈网络反馈，可从反馈特性上点 2 又求得振幅为 $U_{f2} > U_{i1}$。同样，由 U_{f2} 经放大得 U_{o3}，由 U_{o3} 得 U_{f4}，如此不断通过放大→反馈→再放大，振

幅就从小到大增长（2→3→4→5⋯），当输出电压增长到两条特性的交点 A 时，$U_{fA} = U_{iA}$，即 $|\dot{A}\dot{F}| = 1$（在 A 点以前 $U_f > U_i$ 即 $|\dot{A}\dot{F}| > 1$），振荡就达到稳定振幅。假如由于某种原因，振荡幅度突然超过 U_{oA} 变为 U'_{oA}，这个电压经过反馈，送至放大电路的输入电压为 U'_{fA}，U'_{fA} 经过放大后，输出电压 U''_{oA}，这时 $U''_{oA} < U'_{oA}$，如此继续循环下去，最后必然仍回到 A 点。反之，若振荡幅度突然减小，最后仍然能回到 A 点。因此，A 点的输出电压幅度 U_{oA} 为振荡电路的稳定振幅。

在图 8.3 中幅度的稳定是由放大电路的非线性振幅特性获得的，即晶体管工作进入非线性区域。如果振幅特性是线性（晶体管工作在线性区域），而反馈特性是非线性的，振荡电路同样也能获得稳定的振幅。

2. 正弦波振荡电路的组成和分析方法

（1）基本组成部分

正弦波振荡电路一般由 4 个部分组成，除了把放大电路和反馈网络接成正反馈外，还包括选频网络和稳幅环节。放大电路部分由集成运放或分立元件电路构成。

①放大电路

保证电路能够有从起振到动态平衡的过程，使电路获得一定幅值的输出量，实现能量的控制。

②选频网络

确定电路的振荡频率，使电路产生单一频率的振荡，即保证电路产生正弦波振荡。

③正反馈网络

引入正反馈，使放大电路的输入信号等于反馈信号。

④稳幅环节

也就是非线性环节，作用是使输出信号幅值稳定。

在不少实用电路中，常将选频网络和正反馈网络合二为一；而且，对于分立元件放大电路，也不再另加稳幅环节，而依靠晶体管特性的非线性来起到稳幅作用。

正弦波振荡电路常用选频网络所用元件来命名，分为 RC 正弦波振荡电路、LC 正弦波振荡电路和石英晶体正弦波振荡电路 3 种类型。RC 正弦波振荡电路的振荡频率较低，一般在 1MHz 以下；LC 正弦波振荡电路的振荡频率多在 1MHz 以上；石英晶体正弦波振荡电路也可等效为 LC 正弦波振荡电路，其特点是振荡频率非常稳定。

（2）分析方法

用瞬时极性法来判断一个电路能否起振，幅值条件容易满足，关键是看相位条件是否满足，其分析步骤如下：

①分析相位平衡条件是否满足

先检查电路是否正常放大，即放大电路、选频网络、正反馈网络和稳幅环节四个组成部分是否均存在，而且放大电路具有合适的静态工作点及动态信号能够输入、输出和放大。在放大电路具有放大作用的条件下，断开反馈信号到基本放大电路的输入端点处，在断开处对地之间给放大电路加一个频率为 f_0 的输入电压 $\dot U_\mathrm{i}$，并给定其瞬时极性，如图 8.4 所示；然后以 $\dot U_\mathrm{i}$ 极性为依据判断输出电压 $\dot U_\mathrm{o}$ 的极性，从而得到反馈电压 $\dot U_\mathrm{f}$ 的极性；若 $\dot U_\mathrm{f}$ 与 $\dot U_\mathrm{i}$ 极性相同，则说明满足相位平衡条件，再继续检查幅值平衡条件是否满足；若二者极性不相同，说明不满足相位平衡条件，可以断定电路不可能振荡，无需再检查幅值平衡条件了。

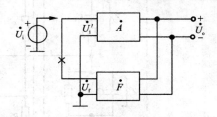

图 8.4　利用瞬时极性法判断相位条件

②分析幅值平衡条件是否满足

因 $\dot A\dot F$ 是频率的函数，在满足相位平衡条件时，将 $f=f_0$ 代入 $|\dot A\dot F|$ 表达式，有 3 种情况：

a. $|\dot A\dot F|<1$ 不可能振荡。

b. $|\dot A\dot F|\gg1$ 能振荡，但需加稳幅环节，否则输出波形严重失真。

c. $|\dot A\dot F|\geqslant1$ 能振荡，达到稳幅后，$|\dot A\dot F|=1$。

若电路不满足幅值平衡条件时，只需调节电路参数使之满足。

③求振荡频率 f_0 和起振条件

满足相位平衡条件的频率就是振荡频率 f_0，也就是选频网络的固有频率。而起振条件由 $|\dot A\dot F|>1$ 结合具体电路求得，通过实际电路调试均可满足起振条件，一般不必计算。下面结合具体电路分析。

8.2.2　*RC* 正弦波振荡电路

常见的 RC 正弦波振荡电路是 RC 串并联网络正弦波振荡电路，又称 RC 桥式正弦波振荡电路或文氏桥正弦波振荡电路。

1. 电路原理图

RC 桥式正弦波振荡电路如图 8.5 所示。它由两部分组成：即放大电路 $\dot{A}$ 和选频网络 $\dot{F}$。$\dot{A}$ 为由集成运放组成的电压串联负反馈放大电路，取其输入电阻高、输出电阻低的特点。$\dot{F}$ 由 Z_1、Z_2 组成，同时兼作正反馈网络，称为 RC 串并联网络。

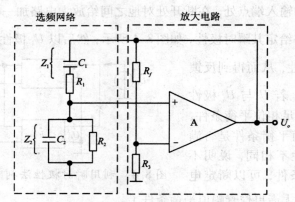

图 8.5　RC 桥式正弦波振荡电路

由图 8.5 可知，Z_1、Z_2 和 R_f、R_3 正好构成一个电桥的 4 个臂，电桥的对角线顶点接到放大电路的两个输入端，故此得名 RC 桥式正弦波振荡电路。

2. RC 串并联网络的选频特性

将图 8.5 中的 RC 串并联网络单独分析，着重讨论它的选频特性。为了便于调节振荡频率，常取 $R_1 = R_2 = R$，$C_1 = C_2 = C$。

设

$$Z_1 = R + \frac{1}{j\omega C}$$

$$Z_2 = \frac{R \cdot \dfrac{1}{j\omega C}}{R + \dfrac{1}{j\omega C}}$$

反馈系数

$$\dot{F} = \frac{\dot{U}_f}{\dot{U}_o} = \frac{Z_2}{Z_1 + Z_2} = \frac{1}{3 + j\left(\omega RC - \dfrac{1}{\omega RC}\right)} \tag{8.5}$$

令

$$\omega_0 = 2\pi f_0 = \frac{1}{RC} \tag{8.6}$$

所以振荡频率

$$f_0 = \frac{1}{2\pi RC} \tag{8.7}$$

将式(8.6)代入式(8.5)得

$$\dot{F} = \frac{1}{3 + j(\dfrac{\omega}{\omega_0} - \dfrac{\omega_0}{\omega})} \tag{8.8}$$

或

$$\dot{F} = \frac{1}{3 + j(\dfrac{f}{f_0} - \dfrac{f_0}{f})} \tag{8.9}$$

幅频特性为

$$|\dot{F}| = \frac{1}{\sqrt{3^2 + (\dfrac{f}{f_0} - \dfrac{f_0}{f})^2}} \tag{8.10}$$

当 $f = f_0$ 时，$|\dot{F}|$ 为最大，且

$$|\dot{F}|_{\max} = \frac{1}{3} \tag{8.11}$$

当 $f \gg f_0$ 时，$|\dot{F}| \to 0$

当 $f \ll f_0$ 时，$|\dot{F}| \to 0$

相频特性为

$$\varphi_{\mathrm{F}} = -\arctan \frac{(\dfrac{f}{f_0} - \dfrac{f_0}{f})}{3} \tag{8.12}$$

当 $f = f_0$ 时，$\varphi_{\mathrm{F}} = 0$

当 $f \gg f_0$ 时，$\varphi_{\mathrm{F}} = -90°$

当 $f \ll f_0$ 时，$\varphi_{\mathrm{F}} = +90°$

画成曲线如图 8.6 所示。

综上分析，当 $f = f_0 = \dfrac{1}{2\pi RC}$ 时，$\dot{F} = \dfrac{1}{3}$，即，$|\dot{U}_f| = \dfrac{1}{3}|\dot{U}_o|$，$\varphi_{\mathrm{F}} = 0°$。

3. RC 桥式正弦波振荡电路分析

(1)相位条件

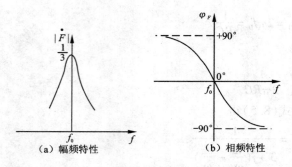

图 8.6　RC 串并联网络的频率特性

　　由图 8.5 可知，因为 $\dot{A}$ 为同相输入运放，$\dot{U}_o$ 与 $\dot{U}_f$ 同相位，所以 $\varphi_A = 0°$；再由图 8.6（b）知，当 $f = f_0$ 时，$\varphi_F = 0°$；总之，$\varphi = \varphi_A + \varphi_F = 0°$，满足相位平衡条件。

　　（2）幅值条件

　　幅值平衡条件由 $|\dot{A}\dot{F}| \geqslant 1$ 得出。因为 $|\dot{F}| = \dfrac{1}{3}$，所以 $|\dot{A}| \geqslant 3$。又由稳幅环节 R_f 与 R_3 构成电压串联负反馈，在深度负反馈条件下，

$$A_u = 1 + \frac{R_f}{R_3} \geqslant 3$$

$$R_f \geqslant 2R_3 \tag{8.13}$$

由于电阻值的实际值存在误差，常需通过实验调整。

　　需要注意的是，$A_u \geqslant 3$ 是指 A_u 略大于 3。若 A_u 远大于 3，则因振幅的增大，致使放大器件工作到非线性区，输出波形将产生严重的非线性失真。而 A_u 小于 3 时，则因不满足幅值条件而不能振荡。

　　（3）振荡的建立与稳定

　　由于电路中存在噪声（电阻的热噪声、三极管的噪声等），它的频谱分布很广，其中包含 $f_0 = \dfrac{1}{2\pi RC}$ 这样的频率成分。这个微弱信号经过放大→正反馈选频→放大⋯，开始时由于 $|\dot{A}\dot{F}| > 1$，输出幅值逐渐增大，表示电路已经起振，最后受到放大器件非线性特性的限制，振荡幅值自动稳定下来，达到动态平衡状态，$|\dot{A}\dot{F}| = 1$，并在 f_0 频率上稳定地工作。

　　（4）估算振荡频率

　　因为图 8.5 电路中的放大电路是集成运放组成的，它的输出电阻可视为零，输入电阻很大，可忽略对选频网络的影响。因此，振荡频率即为 RC 串并联

网络的 $f_0 = \dfrac{1}{2\pi RC}$。调节 R 和 C 就可以改变振荡频率。

（5）稳幅措施

为了进一步改善输出电压幅值的稳定性，可以在负反馈回路中采用非线性元件，自动调整反馈的强弱，以更好地维持输出电压幅值的稳定。例如，在图 8.5 电路中用一个温度系数为负的热敏电阻代替反馈电阻 R_f。当输出电压 U_o 因某种原因而增大时，流过 R_f 和 R_3 上的电流增大，R_f 上的功耗随之增大，导致温度升高，因而 R_f 的阻值减小，从而使得 A_u 数值减小，U_o 也就随之减小；当 U_o 因某种原因而减小时，各物理量与上述变化相反，从而使输出电压基本稳定。

非线性电阻稳定输出电压幅值的另一种方案是采用具有正温度系数的电阻来代替 R_3，其稳定过程读者可以自行分析。

稳幅的方法很多，读者可以参阅其他有关文献。

除了 RC 串并联桥式正弦波振荡电路外，还有移相式和双 T 网络式等 RC 正弦波振荡电路。只要在满足相位平衡条件的前提下，放大电路有足够的放大倍数来满足幅值平衡条件，并有适当的稳幅措施，就能产生较好的正弦波振荡。

因为 RC 正弦波振荡电路的振荡频率 f_0 和 RC 乘积成反比，如果需要较高的振荡频率，势必要求 R 或 C 值较小，这将给电路带来不利影响。因此，这种电路一般用来产生几赫兹至几百千赫兹的低频信号。若需产生更高频率的信号时，则应采用 LC 正弦波振荡电路。

例 8.1　图 8.7 所示为 RC 桥式正弦波振荡电路，已知 A 为运放 F007，其最大输出电压为 $\pm 14\text{V}$。

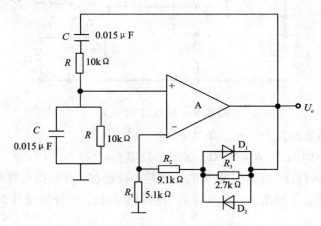

图 8.7　例 8.1 的电路图

①图中用二极管 D_1、D_2 作为自动稳幅元件，试分析它的稳幅原理；

②试定性说明因不慎使 R_2 短路时，输出电压 U_o 的波形；

③试定性画出当 R_2 开路时，输出电压 U_o 的波形(并标明振幅)。

解

①稳幅原理

图中 D_1、D_2 的作用是，当 U_o 幅值很小时，二极管 D_1、D_2 接近于开路，由于 D_1、D_2 和 R_3 组成的并联支路的等效电阻近似为 $R_3 = 2.7k\Omega$，同相比例运算电路的电压放大倍数为 $A_u = (R_2 + R_3 + R_1)/R_1 \approx 3.3 > 3$，有利于起振；反之，当 U_o 的幅值较大时，D_1 或 D_2 导通，由 R_3、D_1、D_2 组成的并联支路的等效电阻减小，A_u 随之下降，U_o 幅值趋于稳定。

②当 $R_2 = 0$，$A_u < 3$，电路停振，U_o 为一条与时间轴重合的直线。

③当 $R_2 \to \infty$，$A_u \to \infty$，理想情况下，U_o 为方波，但由于受到实际运放 F007 转换速率 S_R、开环电压增益 A_{od} 等因素的限制，输出电压 U_o 的波形将近似如图 8.8 所示。

例 8.2 如图 8.9 所示是一个由分立元件构成的 RC 桥式正弦波振荡电路。

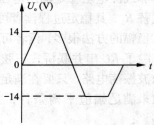

图 8.8 例 8.1 的解答图

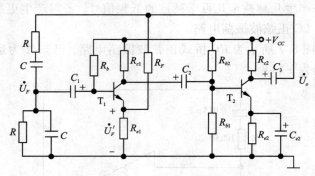

图 8.9 例 8.2 的电路

①写出满足振荡的总相位条件 $\varphi = ?$

②设 $C = 0.01\mu F$，$R = 10k\Omega$，求振荡频率 $f_0 = ?$

③若 $R_{e1} = 1k\Omega$，应如何选择 R_F 才能使电路起振，并获得良好的正弦波？

④如果满足了振荡的两个条件后电路仍不起振，试分析是什么原因？应采取什么措施？

⑤若在 R_F 支路中串入一只热敏电阻 R_t，用以稳定电路的输出幅值。试说明

应选择何种温度系数的热敏电阻? 若 R_t 串入 T_1 的发射极支路, 它的温度系数又如何选择?

解

①振荡电路中的基本放大电路部分是由 T_1、T_2 两级共射电路构成, 因此

$$\varphi_A = 360°$$

反馈网络为 RC 串并联网络, 因此

$$\varphi_F = 0°$$

所以

$$\varphi = \varphi_A + \varphi_F = 360°$$

②振荡频率为

$$f_0 = \frac{1}{2\pi RC} = \frac{1}{2 \times 3.14 \times 10 \times 10^3 \times 10^{-2} \times 10^{-6}} \approx 1.6 (\text{kHz})$$

③由 RC 串并联正弦波振荡器的起振条件知

$$A_{uf} = 1 + \frac{R_F}{R_{e1}} \geqslant 3$$

故

$$R_F \geqslant 2R_{e1}$$

R_F 的取值应略大于 $2R_{e1}$, 将 $R_{e1} = 1\text{k}\Omega$ 代入并解出

$$R_F \geqslant 2\text{k}\Omega$$

③如果在满足了幅值条件和相位条件后, 电路仍不起振, 说明 RC 串并联网络对基本放大电路有影响, 此时应加一级射极跟随器作隔离级就能起振了。

④热敏电阻的阻值随着温度的升高而减小, 则称具有负温度系数; 如果阻值随着温度的升高而增加, 称具有正温度系数。

将一只具有负温度系数的热敏电阻 R_t 串入 R_F 支路中, 能够稳定电路的输出幅值。如果将 R_t 串入 T_1 的发射极支路中, 则需选正温度系数的热敏电阻。

8.2.3 LC 正弦波振荡电路

常见的 LC 正弦波振荡电路有变压器反馈式、电感反馈式和电容反馈式 3 种, 它们的共同特点是用 LC 并联谐振回路作选频网络。LC 正弦波振荡电路主要用来产生高频正弦信号, 通常都在 1MHz 以上, 所以放大电路多采用分立元件电路, 必要时还应采用共基电路。

1. LC 并联谐振回路

LC 并联谐振回路如图 8.10 所示, 图中 R 表示电感和回路其它损耗总的等效电阻, $\dot{I}$ 是输入电流, $\dot{I}_L$ 和 $\dot{I}_C$ 分别是流经电感 L 和电容 C 的电流。

从 A、B 两点视入的阻抗

$$\dot{Z} = \frac{\dot{U}}{\dot{I}} = \frac{(R + j\omega L)\dfrac{1}{j\omega C}}{\dfrac{1}{j\omega C} + R + j\omega L}$$

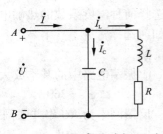

图 8.10　LC 并联谐振回路

通常

$$R \ll \omega L$$

则

$$\dot{Z} \approx \frac{\dfrac{L}{C}}{R + j(\omega L - \dfrac{1}{\omega C})}$$

（1）谐振频率

在并联谐振频率 f_0 时，回路两端电压 $\dot{U}$ 与输入电流 $\dot{I}$ 同相，即阻抗 $\dot{Z}$ 的虚部为零

$$\omega_0 L - \frac{1}{\omega_0 C} = 0$$

$$\omega_0 = \frac{1}{\sqrt{LC}}$$

或

$$f_0 = \frac{1}{2\pi\sqrt{LC}} \tag{8.14}$$

f_0 称为并联谐振频率。

（2）谐振时回路的等效阻抗值最大，且为纯电阻

$$Z_0 = \frac{L}{CR} = Q\omega_0 L = \frac{Q}{\omega_0 C} \tag{8.15}$$

Z_0 称为谐振阻抗。

Q 称为谐振回路的品质因数，它是用来评价回路损耗大小的指标。一般，Q 值为几十到几百。

$$Q = \frac{\omega_0 L}{R} = \frac{1}{\omega_0 CR} = \frac{\sqrt{\dfrac{L}{C}}}{R} \tag{8.16}$$

R 值越小，Q 值越大，Z 值也越大。

（3）谐振时回路电流 $|\dot{I}_C|$ 或 $|\dot{I}_L|$ 比 $|\dot{I}|$ 大 Q 倍，谐振时

$$|\dot{I}| = \frac{|\dot{U}_o|}{Z_0} = |\dot{U}_o| \frac{\omega_0 C}{Q}$$

则

$$|\dot{I}_C| = |\dot{U}_o| \omega_0 C = Q|\dot{I}|$$

通常，$Q \gg 1$，所以

$$|\dot{I}_C| \approx |\dot{I}_L| \gg |\dot{I}|$$

可见，谐振时，LC 并联回路的回路电流比输入电流大得多，因而，谐振时外界的影响可忽略。

（4）频率特性

在 $R \ll \omega L$ 条件下

$$\dot{Z} = \frac{\dfrac{1}{CR}}{1 + j\dfrac{\omega L}{R}(1 - \dfrac{1}{\omega^2 LC})} = \frac{\dfrac{L}{CR}}{1 + j\dfrac{\omega L}{R}(1 - \dfrac{\omega_0^2}{\omega^2})}$$

在谐振频率附近，即当 $\omega \approx \omega_0$ 时，$\omega L/R \approx \omega_0 L/R = Q$，$\omega + \omega_0 \approx 2\omega_0$，$\Delta\omega = \omega - \omega_0$。

$$\dot{Z} = \frac{Z_0}{1 + jQ\dfrac{(\omega + \omega_0)(\omega - \omega_0)}{\omega^2}} = \frac{Z_0}{1 + jQ\dfrac{2\Delta\omega}{\omega_0}} \tag{8.17}$$

阻抗的模为

$$|\dot{Z}| = \frac{Z_0}{\sqrt{1 + (Q\dfrac{2\Delta\omega}{\omega_0})^2}} \tag{8.18}$$

或

$$\frac{|Z|}{Z_0} = \frac{1}{\sqrt{1 + \left(Q\dfrac{2\Delta\omega}{\omega_0}\right)^2}} \tag{8.19}$$

其相角（阻抗角）为

$$\varphi = -\text{arctg} Q\frac{2\Delta\omega}{\omega_0} \tag{8.20}$$

式中 $|Z|$ 为角频率偏离谐振角频率 ω_0 时，即 $\omega = \omega_0 + \Delta\omega$ 时的回路等效阻抗；Z_0 为谐振阻抗；$2\Delta\omega/\omega$ 为相对失谐量，表明信号角频率偏离回路谐振角频率 ω_0 的程度。

由式（8.19）和式（8.20）可画出 LC 并联谐振回路的频率响应曲线，如图 8.11 所示，

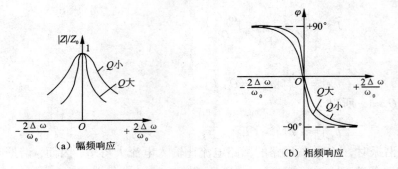

（a）幅频响应　　　　　　　　（b）相频响应

图 8.11　LC 并联谐振回路的频率响应

从图中的两条曲线可以得出如下的结论：

①从幅频特性可见：当 $\omega = \omega_0$ 时，产生并联谐振，阻抗值最大，且为纯电阻，$Z_0 = L/RC$；当 ω 偏离 ω_0 时，$|\dot{Z}|$ 将减小，偏离越大，$|\dot{Z}|$ 值愈小。

②从相频特性可见：当 $\omega = \omega_0$ 时，$\varphi = 0$，即 $\dot{U}$ 与 $\dot{I}$ 同相；当 $\omega > \omega_0$ 时，φ 为负值，等效阻抗 Z 呈电容性；当 $\omega < \omega_0$ 时，φ 为正值，等效阻抗 Z 呈电感性。

③谐振曲线的形状与 Q 值密切有关。Q 值愈大，谐振曲线愈尖锐，相角变化愈快。在 ω_0 附近 $|Z|$ 值和 φ 值变化更为急剧，选频效果愈好。

2. 变压器反馈式振荡电路

（1）电路工作原理

变压器反馈式正弦波振荡电路如图 8.12 所示，晶体管的集电极负载是具有选频特性的 LC 并联回路，反馈是 N_1 和 N_2 之间的变压器耦合来实现的。

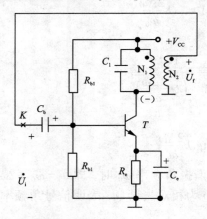

图 8.12　变压器反馈式振荡电路

用前面所叙述的方法判断电路产生正弦波振荡的可能性。首先，观察电路，它包含了放大电路、选频网络、正反馈网络以及用晶体管的非线性特性所实现的稳幅环节四个部分，而且放大电路能够正常工作。然后，用瞬时极性法判断电路是否满足正弦波振荡的相位条件：断开 K 点，在断开处给放大电路加频率为 f_0 的输入电压 $\dot{U}_i$，给定其极性对"地"为正，因而晶体管基极动态电位对"地"为正，由于放大电路为共射接法，故集电极动态电位对"地"为负；对于交流信号，电源相当于"地"，所以线圈 N_1 上电压为上"正"下"负"；根据同名端，N_2 上电压也为上"正"下"负"，即反馈电压对"地"为正，与输入电压假设极性相同，满足正弦波振荡的相位条件。

反馈电压的大小由变压器原、副边线圈的匝数比 N_1/N_2 决定。只要晶体管的 β 值和变压器的匝数比选择合适，就能满足幅值平衡条件和起振条件。

LC 正弦波振荡电路也是靠电路中的扰动电压起振的，只要满足起振条件 $|\dot{A}\dot{F}| > 1$，电路中的微弱扰动电压经放大和正反馈选频……就能使频率为 f_0 的信号电压逐步增大。起振后，由于幅值越来越大，使晶体管工作到非线性区，放大倍数下降，使 $|\dot{A}\dot{F}| = 1$，达到幅值平衡条件，维持等幅振荡。

LC 正弦波振荡电路振幅的稳定是利用晶体管的非线性实现的。当振幅大到一定程度时，虽然晶体管集电极电流波形可能明显失真，但是，由于集电极的负载是 LC 并联谐振回路，具有良好的选频作用，因此，输出电压的波形一般失真不大。

（2）振荡频率和起振条件

当 LC 并联谐振回路的 Q 值较高时，振荡频率基本上等于 LC 并联回路的谐振频率，即

$$f_0 \approx \frac{1}{2\pi\sqrt{L'C}} \tag{8.21}$$

式中，L' 是考虑了其他绕组影响的等效电感。

由 $|\dot{U}_f| > |\dot{U}_i|$ 经推证可得起振条件为

$$\beta > \frac{r_{be} \cdot R'C}{M} \tag{8.22}$$

式中，r_{be} 是晶体管基-射之间的等效电阻，M 为变压器原、副边绕组之间的互感，R' 是折合到并联回路中的等效总损耗电阻。

在实际工作中，我们并不一定要严格计算 LC 振荡电路是否满足起振条件，但在调试时，起振条件表达式有一定的指导意义。例如调试一个满足相位平衡条件但不能振荡的电路时，可以根据起振条件来改变电路参数，如选用 β 值较

大的管子(例如 $\beta \geqslant 50$)，或增加变压器原副边之间的耦合程度(增加互感 M)，或增加副边线圈的匝数等，都可以使电路易于起振。

3. 电感反馈式振荡电路

(1)电路工作原理

电感反馈式正弦波振荡电路如图 8.13 所示。利用判断电路能否产生正弦波振荡的方法来分析此电路。首先观察电路，它包含了放大电路、选频网络、反馈网络和非线性元件——晶体管 4 个部分，而且放大电路能够正常工作。然后用瞬时极性法判断电路是否满足正弦波振荡的相位条件：断开反馈，加频率为 f_0 的输入电压，给定其极性，判断出从 N_2 上获得的反馈电压极性与输入电压相同，故电路满足正弦波振荡的相位条件，各点瞬时极性如图中所标注。只要电路参数选择得当，电路就可满足幅值条件，而产生正弦波振荡。

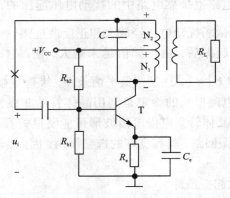

图 8.13　电感反馈式振荡电路

图 8.14 所示为电感反馈式振荡电路的交流通路，原边线圈的 3 个端分别接在晶体管的 3 个极，故称电感反馈式振荡电路为电感三点式电路，又称哈特莱振荡电路。

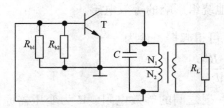

图 8.14　电感反馈式振荡电路的交流通路

(2)振荡频率和起振条件

设 N_1 的电感量为 L_1，N_2 的电感量为 L_2，当 LC 并联谐振回路的 Q 值较高时，振荡频率基本上等于 LC 并联谐振回路的谐振频率，即

$$f_0 \approx \frac{1}{2\pi\sqrt{L'C}} \tag{8.23}$$

式中，L' 是谐振回路的等效电感，$L' = L_1 + L_2 + 2M$，M 是 L_1 与 L_2 之间的互感。反馈系数的数值

$$|\dot{F}| = \left|\frac{\dot{U}_f}{\dot{U}_o}\right| \approx \frac{j\omega L_2 + j\omega M}{j\omega L_1 + j\omega M} = \frac{L_2 + M}{L_1 + M}$$

当 $f = f_0$ 且 Q 值较高时，LC 回路产生谐振，等效电阻非常大，所取电流可忽略不计，因此放大电路的放大倍数

$$\dot{A}_u = -\beta\frac{R'_L}{r_{be}}$$

其中，R'_L 是折合到管子集 – 射极间的等效并联总电阻。

根据 $|\dot{A}\dot{F}| > 1$ 可得到起振条件

$$\beta > \frac{L_1 + M}{L_2 + M} \cdot \frac{r_{be}}{R'_L} \tag{8.24}$$

通常取 N_2 与 N_1 的比值在 1/8～1/4 范围。

（3）电路特点

①易起振。

②调节频率方便。采用可变电容可获得较宽的频率调节范围，一般用于产生几十兆赫兹以下的正弦波。

③输出波形较差。因反馈电压取自电感 N_2，而感抗对高次谐波阻抗较大，所以，输出波形中含有高次谐波，使波形较差。

由于输出波形较差且频率稳定度不高，因此，这种振荡电路通常用于对波形要求不高的设备中，例如高频加热器、接收机中的本机振荡等。

4. 电容反馈式振荡电路

（1）电路工作原理

电容反馈式振荡电路如图 8.15 所示。L、C_1、C_2 组成谐振回路，反馈信号取自电容 C_2 两端。因为两个电容的 3 个端分别接晶体管的 3 个极，故也称之为电容三点式电路，又称科皮兹式振荡电路。

根据正弦波振荡电路的判断方法，观察图 8.15 所示电路，包含了放大电

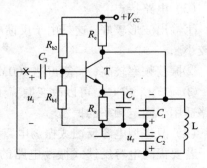

图 8.15　电容反馈式振荡电路

路、选频网络、反馈网络和非线性元件——晶体管 4 个部分，而且放大电路能够正常工作。断开反馈，加频率为 f_0 的输入电压，给定其极性，判断出从 C_2 上所获得的反馈电压的极性与输入电压相同，故电路满足正弦波振荡的相位条件，各点瞬时极性如图中所标注。只要电路参数选择得当，电路就可满足幅值条件，而产生正弦波振荡。

（2）振荡频率和起振条件

当由 L、C_1 和 C_2 所构成的选频网络的品质因数 Q 较高时，振荡频率基本上等于 LC 并联谐振回路的谐振频率，即

$$f_0 \approx \frac{1}{2\pi \sqrt{LC'}} \tag{8.25}$$

式中，L 和 C' 分别是 LC 并联回路总的等效电感和等效电容，$C' = \frac{C_1 \cdot C_2}{C_1 + C_2}$。

Q 值很高时，反馈系数

$$|\dot{F}| = \left| \frac{\dot{U}_f}{\dot{U}_o} \right| \approx \frac{C_1}{C_2}$$

谐振时放大电路的电压放大倍数

$$|\dot{A}_u| = \left| \frac{\dot{U}_o}{\dot{U}_i} \right| = \beta \frac{R'_L}{r_{be}}$$

式中 R'_L 是折合到集 – 射极间的等效并联电阻。

根据 $|\dot{A}\dot{F}| > 1$ 可得起振条件

$$\beta > \frac{C_2}{C_1} \cdot \frac{r_{be}}{R'_L} \tag{8.26}$$

（3）电路特点

①输出波形较好。这是由于反馈电压取自电容 C_2，而电容对于高次谐波阻抗较小。

②振荡频率较高，一般可达 100MHz 以上。

③调节 C_1 或 C_2，可以改变振荡频率，但同时会影响起振条件。因此，这种电路适用于固定频率的振荡。

（4）改进型电容反馈式振荡电路

若要提高电容反馈式振荡电路的振荡频率，势必要减小 C_1、C_2 的电容量和 L 的电感量。实际上，当 C_1 和 C_2 减小到一定程度时，晶体管的极间电容和电路中的杂散电容将纳入 C_1 和 C_2 之中，从而影响振荡频率。这些电容等效为

放大电路的输入电容 C_i 和输出电容 C_o，如图 8.16 中所标注。

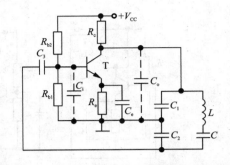

由于极间电容受温度的影响，杂散电容又难于确定，为了稳定振荡频率，在设计电路时，必须能够使 C_i 和 C_o 对选频特性的影响忽略不计。试想，如果 C_1 和 C_2 远大于极间电容和杂散电容，只起分压作用，以便获得合适的反馈电压，而几乎对振荡频率

图 8.16 改进型电容反馈式振荡电路

无影响，那么电路的振荡频率就可能很稳定。具体方法是在电感所在支路串联一个小容量电容 C，而且 $C \ll C_1$，$C \ll C_2$，这样

$$\frac{1}{C_1} + \frac{1}{C_2} + \frac{1}{C} \approx \frac{1}{C}$$

总电容约为 C，因而电路的振荡频率

$$f_0 \approx \frac{1}{2\pi \sqrt{LC}} \tag{8.27}$$

几乎与 C_1 和 C_2 无关，当然，也就几乎与极间电容和杂散电容无关。

综上所述：

（1）LC 振荡电路的振荡频率基本上等于 LC 并联回路的谐振频率，而起振条件则是通过对晶体管 β 值的要求来实现的。

（2）从电感三点式振荡电路和电容三点式振荡电路的交流通路可知，与晶体管发射极相连的元件为同类（都为电感或电容），而与基极相连的元件为异类（若一侧为电容，另一侧必为电感）。因此，三点式 LC 正弦波振荡电路组成的一般原则是射同基异。利用这个原则，可推断三点式 LC 振荡电路组成是否合理，也有助于分析复杂电路时找出哪些元件是谐振回路元件。

例 8.3 图 8.17 所示电路为各种 LC 正弦波振荡电路，试判断它们是否可能振荡，若不能振荡，试修改电路。

解 图 8.17(a) 电路为变压器反馈式电路，图中因晶体管基极电位 $U_B = 0\text{V}$，即晶体管 T 处于截止状态，故电路不能正常工作，应考虑加耦合电容 C_1。其次，根据变压器同名端的有关规定，将右侧线圈的同名端改在下方时，电路才满足相位平衡条件。修改后的电路如图 8.18(a) 所示，其中放大电路相移 $\varphi_A = -180°$，反馈网络相移 $\varphi_F = -180°$，总的相移为 360° 或 0°。

图 8.17(b) 电路为电容反馈式电路，图中晶体管发射极和集电极极性相同，由电容分压产生的反馈量反馈至晶体管的发射极，其极性正好满足相位平

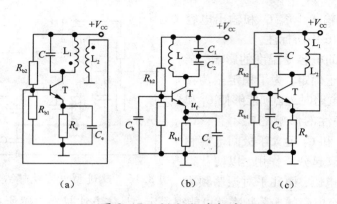

图 8.17　例 8.3 的电路

衡条件，但由于发射极有耦合电容 C_e，反馈量 u_f 将被短接至地，因此应将原电路中的电容 C_e 去掉，修改后的电路如图 8.18(b) 所示。图中设晶体管发射极瞬时极性为"+"，集电极同样为"+"，经电容反馈回发射极的仍为"+"，满足相位平衡条件。

　　图 8.17(c) 电路为电感反馈式电路，采用瞬时极性法分析的结果示于图 8.18(c) 中，由图可见，其极性满足相位平衡条件。同样设晶体管发射极为"+"，于是集电极也为"+"，经电感反馈回发射极的仍为"+"。但考虑到电感对直流信号相当于短路，故原电路中晶体管发射极电位 U_E 等于电源电压 V_{CC}，这样晶体管便不能正常工作，因此在图 8.18(c) 中晶体管发射极和电感之间接有耦合电容 C_1，以实现隔离直流量并使交流信号能顺利通过的目的。

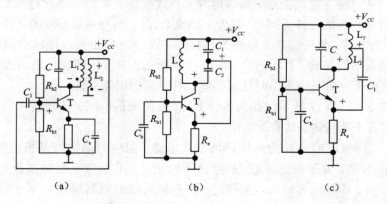

图 8.18　例 8.3 修改后的电路

　　例 8.4　试分析图 8.19 所示电路能否产生正弦波振荡？若能产生振荡，其振荡频率是多少？

　　解　在图 8.19(a) 所示电路中，LC 串联网络接在运放的输出端与同相输入端之间，引入反馈。当 f 等于 LC 串联网络的谐振频率时，其阻抗最小，且呈纯电阻特性，电路将引入较深正反馈。调节 R_3，当正反馈作用强于 R_3 引入的负反馈作用时，电路将产生正弦波振荡。振荡频率为

$$f_0 = \frac{1}{2\pi \sqrt{LC}}$$

图 8.19(b)所示电路中，LC 并联网络引入负反馈，但是还有电阻 R_3 接在运放输出端与同相输入端之间，引入正反馈。对于频率等于 LC 并联网络谐振频率 f_0 的信号，该网络发生并联谐振，阻抗最大，负反馈作用被削弱，若其作用比 R_3 引入的正反馈弱，电路就可以产生正弦波振荡。其振荡频率为

$$f_0 = \frac{1}{2\pi \sqrt{LC}}$$

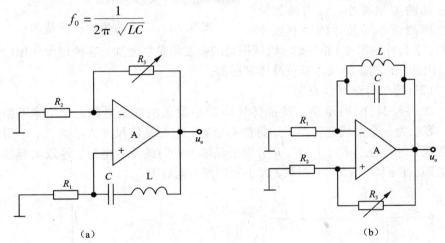

(a)　　　　　　　　　　　　　　　　(b)

图 8.19　例 8.4 的电路

8.2.4　石英晶体正弦波振荡电路

石英晶体振荡器是利用石英晶体的压电效应产生正弦波振荡，其主要特点是具有非常稳定的振荡频率。本节先介绍石英晶体的基本特性，再分析石英晶体振荡电路。

1. 石英晶体的基本特性与等效电路

石英晶体是一种各向异性的结晶体，它是硅石的一种，其化学成分是二氧化硅(SiO_2)。从一块晶体上按一定的方位角切下的薄片称为晶片(可以是正方形、矩形或圆形等)，然后在晶片的两个对应表面上涂敷银层并装上一对金属板，就构成石英晶体产品，如图 8.20 所示，一般用金属外壳密封，也有用玻璃壳封装的。

(1) 压电效应与压电谐振

当在石英晶片两边加上电压时，晶片就会发生机械变形；反之，当晶片上施加机械力（或拉力）时，晶片会在相应的方向上产生电压，这种现象称压电效应。

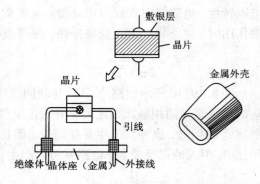

当晶片的两极加上交变电压时，晶片就会产生机械振动，同时，晶片的机械振动又会产生相应的交变电场。一般说来，这种机械振动的振幅较小，但当外加交变电压的频率与晶片的固有频率

图 8.20 石英晶体的一种结构

（决定于晶片的尺寸）相等时，机械振动的幅度将急剧增加，这种现象称压电谐振。因此，石英晶体又称石英晶体谐振器。

（2）等效电路与高 Q 值

如图 8.21（b）所示是石英晶体压电谐振现象的等效电路。当晶体不振动时，等效为一个平板电容器 C_0，称静态电容，它与晶体尺寸大小有关，一般约为几至几十皮法（pF）；L、C、R 分别是晶体振动时的等效电感、等效电容及等效电阻。它们均与晶片的形状、大小和切割方向有关。

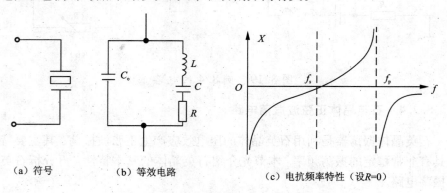

（a）符号 （b）等效电路 （c）电抗频率特性（设R=0）

图 8.21 石英晶体谐振器

一般，L 在几毫亨（mH）至几十亨（H）；C 值很小，只有 0.01 至 0.1pF；晶片的摩擦损耗等效为电阻 R 约为 100Ω。回路的品质因数

$$Q = \frac{\sqrt{\dfrac{L}{C}}}{R}$$

将上述的数量级代入该式可得到很高的 Q 值，其数量级可达 10^4 至 10^6，Q 值越

大，振荡频率越稳定。

（3）振荡频率稳定度高

从石英晶体谐振器的等效电路可知，它有两个谐振频率，一个是串联谐振频率

$$f_s = \frac{1}{2\pi\sqrt{LC}} \tag{8.28}$$

另一个是并联谐振频率

$$f_p = \frac{1}{2\pi\sqrt{L \cdot \dfrac{C \cdot C_o}{C + C_o}}} = f_s\sqrt{1 + \frac{C}{C_o}} \tag{8.29}$$

通常，$C_o \gg C$，因此，$f_p \approx f_s$。

石英晶体振荡器的振荡频率稳定度高的根本原因是晶片的固有频率仅与晶片的切割方式、几何形状、尺寸有关，只要晶体已经成形，它的固有频率基本上是固定的，所以，f_s、f_p 的稳定度可高达 10^{-6} 至 10^{-8} 甚至达 10^{-10} 至 10^{-11}。由图 8.21（c）电抗频率特性知，当谐振器工作在 f_s 与 f_p 之间时，晶体等效为电感；工作在其他频率时，晶体等效为电容；工作在 $f = f_s$ 时，电抗 $X = 0$，等效为纯电阻。

2. 石英晶体振荡电路

石英晶体振荡电路基本有两类，即并联型和串联型。前者石英晶体工作在 f_s 与 f_p 之间，利用晶体作为一个电感来组成振荡电路；后者工作在 f_s 处，利用阻抗最小的特性来组成振荡电路。下面分别介绍如下：

（1）并联型石英晶体振荡电路

图 8.22 为并联型石英晶体振荡电路。选频网络由 C_1、C_2 和石英晶体组成。欲使电路振荡，石英晶体必须显电感性，即振荡频率必须在 f_s 与 f_p 之间。显然，图 8.22 属于电容三点式 LC 振荡电路，其振荡频率由 C_1、C_2 和石英晶体来决定。

振荡频率为

$$f_0 = \frac{1}{2\pi\sqrt{L \cdot \dfrac{C \cdot (C_o + C')}{C + (C_o + C')}}} = f_s\sqrt{1 + \frac{C}{C_o + C'}} \tag{8.30}$$

式中，$C' = \dfrac{C_1 \cdot C_2}{C_1 + C_2}$。

图中电容 C_1 和 C_2 与石英晶体中的 C_o 并联，总容量大于 C_o，当然远大于石英晶体中的 C，所以电路的振荡频率约等于石英晶体的并联谐振频率 f_p。

（2）串联型石英晶体振荡电路

如图 8.23 所示为串联型石英晶体振荡电路。

将石英晶体串接在正反馈支路中，只有当振荡频率 $f_0 = f_s$ 时，石英晶体阻抗最小，且显纯阻性，这时反馈最强，相移为零，电路满足相位平衡条件；而在 f_s 以外其他频率上不起振，因为石英晶体的阻抗增大，相移不为零，不满足相位平衡条件。所以，振荡频率为

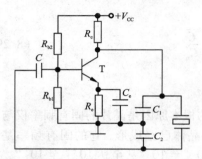

图 8.22　并联型石英晶体振荡电路

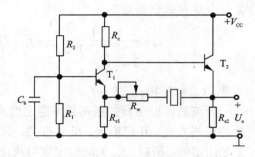

图 8.23　串联型石英晶体振荡电路

$$f_0 = f_S \tag{8.31}$$

调节 R_w 可改变反馈的强弱，以获得良好的正弦波输出。

由于 f_s 与温度有关，只有在较窄的温度范围内工作方能获得稳定度很高的振荡频率。当频率稳定度要求很高，或环境温度变化范围很宽时，应选用高精度或高稳定度的石英晶体，并把它放在恒温槽中，用温度控制电路保持恒温槽温度的稳定。恒温槽的温度应根据石英晶体谐振器的频率温度特性曲线来确定。

8.3　电压比较器

电压比较器能够将模拟信号转换成具有数字信号特点的二值信号，即输出不是高电平就是低电平。因此，构成电压比较器的集成运放大多处于开环状态（即没有引入反馈），或只引入了正反馈，即集成运放工作在非线性区。电压比较器常用于自动控制、波形产生与变换，模数转换以及越限报警等许多场合。

电压比较器可以利用通用集成运放组成，也可以采用专用的集成比较器组件，对其要求是电压幅度鉴别的准确性、稳定性、输出电压反应的快速性以及抗干扰能力等。下面分别介绍几种电压比较器。

8.3.1　简单比较器

1. 过零比较器

电压比较器是将一个模拟输入信号 u_I 与一个固定的参考电压 U_R 进行比较和鉴别的电路。在 $u_I > U_R$ 和 $u_I < U_R$ 两种情况下,电压比较器输出高电平 U_{OH} 或低电平 U_{OL}。当 u_I 一旦变化到 U_R 时,比较器的输出电压将从一个电平跳变到另一个电平。

参考电压为零的比较器称为过零比较器。按输入方式的不同可分为反相输入和同相输入两种过零比较器,如图 8.24(a)、(b)所示。

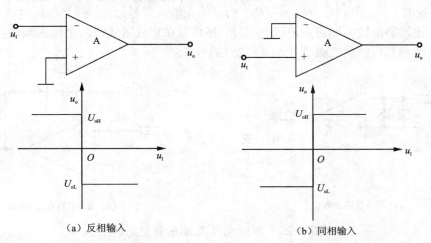

（a）反相输入　　　　　　　　　　　　（b）同相输入

图 8.24　过零比较器

因参考电压 $U_R = 0$,故输入电压与零进行比较,当 u_I 变化经过零,输出电压 u_o 从一个电平跳变至另一个电平,故称之为过零比较器。高电平 U_{OH} 与低电平 U_{OL} 分别接近于集成运放直流供电电源 $\pm V_{CC}$。

通常用阈值电压和电压传输特性来描述比较器的工作特性。

阈值电压(又称门槛电压)是使比较器输出电压发生跳变时的输入电压值,用符号 U_{TH} 表示。估算阈值电压主要应抓住输入信号变化时使输出电压发生跳变时的临界条件。这个临界条件是令集成运放两个输入端的电位相等,即令 $u_P = u_N$。应注意这不同于"虚短",运放在负反馈条件下工作时,只要工作正常,两输入端间总是"虚短";而运放在开环或正反馈条件下工作时,只能在瞬间经过这状态转换点,而不能始终稳定工作于这一点。对于 8.24(a)电路,$u_N = u_I$,$u_P = 0$,故 $U_{TH} = 0$。

电压传输特性是以 u_I 为横坐标、u_o 为纵坐标画出的反映输出电压与输入电压关系的曲线。画电压传输特性的一般步骤是：先求阈值电压，再根据电压比较器的具体电路，分析在输入电压由最低变到最高(正向过程)和输入电压由最高到最低(负向过程)两种情况下，输出电压的变化规律，然后画出电压传输特性。图 8.24(a) 的电压传输特性表明，输入电压从低逐渐升高经过零时，输出电压将从高电平跳到低电平。相反，当输入电压从高逐渐降低经过零时，输出电压将从低电平跳变为高电平。

有时，为了和后面的电路相连接以适应某种需要，常常希望减小比较器输出幅度，为此采用稳压管限幅。为了使比较器输出的正向幅度和负向幅度基本相等，可将双向稳压二极管接在电路的输出端或接在反馈回路中，如图 8.25 所示。这时，$U_{OH} = +U_Z$，$U_{OL} = -U_Z$。为了防止输入信号过大，损坏集成运放，除了在比较器的输入回路中串接电阻外，还可以在集成运放的两个输入端之间并联两个相互反接的二极管，如图 8.25(a) 所示。

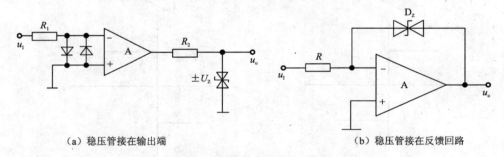

（a）稳压管接在输出端　　　　　　　　　　（b）稳压管接在反馈回路

图 8.25　限幅电路及过压保护电路

例 8.5　电路如图 8.26(a) 所示，当输入信号 u_1 如图 8.26(c) 所示的正弦波时，试定性画出图中 u_o、u'_o 及 u_L 的波形。

解　经分析，运放构成同相输入过零比较器，正弦波输入信号每过零一次，比较器的输出电压就跳变一次，将正弦波输入信号[图 8.26(c)]变换成正负极性的方波[图 8.26(d)]；方波经 RC 微分电路(当满足 $RC \ll T/2$，T 为输入正弦信号周期)输出，则输出电压 u'_o 就将为一系列的正、负相间的尖顶波[图 8.26(e)]；双向尖顶波又经二极管接到负载 R_L 上，利用二极管单向导电性，在负载 R_L 上只剩下正向尖顶脉冲[图 8.26(f)]，其时间间隔等于输入正弦波的周期 T。这里，二极管把负向尖顶脉冲削去了，称为削波或限幅，二极管 D 和负载 R_L 构成限幅电路。

2. 任意电平比较器

将过零比较器中的接地端改接为一个参考电压 U_R(设为直流电压)，由于 U_R 的大小和极性均可调整，电路成为任意电平比较器。在如图 8.27(a) 所示的

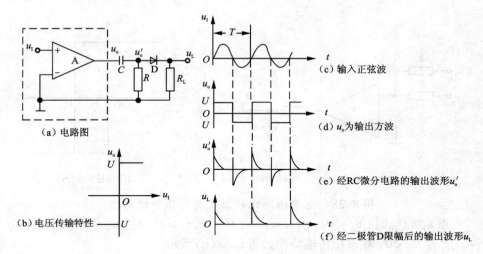

图 8.26　过零比较器及波形变换

比较器中, 有 $u_N = U_R$, $u_P = u_I$, 即当阈值电压 $u_I = U_R$ 时, 输出电压发生跳变, 则电压传输特性如图 8.27(b) 所示。和过零比较器的电压传输特相比右移了 U_R 的距离。若 $U_R < 0$, 则相当于左移了 $|U_R|$ 的距离。

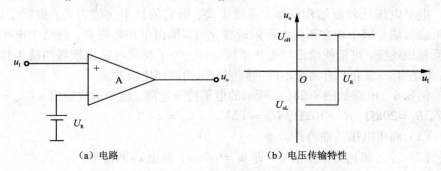

图 8.27　任意电平比较器及其电压传输特性

任意电平比较器也可接成反相输入方式, 只要将图 8.27(a) 中的 u_I 的位置与参考电压 U_R 对调即可。

若将输入信号 u_I 和参考电压 U_R 均接在反相输入端, 如图 8.28(a) 所示。

根据叠加原理, 集成运放反相输入端的电位

$$u_N = \frac{R_1}{R_1 + R_2} u_I + \frac{R_2}{R_1 + R_2} U_R$$

令 $u_N = u_P = 0$, 则求出阈值电压

$$U_{TH} = -\frac{R_2}{R_1} U_R \qquad (8.32)$$

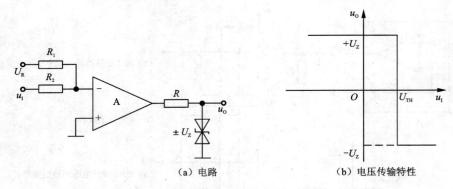

（a）电路   （b）电压传输特性

图 8.28　电平检测比较器及其电压传输特性

当 $u_I < U_{TH}$ 时，$u_N < u_P$，所以 $u_O = +U_z$；当 $u_I > U_{TH}$ 时，$u_N > u_P$，所以 $u_O = -U_z$。若 $U_R < 0$，则电压传输特性如图 8.28（b）所示。

这个电平比较器将在 $u_I = -\dfrac{R_2}{R_1}U_R$ 输入幅度条件下转换状态，可用来检测输入信号的电平，又称它为电平检测比较器。改变 U_R 大小、极性或 R_1/R_2 比值，就可检测不同幅度的输入信号。

电平电压比较器结构简单，灵敏度高，但它的抗干扰能力差。也就是说，如果输入信号因干扰在阈值电压附近变化时，输出电压将在高、低两个电平之间反复地跳变，可能使输出状态产生误动作。为了提高电压比较器的抗干扰能力，将在下一节介绍有两个不同的阈值电压的滞回比较器。

例 8.6　电路如图 8.28（a）所示的电平检测电路。已知运放输出 $\pm U_{OM} = \pm 15V$，$R_1 = 20k\Omega$，$R_2 = 10k\Omega$，$U_R = +5V$，$\pm U_Z = \pm 6V$。

（1）画出电压传输特性。

（2）若已知 u_I 为正弦信号，即 $u_I = 6\sin\omega t$，画出 u_0 的波形。

解

（1）画电压传输特性

电路的输出电压为

$$u_O = \pm U_Z = \pm 6V$$

阈值电压为

$$U_{TH} = -\frac{R_2}{R_1}U_R$$

将 R_1、R_2 和 U_R 值代入上式，得

$$U_{TH} = -2.5V$$

因此，电路的电压传输特性曲线如图 8.29（a）所示。

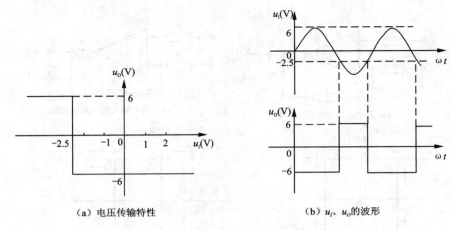

（a）电压传输特性   （b）u_I、u_o 的波形

图 8.29 例 8.6 的解答图

（2）画 u_o 相对于 u_I 的波形

根据上面的分析，电路的阈值电压为 $-2.5V$，图 8.29（b）所示的波形即为 u_I、u_o 的波形。由图知，当 u_I 幅值小于 $-2.5V$ 时，$u_o = +6V$，而当 u_I 大于 $-2.5V$ 时，$u_o = -6V$。

8.3.2 滞回比较器

滞回比较器的特点是当输入信号 u_I 逐渐增大或逐渐减小时，它有两个阈值电压，且不相等，其电压传输特性具有"滞回"曲线的形状。

滞回比较器也有反相输入和同相输入两种方式。它们的电路及电压传输特性示于图 8.30。

图 8.30 中滞回比较器电路中引入了正反馈，目的是加速输出状态的跃变，使运放经过线性区过渡的时间缩短。U_R 是参考电压，改变 U_R 值能改变阈值电压及回差大小。

以图 8.30（a）所示的反相滞回比较器为例，计算阈值电压并画出电压传输特性。

1. 正向过程

因为图 8.30（a）电路是反相输入接法，当 u_I 足够低时，u_o 为高电平，$U_{OH} = +U_Z$；当 u_I 从足够低逐渐上升到阈值电压 U_{TH1} 时，u_o 由 U_{OH} 跳变到低电平 $U_{OL} = -U_Z$，则输出电压发生跳变的临界条件是 $u_N = u_P$，而

$$u_N = u_I$$

$$u_P = U_R - \frac{U_R - U_{oH}}{R_2 + R_3}R_2 = \frac{R_3 U_R + R_2 U_{oH}}{R_2 + R_3}$$

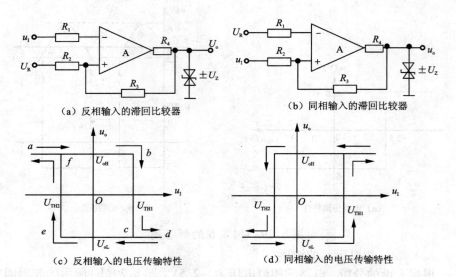

（a）反相输入的滞回比较器　　　　（b）同相输入的滞回比较器

（c）反相输入的电压传输特性　　　　（d）同相输入的电压传输特性

图 8.30　滞回比较器及其电压传输特性

因为 $u_N = u_P$ 时对应的 u_I 值就是阈值电压，故有正向过程的阈值电压为

$$U_{TH1} = \frac{R_3 U_R + R_2 U_{oH}}{R_2 + R_3} = \frac{R_3 U_R + R_2 U_Z}{R_2 + R_3} \tag{8.33}$$

若 $u_I < U_{TH1}$ 时，$u_o = U_{oH} = +U_Z$ 不变。当 u_I 逐渐上升经过 U_{TH1} 时，u_o 由 U_{oH} 跳变为 $U_{oL} = -U_Z$，在 $u_I > U_{TH1}$ 时，$u_o = U_{oL} = -U_Z$ 保持不变，形成电压传输特性的 $abcd$ 段。

2. 负向过程

当 u_I 足够高时，u_o 为低电平 $U_{oL} = -U_Z$，u_I 从足够高逐渐下降使 u_o 由 U_{oL} 跳变为 U_{oH} 的阈值电压为 U_{TH2}，再根据求阈值电压的临界条件 $u_N = u_P$，而

$$u_P = U_R - \frac{U_R - U_{oL}}{R_2 + R_3} R_2 = \frac{R_3 U_R + R_2 U_{oL}}{R_2 + R_3}$$

则得负向过程的阈值为

$$U_{TH2} = \frac{R_3 U_R + R_2 U_{oL}}{R_2 + R_3} = \frac{R_3 U_R - R_2 U_Z}{R_2 + R_3} \tag{8.34}$$

可见

$$U_{TH1} > U_{TH2}$$

在 $u_I > U_{TH2}$ 以前，$u_o = U_{oL} = -U_Z$ 不变；当 u_I 逐渐下降到 $u_I = U_{TH2}$ 时（注意不是 U_{TH1}），u_o 跳变到 U_{oH}，在 $u_I < U_{TH2}$ 以后，$u_o = U_{oH}$ 维持不变。形成电压传输特性上 $defa$ 段。由于它与磁滞回线形状相似，故称之为滞回电压比较器。

据以上分析,画出了图 8.30(a)电路的完整电压传输特性如图 8.30(c)所示。

设图 8.30(a)反相输入的滞回比较器的参数为 $R_1 = 10\text{k}\Omega$, $R_2 = 15\text{k}\Omega$, $R_3 = 30\text{k}\Omega$, $R_4 = 3\text{k}\Omega$, $U_R = 0$, $U_Z = 6\text{V}$,根据式(8.34)和式(8.35)计算 $U_{TH1} = 2\text{V}$, $U_{TH2} = -2\text{V}$。如果输入一个三角波电压信号,可以画出它的输出电压波形是矩形波。可知,滞回比较器能将连续变化的周期信号变换为矩形波,见图 8.31 所示。

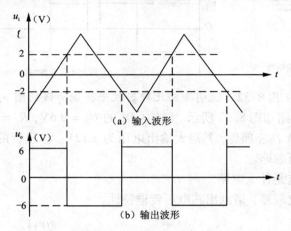

图 8.31 比较器的波形变换

利用求阈值电压的临界条件和叠加原理方法,不难计算出图 8.30(b)所示的同相滞回比较器的两个阈值电压

$$U_{TH1} = \left(1 + \frac{R_2}{R_3}\right)U_R - \frac{R_2}{R_3}U_{oL} \tag{8.35}$$

$$U_{TH1} = \left(1 + \frac{R_2}{R_3}\right)U_R - \frac{R_2}{R_3}U_{oH} \tag{8.36}$$

两个阈值的差值 $\Delta U_{TH} = U_{TH1} - U_{TH2}$ 称为回差。由上分析可知,改变 R_3 和 R_2 值可改变回差大小,调整 U_R 可改变 U_{TH1} 和 U_{TH2},但不影响回差大小。即滞回比较器的传输特性将平行右移或左移,滞回曲线宽度不变。

滞回比较器由于有回差电压存在,大大提高了电路的抗干扰能力,回差 ΔU_{TH} 越大,抗干扰能力越强。因为输入信号因受干扰或其他原因发生变化时,只要变化量不超过回差 ΔU_{TH},这种比较器的输出电压就不会来回变化。例如,滞回比较器的电压传输特性和输入电压的波形如图 8.32(a)、(b)所示。根据电压传输特性和两个阈值电压($U_{TH1} = 2\text{V}$, $U_{TH2} = -2\text{V}$),可画出输出电压 u_0 的波形,如图 8.32(c)所示。从图 8.32(c)可见,u_i 在 U_{TH1} 与 U_{TH2} 之间变化,不会引起 u_0 的跳变。

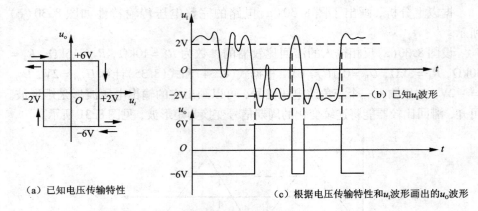

（a）已知电压传输特性

（b）已知u_i波形

（c）根据电压传输特性和u_i波形画出的u_o波形

图 8.32　说明滞回比较器抗干扰能力强的图

例 8.7　电路如图 8.33 所示。已知：D_Z 的 $U_Z = \pm 6V$，$R_1 = R_2 = 10\ k\Omega$，R_3 = 20kΩ，运放 A 性能理想，其最大输出电压为 ± 12V，稳压管的反向饱和电流和动态电阻均可忽略。

（1）分析这是什么电路？

（2）若是比较器，请画出其电压传输特性。

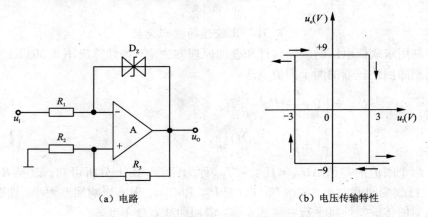

（a）电路

（b）电压传输特性

图 8.33　例 8.7 的电路及其电压传输特性

解

（1）电路中运放外部有稳压管跨接在输出端与反相输入端之间。当稳压管未被击穿时，运放工作在正反馈状态；当 D_Z 击穿后，运放引入了深度负反馈，两个输入端适用"虚短"和"虚断"的概念。此时，R_3 上电压降等于 D_Z 两端电压，即 $u_{R_3} = \pm U_Z$，因

$$u_{R_3} = u_O \cdot \frac{R_3}{R_2 + R_3}$$

故可求得

$$u_O = \pm \frac{R_2 + R_3}{R_3} U_Z = \pm 9V$$

由以上分析可知,电路即使在 D_Z 击穿后引入负反馈时,输出电压也只有两种状态:高电平和低电平,所以可以判断此电路为比较器,运放的外部引入正反馈,组成的是滞回比较器。

（2）画电压传输特性

运放同相输入端的电压

$$u_P = \frac{R_2}{R_2 + R_3} u_O = \pm 3(V)$$

故该电路的阈值电压为

$$U_{TH1} = +3V$$

$$U_{TH2} = -3V$$

由于 u_I 从运放反相输入端输入,当 $u_O = +9V$ 时,曲线水平部分往横轴负方向延伸;$u_O = -9V$ 时,曲线水平部分往横轴正方向延伸。故可画得8.33(a)所示比较器的电压传输特性如图8.33(b)所示。

本例说明,并非所有的集成运放组成的比较器,其运放都工作于开环或正反馈状态,也有如本例这样,通过稳压管引入深度负反馈,其目的是为了使比较器输出的高、低电平能稳定。这时,电路的输出电压只有高电平、低电平两种状态;而且,输出状态只取决于输入电压是大于还是小于阈值电压,仍可判断该电路是一比较器。

例8.8　一比较器的电压传输特性曲线如图8.34(a)所示。试用一个运放及其它元件来设计该比较器,要求画出电路,求出元件参数,在设计计算中可设运放性能理想。

解　由电压传输特性可见,该比较器应该是反相输入滞回比较器。其输出高电平为9V,低电平为 -0.7V,可以用一只稳压管稳压电路对运放的输出电压进行稳压后获得。因此,我们可选择如图8.34(b)所示的电路,来获得图8.34(a)所示的电压传输特性。

元器件参数选择:

（1）选硅稳压管 D_Z 的稳定电压为9V;限流电阻 R_3 为2kΩ;运放 A 的工作电源电压为 ±15V。这样,当 A 输出高电平(约为 +15V)时,D_Z 反向击穿,$u_O = U_Z = +9V$;当 A 输出低电平(约为 -15V)时,D_Z 正向导通,$u_O = -U_D =$

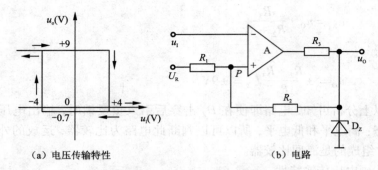

（a）电压传输特性　　　　　　　　　（b）电路

图 8.34　例 8.8 电压传输特性及其设计电路

-0.6V，从而使比较器的输出高、低电平符合电压传输特性提出的要求。

（2）选择电阻 R_1、R_2 及参考电压 U_R。从电压传输特性可知，该比较器的阈值电压应该是

$$U_{TH1} = +4V$$
$$U_{TH2} = -4V$$

由所选电路可得

$$u_P = \frac{R_2}{R_1 + R_2} U_R + \frac{R_1}{R_1 + R_2} u_o$$

当 $u_o = U_{OH} = 9V$，且 $u_I = u_P$ 时，u_o 将从 U_{OH} 跳变到 U_{OL}，这时的 u_P 就是 U_{TH1}（4V），故上式可写成

$$\frac{R_2}{R_1 + R_2} U_R + 9 \times \frac{R_1}{R_1 + R_2} = 4(V)$$

当 $u_o = U_{OL} = -0.6V$，且 $u_I = u_P$ 时，u_o 将从 U_{OL} 跳变到 U_{OH}，这时的 u_P 就是 U_{TH2}（-4V），故 u_P 表达式可写成 $\frac{R_2}{R_1 + R_2} U_R + (-0.6) \times \frac{R_1}{R_1 + R_2} = -4V$

令 $R_1 = kR_2$，代入上面两式，并整理，可得方程组

$$\begin{cases} \frac{1}{k+1} U_R + \frac{9k}{k+1} = 4 \\ \frac{1}{k+1} U_R - \frac{0.6k}{k+1} = -4 \end{cases}$$

联解方程组可求得

$$U_R = -21V$$
$$k = 5$$

现选 $R_2 = 2k\Omega$，则 $R_1 = 5R_2 = 10k\Omega$。

8.3.3　窗口比较器

简单比较器和滞回比较器有一个共同特点，即 u_1 单方向变化（正向过程或负向过程）时，u_0 只跳变一次，只能检测一个输入信号的电平。而窗口比较器的特点是输入信号单方向变化（例如 u_1 从足够低单调升高到足够高），可使输出电压 u_0 跳变两次，其电压传输特性如图 8.35（b）所示，它形似窗口，故称为窗口比较器。窗口比较器提供了两个阈值电压和两种输出稳定状态可用来判断 u_1 是否在某两个电平之间。比如，从检查产品的角度看，可区分参数值在一定范围之内和之外的产品。

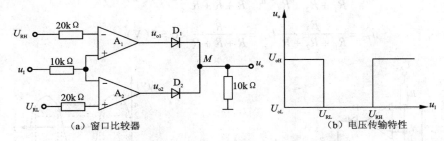

（a）窗口比较器　　　　　　　　　（b）电压传输特性

图 8.35　窗口比较器及其电压传输特性

窗口比较器可用两个阈值电压不同的简单比较器组成。阈值电压小的简单比较器采用反相输入接法，阈值电压大的简单比较器采用同相输入接法。再用两只二极管将两个简单比较器的输出端引到同一点作为输出端，具体电路如图 8.35（a）所示。参考电压 $U_{RH} > U_{RL}$。下面按输入电压 u_1 与参考电压 U_{RH}、U_{RL} 的大小分 3 种情况分析它的工作原理。

1. 当 $u_1 < U_{RL}$ 时，u_{o2} 为高电平，二极管 D_2 导通。因 $u_I < U_{RH}$，u_{o1} 为低电平（负值），二极管 D_1 截止。此时，$u_o \approx u_{o2} = U_{oH}$。

2. 当 $u_1 > U_{RH}$ 时，u_{o1} 为高电平，二极管 D_1 导通。当然，$u_I > U_{RL}$，u_{o2} 为低电平（负值），二极管 D_2 截止。此时，$u_o \approx u_{o1} = U_{oH}$。

3. 当 $U_{RL} < u_1 < U_{RH}$ 时，u_{o1} 和 u_{o2} 均为低电平，D_1 和 D_2 均截止，所以 $u_0 = 0$，此时，窗口比较器输出为零电平。

据上所述，窗口比较器有两个阈值电压，它们是 U_{RH} 和 U_{RL}，有两个稳定状态，其电压传输特性如图 8.35（b）所示。

电压比较器是模拟电路与数字电路之间的接口电路。但通用型集成运放构成的电压比较器的高、低电平与数字电路 TTL 器件的高、低电平的数值相差很大，一般需要加限幅电路才能驱动 TTL 器件，给使用带来不便，而且响应速度低。采用集成电压比较器可以克服这些缺点。

例 8.9 电路如图 8.36（a）所示。设 A_1、A_2 为理想运放，D_1、D_2 的反向电流为零。现已知：$R_1 = R_2 = R_3 = R$，$R_L = 2R_4$，稳压管 D_Z 的稳定电压 $U_Z = 5V$，运放的工作电压为 $\pm 15V$，输入电压 $u_I = 6\sin\omega t\,V$，参考电压 $U_R = 6V$。

（1）求出阈值电压；

（2）画出电压传输特性；

（3）画出对应于 u_I 的 u_O 波形。

解

（1）求阈值电压：由电路图可见

$$u_{N1} = \frac{R_2 + R_3}{R_1 + R_2 + R_3} U_R = \frac{R + R}{R + R + R} \times 6 = 4\,(V)$$

$$u_{P2} = \frac{R_3}{R_1 + R_2 + R_3} U_R = \frac{R}{R + R + R} \times 6 = 2\,(V)$$

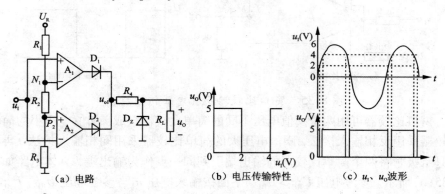

（a）电路　　　　（b）电压传输特性　　　　（c）u_I、u_O 波形

图 8.36　例 8.9 选用的电路

当 $u_I > u_{N1}$ 时，A_1 输出高电平、A_2 输出低电平，D_1 导通、D_2 截止，u_O 输出为高电平；当 u_I 下降到 u_{N1} 时，A_1 的输出也将跳变为低电平，D_1、D_2 同时截止，u_O 输出为低电平；当 u_I 继续下降到 u_{P2} 时，A_2 输出将跳变为高电平，D_2 导通（此时 A_1 输出低电平，D_1 截止），u_O 从低电平又跳变到高电平。故 u_{N1}、u_{P2} 就是该比较器的阈值电压，即

$$U_{TH1} = u_{N1} = 4V$$

$$U_{TH2} = u_{P2} = 2V$$

（2）画电压传输特性曲线

输出高电平：D_1 或 D_2 导通时，$u_{O1} \approx V_{CC} - U_D = 14.3V$，由于 $R_L = 2R_4$，则

$$\frac{R_L}{R_4 + R_L} u_{O1} = \frac{2R_4}{R_4 + 2R_4} \times 14.3 = 9.53V > U_Z$$

故 D_Z 被击穿，它工作于稳压状态，$U_{OH} = U_Z = 5V$。

输出低电平: D_1 和 D_2 均截止时, u_O 为低电平, 故 $U_{OL} = 0$。

综上所述, $u_I > 4V$ 时, $u_O = U_{OH} = 5V$; $2V < u_I < 4V$ 时, $u_O = U_{OL} = 0V$; $u_I < 2V$ 时, $u_O = U_{OH} = 5V$。据此可画出该比较器的电压传输特性曲线如图 8.36(b) 所示。

(3) u_I 和 u_O 波形如图 8.36(c) 所示。

窗口比较器有两个阈值电压, 由两个运放组成, 每一运放各自组成一个简单比较器, 所以窗口比较器的电压传输特性不同于滞回比较器, 窗口比较器的电压传输特性曲线没有"回环"(或称"滞回")特性。因此抗干扰能力较差、灵敏度较高。

8.4　非正弦波发生电路

8.4.1　矩形波发生电路

1. 什么是矩形波

如图 8.37 所示波形, T_1 为高电平的持续时间, T_2 为低电平的持续时间, T 为周期, 即

$$T = T_1 + T_2 \tag{8.37}$$

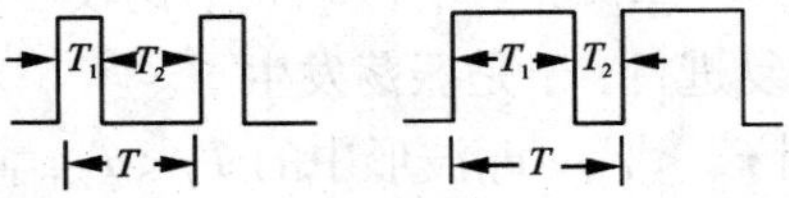

图 8.37　矩形波

将高电平的时间与周期的比值定义为占空比, 记为 q

$$q = \frac{T_1}{T} \tag{8.38}$$

占空比为 0.1 至 0.9 的波形定义为矩形波, 其中占空比为 0.5 的矩形波又称为方波, 是矩形波的特例。

2. 占空比可调的矩形波发生电路

图 8.38(a) 所示为一个矩形波发生电路, 它基本上是由滞回比较器与 RC 积分电路构成。为了实现占空比可调, 只需使 $T_1 \neq T_2$, 为此加了两个二极管与一个电位器, 将 RC 充放电通路分开, 并实现占空比可调。限幅电路由双向稳压管构成, 起钳位作用, 其限幅值为 $\pm U_Z$, 提供矩形波的幅值。根据求阈值电压的方法可求得滞回比较器的阈值电压为 $\pm R_1 U_Z/(R_1 + R_2)$, 电压传输特性如图 8.38(b) 所示。

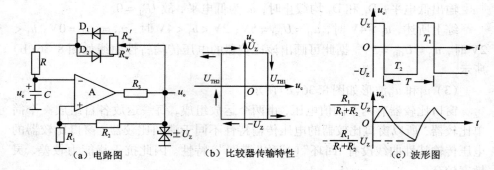

图 8.38　矩形波发生电路

当 $u_O = +U_z$ 时，u_O 通过 R'_w、D_1 和 R 对电容 C 正向充电，若忽略二极管导通的等效电阻，则充电时间常数为

$$\tau_{放} \approx (R + R'_w) \cdot C \tag{8.39}$$

u_C 由小到大不断上升，极性上正下负，当 u_C 升到 $U_{TH1} = R_1 U_z / (R_1 + R_2)$ 时，比较器发生负跳变，u_O 由 $+U_z$ 变为 $-U_z$。

当 $u_O = -U_z$ 时，u_O 通过 R''_w、D_2 和 R 对电容 C 反向充电（即电容 C 放电），则放电时间常数为

$$\tau_{放} \approx (R + R''_w) \cdot C \tag{8.40}$$

u_C 不断下降至 $U_{TH2} = -R_1 U_z / (R_1 + R_2)$ 时，比较器发生正跳变，u_O 由 $-U_z$ 变为 $+U_z$。上述过程重复进行，于是振荡发生了。

当 $R'_w < R''_w$ 时，则 $\tau_{充} < \tau_{放}$，u_O 波形中的 $T_1 < T_2$，同时在电容 C 两端产生线性不好的锯齿波形。图 8.38(c) 示出了 u_O 与 u_C 的波形，可见，矩形波 u_O 的幅值由限幅值 $\pm U_z$ 决定，而电容电压的幅值由比较器的阈值电压 $\pm R_1 U_z / (R_1 + R_2)$ 决定；当 $R'_w > R''_w$ 时，则 $\tau_{充} > \tau_{放}$，$T_1 > T_2$，u_O 的也是矩形波，波形与图 8.38(c) 中相反；当 $R'_w = R''_w$ 时，则 $\tau_{充} = \tau_{放}$，$T_1 = T_2$，占空比 $T_1/T = 0.5$，u_O 波形为方波。

3. 振荡周期与频率

根据电容上电压波形可知，设 $u_C = -R_1 U_z / (R_1 + R_2)$（即 U_{TH2}），在 $U_{OH} = +U_z$ 的作用下，利用一阶 RC 电路的三要素法可列出电容 C 充电的关系式为

$$u_C = U_{OH} - (U_{OH} - U_{TH2}) e^{\frac{-t}{\tau}}$$

电容电压 u_C 由 U_{TH2} 上升到 $U_{TH1} = R_1 U_z / (R_1 + R_2)$ 的时间为 T_1，由此得

$$U_{TH1} = U_{OH} - (U_{OH} - U_{TH2}) e^{-\frac{T_1}{\tau}}$$

解得

$$T_1 = \tau_{充} \ln\left(1 + \frac{2R_1}{R_2}\right) \tag{8.41}$$

同理得

$$T_2 = \tau_{放} \ln\left(1 + \frac{2R_1}{R_2}\right) \tag{8.42}$$

矩形波的振荡周期是

$$T = T_1 + T_2 = (\tau_{充} + \tau_{放})\ln\left(1 + \frac{2R_1}{R_2}\right) \tag{8.43}$$

即

$$T \approx (R_w + 2R)C\ln\left(1 + \frac{2R_1}{R_2}\right) \tag{8.44}$$

振荡频率

$$f = \frac{1}{T} \tag{8.45}$$

占空比为

$$q = \frac{T_1}{T} = \frac{\tau_{充}}{\tau_{充} + \tau_{放}} \approx \frac{R'_w + R}{R_w + 2R} \tag{8.46}$$

可见，调节 R_w 电位器可以改变占空比，但不能改变周期。

3. 方波发生电路

图 8.39(a)是一个专门产生方波的电路，与图 8.39(a)电路所不同的是充放电回路相同，$\tau_{充} = \tau_{放} = RC$，故使 $T_1 = T_2$、$q = 0.5$，从而使 u_0 产生方波，同时在电容 C 上产生线性不好的三角波，如图 8.39(b)所示。方波 u_0 的幅值由 $\pm U_Z$ 决定，而电容电压 u_C 的幅值由滞回比较器的阈值电压 $\pm R_1 U_Z/(R_1 + R_2)$ 决定。

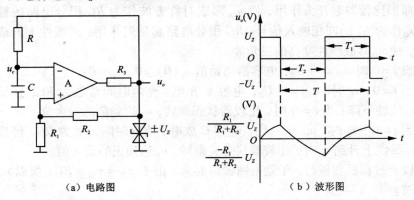

（a）电路图　　　　　（b）波形图

图 8.39　方波发生电路

根据式(8.41)、(8.42)和(8.43)可知方波的振荡周期为

$$T = T_1 + T_2 = 2RC\ln\left(1 + \frac{2R_1}{R_2}\right) \tag{8.47}$$

振荡频率

$$f = \frac{1}{T}$$

8.4.2　三角波发生电路

如果把一个方波信号接到积分电路的输入端,那么,在积分电路的输出端可得到三角波信号;而比较器输入三角波信号,其输出端可获得方波信号。根据这一原则,采用抗干扰能力强的同相滞回比较器和反相积分电路互相级联,构成三角波信号发生电路,如图8.40(a)所示,图8.40(b)是它的波形图。

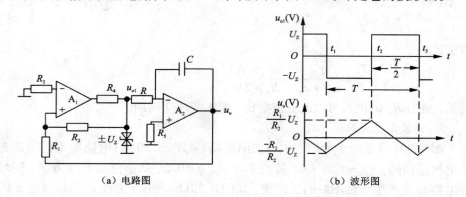

（a）电路图　　　　　　　　　　　（b）波形图

图8.40　三角波发生电路

滞回比较器起开头作用,使 u_{O1} 形成对称方波作为 RC 积分电路的输入信号, u_O 作为 A_1 的同相输入信号。 RC 积分电路起延迟作用,或线性上升或线性下降,使 u_O 形成线性度高的三角波。

设 $t=0$ 时 $u_{O1} = +U_Z$,电容器初始值 $u_C(0) = 0$, $u_O = 0$;

当 $t = 0 \sim t_1$ 时, $u_{O1} = +U_Z$,电容 C 充电,充电时间常数为 RC,经反相积分, u_O 线性下降;当 $t = t_1$ 时,比较器状态翻转, u_O 达到负的最大值。

当 $t = t_1 \sim t_2$ 时, $u_{O1} = -U_Z$,电容 C 放电,放电时间常数为 RC,经反相积分, u_O 线性上升到 t_2 时,比较器状态又翻转, u_O 达到正的最大值。

以上过程反复进行,于是电路振荡起来。由于 $\tau_充 = \tau_放 = RC$,所以 u_O 形成三角波。

由上述分析中得知,方波的幅值由限幅值 $\pm U_Z$ 决定,而由波形图知当 u_{O1} 发生翻转的时刻对应的输出电压就是最大值 U_{om},所以三角波的幅值就是比较

器的阈值电压。由叠加原理求出

$$\frac{R_1}{R_1 + R_2}(\pm U_Z) + \frac{R_2}{R_1 + R_2}u_o = 0$$

解出

$$u_o = \pm \frac{R_1}{R_2}U_Z$$

所以

$$U_{om} = \frac{R_1}{R_2}U_Z \tag{8.48}$$

可见，只要 R_1、R_2、U_Z 稳定不变，则 U_{om} 就是一个稳定不变的值，而与 u_{O1} 方波的频率无关。

三角波的周期可由波形图求出，$t_2 - t_1 = T/2$，对应 $2U_{om}$，再由反相积分

$$-\frac{-U_Z}{RC}(t_2 - t_1) = 2U_{om}$$

即

$$\frac{U_Z}{RC} \cdot \frac{T}{2} = 2 \cdot \frac{R_1}{R_2}U_Z$$

得振荡周期

$$T = \frac{4RC \cdot R_1}{R_2} \tag{8.49}$$

振荡频率

$$f = \frac{1}{T} = \frac{R_2}{4RCR_1} \tag{8.50}$$

可见，先固定 R_1、R_2，满足 U_{om} 不变；再粗调电容 C，细调电阻 R，满足振荡频率 f，这样调幅与调频可互不影响。

例 8.10　运算放大器构成的三角波发生电路如图 8.41 所示。

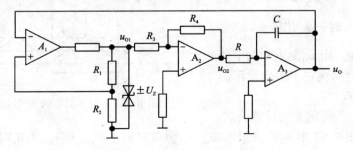

图 8.41　例 8.10 的电路

（1）分析电路由哪几部分组成，各具有什么作用？

（2）画出 u_{o1}、u_{o2} 和 u_o 的波形。

（3）导出电路振荡周期 T 的计算公式。

（4）说明电路如何调频和调幅？

解

（1）电路的组成部分及其作用

图 8.41 所示电路由三部分组成：运放 A_1 构成的滞回比较器，产生方波。运放 A_2 构成的反相比例运算电路对运放 A_1 输出的 u_{o1} 信号进行放大并倒相。运放 A_3 构成的反相积分器对 u_{o2} 信号进行反相积分。

电路输出信号 u_o 反馈回运放 A_1 的反相输入端与 A_1 的同相输入信号进行比较，若 $u_N > u_P$，则 $u_{o1} = -U_Z$；若 $u_N < u_P$，则 $u_{o1} = +U_Z$。

由 u_{o1} 输出的 $\pm U_Z$，经 A_2 反相比例运算后，再经 A_3 反相积分，在其输出端 u_o 得到了电压上升、下降幅度相等，充放电时间常数相等的三角波的波形。

（2）画出 u_{o1}、u_{o2} 和 u_o 的波形

运放 A_1、A_2 和 A_3 输出端 u_{o1}、u_{o2} 和 u_o 的波形示于图 8.42 中。由图中波形可清楚看到，u_{o1} 为方波，幅值为 $\pm U_Z$；u_{o2} 和 u_{o1} 相比相位相反，幅值为 $\pm \dfrac{R_4}{R_3} U_Z$，

即放大了 $\dfrac{R_4}{R_3}$ 倍；u_o 端的波形为三角波，在 $u_{o2} < 0$ 时，运放 A_3 正向积分，积至 $\dfrac{R_2}{R_1 + R_2} U_Z$ 时，u_{o1} 由 $+U_Z$ 跳变至 $-U_Z$，而 u_{o2} 则由 $-\dfrac{R_4}{R_3} U_Z$ 跳变为 $\dfrac{R_4}{R_3} U_Z$，此时 u_o 积分方向向下（反相积分），至 $-\dfrac{R_2}{R_1 + R_2} U_Z$ 时，又引起 u_{o1}、u_{o2} 状态的切换。由 u_o 向上和向下两次积分的时间决定了输出波形的振荡周期 T。

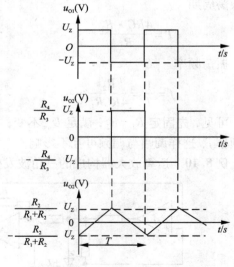

图 8.42　例 8.12 的波形图

（3）推导周期 T 的计算公式

根据图 8.42 中 u_o 的波形可知，u_{o2} 为负时向上积分和 u_{o2} 为正时向下积分时间相等，都等于 $T/2$，因此不难得出

$$-\frac{1}{RC}\int_0^{\frac{T}{2}}\left(-\frac{R_4}{R_3}U_z\right)\mathrm{d}t = 2\left(\frac{R_2}{R_1+R_2}\right)\cdot U_z$$

经求解，可得

$$T = 4RC\frac{R_3}{R_4}\left(\frac{R_2}{R_1+R_2}\right)$$

（4）电路的调频、调幅

由 T 的表达式可知，要调整电路的输出频率，通常可调整 R、C 的参数，即积分电路的时间常数。调整 R_3 和 R_4 的比例关系也可达到调频的目的。但需注意的是，电阻 R_1、R_2 参数的调整不仅有调频作用，同时输出 u_0 的幅值也会发生变化，而 R、C 参数以及 R_3、R_4 参数的调整则只影响频率，不会改变 u_0 的幅值。

另需注意的是，图 8.40 所示电路除输出 u_0 为三角波外，u_{01}、u_{02} 的输出均为方波，调整电阻 R_3、R_4 的参数值，即可调整 u_{02} 的输出幅值，故该电路也称为三角波 – 矩形波发生器。

8.4.3　锯齿波发生电路

锯齿波和正弦波、方波、三角波是常用的基本测试信号。此外，如在示波器等仪器中，为了使电子按照一定的规律运动，以利用荧光屏显示图像，常用到锯齿波产生器作为时基电路。例如，要在示波器荧光屏上不失真地观察到被测信号波形，就要在水平偏转板加上随时间作线性变化的电压——锯齿波电压，使电子束沿水平方向匀速扫过荧光屏。而电视机中显像管荧光屏上的光点，是靠磁场变化进行偏转的，所以需要用锯齿波电流来控制。这里仅以图 8.43（a）所示的锯齿波电压产生电路为例，讨论其组成及工作原理。

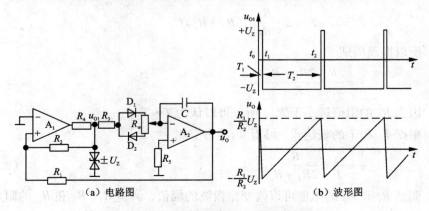

图 8.43　锯齿波发生电路及其波形

当积分电路正向积分的时间常数远大于反向积分的时间常数，或者反向积分的时间常数远大于正向积分的时间常数，那么输出电压 u_O 上升和下降的斜率相差很多，就可以获得锯齿波。利用二极管的单向导电性使积分电路两个方向的积分通路不同，就可得到锯齿波发生电路，如图 8.43(a) 所示。图中 R_3 的阻值远小于 R_w。

设二极管导通时的等效电阻可忽略不计，电位器的滑动端移到最上端。当 $u_{O1} = +U_Z$ 时，D_1 导通，D_2 截止，输出电压的表达式为

$$u_O(t_1) = -\frac{1}{R_3 C}U_Z(t_1 - t_0) + u_O(t_0) \tag{8.51}$$

u_O 随时间线性下降，u_O 下降至 $-\dfrac{R_1}{R_2}U_Z$ 时，使 u_{O1} 由 $+U_Z$ 跳变为 $-U_Z$。

当 $u_{O1} = -U_Z$ 时，D_2 导通，D_1 截止，输出电压的表达式为

$$u_O(t_2) = \frac{1}{(R_3 + R_w)C}U_Z(t_2 - t_1) + u_O(t_1) \tag{8.52}$$

u_O 随时间线性上升，u_O 升至 $+\dfrac{R_1}{R_2}U_Z$ 时，又使 u_{O1} 由 $-U_Z$ 跳变为 $+U_Z$。如此周而复始，产生振荡。

由于 $R_w \gg R_3$，u_{O1} 和 u_O 的波形如图 8.43(b) 所示。

根据三角波发生电路振荡周期的计算方法，可得出下降时间

$$T_1 = t_1 - t_0 \approx 2 \cdot \frac{R_1}{R_2} \cdot R_3 C$$

上升时间

$$T_2 = t_2 - t_1 \approx 2 \cdot \frac{R_1}{R_2} \cdot (R_3 + R_w)C$$

所以振荡周期

$$T = \frac{2R_1(2R_3 + R_w)C}{R_2}$$

因为 R_3 的阻值远小于 R_w，所以可以认为 $T \approx T_2$。

根据 T_1 和 T 的表达式，可得 u_{O1} 的占空比

$$q = \frac{T_1}{T} = \frac{R_3}{2R_3 + R_w} \tag{8.53}$$

调整 R_1 和 R_2 的阻值可以改变锯齿波的幅值；调整 R_1、R_2 和 R_w 的阻值以及 C 的容量，可以改变振荡周期；调整电位器 R_w 阻值，可以改变 u_{O1} 的占空比，以及锯齿波上升和下降的斜率。

8.5 利用集成运放实现信号的转换

在控制、遥控、遥测、近代生物物理和医学等领域，常常需要将模拟信号进行转换，如将信号电压转换成电流，将信号电流转换成电压，将直流信号转换成交流信号，将模拟信号转换成数字信号，等等。本节将对用集成运放实现的几种信号转换电路简单加以介绍。

8.5.1 电压 – 电流转换电路

1. 电压 – 电流转换电路

工程应用中，为抗干扰、提高测量精度或满足特定要求等，常常需要进行电压信号和电流信号之间的转换。如图 8.44 所示电路为电压 – 电流转换的基本原理电路。

根据虚短和虚断原则，有

$$u_N = u_P = u_S$$

$$i_o = i_1$$

因此由图 8.44 可得

$$i_o = \frac{u_s}{R_1}$$

上式表明，该电路中输出电流 i_o 与输入电压 u_S 成正比，而与负载电阻 R_L 的大小无关，从而将恒压源输入转换成恒流源输出。

由于图 8.44 所示电路中的负载没有接地点，因而不适用于某些应用场合。

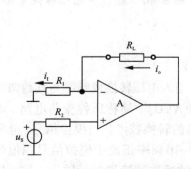

图 8.44 电压 – 电流转换的
基本原理电路

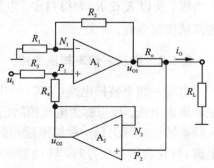

图 8.45 实用的电压 – 电流
转换电路

图 8.45 所示为实用的电压-电流转换电路。由于电路引入了负反馈，A_1 构成同相求和运算电路，A_2 构成电压跟随器。

图中 $R_1 = R_2 = R_3 = R_4 = R$，因此

$$u_{O2} = u_{P2}$$

$$u_{P1} = \frac{R_4}{R_3 + R_4} \cdot u_I + \frac{R_3}{R_3 + R_4} \cdot u_{P2} = 0.5 u_I + 0.5 u_{P2} \qquad (8.54)$$

$$u_{O1} = \left(1 + \frac{R_2}{R_1}\right) u_{P1} = 2 u_{P1}$$

将式(8.54)代入上式，得

$$u_{O1} = u_{P2} + u_I$$

R_o 上的电压

$$u_{Ro} = u_{O1} - u_{P2} = u_I$$

所以

$$i_O = \frac{u_I}{R_o} \qquad (8.55)$$

2. 电流-电压转换电路

图 8.46 所示为电流-电压转换电路。

在理想运放条件下，输入电阻 $R_i = 0$，因而 $i_F = i_S$，故输出电压

$$u_O = -i_S R_f$$

应当指出，因为实际电路的 R_i 不可能为零，所以 R_s 比 R_i 大得愈多，电路的转换精度就愈高。

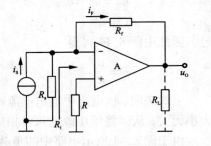

图 8.46　电流-电压转换电路

8.5.2　电压-频率转换电路

电压-频率转换电路(VFC)的功能是将输入电压转换成频率与其数值成正比的输出电压，故也称为电压控制振荡电路(VCO)，简称压控振荡电路。电压-频率转换实际上是一种模拟量和数字量间的转换技术。当模拟信号(电压或电流)转化为数字信号时，转换器的输出是一串频率正比于模拟信号幅值的矩形波，显然数据是串行式的，这和目前通用的模数转换器并行输出不同，然而其分辨率却可以很高。串行输出的模数转换在数字控制系统中很有用，它可以把模拟量误差信号变成与之成正比的脉冲信号，以驱动步进式伺服机构用来精密控制。

图 8.47（a）所示为电荷平衡式电压 - 频率转换电路的原理框图，它由积分器和滞回比较器组成，S 为模拟电子开关，可由三极管或场效应管组成，受输出电压 u_0 的控制。

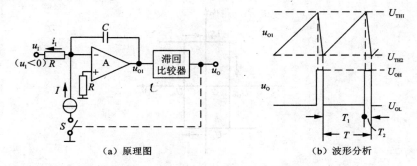

（a）原理图　　　　　　　　（b）波形分析

图 8.47　电荷平衡式电压 - 频率转换电路的原理框图及波形分析

设 $u_I < 0$，$|I| \gg |i_1|$；u_0 的高电平为 U_{OH}，u_0 的低电平为 U_{OL}；当 $u_0 = U_{OH}$ 时 S 闭合，当 $u_0 = U_{OL}$ 时 S 断开。若初态 $u_0 = U_{OL}$，S 断开，积分器对输入电流 i_1 积分，且 $i_1 = u_I/R$，u_{O1} 随时间逐渐上升；当增大到一定数值时，u_0 从 U_{OL} 跃变为 U_{OH}，使 S 闭合，积分器对恒流源电流 I 与 i_1 的差值积分，且 I 与 i_1 的差值近似为 I，u_{O1} 随时间下降；因为 $|I| \gg |i_1|$，所以 u_{O1} 下降速度远大于其上升速度；当 u_{O1} 减小到一定数值时，u_0 从 U_{OH} 跃变为 U_{OL}，回到初态，电路重复上述过程，产生自激振荡，波形如图 8.47（b）所示。由于 $T_1 \gg T_2$，可以认为振荡周期 $T \approx T_1$。而且，u_I 数值愈大，T_1 愈小，振荡频率 f 愈高，因此实现了电压 - 频率转换，或者说实现了压控振荡。以上分析说明，电流源 I 对电容 C 在很短时间内放电（或称反向充电）的电荷量等于 i_1 在较长时间内充电（或称正向充电）的电荷量，故称这类电路为电荷平衡式电路。

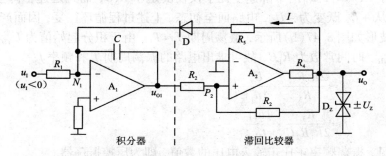

图 8.48　电荷平衡式电压 - 频率转换电路

图 8.48 所示为一种电荷平衡式电压 - 频率转换电路，虚线左边为积分器，右边为滞回比较器，二极管 D 的状态决定于输出电压，电阻 R_5 起限流作用，通

常 $R_5 \ll R_1$。滞回比较器的电压传输特性如图 8.49 所示，输出电压 u_0 的高、低电平分别为 $+U_Z$ 和 $-U_Z$，阈值电压 $U_{TH1} = +\dfrac{R_2}{R_3} \cdot U_Z$，$U_{TH2} = -\dfrac{R_2}{R_3} \cdot U_Z$。

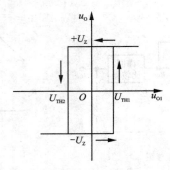

图 8.49 图 8.48 所示电路中滞回比较器的电压传输特性

设初态 $u_0 = -U_Z$，由于 $u_{N1} = 0$，D 截止，A_1 的输出电压和 A_2 同相输入端的电位分别为

$$U_{O1} = -\frac{1}{R_1 C} u_I (t_1 - t_0) + u_{O1}(t_0)$$

$$u_{P2} = \frac{R_3}{R_2 + R_3} \cdot u_{O1} + \frac{R_2}{R_2 + R_3} \cdot (-U_Z)$$

随时间增长 u_{O1} 线性增大，A_2 同相输入端的电位 u_{P2} 也随之上升。当 u_{O1} 过 U_{TH1} 时，输出电压 u_0 从 $-U_Z$ 跃变为 $+U_Z$，导致 D 导通。积分器实现求和积分，若忽略二极管导通电阻，则

$$u_{O1} \approx -\frac{1}{R_1 C} u_I (t_2 - t_1) - \frac{1}{R_5 C} U_Z (t_2 - t_1) + u_{O1}(t_1)$$

由于 $R_5 \ll R_1$，u_{O1} 的下降速度几乎仅仅决定于 $R_5 C$，而且迅速下降至 U_{TH2}，使得 u_0 从 $+U_Z$ 跃变为 $-U_Z$，电路回至初态。上述过程循环往复，因而产生自激振荡，波形如图 8.47(b) 所示，振荡周期 $T \approx T_1$。由于积分起始值为 U_{TH2}，终了值为 U_{TH1}，时间常数为 $R_1 C$，故可求出电路的振荡周期 T 和频率 f：

$$T \approx \frac{2 R_1 R_2 C}{R_3} \cdot \frac{U_Z}{|u_1|}$$

$$f \approx \frac{R_3}{2 R_1 R_2 C} \cdot \frac{|u_1|}{U_Z}$$

可见，振荡频率正比于输入电压的数值，即为压控振荡器。

8.5.3 精密整流电路

将交流电转换为直流电，称为整流。精密整流电路的功能是将微弱的交流

电压转换成直流电压。整流电路的
输出保留输入电压的形状，而仅仅
改变输入电压的相位。当输入电压
为正弦波时，半波整流电路的输出
电压波形如图 8.50 中 u_{O1} 所示，全
波整流电路的输出电压波形如图
8.50 中 u_{O2} 所示。

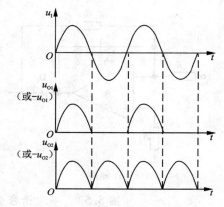

图 8.50　整流电路的波形

　　在图 8.51(a)所示的一般半波
整流电路中，由于二极管的伏安特
性如图 8.51(b)所示，当输入电压
u_I 幅值小于二极管的开启电压 U_{on}
时，二极管在信号的整个周期均处
于截止状态，输出电压始终为零。即使 u_I 幅值足够大，输出电压也只反映 u_I 大
于 U_{th} 的那部分电压的大小。因此，该电路不能对微弱信号整流。

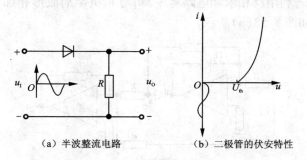

（a）半波整流电路　　　　　　（b）二极管的伏安特性

图 8.51　一般半波整流电路

　　图 8.52(a)所示为半波精密整流电路。当 $u_I > 0$ 时，必然使集成运放的输出
$u'_O < 0$，从而导致二极管 D_2 导通，D_1 截止，电路实现反相比例运算，输出电压

$$u_O = -\frac{R_f}{R} \cdot u_I$$

　　当 $u_I < 0$ 时，必然使集成运放的输出 $u'_O > 0$，从而导致二极管 D_1 导通，D_2 截
止，R_f 中电流为零，因此输出电压 $u_O = 0$。u_I 和 u_O 的波形如图 8.52(b)所示。

　　如果设二极管的导通电压为 0.7V，集成运放的开环差模放大倍数为 50 万
倍，那么为使二极管 D_1 导通，集成运放的净输入电压

$$u_P - u_N = \frac{0.7}{5 \times 10^5} = 0.14 \times 10^{-5} \text{V} = 1.4 (\mu\text{V})$$

　　同理可估算出为使 D_2 导通集成运放所需的净输入电压，也是同数量级。

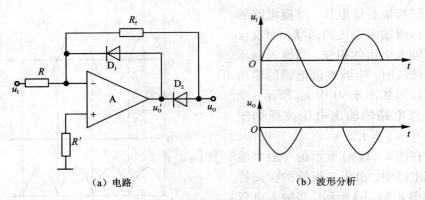

（a）电路 （b）波形分析

图 8.52 半波精密整流电路及其波形

可见，只要输入电压 u_I 使集成运放的净输入电压产生非常微小的变化，就可以改变 D_1 和 D_2 工作状态，从而达到精密整流的目的。

图 8.52（b）所示波形说明当 $u_I > 0$ 时 $u_O = -Ku_I (K > 0)$，当 $u_I < 0$ 时 $u_O = 0$。可以想象，若利用反相求和电路将 $-Ku_I$ 与 u_I 负半周波形相加，就可实现全波整流，电路如图 8.53（a）所示。

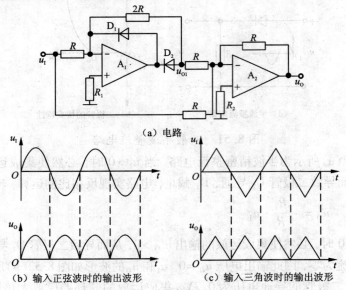

（a）电路

（b）输入正弦波时的输出波形 （c）输入三角波时的输出波形

图 8.53 全波精密整流电路及其波形

分析由 A_2 所组成的反相求和运算电路可知，输出电压

$$u_O = -u_{O1} - u_I$$

当 $u_I > 0$ 时，$u_{O1} = -2u_I$，$u_O = 2u_I - u_I$；当 $u_I < 0$ 时，$u_{O1} = 0$，$u_O = -u_I$；

所以

$$u_O = |u_I| \tag{8.56}$$

故图 8.53(a)所示电路也称为绝对值电路。当输入电压为正弦波和三角波时,电路输出波形分别如图 8.53(b)和 8.53(c)所示。

交流电压测量由于没有一个交流电压的实物基准可以比较,所以总是用线性转换电路将其转换为与其平均值、或有效值、或峰值成正比的直流电压。图 8.53(a)所示电路将交流电压变换成其绝对值后,若再经低通滤波,取得其直流分量,即为输入交流电压的平均值,故该电路是一个线性平均值转换电路。

用二极管组成的普通整流电路,即无源整流电路,由于二极管正向导通时有电压降 u_D,且随 i_D 变化而有所改变,因此经整流后所得输出的电压直流分量与输入交流电压平均值不成线性关系。精密整流电路由于使用高增益的集成运放,二极管又接在负反馈环内,负反馈使二极管产生的非线性失真大大减小,二极管正向电压降 U_D 的影响也被减小到 $\dfrac{U_D}{1+A_{ud}}$,A_{ud} 是集成运放的开环差模电压放大倍数。

例 8.11　电路如图 8.54(a)所示,设集成运放 A 与模拟乘法器 M 均为理想器件。运放 A 的最大输出电压为 ±10V,模拟乘法器的乘积系数 $k = 0.1V^{-1}$,u_I 为正弦波电压,其幅值为 6V。

(1) 画出 u_{o1} 和 u_{o2} 的波形;

(2) 指出该电路的功能。

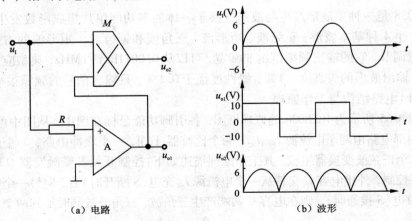

(a) 电路　　　　　　　　(b) 波形

图 8.54　例 8.11 选用的电路

解

(1) 运放 A 构成同相输入的过零比较器,其输出电压

$$u_{O1} = \begin{cases} +10 & V \quad (u_I \geq 0) \\ -10 & V \quad (u_I < 0) \end{cases}$$

模拟乘法器的输出电压

$$u_{O2} = k\, u_I\, u_{O1}$$

当 $u_I \geq 0$ 时

$$u_{o2} = 0.1 \times 10 \times u_I = u_I$$

当 $u_I < 0$ 时

$$u_{o2} = 0.1 \times (-10) \times u_I = -u_I$$

故

$$u_{o2} = |u_I|$$

根据以上分析，可以画出 u_I 为正弦波时的 u_{O1}、u_{o2} 波形，如图 8.54（b）所示。

（2）由以上分析所得的 u_{o2} 表达式可见，这是一个绝对值电路，也就是精密整流电路，其功能与图 8.53（a）所示电路相同，可用于交流电压的精密测量。

8.6 自学材料

8.6.1 单片集成函数发生器

8038 是一种集波形产生与波形变换于一体的多功能单片集成函数发生器。它能产生 4 种基本波形：正弦波、矩形波、三角波和锯齿波。矩形波的占空比可任意调节，它的输出频率范围非常宽，可以从 0.001 Hz 到 1 MHz，典型应用情况下，输出波形的失真度 <1%，线性度优于 0.1%，且输出信号的频漂很小。

（1）电路结构与工作原理

图 8.55 所示为 ICL8038 的原理框图，各引脚功能已标在图中。从图中可知，8038 内部电路由两个电流源 I_{S1}、I_{S2}，两个比较器：Ⅰ、Ⅱ，一个缓冲电路，一个触发器和一个正弦波变换器组成。其工作原理描述如下：控制开关 S 受触发器 Q 输出端电平控制，外接电容 C 交替从一个电流源 I_{S1} 充电（S 断开时）后，向另一个电流源 I_{S2} 放电（S 接通时），则在电容 C 两端产生三角波，三角波被同时加到两个比较器的输入端，同比较器的两个固定电平（$\frac{2}{3}V_{CC}$；$\frac{1}{3}V_{CC}$）进行比较，从而产生触发信号，并通过触发器控制 S 的通断，从而使两个电流源相互转接。电容 C 两端的三角波通过缓冲器直接输出，同时经正弦波变换器变换成正弦波输出。另一方面，通过比较器和触发器，并经缓冲器，又可获得矩形波输出。

由于三角波(锯齿波)和矩形波是经缓冲器输出的,所以输出阻抗较低(约 200Ω),而正弦波输出未经缓冲,输出阻抗较大(约 1kΩ),所以在实际使用时,最好在 8038 的正弦波输出端再加一级由集成运放构成的同相放大器进行缓冲放大与幅度调整。

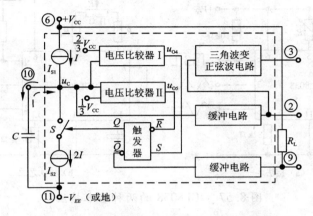

图 8.55 ICL8038 函数发生器原理框图

(2)常用接法

图 8.56 所示为 ICL8038 的引脚图,其中引脚 8 为频率调节(简称调频)电压输入端,电路的振荡频率与调频电压成正比。引脚 7 输出调频偏置电压,数值是引脚 7 与电源 $+V_{CC}$ 之差,它可作为引脚 8 的输入电压。

图 8.57 所示为 ICL8038 最常见的两种基本接法,矩形波输出端为集电极开路形式,需外接电阻 R_L 至 $+V_{CC}$。在图 8.57(a)所示电路中,R_A 和 R_B 可分别独

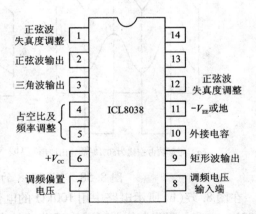

图 8.56 ICL8038 的引脚图

立调整。在图 8.57(b)所示电路中,通过改变电位器 R_W 滑动端的位置来调整 R_A 和 R_B 的数值。当 $R_A = R_B$ 时,各输出端的波形如图 8.58(a)所示,矩形波的占空比为 50%,因而为方波。当 $R_A \neq R_B$ 时,矩形波不再是方波,引脚 2 输出也就不再是正弦波了,图 8.58(b)所示为矩形波占空比是 15% 时各输出端的波形图。根据 ICL8038 内部电路和外接电阻可以推导出占空比的表达式为

$$\frac{T_1}{T} = \frac{2R_A - R_B}{2R_A}$$

故 $R_B < 2R_A$。

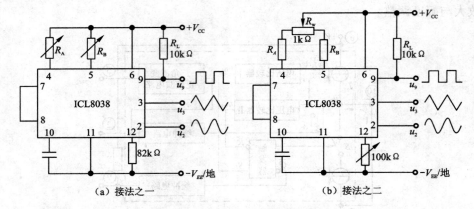

图 8.57　ICL8038 的两种基本接法

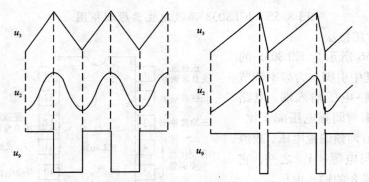

（a）矩形波占空比为50%时的输出波形　　（b）矩形波占空比为15%时的输出波形

图 8.58　ICL8038 的输出波形

在图 8.57(b) 所示电路中用 100kΩ 的电位器取代了图 8.58(a) 所示电路中的 82kΩ 电阻,调节电位器可减小正弦波的失真度。如果要进一步减小正弦波的失真度,可采用图 8.59 所示电路中两个 100kΩ 的电位器和两个 10kΩ 电阻所组成的电路,调整它们可使正弦波的失真度减小到 0.5%。在 R_A 和 R_B 不变的情况下,调整 R_{w2} 可使电路振荡频率最大值与最小值之比达到 100∶1,也可在引脚 8 与引脚 6(即调频电压输入端和正电源)之间直接加输入电压调节振荡频率,最高频率与最低频率之差可达 1000∶1。

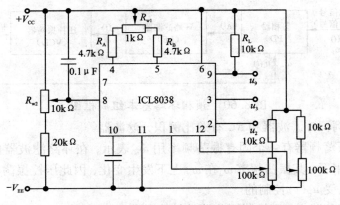

图 8.59 失真度减小和频率可调电路

8.6.2 集成锁相环及其应用

锁相是指相位锁定或相位控制的意思，而锁相环又称为锁相环路（简称 PLL）则是一种以消除频率误差为目的的相位反馈控制电路。其基本原理不是直接利用频率误差信号电压去消除频率误差，而是利用相位误差作为反馈信号去消除频率误差，所以当电路达到平衡状态后，频率误差降低到零，而相位误差为一固定的差值，从而实现了无频差的频率跟踪和相位跟踪。因此锁相环路是能实现两个电信号相位同步的自动控制系统。

由于半导体集成技术的发展，至今已有百余种性能优良的单片集成锁相环可供选用。它们只需接上少量的 R、C 等外围元件，便可构成各种应用电路，调试简单、使用方便，并且具有很高的选频和抑制噪声的能力，因而广泛应用于通信、雷达、电视、遥控遥测、自动控制以及精密测量仪器等方面。

集成锁相环按其电路的组成形式可分为模拟锁相环和数字锁相环两类；目前已出现了由数字鉴相器、数字滤波器和数字控制振荡器组成的全数字锁相环电路，其中部分功能也可由软件实现，比如用单片微机实现的数字波形合成器做数字控制振荡器。这里只介绍模拟锁相环。

1. 锁相环的电路结构与工作原理

锁相环主要由鉴相器（PD）、环路滤波器（LF）和压控振荡器（VCO）3 部分组成，如图 8.60 所示，被控参量是相位。

鉴相器是相位比较部件，它能够鉴别出两个输入信号之间的相位误差，其输出电压 $u_d(t)$ 与两输入信号之间的相位误差成比例。

环路滤波器具有低通特性，用来消除误差信号中的高频分量和噪声，改善控制电压的频谱纯度，提高系统的稳定性。常见的环路滤波器为 RC 积分滤波

图 8.60　锁相环路基本组成框图

器、RC 比例积分滤波器和 RC 有源比例积分滤波器等。

　　压控振荡频器有一个固有振荡频率用 ω_{o0} 表示，在环路滤波器的输出电压 $u_c(t)$ 的作用下，其振荡频率 ω_o 在 ω_{o0} 上下发生变化，因此压控振荡器的振荡频率和相位是受 $u_c(t)$ 控制的。

　　若锁相环路中，压控制振荡器的输出信号角频率 ω_o 或输入信号角频率 ω_i 发生变化，则输入到鉴相器的电压 $u_i(t)$ 和 $u_o(t)$ 之间必定会产生相应的相位变化，鉴相器输出一个与相位误差成比例的误差电压 $u_d(t)$，经过环路滤波器取出其中缓慢变化的直流电压 $u_c(t)$，控制压控振荡器输出信号的频率和相位，使得 $u_i(t)$ 和 $u_o(t)$ 之间的频率和相位差减小，直到两信号之间的相位差等于常数，压控振荡器输出信号的频率和输入信号频率相等为止，此时称锁相环路处在锁定状态。假如环路的输出信号和输入信号频率不等，则称锁相环路处在失锁状态。

　　如何利用相位误差信号实现无频差的频率跟踪，可用图 8.61 所示的旋转矢量说明。设旋矢量 $\dot{U}_i$ 和 $\dot{U}_o$ 分别表示鉴相器输入参信号 $u_i(t)$ 和压控振荡器输出信号 $u_o(t)$，它们的瞬时角速度和瞬时角位移分别为 $\omega_i(t)$、$\omega_o(t)$ 和 $\varphi_i(t)$、$\varphi_o(t)$。显然，只有当两个旋转矢量以相同角速度（$\omega_i = \omega_o$）旋转时，它们之间的相位差才能保持恒定值。鉴相器将此恒定相位差变换成对应的直流电压，去控制 VCO 的振荡角频率 ω_o，使其稳定地振荡在与输入参考信号相同的角频率 ω_i 上，这种情况称之为锁定。反之，两者角频率不相等，相位差不恒定，则称为失锁。若某种因素使 ω_o 偏离了 ω_i，比如说 $\omega_o < \omega_i$，则 $\dot{U}_o$ 比 $\dot{U}_i$ 旋转得慢一些，瞬时相位差 $[\varphi_i(t) - \varphi_o(t)]$ 将随时间增大，则鉴相器产生的误差电压也相应变化。该误差电压通过环路滤波器（实际上是一个低通滤波器）后，作为控制电压调整 VCO 的振荡角频率，使其增大，因而瞬时相位差也将减小。经过不断地循环反复，$\dot{U}_o$ 矢量的旋转角速度逐渐加快，直到与 $\dot{U}_i$ 旋转角度速度相同，重新实现 $\omega_o = \omega_i$，这时环路再次锁定，瞬时相位差为恒值，鉴相器输出恒定的误差电压。

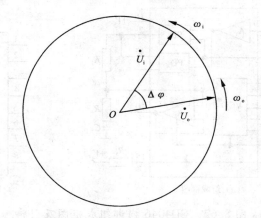

图 8.61　用旋转矢量说明锁相环路的频率跟踪原理

2. 锁相环路的捕捉过程和同步跟踪过程

锁相环路根据其初始状态的不同,有两种不同的自动调节过程。若环路初始状态是失锁的,环路由失锁进入锁定的过程称为环路的捕捉过程,常用捕捉带的大小来反映环路的捕捉性能。假如环路已处于锁定状态,当输入信号频率 ω_i 发生变化时,环路始终维持锁定(即 ω_i 和 ω_o 始终保持相等)的过程称为环路的同步跟踪过程,通常用同步带来反映锁相环路的同步跟踪特性。

锁相环路的捕捉带定义为环路起始为失锁状态,通过频率调节,最终有能力达到锁定的最大起始频差。而环路的同步带定义为有能力维持锁定的最大固有频差。

3. 集成锁相频率合成器

随着集成锁相环路的不断发展,其应用也越来越广泛。目前生产的集成锁相环路按其结构不同有模拟和数字两大类,这里仅介绍 CMOS 集成锁相环路 CD4046 及其应用。

(1)CD4046 内部电路简介

CD4046 是低频多功能单片集成锁相环,它具有电源电压范围宽、功耗低和输入阻抗高等优点,最高工作频率为 1MHz。CD4046 的内部组成框图和引脚如图 8.62 所示。

由图可见,CD4046 内含两个鉴相器、整形放大电路 A_1、缓冲放大器 A_2、压控振荡器 VCO 以及内部稳压电路等,可根据实际需要选择其中一个作为锁相环路的鉴相器,PDI 要求输入信号均为占空比是 50% 的方波。外接电容 C 和电阻 R_1、R_2 决定压控振荡器的振荡频率范围,R_1 控制最高振荡频率,R_2 控制最低振荡频率,当 $R_2 = \infty$ 时,最低振荡频率为 0。R_3、R_4 和 C_2 组成环路滤波器,

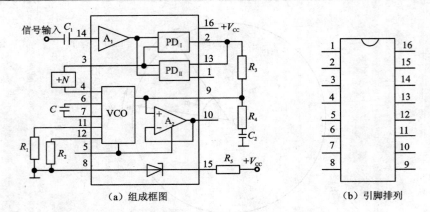

（a）组成框图   （b）引脚排列

图 8.62　CD4046 内部组成框图及引脚

管脚 5 具有"禁止端"功能，当管脚 5 接高电平时，VCO 的电源被切断，VCO 停振；当管脚 5 接低电平时，VCO 正常工作。R_5 为内部稳压电路所需的限流电阻。为了保证锁相环路正常工作，要求管脚 14 的输入信号幅度应大于 0.1V。

（2）锁相频率合成器

锁相频率合成器由基准频率产生器、锁相环路和可编程序分频器 3 部分构成，其原理框图如图 8.63 所示。

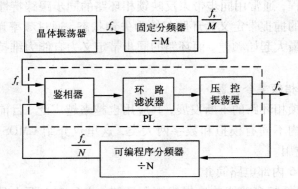

图 8.63　锁相频率合成器

由石英晶体振荡器产生一高稳定度的标准频率源 f_s，经固定分频器进行 M 分频后得到参考频率 f_r，显然有

$$f_r = \frac{f_s}{M}$$

它被送到锁相环路的鉴相器的一个输入端，而锁相环路压控振荡器的输出频率为 f_o，经可编程序分频器 N 分频后，也送到鉴相器的另一个输入端。当环路锁定时，一定有

$$f_r = \frac{f_o}{N}; \qquad \frac{f_s}{M} = \frac{f_o}{N}$$

因此，压控振荡器的输出信号频率为

$$f_o = \frac{N}{M} f_s = N f_r$$

亦即输出信号频率 f_o 为输入参考信号频率 f_r 的 N 倍，改变分频系数 N 就可得到不同频率的信号输出，f_r 也是各输出信号频率之间的频率间隔，称为频率合成器的频率分辨率。

图 8.64 所示为用 CD4046 集成锁相环路构成的频率合成器实例。主振晶体采用 1024kHz 标准晶体，IC_1 是 CD4040，作为固定分频器，取分频系数 $M = 256$，所以参考频率 $f_r = 1024/256 = 4\text{kHz}$。$IC_2$ 是集成锁相环路 CD4046，IC_3 是 CD40103，作为可编程序分频器，参考信号加到锁相环路的 14 端，输出信号 f_o 由 4 端输出，同时 f_o 经 IC_3 分频后加到 IC_2 的 3 端。环路锁定后，压控振荡器就能输出频率 $f_o = N f_r$ 的信号，改变 IC_3 的接线即可改变它的分频比，就可获得 40～500kHz 频段内、间隔为 4kHz 的任何一种频率。

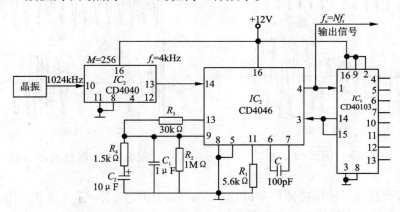

图 8.64　CD4046 型集成锁相频率合成器实例

4. 锁相环用于调制和解调电路

在信息技术发展的今天，信息的转输方式，即通信手段越来越显示出其重要性。在通信系统中，通常发信端将信息调制后发出；收信端将收到的信号解调后，便可获得发信端的信息，如计算机的 Modem。可见，调制和解调是信息传输中的重要环节。

（1）调制和解调的概念

调制是用携带信息的输入信号来控制另一信号的某一参数，使之按照输入信号的规律而变化的过程，输入信号称为调制信号，被控制的信号称为载波（或载频)信号,能够完成调制功能的电路称为调制器,其输出信号为调制波。载波信号一般为等幅振荡信号,其振荡频率相对输入信号的频率而言为高频信号。

若调制信号控制载波信号的幅度,则称为幅度调制,简称调幅,用 *AM* 表示。调幅电路的波形图如图 8.65 所示,调幅波(即输出信号)的频率等于载波信号的频率,幅值随调制信号的幅值变化。

若调制信号控制载波信号的频率,则称为频率调制,简称调频,用 *FM* 表示。调频电路的波形图如图 6.66 所示,调频波(即输出信号)以载波频率为中心频率,且频率随调制信号幅值成线性关系,但其幅度不变。

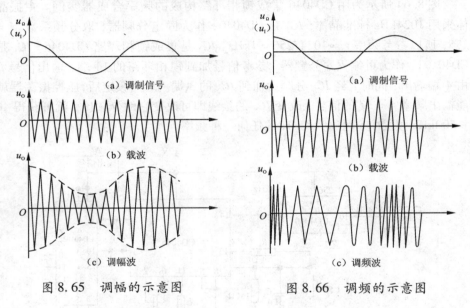

图 8.65　调幅的示意图　　　　图 8.66　调频的示意图

若调制信号控制载波信号的相位,则称为相位调制,简称调相,用 *PM* 表示。这里简要介绍调幅和调频。

解调是调制的逆过程,它将调制波还原为调制信号,即将调制器的输出信号转换为其输入信号。能够完成解调功能的电路称为解调器。在图 8.65 和图 8.66 所示波形图中,解调器的输入为 u_O,而输出为 u_I。

由于上分析可知,调制器和解调器均为信号转换电路。

(2)锁相环用于调频电路

压控振荡器的振荡频率决定于输入电压的幅度,可以作为调频电路。但是,一般的压控振荡器有振荡频率稳定性不高、控制的线性度较差等缺点。利用锁相环可以获得高稳定性的载波(频)信号,电路如图 8.67 所示。石英晶体振荡电路的输出电压作为锁相环的输入信号，使得锁相环中压控振荡器的中心频率 ω_0 等于石英晶体振荡电路的振荡频率 ω_0，并与之具有同样的稳定性，且作为载波信号；调制信号作用于压控振荡器，因而锁相环输出中心频率为 ω_0 的调频信号。

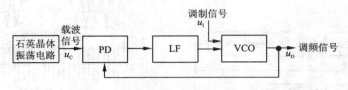

图 8.67　锁相环组成的调频电路

（3）锁相环用于解调电路

① 调频波的解调电路

8.68 所示电路利用锁相环实现调频波的解调。图中低通滤波器的上限频率要足够高，应能反映原调制信号；锁相环的捕捉带要足够宽，应大于输入调频信号的频率变化范围，从而使压控振荡器的输出频率能够跟踪输入调频信号的瞬时频率变化，产生与输入具有相同调制规律的调频波。这样，只要压控振荡器的频率控制特性是线性的，低通滤波器的输出就是还原的调制信号。

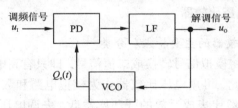

图 8.68　利用锁相环实现调频波的解调电路

② 调幅波的同步检波电路

就解调的基本原理而言，利用低通滤波器，将调幅波中的载波分量滤去，即可得到还原的调制信号。但在实际的接收设备中，为了提高接收质量，更好地提取载波信号，不失真地还原调制信号，常需采用更复杂的电路，利用锁相环可以实现调幅波的同步检波。

对调幅波同步检波时，需要一个与输入调幅信号中的载波分量同频率、同相位的参考信号，即同步信号。根据锁相环工作原理的分析可知，当将调幅波加在锁相环的输入端，且锁相环工作在锁定状态时，压控振荡器的输出信号将与输入信号中的载波分量频率相同，但存在 90° 的固定相移；因而，若将其移相 90°，便可得到同步检波的参考信号。调整幅波的同步检波电路如图 8.69 所示，移相电路的输出为参考信号，利用模拟乘法器实现检波，再经低通滤波器得到还原的调制信号。

　　模拟乘法器的输入和输出波形如图 8.70 所示。

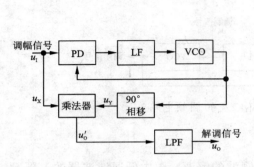

图 8.69　调幅波的同步检波电路

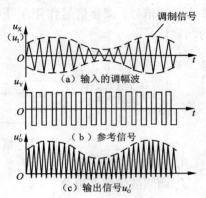

图 8.70　同步检波电路中
模拟乘法器的波形分析

　　当然，若以锁相环中压控振荡器的输出作为参考信号，将调幅波移相 90°，也可使调幅波中的载波信号和参考信号同步。

8.6.3　集成电压比较器

1. 集成电压比较器的主要特点和分类

　　电压比较器可将模拟信号转换成二值信号，即只有高电平和低电平两种状态的离散信号。因此，可用电压比较器作为模拟电路和数字电路的接口电路。集成电压比较器虽然比集成运放的开环增益低，失调电压大，共模抑制比小；但其响应速度快，传输延迟时间短，而且一般不需要外加限幅电路就可直接驱动 TTL、CMOS 和 ECL 等集成数字电路；有些芯片带负载能力很强，还可直接驱动继电器和指示灯。

　　按一个器件上所含有电压比较器的个数，可分为单、双和四电压比较器；按功能，可分为通用型、高速型、低功耗型、低电压型和高精度型电压比较器；按输出方式，可分为普通、集电极（或漏极）开路输出或互补输出三种情况。集成 电极（或漏极）开路输出电压必须在输出端接一个电阻至电源。互补输出电路有两个输出端，若一个为高电平，则另一个必为低电平。

　　此外，还有的集成电压比较器带有选通端，用来控制电路是处于工作状态，还是处于禁止状态。所谓工作状态，是指电路按电压传输特性工作；所谓禁止状态，是指电路不再按电压传输特性工作，从输出端看进去相当于开路，即处于高阻状态。

表 8.1 所示为几种集成电压比较器的主要参数。

表 8.1　几种集成电压比较器的主要参数

型号	工作电源	正电源电流/mA	负电源电流 mA	响应时间/ns	输出方式	类　型
AD790(单)	+5V 或 ±15V	10	5	45	TTL/CMOS	通用
LM119(双)	+5V 或 ±15V	8	3	80	集电极开路发射极浮动	通用
LM193(双)	2 ~ 36V 或 ±1 ~ ±18V	2.5		300	集电极开路	通用
MC1414(双)	+12V 或 −6V	18	14	40	TTL、带选通	通用
MXA900(四)	+5V 或 ±5V	25	20	15	TTL	高速
AD9696(单)	+5V 或 ±5V	32	4	7	互补 TTL	高速
TA8504(单)	−5V		37	2.6	互补 ECL	高速
TCL374(四)	2 ~ 18V	0.75		650	漏极开路	低功耗

2. 集成电压比较器的基本接法

(1)通用型集成电压比较器 AD790

图 8.71(a)所示为双列直插式 AD790 单集成电压比较器的引脚图,与集成运放相同,它有同相和反相两个输入端,分别是引脚 2 和 3;正、负两个外接电源 $\pm V_S$,分别为引脚 1 和 4;当单电源供电时,$-V_S$ 应接地。此外,引脚 8 接逻辑电源,其取值决定于负载所需高电平。为了驱动 TTL 电路,应接 +5V,此时比较器输出高电平为 4.3V。引脚 5 为锁存控制端,当它为低电平时,锁存输出信号。

图 8.71(b)、(c)、(d)所示为 AD790 外接电源的基本接法。图中电容均为去耦电容,用于滤去比较器输出产生变化时电源电压的波动,这种做法也常见于其它电子电路。图(b)所示电路中的 510Ω 是输出高电平时的上拉电阻。

用 AD790 替换前面所讲各种比较器电路中的集成运放,就可组成简单比较器、滞回比较器和窗口比较器。

2. 集电极开路集成电压比较器 LM119

LM119 双集成电压比较器,可双电源供电,也可单电源供电。

LM119 为集电极开路输出,两个比较器的输出可直接并联,共用外接电阻,实现"线与",如图 8.72(a)所示。所谓"线与",是指只有在比较器 I 和 II 的输出均应为高电平时,u_o 才为高电平,否则 u_o 就为低电平的逻辑关系。对

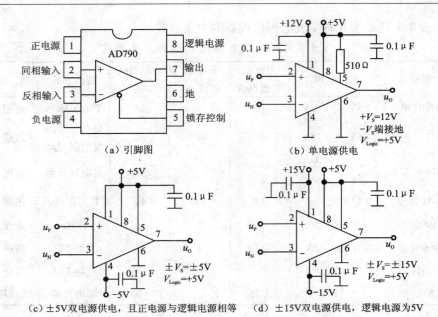

（a）引脚图 （b）单电源供电

（c）±5V双电源供电，且正电源与逻辑电源相等 （d）±15V双电源供电，逻辑电源为5V

8.71 AD790 及其基本接法

于一般输出方式的集成电压比较器或集成运放，两个电路的输出端不得并联使用；否则，当两个电路输出电压产生冲突时，会因输出回路电流过大造成器件损坏。分析图8.72（a）所示电路，可以得出其电压传输特性如图8.72（b）所示，因此，电路为窗口比较器。

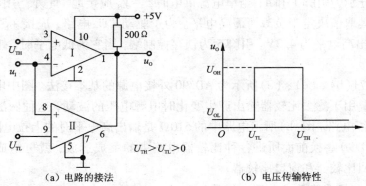

（a）电路的接法 （b）电压传输特性

图 8.72 由 LM119 构成的窗口比较器及其电压传输特性

本章小结

　　信号产生电路就其波形来说，可分为正弦波振荡电路和非正弦波产生电路。正弦波振荡电路不需要外加输入信号就能产生一定幅值和一定频率的正弦波信号，其分析方法与负反馈放大电路的稳定性分析有联系又有区别。正弦波振荡电路讨论的是正反馈中的一种特殊情况，自始至终强调相频特性的分析。非正弦波信号产生电路是通过反馈比较形成的，运算放大器处于非线性工作状态。在讨论非正弦波信号产生电路之前，研究一种重要的单元电路，即电压比较器，它不仅是波形产生电路中常用的基本单元，也广泛用于测量电路、信号处理电路中。

　　1. 正弦波振荡电路。按结构来分，正弦波振荡电路主要有 RC 型和 LC 型两大类，它们的基本组成包括：放大电路、选频网络、正反馈网络和稳幅环节 4 部分。一般从相位和幅值平衡条件来计算振荡频率和放大电路所需的增益。而石英晶体振荡器是 LC 振荡电路的一种特殊形式，由于晶体的等效谐振回路的 Q 值很高，因而振荡频率有很高的稳定性。

　　2. 电压比较器。本章介绍了简单比较器、滞回比较器和窗口比较器。简单比较器只有一个阈值电压；窗口比较器有两个阈值电压，当输入电压向单一方向变化时，输出电压跃变两次；滞回比较器具有滞回特性，虽有两个阈值电压，但当输入电压向单一方向变化时输出电压仅跃变一次。

　　3. 非正弦波发生电路。模拟电路中的非正弦波发生电路由滞回比较器和 RC 延时电路组成，主要参数是振荡幅值和振荡频率。由于滞回比较器引入了正反馈，从而加速了输出电压的变化；延时电路使比较器输出电压周期性地从高电平跃变为低电平，再从低电平跃变为高电平，而不停留在某一状态，从而使电路产生自激振荡。本章讨论了方波、矩形波、三角波和锯齿波产生电路。锯齿波产生电路与三角波产生电路的差别是，前者积分电路的正向和反向充放电时间常数不相等，而后者是一致的。

　　4. 信号转换电路。信号转换电路是信号处理电路。利用反馈的方法可将电流转换为电压，也可将电压转换为电流。利用精密整流电路可将交流信号转换为直流信号，利用电压－频率转换电路(压控振荡电路)可将电压转换成与其值成正比的频率。利用锁相环可以对输入信号进行调制和解调，以及频率合成。

习　题

　　8.1　利用正反馈产生正弦波振荡电路，其电路主要由_____，_____，_____三部分组成，为保证正弦波振荡幅值稳定，且能改善波形，通常还引入_____环节。

　　8.2　正弦波振荡电路产生振荡的相位平衡条件是_____，为使其便于起振，幅值条件是_____。

　　8.3　电路如图 8.73 所示，试用相位平衡条件判断哪个电路可能振荡，哪个不能？请说明原因。

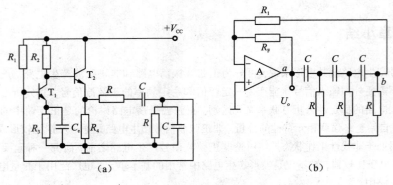

图 8.73

8.4　某 RC 桥式正弦波振荡电路如图 8.74 所示。

(1) 电路的起振条件是什么?

(2) 电路振荡频率 f_o = ?

(3) 为实现稳幅,负温度系数的热敏电阻应代替 R_1 还是 R_f?

8.5　某差分电路和 RC 网络组成的正弦波振荡器如图 8.75 所示,问电路能否振荡? 若能振荡,振荡频率 f_o = ?

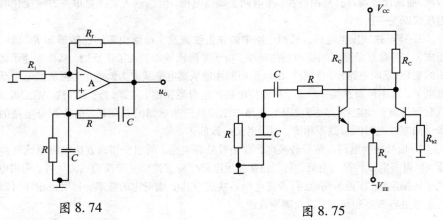

图 8.74　　　　　　　　　　　　　图 8.75

8.6　已知 LC 振荡电路如图 8.76(a) 和(b)所示,试判断它们能否振荡,若不能,应如何修改电路使其满足相位平衡条件。

8.7　某石英晶体振荡电路如图 8.77 所示。

(1) 分析石英晶体的阻抗 – 频率特性;

(2) 求电路的振荡频率。

8.8　某变压器反馈振荡电路如图 8.78 所示,试标明变压器的同名端,使电路满足振荡相位条件。

8.9　分析图 8.79 所示电路中 j、k、m、n 4 个点如何连接才能产生自激振荡。

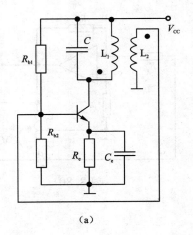 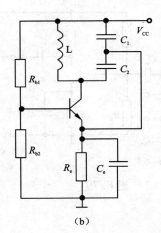

（a）　　　　　　　　　　　　　　（b）

图 8.76

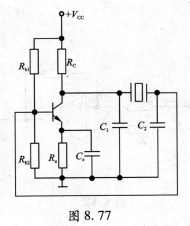

图 8.77

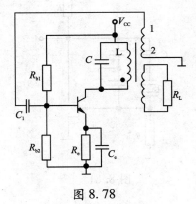

图 8.78

8.10　图 8.79 电路连接好后，若 $L = 0.1\text{mH}$，$C_1 = C_2 = 3300\text{pF}$，求电路的振荡频率 $f_o = ?$

8.11　某电感反馈式振荡电路如图 8.80 所示，试写出振荡频率的表达式。

8.12　某振荡电路如图 8.81 所示，问电路振荡时石英晶体呈何电抗性，振荡电路是何种形式的振荡器。

8.13　图 8.82 电路是一具有滞回特性的比较电路，设饱和输出时，$U_O = \pm \dot{U}_{OM}$；参考端输入的电压为 U_R，输入信号为 U_I，试画出输入输出传输特性，并求出阈值电压。

8.14　分别画出图 8.83（a）和（b）的电压传输特性 $u_o = f(u_I)$，设 A 为理想运算放大器，其最大输出电压 $\pm U_{OM} = \pm 10\text{V}$，输入电压 u_I 足够大。

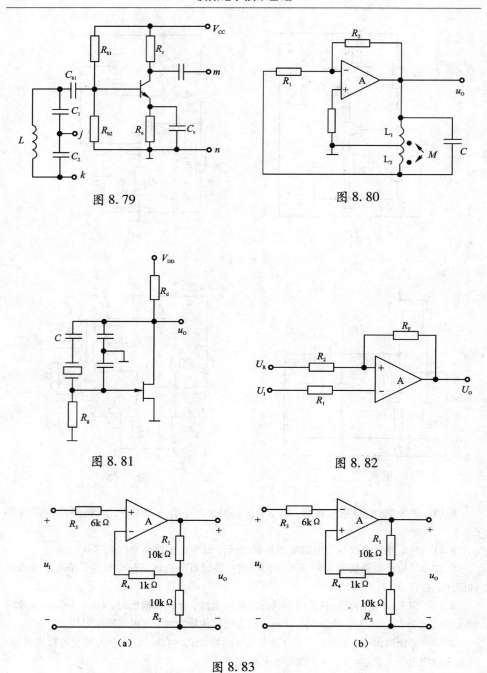

图 8.79

图 8.80

图 8.81

图 8.82

（a）

（b）

图 8.83

8.15　已知运放组成的电路如图 8.84(a)所示，输入 u_I 为三角波如图 8.84(b)所示，画出 u_O 的波形。

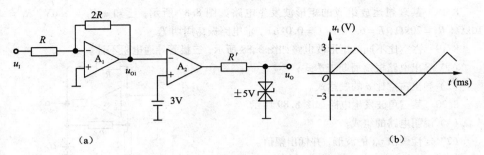

图 8.84

8.16 某理想运放组成的电路如图 8.85 所示,画出电路的电压传输特性。已知运放输出 $\pm U_{OM} = \pm 12V$。

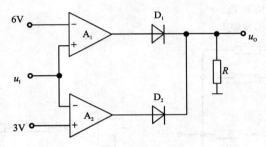

图 8.85

8.17 试分析具有滞回特性的比较器电路,电路如图 8.86(a) 所示,输入三角波如图 8.86(b) 所示。设输出饱和电压 $\pm U_{OM} = \pm 10V$,画出输出波形图。

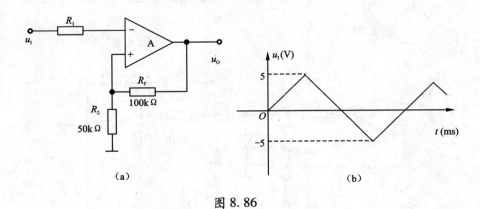

图 8.86

8.18 某理想运放组成的矩形波发生电路如图 8.87 所示,已知 $\pm U_Z = \pm 6V$,$R_1 = 10k\Omega$,$R_2 = 20k\Omega$,$R = 6.7k\Omega$,$C = 0.01\mu F$,求电路振荡周期 T。

8.19 占空比不同的矩形波电路如图 8.88 所示,二极管导通电阻不计。

(1)导出电路振荡周期表达式;

(2)导出占空比 q 的表达式。

8.20 某三角波发生电路如图 8.89 所示。

(1)说明电路的组成;

(2)定性画出 u_O 的波形,并标出幅值。

8.21 试推导出图 8.89 所示电路的振荡周期。

8.22 锯齿波发生器如图 8.90 所示。

(1)说明电路的工作原理,并画出 u_{O2} 的波形图;

(2)求锯齿波的周期 T;

(3)如何调节锯齿波频率。

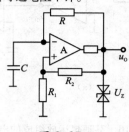

图 8.87

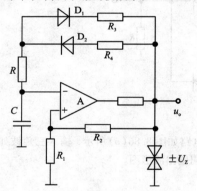

图 8.88

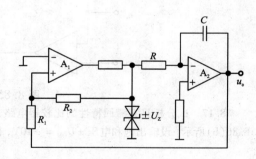

图 8.89

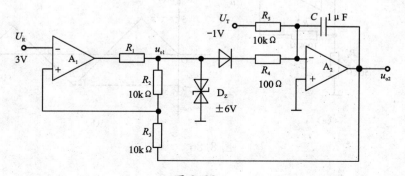

图 8.90

第 9 章　直流电源

9.1　概述

在各种电子设备中，直流稳压电源是必不可少的组成部分，它是电子设备惟一能量来源，稳压电源的主要任务是将交流电网电压转换成稳定的直流电压和电流，从而满足负载的需要。本章所介绍的直流电源为单相小功率电源，它将频率为 50Hz、有效值为 220V 的单相交流电压转换为幅值稳定、输出电流为几百毫安以下的直流电压，一般由整流电路、滤波电路、稳压电路等环节组成，其方框图如图 9.1 所示。

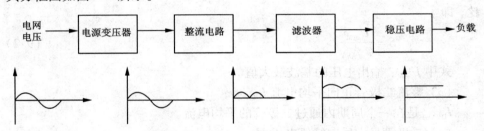

图 9.1　直流稳压电源原理方框图

电源变压器　将交流电网电压变换为符合整流电路所需要的交流电压，目前有些电路不用变压器，而采用其他方法降压。

整流电路　利用具有单方向导电性能的整流器件，将交流电压整流成单方向脉动的直流电压。

滤波电路　滤除单向脉动直流电压纹波分量，保留直流分量，尽可能供给负载平滑的直流电压。

稳压电路　它是一种自动调节电路，在电网电压波动或负载变化时，通过此电路使直流输出电压稳定。

当负载要求功率较大、效率高时，常采用开关稳压电源。

本章将介绍整流电路、滤波电路和稳压电路的工作原理和各种不同类型电路的结构及工作特点、性能指标等。

9.2　单相整流电路

整流电路的任务是利用二极管的单向导电性把正、负交变的电压变成单方向脉动的直流电压。在分析整流电路时，为了突出重点，简化分析过程，一般均假定负载为纯电阻性；整流二极管为理想二极管，即加正向电压导通，且正向电阻为零，外加反向电压截止，且反向电流为零；变压器无损耗，内部压降为零等。整流电路的主要技术指标如下。

（1）输出电压平均值 $U_{o(AV)}$

$U_{o(AV)}$ 定义为整流输出电压 u_O 在一个周期内的平均值，即

$$U_{o(AV)} = \frac{1}{2\pi} \int_0^{2\pi} u_o \mathrm{d}(\omega t) \tag{9.1}$$

（2）输出电压脉动系数 S

脉动系数 S 定义为输出电压的基波峰值 U_{o1M} 与输出电压平均值 $U_{o(AV)}$ 之比，即

$$S = \frac{U_{o1M}}{U_{o(AV)}} \tag{9.2}$$

式中 U_{o1M}：输出电压的基波最大值。

（3）整流二极管正向平均电流 $I_{D(AV)}$

$I_{D(AV)}$ 是在一个周期内通过二极管的平均电流。

（4）二极管最大反向峰值电压 U_{RM}

整流二极管不导通时，在它两端承受的最大反向电压。

9.2.1　单相半波整流电路

1. 工作原理

单相半波整流电路是最简单的一种整流电路，如图 9.2（a）所示。设变压器的副边电压有效值为 U_2，则其瞬时值 $u_2 = \sqrt{2}U_2\sin\omega t$。

u_2 正半周时二极管 D 导通，$u_D = 0$，$u_O = u_2$，$i_D = i_O = \dfrac{u_o}{R_L}$。

u_2 负半周时二极管 D 截止，$u_O = 0$，$u_D = u_2$，$i_D = i_O = 0$。

变压器副边电压 u_2、输出电压 u_O 和二极管端电压 u_D 的波形，如图 9.2（b）所示。

2. 主要参数

（1）整流输出电压平均值 $U_{o(AV)}$

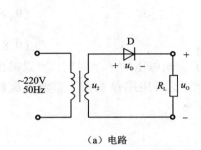

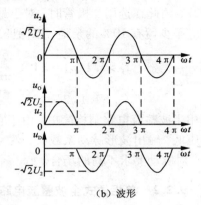

（a）电路　　　　　　　　　　　　　　　　（b）波形

图 9.2　单相半波整流电路及其波形

在一个周期内的平均值 $U_{o(AV)}$ 为

$$U_{o(AV)} = \frac{1}{2\pi}\int_0^{2\pi} u_o d(\omega t) = \frac{1}{2\pi}\int_0^{\pi} u_o d(\omega t) = \frac{1}{2\pi}\int_0^{\pi} \sqrt{2}U_2\sin\omega t \ d(\omega t) = \frac{\sqrt{2}}{\pi}U_2 \approx$$

$0.45U_2$ 　　　　　　　　　　　　　　　　　　　　　　　　　　　　　（9.3）

（2）整流输出电压的脉动系数 S

用傅里叶级数可将输出电压 u_o 展开为

$$u_o = \frac{\sqrt{2}U_2}{\pi} + \frac{\sqrt{2}U_2}{2}\sin\omega t - \frac{2\sqrt{2}U_2}{3}\cos2\omega t - \frac{2\sqrt{2}U_2}{15\pi}\cos4\omega t - \cdots$$

　　　　　直流分量　　基波　　　　二次谐波　　　　　四次谐波

其中第一项为 u_o 的直流分量，第二项为 u_o 的基波分量，第三项为二次谐波
分量……第二项 $\sin\omega t$ 前的系数 $\sqrt{2}U_2/2$ 即为 u_o 基波最大值 U_{01M}，所以输出电压
脉动系数 S 值为

$$S = \frac{\frac{\sqrt{2}}{2}U_2}{\frac{\sqrt{2}}{\pi}U_2} \approx 1.57 \qquad\qquad\qquad (9.4)$$

（3）整流输出的平均电流 $I_{O(AV)}$

$$I_{o(AV)} = \frac{U_{O(AV)}}{R_L} = 0.45\frac{U_2}{R_L} \qquad\qquad (9.5)$$

而二极管平均电流 $I_{D(AV)}$ 就是负载电阻 R_L 上的电流，$I_{D(AV)} = I_{O(AV)}$。

（4）二极管最大反向峰值电压 U_{RM}

$$U_{RM} = \sqrt{2}U_2 \qquad\qquad\qquad\qquad (9.6)$$

一般情况下，允许电网电压有 $\pm10\%$ 的波动，即电源变压器原边电压为 198～

242V，因此在选用二极管时，对于最大整流平均电流 I_F 和最高反向工作电压 U_R 均应至少留有10%的余地，以保证二极管安全工作，即选取

$$I_F > 1.1 I_{O(AV)} = 1.1 \frac{\sqrt{2}U_2}{\pi R_L} \tag{9.7}$$

$$U_R > 1.1 \sqrt{2}U_2 \tag{9.8}$$

单相半波整流电路结构简单，由于它只利用了交流电压的半个周期，所以输出电压低，输出波形脉动系数大，效率低。因此，这种电路仅适用于整流电流较小，对脉动要求不高的场合。

9.2.2　单相桥式全波整流电路

1. 单相全波整流电路

（1）工作原理

图9.3(a)为单相全波整流电路，设变压器的两个副边输出电压 $u_{21} = u_{22} = \sqrt{2}U_2\sin\omega t$，正半周时，$D_1$ 导通，D_2 截止，u_0 上" + "下" – "；负半周时，D_1 截止，D_2 导通，u_0 上" + "下" – "，负载上是单向脉动电压，其波形如图9.3(b)所示。

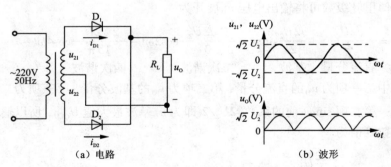

（a）电路　　　　　　　　　　　（b）波形

图9.3　单相全波整流电路及其波形

（2）主要参数

①输出电压平均值 $U_{O(AV)}$

和图9.2单相半波整流的输出电压 u_0 的波形相比，全波整流输出电压 u_0 的平均值 $U_{O(AV)}$ 应为半波整流输出电压平均值的两倍，即

$$U_{O(AV)} = \frac{1}{\pi}\int_0^\pi \sqrt{2}U_2\sin\omega t d(\omega t)$$

解得

$$U_{O(AV)} = \frac{2\sqrt{2}U_2}{\pi} \approx 0.9U_2 \tag{9.9}$$

②输出电压脉动系数 S

对图 9.3(b)电路输出电压 u_O 用傅里叶级数分解,可得

$$u_O = \frac{2\sqrt{2}U_2}{\pi} - \frac{4\sqrt{2}U_2}{\pi}\left(\frac{1}{3}\cos2\omega t + \frac{1}{15}\cos4\omega t + \frac{1}{35}\cos6\omega t + \cdots\right)$$

式中基波峰值为 $\dfrac{4\sqrt{2}U_2}{3\pi}$,于是脉动系数 S 为

$$S = \frac{\dfrac{4\sqrt{2}U_2}{3\pi}}{\dfrac{2\sqrt{2}U_2}{\pi}} = \frac{2}{3} \approx 0.67 \tag{9.10}$$

和半波整流电路的脉动系数 $S = 1.57$ 相比减小了很多。

③输出电流平均值 $I_{O(AV)}$

输出电流的平均值(即负载电阻中的电流平均值)

$$I_{O(AV)} = \frac{U_{O(AV)}}{R_L} \approx \frac{0.9U_2}{R_L} \tag{9.11}$$

④二极管平均电流 $I_{D(AV)}$

由图 9.2(a)电路可知,二极管 D_1、D_2 在一个周期内轮流导通,即正半周 D_1 导通,负半周 D_2 导通,因此每个二极管中流过的平均电流只有负载电阻上电流平均值的一半,即 $I_{D(AV)}$ 为

$$I_{D(AV)} = \frac{I_{O(AV)}}{2} \approx \frac{0.45U_2}{R_L} \tag{9.12}$$

⑤二极管最大反向峰值电压 U_{RM}

由于全波整流变压器副边为中心抽头的结构,$u_{21} = u_{22}$,因此截止的二极管将承受 u_{21} 和 u_{22} 电压的总和,即截止二极管承受的反向峰值电压 U_{RM} 应为

$$U_{RM} = 2\sqrt{2}U_2 \tag{9.13}$$

全波整流电路输出电压直流成分提高,脉动系数减小,但变压器每个线圈只有半个周期有电流,利用率不高。

2. 单相桥式整流电路

单相桥式整流电路由 4 只二极管组成,其构成原则就是保证在变压器副边电压 u_2 的整个周期内,负载上的电压和电流方向始终不变,电路如图 9.4 所示。

(1)工作原理

设变压器副边电压 $u_2 = \sqrt{2}U_2\sin\omega t$,$U_2$ 为其有效值。

当 u_2 为正半周时,电流由 A 点流出,经 D_1、R_L、D_3 流入 B 点,如图 9.5

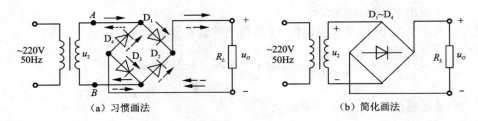

（a）习惯画法　　　　　　　　　　（b）简化画法

图 9.4　单相桥式整流电路

（a）中实线箭头所示，因而负载电阻 R_L 上
的电压等于变压器副边电压，即 $u_O = u_2$，
D_2 和 D_4 管承受的反向电压为 $-u_2$。当 u_2
为负半周时，电流由 B 点流出，经 D_2、
R_L、D_4 流入 A 点，如图 9.5（a）中虚线箭
头所示，负载电阻 R_L 上的电压等于 $-u_2$，
即 $u_O = -u_2$，D_1、D_3 承受的反向电压
为 u_2。

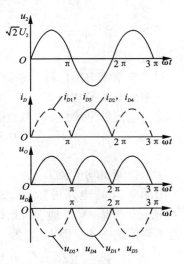

　　这样，由于 D_1、D_3 和 D_2、D_4 两对二
极管交替导通，使负载电阻 R_L 上在 u_2 的
整个周期内都有电流通过，而且方向不
变，输出电压 $u_O = \left| \sqrt{2}U_2 \sin\omega t \right|$。图 9.5 为
单相桥式整流电路各部分的电压和电流的
波形。

图 9.5　单相桥式整流
电路的波形图

　　（2）主要参数
　　单相桥式整流电路的参数与全波电路部分相同，即

输出电压平均值　　　　　　$U_{O(AV)} \approx 0.9U_2$

输出电压脉动系数　　　　　$S \approx 0.67$

输出电流平均值　　　　　　$I_{O(AV)} \approx \dfrac{0.9U_2}{R_L}$

二极管平均电流　　　　　　$I_{D(AV)} \approx \dfrac{0.45U_2}{R_L}$

　　只有参数 U_{RM} 和全波整流不同，二极管截止时所承受的最大反向电压从图
9.4（a）所示电路中直接推出为

$$U_{RM} = \sqrt{2}U_2 \tag{9.14}$$

　　考虑到电网电压的波动范围为 $\pm 10\%$，在实际选用二极管时，应至少有
10% 的余量，选择最大整流电流 I_F 和最高反向工作电压 U_R 分别为

$$I_{\mathrm{F}} > \frac{1.1 I_{\mathrm{O(AV)}}}{2} = 1.1 \frac{\sqrt{2} U_2}{\pi R_{\mathrm{L}}} \tag{9.15}$$

$$U_{\mathrm{R}} > 1.1 \sqrt{2} U_2 \tag{9.16}$$

单相桥式整流电路具有输出电压高、变压器利用率高、脉动小等优点，因此得到广泛的应用。目前有不同性能指标的集成电路，称之为"整流桥堆"。其主要缺点是所需二极管的数量多，由于实际上二极管的正向电阻不为零，必然使得整流电路内阻较大，当然损耗也就较大。

例 9.1　电路如图 9.6 所示，设变压器和各二极管性能理想 $U_{21} = U_{22} = U_2$ = 15V。

（1）判断这是哪一种整流电路？

（2）标出 U_{o1}、U_{o2} 相对于"地"的实际极性；

（3）求 U_{o1}、U_{o2} 值。

解　（1）虽然该电路有四只桥式接法的二极管，但变压器副边绕组带中心抽头，且电路有两路输出，输出电压分别是 u_{o1}、u_{o2}。所以该电路实际上是共用变压器绕组（指副边）的两个全波整流电路，整流元件分别是 D_1 和 D_2、D_3 和 D_4。

（2）U_{o1} 相对于"地"为正，U_{o2} 相对于"地"为负。该电路能获得正、负电源。

（3）
$$U_{\mathrm{o1}} = 0.9 U_2 = 0.9 \times 15 = 13.5 (\mathrm{V})$$
$$U_{\mathrm{o2}} = -0.9 U_2 = -0.9 \times 15 = -13.5 (\mathrm{V})$$

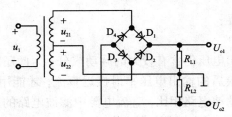

图 9.6　例 9.1 选用的电路

例 9.2　电路仍如图 9.6 所示，但 $U_{21} \neq U_{22}$，它们分别为 $U_{21} = 15\mathrm{V}$，U_{22} = 18V。

（1）画出 u_{o1}、u_{o2} 的波形；

（2）试求 U_{o1}、U_{o2}。

解　（1）以 u_{o1} 为例，当 u_1 为正半周时，u_{21}、u_{22} 为正，D_2 截止、D_1 导通，u_{21} 经 $D_1 \rightarrow R_{\mathrm{L1}} \rightarrow$ "⊥" $\rightarrow$ 变压器中心抽头端，故 $u_{\mathrm{o1}} = u_{21}$，即 u_{o1} 波形与 u_{21} 正半周

相同；当 u_1 为负半周时，u_{21}、u_{22} 为负，D_1 截止、D_2 导通，u_{22} 经 $D_2 \to R_{L1} \to$ "⊥" $\to$ 变压器副边中心抽头端，故 $u_{O1} = -u_{22}$，即 u_{O1} 波形与 u_{22} 负半周经反相后的波形相同。这样，可画得 u_{O1} 波形如图9.7所示。同样，也可画得 u_{O2} 的波形如图9.7所示。

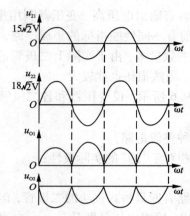

图9.7　例9.2的波形

（2）　　　$U_{O1} = \dfrac{1}{2\pi}\int_0^\pi 15\sqrt{2}\sin\omega t\,\mathrm{d}(\omega t) + \left|\dfrac{1}{2\pi}\int_\pi^{2\pi} 18\sqrt{2}\sin\omega t\,\mathrm{d}(\omega t)\right|$

$$= 0.45 \times 15 + 0.45 \times 18 = 14.85(\mathrm{V})$$

同理，可求得

$$U_{O2} = -14.85\mathrm{V}$$

9.3　滤波电路

整流电路的输出电压仍含有较大的脉动成分，为此还需进行滤波，减小输出电压的脉动，使最后的输出电压平滑接近直流，才能用做电子线路的电源。与用于信号处理的滤波电路相比，直流电源中滤波电路的显著特点是：均采用无源电路，即采用电容、电感等储能元件完成滤波。

9.3.1　电容滤波电路

电容滤波电压是最常见也是最简单的滤波电路，在整流电路的输出端（即负载电阻两端）并联一个电容即构成电容滤波电路，如图9.8（a）所示。滤波电容容量较大，因此一般均采用电解电容，在接线时要注意电解电容的正、负极。电容滤波电路利用电容的充、放电作用，使输出电压趋于平滑。

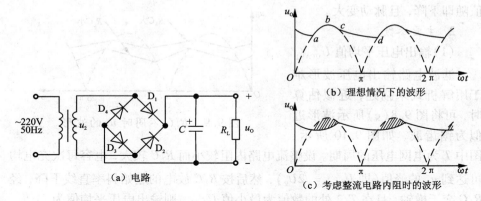

(a) 电路

(b) 理想情况下的波形

(c) 考虑整流电路内阻时的波形

图 9.8　单相桥式整流电容滤波电路及稳态时的波形分析

1. 滤波原理

当变压器副边电压 u_2 处于正半周并且数值大于电容两端电压 u_C 时，二极管 D_1、D_3 导通，电流一路流经负载电阻 R_L，另一路对电容 C 充电。因为在理想情况下，变压器副边无损耗，二极管导通电压为零，所以电容两端电压 $u_C(u_0)$ 与 u_2 相等，见图 9.8(b) 中曲线的 ab 段。当 u_2 上升到峰值后开始下降，电容通过负载电阻 R_L 放电，其电压 u_C 也开始下降，趋势与 u_2 基本相同，见图 9.8(b) 中曲线的 bc 段。但是由于电容按指数规律放电，所以当 u_2 下降到一定数值后，u_C 的下降速度小于 u_2 的下降速度，u_C 大于 u_2，从而导致 D_1、D_3 反向偏置而变为截止。此后，电容 C 继续通过 R_L 放电，u_C 按指数规律缓慢下降，见图 9.8 (b) 中曲线的 cd 段。

当 u_2 的负半周幅值变化到恰好大于 u_C 时，D_2、D_4 因加正向电压变为导通状态，u_2 再次对 C 充电，u_C 上升到 u_2 的峰值后又开始下降；下降到一定数值时 D_2、D_4 变为截止，C 对 R_L 放电，u_C 按指数规律下降；放电到一定数值时 D_1、D_3 变为导通，重复上述过程。

从图 9.8(b) 所示波形可以看出，经滤波后的输出电压不仅变得平滑，而且平均值也得到提高。若考虑变压器内阻和二极管的导通电阻，则 u_C 的波形如图 9.8(c) 所示，阴影部分为整流电路内阻上的压降。

从以上分析可知，电容充电时，回路电阻为整流电路的内阻，即变压器内阻和二极管的导通电阻，其数值很小，因而时间常数很小。电容放电时，回路电阻为 R_L，放电时间常数为 $R_L C$，通常远大于充电的时间常数。因此，滤波效果取决于放电时间。电容愈大，负载电阻愈大，滤波后输出电压愈平滑，并且其平均值愈大，如图 9.9 所示。换言之，当滤波电容容量一定时，若负载电阻减小（即负载电流增大），则时间常数 $R_L C$ 减小，放电速度加快，输出电压平均值随即下降,且脉动变大。

2. 主要参数

(1)输出电压平均值 $U_{O(AV)}$

滤波电路输出电压波形难于用解析式来描述,近似估算时,可将图9.8(c)所示波形近似为锯齿波,如图9.10所示。

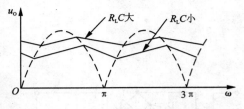

图 9.9　$R_L C$ 不同时 u_O 的波形

图中 T 为电网电压的周期。设整流电路内阻较小而 $R_L C$ 较大,电容每次充电均可达到 u_2 的峰值(即 $U_{Omax} = \sqrt{2} U_2$),然后按 $R_L C$ 放电的起始斜率直线下降,经 $R_L C$ 交于横轴,且在 $T/2$ 处的数值为最小值 U_{Omin},则输出电压平均值为

$$U_{O(AV)} = \frac{U_{Omax} + U_{Omin}}{2} \tag{9.17}$$

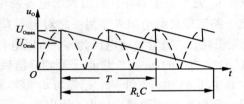

图 9.10　电容滤波电路输出电压平均值的分析

同时按相似三角形关系可得

$$\frac{U_{Omax} - U_{Omin}}{U_{Omax}} = \frac{T/2}{R_L C} \tag{9.18}$$

导出

$$U_{Omin} = (1 - \frac{T}{2 R_L C}) U_{Omax} \tag{9.19}$$

将式(9.19)代入式(9.17)中,得

$$U_{O(AV)} = U_{Omax} \left(1 - \frac{T}{4 R_L C} \right) = \sqrt{2} U_2 \left(1 - \frac{T}{4 R_L C} \right) \tag{9.20}$$

式(9.20)表明,当负载开路,即 $R_L = \infty$ 时,$U_{O(AV)} = \sqrt{2} U_2$。当 $R_L C = (3 \sim 5) T/2$ 时,

$$U_{O(AV)} \approx 1.2 U_2 \tag{9.21}$$

(2)脉动系数 S

$$S = \frac{U_{O1M}}{U_{O(AV)}} = \frac{1}{4 \dfrac{R_L C}{T} - 1} \tag{9.22}$$

（3）整流二极管的导通角

在未加滤波电容之前，无论是哪种整流电路中的二极管均有半个周期导通状态，也称二极管的导通角 θ 等于 π。加滤波电容后，只有当电容充电时，二极管才导通，因此，每只二极管的导通角都小于 π。而且，$R_L C$ 的值愈大，滤波效果愈好，导通角 θ 将愈小。由于电容滤波后输出平均电流增大，而二极管的导通角反而减小，所以整流二极管在短暂的时间内将流过一个很大的冲击电流为电容

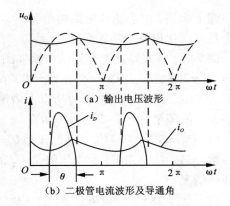

(a) 输出电压波形

(b) 二极管电流波形及导通角

图 9.11　电容滤波电路中二极管的电流和导通角

充电，如图 9.11 所示。这对二极管的寿命很不利，所以必须选用较大容量的整流二极管，通常应选择其最大整流平均电流 I_F 大于负载电流的 2 ~ 3 倍。

（4）电容滤波电路的输出特性和滤波特性

当滤波电容 C 选定后，输出电压平均值 $U_{O(AV)}$ 和输出电流平均值 $I_{O(AV)}$ 的关系称为输出特性，脉动系数 S 和输出电流平均值 $I_{O(AV)}$ 的关系称为滤波特性。根据式（9.20）和式（9.22）可画出输出特性如图 9.12（a）所示，滤波特性如图 9.12（b）所示。曲线表明，C 愈大电路带负载能力愈强，滤波效果愈好；$I_{O(AV)}$ 愈大（即负载电阻 R_L 愈小），$U_{O(AV)}$ 愈低，S 的值愈大。

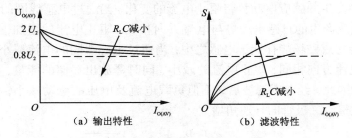

（a）输出特性　　　　　　　（b）滤波特性

图 9.12　电容滤波电路的输出特性和滤波特性

一般，在桥式全波整流的情况下，根据下式选择滤波电容 C 的容量

$$R_L C \geqslant (3 \sim 5)\frac{T}{2} \tag{9.23}$$

式中，T 为交流电压周期，因而 $T = \dfrac{1}{f} = \dfrac{1}{50} = 20\text{ms}$；考虑到电网电压的波动范围为 ±10%，电容的耐压值应大于 $1.1\sqrt{2}U_2$。

综上所述，电容滤波电路简单易行，输出电压平均值高，适用于负载电流较小且其变化也较小的场合。

例9.3 桥式整流电容滤波电路如图 9.8(a)所示，图中变压器副边电压有效值 $U_2 = 20V$，$R_L = 50\Omega$，电容 $C = 2000\mu F$。现用直流电压表测量 R_L 两端的电压 U_0，如出现下列情况，试分析以下诸情况中哪些属正常工作时的输出电压，哪些属于故障情况？并指出故障所在。

（1）$U_0 = 28V$，（2）$U_0 = 18V$，（3）$U_0 = 24V$，（4）$U_0 = 9V$。

解 （1）$U_0 = 28V$，此电压值是 U_2 的峰值，只有在负载 R_L 未接时才可能出现该情况。

（2）$U_0 = 18V$，此数值是 U_2 的 0.9 倍，只有在无滤波电容的全波桥式整流电路中，其输出电压才会出现该电压值。所以，是属于电路中的电容开路的故障情况。

（3）$U_0 = 24V$ 刚好是 U_2 的 1.2 倍，电路工作正常。

（4）$U_0 = 9V$，是 U_2 的 0.45 倍，此输出电压与 U_2 的数值关系只有在半波整流情况下存在。所以，此时属电容 C 开路，且有一个二极管开路（未接或虚焊或是已烧断）的故障情况。

9.3.2 其他形式的滤波电路

1. 电感滤波电路

电感滤波电路如图 9.13 所示。电感的基本性质是当流过它的电流变化时，电感线圈中产生的感应电动势将阻止电流的变化。当通过电感线圈的电流增大时，电感线圈产生的自感电动势与电流方向相反，阻止电流的增加，同时将一部分电能转化成磁场能存储于电感之中；当通过电感线圈的电流减小时，自感电动势与电流方向相同，阻止电流的减小，同时释放出存储的能量，以补偿电流的减小。因此，经电感滤波后，不但负载电流及电压的脉动减小，波形变得平滑，而且整流二极管的导通角增大。

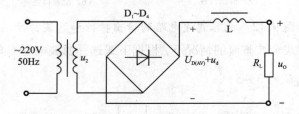

图 9.13 单相桥式整流电感滤波电路

整流电路输出电压可分解为两部分，一部分为直流分量，它就是整流电路

输出电压的平均值 $U_{D(AV)}$，对于全波整流电路，其值约为 $0.9U_2$；另一部分为交流分量 u_d；如图 9.13 所标注。电感线圈对直流分量呈现的电抗很小，就是线圈本身的电阻 R；而对交流分量呈现的电抗为 ωL。所以若二极管的导通角近似为 π，则电感滤波后的输出电压平均值

$$U_{O(AV)} = \frac{R_L}{R + R_L} \cdot U_{D(AV)} \approx \frac{R_L}{R + R_L} \cdot 0.9U_2 \qquad (9.24)$$

输出电压的交流分量

$$u_o \approx \frac{R_L}{\sqrt{(\omega L)^2 + R_L^2}} \cdot u_d \approx \frac{R_L}{\omega L} \cdot u_d \qquad (9.25)$$

从式(9.24)可以看出，电感滤波电路输出电压平均值小于整流电路输出电压平均值，在线圈电阻可忽略的情况下，$U_{O(AV)} \approx 0.9U_2$。从式(9.25)可以看出，在电感线圈不变的情况下，负载电阻愈小(即负载电流愈大)，输出电压的交流分量愈小，脉动愈小。注意，只有在 R_L 远远小于 ωL 时，才能获得较好的滤波效果。显然，L 愈大，滤波效果愈好。

另外，由于滤波电感电动势的作用，可以使二极管的导通角接近 π，减小了二极管的冲击电流，平滑了流过二极管的电流，从而延长了整流二极管的寿命。

2. LC 滤波电路

图 9.14 所示是 LC 滤波电路，它是将 L 和 C 两种滤波元件组合而成的滤波电路。整流输出的脉动电压先经电感 L 滤波再经电容 C 滤波，其滤波效果比采用单个电感或单个电容要好得多。

图 9.14 电路整流输出 u_{O1} 处的直流电压平均值 $U_{O1(AV)}$ 和脉动系数 S_1 应满足桥式整流的关系式，即

$$U_{O1(AV)} \approx 0.9U_2$$
$$S_1 \approx 0.67$$

对于直流量而言，电感上电阻很小，其上压降也很小，因此负载 R_L 上的直流电压平均值 $U_{O(AV)}$ 可近似为

$$U_{O(AV)} \approx U_{O1(AV)} \approx 0.9U_2 \qquad (9.26)$$

在 $\omega^2 LC \gg 1$ 时，输出脉动系数 S 为：

$$S \approx \frac{1}{\omega^2 LC} S_1 \qquad (9.27)$$

3. π 型滤波电路

(1) LC - π 型滤波电路

整流输出后脉动电压经两次滤波后，脉动成分进一步减小，滤波效果更好。LC - π 型滤波电路如图 9.15 所示。

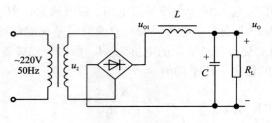

图 9.14　LC 滤波电路

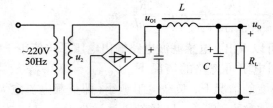

图 9.15　LC-π 型滤波电路

由于整流输出端接电容 C_1，因而输出直流电压得到提高。整流输出 u_{O1} 处的 $U_{O1(AV)}$ 和 S_1 应满足桥式整流电容滤波电路的关系式，即有

$$U_{O1(AV)} \approx 1.2U_2$$

$$S_1 = \frac{1}{4\dfrac{R'_L C}{T} - 1}$$

其中 R'_L 为电感 L、电容 C_2 和负载 R_L 合成的总的阻抗。

考虑电感对直流量而言，其上压降很小，因此负载 R_L 上的 $U_{O(AV)}$ 满足

$$U_{O(AV)} \approx U_{O1(AV)} \approx 1.2U_2 \tag{9.28}$$

根据前面的推导过程，脉动系数为

$$S = \frac{1}{\omega^2 L C_2} S_1 \tag{9.29}$$

（2）RC-π 型滤波电路

由于电感线圈体积较大，成本高，在小功率电子设备中，可用电阻 R 代替电感 L，构成 RC-π 型滤波电路，如图 9.16 所示。电阻对于交直流电流都有降压作用，与电容配合后，脉动电压的交流成分较多地降落在电阻两端，使输出脉动减小从而起到滤波作用。

根据桥式整流电容滤波电路可知电容 C_1 处的直流平均电压 $U_{O1(AV)}$ 应为

$$U_{O1(AV)} = 1.2U_2$$

又根据图 9.16 电路输出 u_O 和 u_{O1} 处直流量的大小关系，可知 u_O 处的输出直流电压平均值 $U_{O(AV)}$ 为

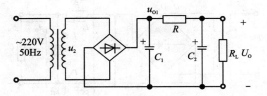

图 9.16　RC - π 型滤波电路

$$U_{O(AV)} = \frac{R_L}{R + R_L} U_{O1(AV)} \tag{9.30}$$

电容 C_1 上的脉动系数 S_1 可依照电容滤波电路脉动系数的计算公式

$$S_1 = \frac{1}{4\dfrac{R'_L C}{T} - 1}$$

上式中的 $R'_L = R + R_L$。

又根据 RC 滤波电路输出负载上的脉动系数 S 的计算公式

$$S = \frac{1}{\omega R' C_2} S_1 \tag{9.31}$$

式中的等效电阻 $R' = R /\!/ R_L$。

在电网频率一定的条件下，若 $R /\!/ R_1$ 值越大，滤波电容 C_2 值越大，负载 R_L 上的脉动量将越小，滤波效果愈好，但 R 太大，直流输出电压损失将增大，因此这种滤波电路主要适用于负载电流较小，而要求输出电压脉动很小的场合。

9.4　稳压二极管稳压电路

整流滤波电路输出的直流电压是不稳定的。输出电压不稳定的因素主要是负载的变化和市电交流电压不稳定。由于整流滤波电路有内阻，因此当负载变化时，负载电流变化，使内阻上的压降变化，导致输出电压变化。通常交流电网电压允许 ±10% 变化，因而使输出的直流电压不稳定。为了获得稳定性好的直流电压，必须采取稳压措施。

9.4.1　稳压电路的组成与工作原理

1. 稳压电路的组成

电路如图 9.17 所示，输入电压 U_I 是经过整流滤波后的电压；稳压电路的输出电压 U_O 是稳压管的稳定电压 U_Z；R 是限流电阻。

从稳压管稳压电路可得两个基本关系式

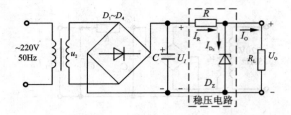

图 9.17 稳压二极管组成的稳压电路

$$U_{\mathrm{I}} = U_{\mathrm{R}} + U_{\mathrm{O}} \qquad\qquad (9.32)$$

$$I_{\mathrm{R}} = I_{D_Z} + I_{\mathrm{L}} \qquad\qquad (9.33)$$

稳压二极管组成的稳压电路是利用稳压管的反向击穿特性如图 9.18 所示,当稳压管反向击穿时,只要能使稳压管始终工作在稳压区,即保证稳压管的电流在范围内变化,输出 U_{O} 就基本稳定。

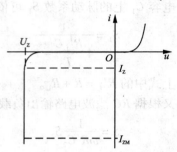

图 9.18 稳压管的伏安特性

2. 稳压原理

对任何稳压电路都应从两个方面考察其稳压特性,一是设电网电压波动,研究其输出电压是否稳定;二是设负载变化,研究其输出电压是否稳定。

(1)先讨论负载电阻 R_{L} 不变,输入电压随电网电压变化的情况

在图 9.17 所示稳压管稳压电路中,当电网电压升高时,稳压电路的输入电压 U_{I} 随之增大,使 U_{O} 有增大趋势,引起 U_Z 增大,使 I_{D_Z} 急剧增大,则 U_{R} 增大,以此来抵消 U_{I} 的增大,故 U_{O} 不变,用循环调节表示为:

电网电压 $\uparrow \rightarrow U_{\mathrm{I}} \uparrow \rightarrow U_{\mathrm{O}}(U_Z) \uparrow \rightarrow I_{D_Z} \uparrow \rightarrow I_{\mathrm{R}} \uparrow \rightarrow U_{\mathrm{R}} \uparrow$

$U_{\mathrm{O}} \downarrow \longleftarrow$

当电网电压下降时,各电量的变化与上述过程相反,U_{R} 的变化补偿了 U_{I} 的变化,以保证 U_{O} 基本不变。其过程如下:

电网电压 $\downarrow \rightarrow U_{\mathrm{I}} \downarrow \rightarrow U_{\mathrm{O}}(U_Z) \downarrow \rightarrow I_{D_Z} \downarrow \rightarrow I_{\mathrm{R}} \downarrow \rightarrow U_{\mathrm{R}} \downarrow$

$U_{\mathrm{O}} \uparrow \longleftarrow$

由此可见,当电网电压变化时,稳压电路通过限流电阻 R 上电压的变化来抵消 U_{I} 的变化,即 $\Delta U_{\mathrm{R}} \approx \Delta U_{\mathrm{I}}$,从而使 U_{O} 基本不变。

(2)再讨论输入电压 U_{I} 不变,负载电阻 R_{L} 变化的情况

当负载电阻 R_{L} 减小即负载电流 I_{L} 增大时,根据式(9.33),导致 I_{R} 增加,U_{R} 也随之增大;根据式(9.30),U_{O} 必然下降,即 U_Z 下降;根据稳压管的伏安特

性，U_Z 的下降使 I_{D_Z} 急剧减小，从而 I_R 随之减小。如果参数选择恰当，就可使 $\Delta I_{D_Z} \approx -\Delta I_L$，使 I_R 基本不变，从而 U_o 也就基本不变。其过程如下：

$$R_L \downarrow \to U_o(U_Z) \downarrow \to I_{D_Z} \downarrow \to I_R \downarrow \to \Delta I_{D_Z} \approx -\Delta I_L \to I_R\text{基本不变} \to U_o\text{基本不变}$$
$$\to I_L \uparrow \to I_R \uparrow \qquad\qquad$$

相反，如果 R_L 增大即 I_L 减小，则 I_{D_Z} 增大，同样可使 I_R 基本不变，从而保证 U_o 基本不变。

显然，在电路中只要能使 $\Delta I_{D_Z} \approx -\Delta I_L$，就可以使 I_R 基本不变，从而保证负载变化时输出电压基本不变。

综上所述，在稳压二极管所组成的稳压电路中，利用稳压管所起的电流调节作用，通过限流电阻 R 上电压或电流的变化进行补偿，来达到稳压的目的。限流电阻 R 是必不可少的元件，它既限制稳压管中的电流使其正常工作，又与稳压管相配合以达到稳压的目的。

9.4.2　稳压电路的性能指标与参数选择

1. 稳压电路的主要性能指标

(1)稳压系数 S_r

S_r 定义为负载一定时稳压电路输出电压相对变化量与其输入电压相对变化量之比，即

$$S_r = \frac{\Delta U_o / U_o}{\Delta U_I / U_I}\bigg|_{R_L = \text{常数}} = \frac{U_I}{U_o} \cdot \frac{\Delta U_o}{\Delta U_I}\bigg|_{R_L = \text{常数}} \tag{9.34}$$

S_r 表明电网电压波动的影响，其值愈小，电网电压变化时输出电压的变化愈小。

在仅考虑变化量时，图 9.17 所示稳压管稳压电路的等效电路如图 9.19 所示。

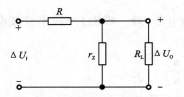

图 9.19　稳压管稳压电路的交流等效电路

r_z 为稳压管的动态电阻。因而

$$\frac{\Delta U_o}{\Delta U_I} = \frac{r_z /\!/ R_L}{R + r_z /\!/ R_L} \approx \frac{r_z}{R + r_z} \qquad (R_L \gg r_z)$$

所以稳压系数

$$S_r = \frac{\Delta U_o}{\Delta U_I} \cdot \frac{U_I}{U_o} \approx \frac{r_z}{R + r_z} \cdot \frac{U_I}{U_z} \tag{9.35}$$

式(9.34)表明，为使 S_r 数值小，需增大 R；而在 $U_o(U_z)$ 和负载电流确定的情况下，若 R 的取值大，则 U_I 的取值必须大，这势必使 S_r 增大；可见 R 和 U_I 必须合理搭配，S_r 的数值才可能比较小。

（2）输出电阻 R_o

R_o 定义为稳压电路输入电压一定时输出电压变化量与输出电流变化量之比，即

$$R_o = \frac{\Delta U_o}{\Delta I_o} \Bigg|_{U_I = 常数} \tag{9.36}$$

R_o 表明负载电阻对稳压性能的影响。由图 9.19 可得稳压管稳压电路的输出电阻为

$$R_o = R /\!/ r_z \approx r_z \qquad (R \gg r_z) \tag{9.37}$$

（3）电压调整率 S_u

通常工频电压 220V ± 10% 作为变化范围，把对应的输出电压的相对变化量的百分比作为衡量的指标称为电压调整率，即

$$S_u = \frac{\Delta U_o}{U_o} \Bigg|_{\Delta I_L = 0} \times 100\% \tag{9.38}$$

（4）电流调整率 S_i

在工程中常用输出电流 I_o 由零变到最大额定值时，输出电流的相对变化量来表征这个性能，称为电流调整率，即

$$S_i = \frac{\Delta I_o}{I_o} \Bigg|_{\Delta U_I = 0} \times 100\% \tag{9.39}$$

（5）纹波抑制比 S_{rip}

S_{rip} 定义为输入纹波电压（峰－峰值）与输出纹波电压（峰－峰值）之比的分贝数，即

$$S_{rip} = 20\lg \frac{u_i}{u_o} \tag{9.40}$$

（6）输出电压的温度系数 S_T

S_T 定义为在规定温度范围及 $\Delta U_i = 0$，$\Delta I_L = 0$ 时，单位温度变化所引起的输出电压相对变化量的百分比，即

$$S_T = \frac{1}{U_o} \frac{\Delta U_o}{\Delta T} \Bigg|_{\Delta I_L = 0, \Delta U_I = 0} \times 100\% \tag{9.41}$$

除上述指标外,还有输出噪声电压 U_{NF} 和工作极限参数等。

2. 电路参数的选择

设计一个稳压管稳压电路,就是合理地选择电路元件的有关参数。在选择元件时,应首先知道负载所要求的输出电压 U_O,负载电流 I_L 的最小值 I_{Lmin} 和最大值 I_{Lmax}(或者负载电阻 R_L 的最大值 R_{Lmax} 和最小值 R_{Lmin}),输入电压 U_I 的波动范围(一般为 ±10%)。

(1)稳压电路输入电压 U_I 的选择

根据经验,一般选择

$$U_I = (2 \sim 3)U_O \tag{9.42}$$

U_I 确定后,就可以根据此值选择整流滤波电路的元件参数。

(2)稳压管的选择

在稳压管稳压电路中 $U_O = U_Z$;当负载电流 I_L 变化时,稳压管的电流将产生一个与之相反的变化,即 $\Delta I_{D_Z} \approx -\Delta I_L$,所以稳压管工作在稳压区所允许的电流变化范围应大于负载电流的变化范围,即 $I_{ZM} - I_Z > I_{Lmax} - I_{Lmin}$。当输入电压 U_I 随电网电压升高而增大时,限流电阻 R 的电压增量与 U_I 的增量几乎相等,它所引起的 I_R 的增大部分几乎全部流过稳压管;另外电路空载时稳压管流过的电流将与 R 上电流相等,所以稳压管的最大稳定电流 I_{ZM} 的选取应留有充分的余量。选择稳压管的一般原则可归纳为

$$U_Z = U_O$$
$$I_{ZM} - I_Z > I_{Lmax} - I_{Lmin}$$
$$I_{ZM} \geqslant I_{Lmax} + I_Z$$

(3)限流电阻 R 的选择

稳压管正常工作时,其工作点处的 I_{D_Z} 应满足:$I_Z \leqslant I_{D_Z} \leqslant I_{ZM}$ 条件,选择合适的限流电阻 R 可满足这一条件,分下列两种情况估算。

①当 U_I 为最大值而负载 R_L 中流过最小电流 I_{Lmin} 时,稳压管中流过的电流最大,但其值必须小于稳压管额定的电流最大值 I_{ZM},即

$$\frac{U_{Imax} - U_Z}{R} - I_{Lmin} \leqslant I_{ZM}$$

由此得出限流电阻的下限值为

$$R_{min} = \frac{U_{Imax} - U_Z}{I_{ZM} + I_{Lmin}} \tag{9.43}$$

②当 U_I 为最小值,负载电流 I_L 为最大值时,稳压管中流过的电流为最小值,其值应大于 I_Z(最小稳定电流),即

$$\frac{U_{Imin} - U_Z}{R} - I_{Lmax} \geqslant I_Z$$

由此得出限流电阻的上限值为

$$R_{max} = \frac{U_{Imin} - U_Z}{I_Z + I_{Lmax}} \qquad (9.44)$$

限流电阻 R 的额定功率为：

$$P_R = (2-3)\frac{(U_{Imax} - U_o)^2}{R} \qquad (9.45)$$

例 9.4 稳压管稳压电路如图 9.17 所示。已知 $U_I = 20V$，变化范围 $\pm 20\%$，稳压管稳压值 $U_Z = 10V$，负载电阻 R_L 变化范围为 $1k\Omega \sim 2k\Omega$，稳压管的电流范围为 $10mA \sim 60mA$。

（1）试确定限流电阻 R 的取值范围。

（2）若已知稳压管 D_Z 的等效电阻 $r_z = 10\Omega$，估算电路的稳压系数 S_r 和输出电阻 R_o。

解 （1）确定限流电阻 R 的范围

先求限流电阻 R 的下限值，

$$R_{min} = \frac{U_{Imax} - U_Z}{I_{ZM} + I_{Lmin}}$$

其中参数条件如下

$$U_{Imax} = U_I(1 + 20\%) = 24(V)$$

$$I_{ZM} = 60mA$$

$$U_Z = 10V$$

$$I_{Lmin} = \frac{U_Z}{R_{Lmax}} = \frac{10}{2} = 5(mA)$$

将以上参数代入限流电阻 R 的下限值计算公式，得

$$R_{min} = \frac{24 - 10}{0.06 + 0.005} = 215(\Omega)$$

再求限流电阻 R 的上限值，

$$R_{max} = \frac{U_{Imin} - U_Z}{I_Z + I_{Lmax}}$$

其中参数条件如下

$$U_{Imin} = U_I(1 - 20\%) = 16(V)$$

$$I_Z = 10mA$$

$$I_{Lmax} = \frac{U_z}{R_{Lmin}} = \frac{10}{1} = 10(mA)$$

将以上参数代入限流电阻 R 的上限值计算公式，得

$$R_{\max} = \frac{16 - 10}{(10 + 10) \times 10^{-3}} = 300(\Omega)$$

因此，限流电阻 R 的取值范围为

$$215\Omega \leqslant R \leqslant 300\Omega$$

（2）稳压系数 S_r 与输出电阻 R_o 的估算

$$S_r \approx \frac{r_z}{R + r_z} \cdot \frac{U_1}{U_Z}$$

已知 $r_z = 10\Omega$，若取 $R = 250\Omega$，则

$$S_r \approx \frac{10 \times 20}{(250 + 10) \times 10} = 0.077 = 7.7\%$$

电路的输出电阻 R_o 为

$$R_o = r_z /\!/ R \approx r_z = 10(\Omega)$$

9.5 串联型稳压电路

9.5.1 稳压电路的组成与工作原理

前面介绍的稳压管稳压电路允许负载电流变化范围小，一般只允许负载电流在几十毫安以内变化，另外，输出直流电压不可调，即输出电压就是稳压管的稳压值，不能满足很多场合下的应用。串联型稳压电路以稳压管稳压电路为基础，利用晶体管的电流放大作用，增大负载电流；在电路中引入深度电压负反馈使输出电压稳定；并且，通过改变反馈网络参数使输出电压可调。

1. 电路组成

图 9.20 所示为典型的串联型稳压电路，其中图 9.20（a）为原理图，图 9.20（b）为组成方框图，它由取样电路、基准电压电路、比较放大电路及调整管 4 个基本部分组成。

（1）取样电路

是由 R_1、R_2 和 R_w 组成的分压电路，它的主要功能是对输出电压变化量分压取样，然后送至比较放大环节，同时为 T_2 提供一个合适的静态偏置电压，以保证 T_2 工作于放大区。此外取样电路引入电位器 R_w 还可以调节输出电压 U_o 值。

（2）基准电压电路

它是由稳压管 D_z 和限流电阻 R 组成的稳压电路，提供一个稳定的基准电压。

（3）比较放大电路

它是一个由 T_2 构成的比较放大电路，R_c 是 T_2 的集电极负载电阻（同时又

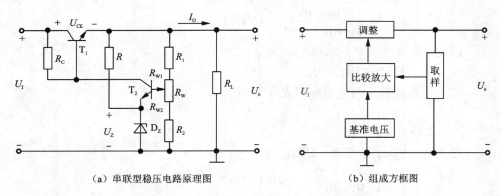

（a）串联型稳压电路原理图　　　　　　（b）组成方框图

图 9.20　串联型稳压电路及方框图

是调整管 T_1 的偏流电阻）。它的作用是将输出取样电压与基准电压进行比较，并将误差电压放大，然后再去控制调整管。为了提高稳压性能，实际中常常采用差分放大或集成运放来作比较放大电路。

（4）调整电路

一般由功率管 T_1 组成，是稳压电路的核心部分，输出电压的稳定最终要依赖于 T_1 的调整作用来实现，为了有效地起电压调整作用，必须保证它在任何情况下都工作在放大区，因为调整管与负载串联，故称它为串联型稳压电路。

2. 稳压原理

（1）如果由于某种原因（如电网电压波动或负载电阻的变化等）使输出电压 U_o 升高，U_o 的增大使 $U_{B2} = (R_{W2} + R_2)U_\text{o}/(R_1 + R_W + R_2)$ 使升高，（忽略 T_2 管基极电流），而 T_2 管的射极电压 $U_{E2} = U_Z$ 固定不变，所以 $U_{BE2} = U_{B2} - U_{E2}$ 增加，于是 I_{C2} 增大，集电极电位 U_{C2} 下降，由于 T_1 基极电位 $U_{B1} = U_{C2}$，因此，T_1 的 U_{BE1} 减小，I_{C1} 随之减小，U_{CE1} 增大，迫使 U_o 下降，即维持 U_o 基本不变。上述调节过程表示如下：

$$U_\text{o}\uparrow \rightarrow U_{B2}\uparrow \rightarrow U_{BE2}\uparrow \rightarrow I_{C2}\uparrow \rightarrow U_{C2}\downarrow (U_{B1})\downarrow$$
$$U_\text{o}\downarrow \leftarrow U_{CE1}\uparrow \leftarrow I_{C1}\downarrow \leftarrow U_{BE1}\downarrow$$

（2）同理，如果由于某种原因使 U_o 下降时，可通过上述类似负反馈过程，迫使 U_o 上升，从而维持 U_o 基本不变。

（3）输出电压调节范围

由图 9.20（a）可得 T_2 基极电压为

$$U_{B2} = \frac{R_{w2} + R_2}{R_1 + R_w + R_2}U_\text{o} \approx U_{BE2} + U_Z$$

推出输出电压 U_o 为

$$U_o \approx \frac{R_1 + R_w + R_2}{R_{w2} + R_2}(U_{BE2} + U_Z)$$

当 R_w 滑动端调至最上端时，$R_{w2} = R_w$，U_o 为最小，得

$$U_{omin} = \frac{R_1 + R_w + R_2}{R_w + R_2}(U_{BE2} + U_Z) \tag{9.46}$$

当 R_w 滑动端调至最下端时，$R_{w2} = 0$，U_o 最大，得

$$U_{omax} = \frac{R_1 + R_w + R_2}{R_2}(U_{BE2} + U_Z) \tag{9.47}$$

由此可见，调整 R_w 电阻，即可调整输出电压 U_o 的大小。

采用集成运放作比较放大器，高精度基准电源作基准电压，可抑制零漂，提高温度稳定度，从而进一步提高稳压电源的质量，电路如图9.21所示。

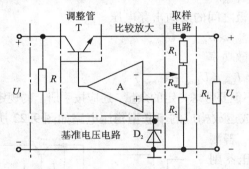

图 9.21　采用集成运放作比较放大的串联型稳压电路

在理想运放条件下，电路的输出电压可调范围为

$$U_{omin} = \frac{R_1 + R_w + R_2}{R_w + R_2}U_Z \tag{9.48}$$

$$U_{omax} = \frac{R_1 + R_w + R_2}{R_2}U_Z \tag{9.49}$$

3. 调整管的选择

在串联型稳压电路中，调整管是核心元件，它的安全工作是电路正常工作的保证。调整管一般为大功率管，因而选用原则与功率放大电路中的功放管相同，主要考虑其极限参数 I_{CM}、$U_{(BR)CEO}$ 和 P_{CM}。调整管极限参数的确定，必须考虑到输入电压 U_I 由于电网电压波动而产生的变化，以及输出电压的调节和负载电流的变化所产生的影响。

从图9.21所示电路可知，调整管 T 的发射极电流 I_E 等于采样电阻 R_1 中电流和负载电流 I_L 之和，即 $I_E = I_{R1} + I_L$；T 的管压降 U_{CE} 等于输入电压 U_I 与输出电压 U_o 之差，即 $U_{CE} = U_I - U_o$。显然，当负载电流最大时，流过 T 管发射极的

电流最大，即 $I_{Emax} = I_{R1} + I_{Lmax}$。通常，$R_1$ 上电流可忽略，且 $I_{Emax} \approx I_{Cmax}$，所以调整管的最大集电极电流

$$I_{Cmax} \approx I_{Lmax} \tag{9.50}$$

当电网电压最高，即输入电压最高，同时输出电压又最低时，调整管承受的管压降最大，即

$$U_{CEmax} = U_{Imax} - U_{Omin} \tag{9.51}$$

当晶体管的集电极（发射极）电流最大，且管压降最大时，调整管的功率损耗最大，即

$$P_{Cmax} = I_{Cmax} U_{CEmax} \tag{9.52}$$

所以，在选择调整管 T 时，应保证其最大集电极电流

$$I_{CM} > I_{Lmax} \tag{9.53}$$

集电极与发射极之间的反向击穿电压

$$U_{(BR)CEO} > U_{Imax} - U_{Omin} \tag{9.54}$$

集电极最大耗散功率

$$P_{CM} > I_{Lmax}(U_{Imax} - U_{Omin}) \tag{9.55}$$

实际选用时，不但要考虑一定的余量，还应按手册上的规定采取散热措施。

例 9.5 用集成运放构成的串联型稳压电路如图 9.22 所示。

（1）该电路中，若测得 $U_I = 24V$，则变压器副边电压 u_2 的有效值 U_2 应为多少伏？

（2）若已知 $U_2 = 15V$，整流桥中有一个二极管因虚焊而开路，则 U_I 应为多少伏？此时若电容 C_1 也开路，则 U_I 为多少伏？

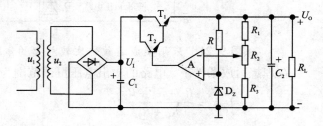

图 9.22　例 9.5 选用的电路

（3）在 $U_I = 30V$，D_Z 的稳压值 $U_Z = +6V$，$R_1 = 2k\Omega$，$R_2 = 1k\Omega$，$R_3 = 1k\Omega$ 条件下，输出电压 U_O 的范围为多大？

（4）在上述第（3）小题的条件下，若 R_L 变化范围为 $100 \sim 300\Omega$，限流电阻 $R = 400\Omega$，则三极管 T_1 在什么时刻功耗最大？其值是多少？

解 （1）确定 U_2 的大小

根据桥式整流电容滤波电路的经验公式

$$U_I \approx 1.2 U_2$$

可直接求得 U_2 值

$$U_2 = \frac{U_{\mathrm{I}}}{1.2} = \frac{24}{1.2} = 20(\mathrm{V})$$

（2）在 $U_2 = 15\mathrm{V}$，一个二极管开路时确定 U_{I} 值

当整流桥中有一个二极管开路，全波整流变成半波整流，在有电容滤波情况下，U_{I} 满足经验公式

$$U_{\mathrm{I}} \approx 1.0 U_2 = 15\mathrm{V}$$

当一个二极管开路，且电容 C_1 也开路时，桥式全波滤波电路变成半波整流电路，故

$$U_{\mathrm{I}} \approx 0.45 U_2 = 6.75\mathrm{V}$$

（3）输出电压 U_{o} 的范围

当 R_2 上的滑动头滑向最下方时，U_{o} 有最大的值 U_{Omax}，且

$$U_{\mathrm{Omax}} = \frac{U_{\mathrm{Z}}}{R_3}(R_1 + R_2 + R_3) = \frac{6}{1} \times (2 + 1 + 1) = 24(\mathrm{V})$$

当 R_2 上的滑动头滑向最上方时，U_{o} 有最小值 U_{Omin}，且

$$U_{\mathrm{Omin}} = \frac{U_{\mathrm{Z}}}{R_2 + R_3}(R_1 + R_2 + R_3) = \frac{6}{1 + 1} \times (2 + 1 + 1) = 12(\mathrm{V})$$

因此，输出电压 U_{o} 的范围为 12V ～ 24V。

（4）T_1 管的最大功耗 P_{Cmax}

当输出电压 U_{o} 处在最小值 U_{Omin} 时，调整管 T_1 上有最大的管压降 U_{CE1}。此时，若 R_{L} 为 $R_{\mathrm{Lmin}} = 100\Omega$，则负载电流 I_{L} 有最大值 I_{Lmax}，且

$$I_{\mathrm{Lmax}} = \frac{U_{\mathrm{Omin}}}{R_{\mathrm{Lmin}}} = \frac{12}{0.1} = 120(\mathrm{mA})$$

另外，限流电阻 R 上的电流 I_R 与采样电阻 $R_1 \sim R_3$ 上的电流 I_{R1} 分别为

$$I_R = \frac{U_{\mathrm{Omin}} - U_{\mathrm{Z}}}{R} = \frac{12 - 6}{0.4} = 15(\mathrm{mA})$$

$$I_{R1} = \frac{U_{\mathrm{Omin}}}{R_1 + R_2 + R_3} = \frac{12}{2 + 1 + 1} = 3(\mathrm{mA})$$

于是调整管 T_1 射极总电流

$$I_{\mathrm{E1}} = I_{\mathrm{Lmax}} + I_R + I_{R1} = 120 + 15 + 3 = 138(mA)$$

T_1 管的最大功耗

$$P_{\mathrm{Cmax}} = U_{\mathrm{CE1}} \times I_{\mathrm{E1}} = (30 - 12) \times 0.138 = 2.48(\mathrm{W})$$

9.5.2　集成三端稳压器的应用

集成稳压器是利用半导体集成工艺，将串联型线性稳压器、高精度基准电

压源、过流保护电路等集中在一块硅片上制作而成的，它具有如下特点：体积小，外围元件少，调整简单，使用方便而且性能好，稳定性高，价格便宜，因此得到广泛应用。集成稳压器的种类很多，作为小功率稳压电源，目前以三端式最为普遍，按输出电压是否可调，它又分为输出电压固定式和可调式两种。

1. 固定式三端稳压器

固定式三端稳压器的输出电压是定值，通用产品有 W7800（正电压输出）和 W7900（负电压输出）两系列，输出电压为 5V、6V、9V、12V、15V、18V 和 24V 等，型号中的后两位数字表示输出电压值，例如 W7809 表示该稳压器输出电压为 9V，W7918 则表示输出电压为 −18V，此类稳压器的最大输出电流为 1.5A。此外，还有 78L00 和 79L00 系列及 78M00 和 79M00 系列，它们的额定输出电流分别为 100mA 和 500mA。图 9.23 所示分别为 W7800 系列产品金属封装、塑料封装的外形图和方框图。

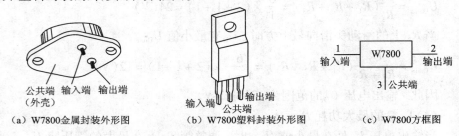

(a) W7800金属封装外形图　　(b) W7800塑料封装外形图　　(c) W7800方框图

图 9.23　固定式三端稳压器的外形和方框图

（1）基本应用电路

如图 9.24 所示为三端固定式稳压器的基本应用电路。

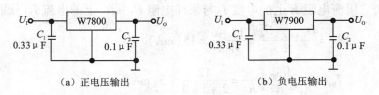

(a) 正电压输出　　　　　　　　(b) 负电压输出

图 9.24　固定式三端稳压器基本应用电路

其中图 9.24(a) 为固定正电压输出，图 9.24(b) 为固定负电压输出，实际应用时，可根据对输出电压 U_0 数值和极性的要求去选择合适的型号。值得注意的是 U_I 与 U_0 的电压差在 2V 以上，即 $|U_I - U_0| \geq 2V$。芯片的输入端和输出端与地之间除分别接大容量滤波电容外，还需在芯片引脚根部接小容量（$0.1\mu F \sim 10\mu F$）电容 C_1、C_2 到地。C_1 用于抑制芯片自激振荡，C_2 用于压缩芯片的高频带宽，减小高频噪声。

当需要同时输出正、负电压时，可用 W7800 和 W7900 组成如图 9.25 所示的具有正、负对称输出两种电源的稳压电路。

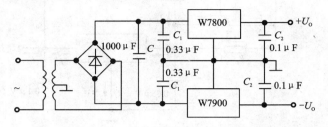

图 9.25　输出正、负电压的稳压电路

（2）扩展应用电路

①电压扩展电路

W7800、W7900 系列是固定输出电压，当所需直流电压高于三端稳压器的额定输出电压时，可通过外接电路进行升压。如图 9.26 所示，使集成稳压器工作于悬浮状态，即不直接接地方式，从而扩展输出电压。

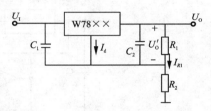

图 9.26　输出电压扩展电路

设 W7800 的额定输出电压为 U'_o，其公共端电流为 I_d（一般约几十微安～几百毫安），则由图可得扩展后的电压为

$$U_o = U'_o\left(1 + \frac{R_2}{R_1}\right) + I_d R_2 \tag{9.56}$$

一般 $I_d \ll I_{R1}$，当 R_1、R_2 的阻值不是很大时，U_o 可近似表示为

$$U_o \approx U'_o\left(1 + \frac{R_2}{R_1}\right) \tag{9.57}$$

②电流扩展电路

如图 9.27 所示为扩展稳压电路，图中 T_1 为扩流功率管，T_2 为限流保护管。

当负载电流 I_0 较小时，无需扩流，扩流控制取样电阻 R_1 上的压降不足以使 T_1 导通。此时 $I_o = I'_o$（芯片输出电流）；当 I_0 较大，需扩流时，U_{R1} 升高使 T_1 导通，此时 $I_o = I'_o + I_{C1}$。当 I_0 超过最大允许值时，限流保护取样电阻 R_2 上的压降 U_{R2} 使 T_2 导通，其电压 U_{EC2} 下降，迫使 T_1 发射结正偏电压 U_{EB1} 下降，从而限制了 T_1 的电流 I_{C1} 及输出电流 I_0。

③输出电压可调电路

固定式三端稳压器配上合适的外接电路可构成输出电压可调的稳压电路，电路如图 9.28 所示。

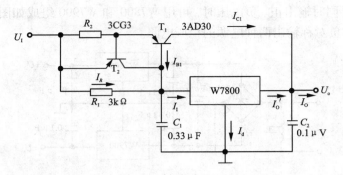

图 9.27　电流扩展稳压电路

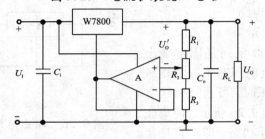

图 9.28　输出电压可调稳压电路

图中电压跟随器的输出电压等于其输入电压，也等于三端稳压器的输出电压 U'_o，也就是说电阻 R_1 与 R_2 上部分的电压之和为 U'_o，是一个常量。此时，以输出电压 U_0 的正端为参考点，当电位滑动端的位置变化时，输出电压 U_0 将随之变化，其调节范围是

$$\frac{R_1 + R_2 + R_3}{R_1 + R_2} U'_o \leqslant U_0 \leqslant \frac{R_1 + R_2 + R_3}{R_1} U'_o \eqno(9.58)$$

设 $R_1 = R_2 = R_3 = 300\Omega$，$U'_o = 12V$，则输出电压的调节范围为 $18 \sim 36V$。可以根据输出电压的调节范围及输出电流大小选择三端稳压器及取样电阻。

④跟踪稳压电源电路

图 9.29 所示是一种具有跟踪特性的正、负电压输出的稳压电源电路，W7800 为正电源，用运放和功率管做成可跟踪正电源变化的负电源。

跟踪原理：当 $+U_0$ 和 $-U_0$ 绝对值相等（对称输出），即电源正常工作时，运放 F007 的反相输入端保持为零电位。当 U_I 或负载变化使 $+U_0$ 升高进，运放反相输入端电位大于零，运放输出电位（即 T_2 基极电位）下降，由于 T_2 和 T_1 组成射极跟随器，所以它的输出电压（$-U_0$）绝对值随之增大，从而保持了 $-U_0$ 和 $+U_0$ 对称。反之亦然，从而实现了跟踪关系。

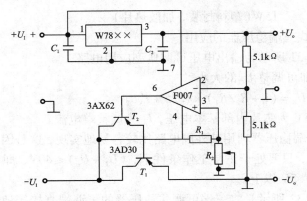

图 9.29　跟踪稳压电源

2. 可调式三端稳压器

可调式三端稳压器是在固定式的基础上发展起来的，有 W117/217/317 系列和 W137/237/337 系列，前者为正电压输出，后者为负电压输出。其特点是输出电压连续可调，调节范围较宽，且电压调整率、负载调整率等指标均优于固定式三端稳压器。下面以 W117 系列为例，简单介绍这类稳压器的基本应用。

（1）电路结构与外形

W117 系列的内部电路结构与固定式 W7800 系列相似，包括取样、比较放大、调整等基本部分，且同样具有过热、限流和安全工作区保护。它的外形及电路符号如图 9.30 所示，也有 3 个接线端子，分别为输入、输出和调整端（用 ADJ 表示）。输出端与调整端之间的电压值为基准电压 $U_{REF} = 1.25V$，调整端输出电流 $I_A = 50\mu A$。

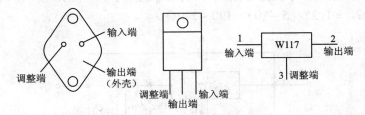

图 9.30　W117 外形图和方框图

（2）极限参数

最大输入电压　　　40V

输出电压调节范围　　1.2～37V

输出电流　　　1.5A；2.2A［金属封装，$(U_I - U_o) \leqslant 15V$，$T_o = 25℃$］

允许功耗　　　20W（金属封装，加散热片）

　　　　　　15W(塑料封装,加散热片)

(3)可调式三端稳压器的应用

①如图9.31所示为输出电压可调典型应用电路

调整 R_2 即可调整 U_o 的大小

$$U_o = (1 + R_2/R_1) \times 1.25 + I_A R_2 \qquad (9.59)$$

式中1.25V为芯片内部基本电压, I_A 为调整端电流。

可调式三端稳压器利用其外围电路比较容易地实现,这是因为它是属于悬浮式稳压电路,只要处于正常工作条件下,$(U_1 - U_o) \leqslant 40\text{V}$,即可使输出电压变化范围在37.5V以上。

②如图9.32所示是将三端可调式稳压器的可调端直接接地可得到输出电压 $U_O = 1.25\text{V}$。

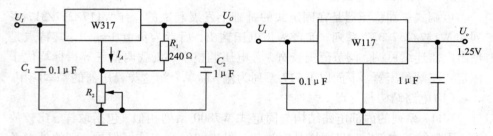

图9.31　可调式三端稳压器典型接法　　　图9.32　1.25V 低电压输出

③如图9.33所示为W117系列稳压器基本应用电路,为保证稳压器在空载时也能正常工作,要求流过电阻 R_1 的电流不能太小。一般取 $I_{R1} = 5 \sim 10\text{mA}$,故 $R_1 = U_{REF}/I_{R1} = 1.25/(5 \sim 10) \approx 120 \sim 240\Omega$。

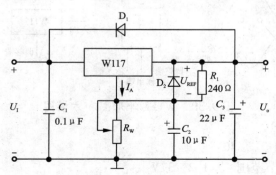

图9.33　可调式三端集成稳压器基本应用电路

由图可求得输出电压为

$$U_o = U_{REF} + (I_{R1} + I_A)R_W = \left(1 + \frac{R_W}{R_1}\right)U_{REF} + I_A R_W \qquad (9.60)$$

调节 R_W，即可改变输出电压的大小。

电路中 C_1、C_3 用于防止自激振荡、减小高频噪声和改善负载瞬态响应。接入 C_2 可提高对纹波的抑制作用。当输出电压较高而 C_3 容量又较大时，必须在 W117 的输入端与输出端之间接上保护二极管 D_1。否则，一旦输入短路时，未经释放的 C_3 的电压会通过稳压器内部的输出晶体管放电，可能造成输出晶体管发射结反向击穿。接上 D_1 后，C_3 可通过 D_1 放电。同理，D_2 可用来当输出端短路时为 C_2 提供放电通路，同样起保护稳压器的作用。

若在图 9.33 的基础上，配上由 W137 组成的负电源电路，即可构成正、负输出电压可调的稳压电源，如图 9.34 所示。该电源输出电压调节范围为 ± 1.25 ~ $\pm 20v$，输出电流为 1A。

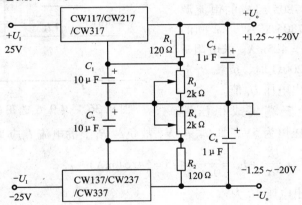

图 9.34　可调正、负输出电压集成稳压电路

(4) 程序控制稳压电路

在调整端加控制电路可以实现程序控制稳压电路，如图 9.35(a) 所示。图中晶体管为电子开关，当基极加高电平时，晶体管饱和导通，相对于开关闭合；当基极加低电平时，晶体管截止，相对于开关断开。因此，图 9.35(a) 所示电路可等效为图 9.35(b) 所示的电路。

四路控制信号从全部为低电平到全部为高电平，共有 16 种不同组合；T_1 ~ T_4 也就有从全截止到全饱和导通，共有 16 种不同的状态；因而 R_2 将与不同阻值的电阻并联，并联电阻最大值和最小值分别为

$$R'_{2max} = R_2$$
$$R'_{2min} = R_2 /\!/ R_{D0} /\!/ R_{D1} /\!/ R_{D2} /\!/ R_{D3}$$

而输出电压为

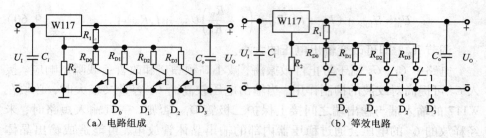

（a）电路组成　　　　　　　　　　（b）等效电路

图 9.35　程序控制稳压电路

$$U_O = \left(1 + \frac{R'_2}{R_1}\right) \times 1.25\text{V} \tag{9.61}$$

故输出电压在不同控制信号下有 16 个不同的数值。

例 9.6　图 9.36 所示为三端
集成稳压器 W7805 组成的恒流源
电路。已知 W7805 芯片 3、2 间的
电压为 5V，$I_W = 4.5\text{mA}$。求电阻 R
$= 100\Omega$，$R_L = 200\Omega$ 时，负载 R_L 上
的电流 I_O 和输出电压 U_O 值。

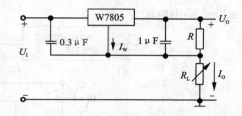

图 9.36　例 9.6 选用的电路

解　由于三端集成稳压器
W7805 输出电压恒为 5V，即 $U_{32} = 5\text{V}$，故负载 R_L 上的电流 I_O 应为

$$I_O = \frac{U_{32}}{R} + I_W = \frac{5}{0.1} + 4.5 = 54.5(\text{mA})$$

电路的输出电压 U_O 为

$$U_O = U_{32} + I_O R_L = 5 + 54.5 \times 0.2 = 15.9(\text{V})$$

例 9.7　三端可调式集成稳压器 W117 组成图 9.37 所示的稳压电路。已知
W117 调整端电流 $I_W = 50\mu\text{A}$，输出端和调整端间的电压 $U_{REF} = 1.25\text{V}$。

（1）求 $R_1 = 200\Omega$，$R_2 = 500\Omega$ 时，输出电压 U_O 值。

（2）若将 R_2 改为 $3\text{k}\Omega$ 电位器，则 U_O 可调范围有多大?

解　（1）估算输出电压 U_O 值
由图 9.37 电路可知，输出电压 U_O 的表达式为

$$U_O = \left(\frac{U_{REF}}{R_1} + I_W\right)R_2 + U_{REF}$$

考虑到调整端电流 I_W 很小，可将其忽略，故 U_O 表达式可改写为

$$U_O = \frac{R_1 + R_2}{R_1}U_{REF} = \frac{200 + 500}{200} \times 1.25 = 4.375(\text{V})$$

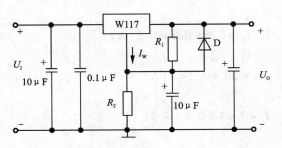

图 9.37   例 9.7 选用的电路

（2）输出电压 U_o 的可调范围

若用电位器代替 R_2，则在电位器被短接情况下，U_o 有最小值 U_{Omin}，其值为

$$U_{Omin} = U_{REF} = 1.25V$$

而当 $3k\Omega$ 电位器阻值全部接入电路时，U_o 有最大值 U_{Omax}，其值为

$$U_{Omax} = \frac{200 + 3000}{200} \times 1.25 = 20(V)$$

因此输出电压 U_o 的可调范围为 $1.25V \sim 20V$。

例 9.8   一个三端集成稳压器扩大输出电流的电路如图 9.38 所示。其中：晶体管 T 的 $\bar{\beta} = 20$，$|U_{BE}| = 0.3V$，且 $|U_{BE}|$ 值几乎不随电流 I_C 而改变。电路中电阻 $R = 1\Omega$，三端集成稳压器的输出电流为 $0.5A$，其公共端电流可以忽略，U_I 能够为稳压电路提供足够的电压和电流。试求负载电流 I_O 及负载电阻 R_L 值。

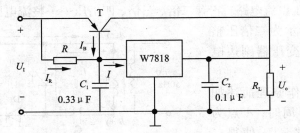

图 9.38   例 9.8 选用的电路

解   由于三端集成稳压器的公共端电流可以忽略，故

$$I = 0.5A$$

从电路图可见

$$I_R = \frac{|U_{BE}|}{R} = \frac{0.3}{1} = 0.3(A)$$

又因

$$I_R + I_B = I$$

故

$$I_B = I - I_R = 0.5 - 0.3 = 0.2(A)$$

晶体管 T 的集电极电流

$$I_C = \bar{\beta} I_B = 20 \times 0.2 = 4(A)$$

故负载电流

$$I_O = I_C + I = 4 + 0.5 = 4.5(A)$$

负载电阻

$$R_L = \frac{U_O}{I_O} = \frac{18}{4.5} = 4(\Omega)$$

9.6 自学材料

9.6.1 倍压整流

为了得到高的直流电压，用前面所述各种整流、滤波电路实施时，必须增加变压器副边绕组的匝数，以提高输入的交流电压，但这会增加变压器加工的难度，也会要求整流二极管和滤波电容有更高的耐压。在负载电流较小的情况下，可以依靠电容器对充电电压的保持作用和二极管的单向导电作用，在不提高变压器副边电压的条件下，可以获得几倍于变压器副边电压的输出电压，这种电路就是倍压整流电路。它有二倍、三倍、四倍压……整流电路。

图 9.39 所示为二倍压整流电路，U_2 为变压器副边电压有效值。

电路的工作原理简述如下：当 u_2 正半周时，A 点为" + "，B 点为" − "，使得二极管 D_1 导通，D_2 截止；C_1 充电，电流如图中实线所示；C_1

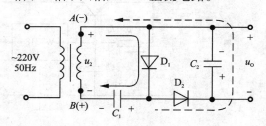

图 9.39 二倍压整流电路

上电压极性右为" + "，左为" − "，最大值可达。当 u_2 负半周时，A 点为" − "，B 点为" + "，C_1 上电压与变压器副边电压相加，使得 D_2 导通，D_1 截止；C_2 充电，电流如图中虚线所示；C_2 上电压的极性下为" + "，上为" − "，最大值可达 2。可见，是 C_1 对电荷的存储作用，使输出电压（即电容 C_2 上的电压）为变压器副边电压的 2 倍，利用同样原理可以实现所需倍数的输出电压。

图 9.40 所示为多倍压整流电路。

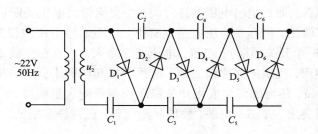

图 9.40 多倍压整流电路

在空载情况下，根据上述分析方法可得，C_1 上电压为 $\sqrt{2}U_2$，$C_2 \sim C_6$ 上电压均为 $2\sqrt{2}U_2$。因此，以 C_1 两端作为输出端，输出电压的值为 $\sqrt{2}U_2$；以 C_2 两端作为输出端，输出电压的值为 $2\sqrt{2}U_2$；以 C_1 和 C_3 上电压相加作为输出，输出电压的值为 $3\sqrt{2}U_2\cdots$，依此类推，从不同位置输出，可获得 $\sqrt{2}U_2$ 的 4、5、6 倍的输出电压。应当指出，为了简便起见，分析这类电路时，总是设电路空载，且已处于稳态；当电路带上负载后，输出电压将不可能达到 u_2 峰值的倍数。

9.6.2 开关型稳压电路

开关型稳压电源自 20 世纪 70 年代问世以来，由于其良好地工作特性，很快占领市场，一跃成为主流电源，开关管的工作频率在 20kHz 以上，目前提高到 (100～500) kHz，开关型稳压电源的功率最小几十瓦，最大达到 (5～10) × 10^3 W。随着现代电子技术的发展，开关型稳压电源朝着高频、大功率、高效率方向发展，因此被广泛应用。

1. 开关型稳压电路的特点与分类

（1）开关型稳压电源的特点

①效率高：串联型线性稳压电路是依靠调节调整管集 - 射极间的电压降来稳定输出电压的。由于调整管始终处于线性工作状态，管压降大，而且承担全部负载电流，因此功耗大，效率很低，可靠性也差。而在开关稳压电路中，调整管（即开关管）处于开关工作状态，依靠调节开关管导通时间 t_{on} 来实现稳压，因此，开关管的损耗很小，电路效率高，一般可达 70%～85%，甚至高于 90%。

②体积小、重量轻：高压型开关稳压电源将电网电压直接整流可省去电源变压器（工频变压器），从而使体积小、重量轻，利于直流电源小型化。

③稳压范围宽：当电网电压在 130～265V 变化；且负载电流作较大幅度变化时都能达到良好的稳压效果。

④应用灵活性高、适应范围广：利用控制开关可获得一路输入多路输出以及同极性或反极性输出；利用输出隔离变压器还可得到低电压大电流或高电压

小电流稳压电源；而且输出电压维持时间长，交流输入电压关断后几十毫秒内仍有直流电压输出，但开关稳压电路也有不足之处：输出纹波较大，动态响应时间长(大于一个开关周期)；电流、电压变化率大，不宜在空载或满负载电流变化的场合使用；控制电路比较复杂，射频干扰和电磁干扰大，对元器件要求高，成本也较高，然而随着集成化开关稳压控制器的大量面世，开关稳压电路的优点越来越突出，并迅速发展，性能日趋完善，已在许多领域广泛应用。

(2) 分类

开关稳压电路的种类很多，有各种不同的分类方法，主要有如下几种：

按开关调整管驱动方式分类，可分为自激式和他激式两大类。在自激式基础上引入同步信号，又可构成同步式开关稳压电路。

按稳压的控制方式分，可分为脉冲宽度调制(Pulse Width Modulation，缩写为PWM)型和脉冲频率调制(Pulse Frequency Modulation，缩写为PFM)型，而两者结合，又可构成混合调制型。在实际应用中，以脉宽调制型最为常用，而混合调制型由于利用反馈使开关调整管的开关频率和导通时间同时改变，加强了对输出电压变化的调整作用，因而稳压效果较为理想。

按功率开关电路的结构形式分，可分为降压型、升压型、反相型和变压器型。变压器型中按开关管输出电压的形式可分为单端式和双端式。而前者可分为单端正激式和单端反激式，后者又可分为推挽式、半桥式和全桥式。

此外，还有一类称作谐振型的开关稳压电路，有串联型(SRC)、并联型(PRC)和准谐振型(QRC)之分。其中的零电压和零电流开关变换器是近期发展得较快的一类新型稳压电路，在理想条件下开关管的损耗为零，工作频率可以提高到(1～10)MHz的范围，效率高达90%以上。

3. 开关型稳压电路基本工作原理

(1) 开关稳压电源的基本组成

开关稳压电源的电路结构与线性稳压电源相似，包括电源整流滤波电路和开关稳压电路两大部分，如图9.41所示。

开关稳压电路将来自电源整流滤波电路不稳定的直流输入电压 U_I 变换成各种数值的稳定的直流输出电压。因此，开关稳压电路又称为 DC – DC 变换器。开关稳压电路一般由功率开关器件、储能滤波电路(亦称脉冲或输出整流滤波电路)组成的高频开关变换器、控制电路及附设的各种保护电路构成。其中控制电路由取样电路、比较放大电路、基准电压电路、开关脉冲形成及控制(调制)电路等组成。

高频开关变换器是开关电源的核心部分，故又称为主回路。功率开关器件通常选用高速大功率开关管，如 BJT、单向晶闸管 GTO、UMOS FET 或 JGBJT 等

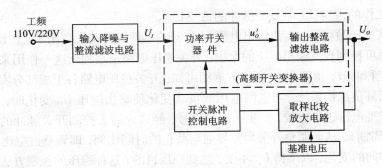

图 9.41　开关型稳压电源基本组成方框图

器件。储能滤波电路的作用是将功率开关器件获得的脉冲电压变成平滑的直流输出电压。它往往采用不同于一般整流滤波电路的特殊元器件，如超快速整流二极管、肖特基势垒二极管、低 ESR（等效串联电阻）值电解电容器以及铁淦氧体或钼坡莫合金为磁芯的电感等等。

控制电路中的取样电路、基准电压电路及比较放大电路的组成、功能与串联型线性稳压电路相似，而开关脉冲形成及控制电路则常由压近期振荡电路或施密特触发器组成，以产生脉冲宽度或频率受误差信号控制的开关脉冲信号。

（2）基本工作原理

在开关稳压电路中，功率开关器件起高频开关的作用，在开关脉冲 $H(t)$ 作用下，周期性地导通与截止。因此，不论开关器件与负载是串联还是并联，或通过脉冲变压器相连接，输入稳压电路的直流电压 U_I 经功率开关器件后将输出一个幅度接近 U_I 的矩形波 u'_o，再经输出整流滤波电路的脉冲整流及滤波而获得平滑、稳定的直流电压 U_o。各波形如图 9.42 所示。

由图可知，直流输出电压为 u'_o 的平均值，即

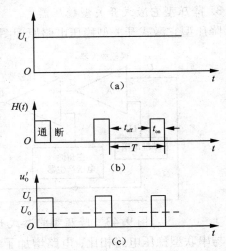

图 9.42　开关控制输出电压原理

$$U_o = \frac{t_{on}}{T} U_I = \delta U_I \tag{9.62}$$

式中，T 为开关管开关工作周期（即开关脉冲周期）；t_{on} 为开关管饱和导通，开关闭合时间（即开关脉冲的宽度）；为开关管截止，开关断开时间；$\delta = t_{on}/T$

为开关工作的占空比(即开关脉冲的占空比)。

由式(9.62)可见,直流输出电压 U_0 与开关器件的开关占空比 δ 成正比,改变占空比便可控制直流输出电压的大小。开关稳压电路正是利用这一作用来实现电压的稳定和调节,由图9.41所示方框图可知,开关稳压电路各组成部分实际上构成一个闭环负反馈系统。当电网电压或负载变化使输出电压 U_0 变化时,通过取样并与基准电压进行比较,产生一误差信号,经放大后去控制开关脉冲的宽度或频率(即周期),从而调整开关器件导通与截止的时间比例,即调整占空比,使 U_0 作相反方向的变化,以维持 U_0 不变,达到稳压目的。这种稳压的控制方法又称为"时间 – 比率控制"(Time – Ratio Control,缩写为 TRC)法。

如前所述,利用 TRC 法来稳定 U_0,有脉冲宽度调制(PWM)、脉冲频率调制(PFM)和混合调制(即脉冲宽度和周期同时调制)等三种调制方式。PWM 方式是保持开关脉冲的周期 T 不变,利用误差信号来改变开关脉冲的宽度 t_{on},从而改变占空比 δ 来稳定输出电压;PFW 方式是保持开关脉冲的宽度 t_{on} 不变,利用误差信号来改变开关脉冲的频率(即周期 T),改变 δ 而稳定输出电压;混合调制方式则利用误差信号同时改变 t_{on} 和 T 来改变 δ 而稳定输出电压,这种调制方式的 δ 值变化范围较宽,适用于要求宽范围内调节输出电压的电源电路。

3. 降压型它激式开关型稳压器

降压型它激式开关型稳压电路原理图如图9.43所示。

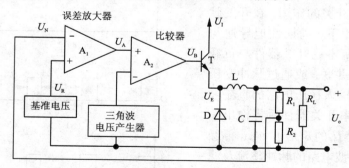

图 9.43　降压型它激式开关稳压电路原理图

与串联型稳压电路相比,电路增加了一个 LC 滤波电路,一个产生固定频率的三角波发生器和一个比较器 A_2 组成的驱动电路。图中 U_I 是整流滤波电路的输出电压。U_B 是比较器的输出电压,它是一个占空比可变、频率与三角波频率相同的脉冲信号。当 U_B 为高电平时,开关功率管 T 饱和导通,设其饱和压降为 U_{CES},则其值为 $U_I - U_{CES}$ 的电压加到 D 上,D 截止;当 U_B 为低电平时,T 截止,但由于滤波电感 L 产生反电势,所以在 T 截止期间,D 在反电势作用下导通,于是电感中的能量通过 D 向负载释放,因此 D 通常也称为续流二极管。此时 T 的发射极电位为 $-U_D$（U_D 为二极管的正向压降）。可见，在 U_B 的控制下，U_E 是一个高电平为 $U_I - U_{CES}$、低电平为 $-U_D$ 的脉冲信号，它经 L_C 滤波之后就可获得一个直流输出电压。若 U_E 高电平的时间为 t_{on}，U_E 低电平 t_{off}，则电路输出的直流电压为

$$U_o = \frac{1}{T}\left[(U_I - U_{CES})t_{on} + (-U_D)t_{off}\right]$$

用 $\delta = t_{on}T$ 表示占空比，并设 $U_{CES} = U_D$，则输出电压 U_o 等于

$$U_o \approx \frac{t_{on}}{T}U_I = \delta U_I \tag{9.63}$$

可见，在一定的 U_I 值时，通过占空比 δ 的调节就可实现对输出电压的调节。

调整管控制电压的占空比大小决定于比较放大器的误差输出电压 U_A。当 $U_A = 0$ 时，$\delta = 0.5$，当 $U_A > 0$ 时，$\delta > 0.5$；当 $U_A < 0$ 时，$\delta < 0.5$。

U_A 是比较放大器的输出信号，它的大小与极性取决于取样电压 U_N 和基准电压 U_R。若 $U_N = \frac{R_2}{R_1 + R_2}U_o > U_R$，$U_A$ 为负极性；$U_N < U_R$ 时，U_A 为正极性。

实际的电路组成了一个闭环反馈系统。当输出电压 U_o 由于某个原因增加时，就发生如下的闭环调节过程：

$$U_o \uparrow \rightarrow U_N \uparrow \rightarrow U_A \downarrow \rightarrow \delta \downarrow$$
$$U_o \downarrow$$

当输出电压 U_o 因某种原因减小时，与上述变化过程相反。这个自动调节过程就可以保证输出电压 U_o 稳定在要求的数值上，电路工作波形如图 9.44 所示。

当这种调节过程达到稳定平衡时，就有 $U_N = U_R$ 成立。由此可求得稳定输出的直流电压 U_o 为

$$U_o = \left(1 + \frac{R_1}{R_2}\right)U_R \tag{9.64}$$

它与串联稳压电路的结果是相同的。

电路的最佳开关频率一般为 $(10 \sim 100)\,\text{kHz}$。若取上限，可使用较小的 LC 滤波元件，对减小系统

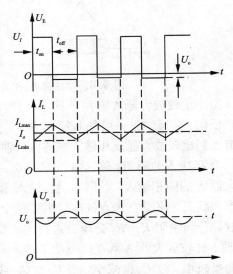

图 9.44　开关稳压电路的工作波形图

的体积、重量和成本是有好处的。但由于开关次数增加,管子的平均耗散功率加大,又将影响电源效率的提高。所以通常开关频率选择在 $(20 \sim 50)\,\text{kHz}$ 范围之内。

由于在 LC 滤波电路输入端是一个占空比可变的脉冲电压波,所以在输出电压中的波纹电压较大,这是它的缺点。所以从输出纹波电压的要求出发,滤波元件 LC 的选择是十分重要的。一般可依据下式选取:

$$L \geqslant 2.5 R_L T (1 - \delta) \tag{9.65}$$

$$C \geqslant \frac{1}{15 f^2 L \gamma} \tag{9.66}$$

式中 γ 是输出电压的波纹系数; $f = 1/T$ 是开关脉冲的重复频率。

关于它们的分析读者可参考有关文献,这里不再讨论。

4. 自激式开关稳压电路

这种电路不需要专门设置三角波振荡产生电路,而是依靠一定的正反馈量来建立电路的自激励状态,以保证功率开关管工作在开关状态。其原理电路如图 9.45 所示。

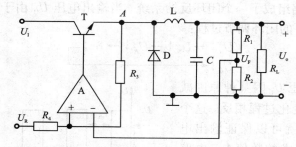

图 9.45　自激式开关稳压电路原理图

图中比较放大器 A 有两个反馈环路,一个是从节点 A 经 R_3、R_4 分压形成的正反馈,其反馈量一般是 $1\% \sim 0.1\%$;另一个是从取样分压网络 R_1、R_2 的分压节点到比较放大器反相输入端的负反馈回路。它的工作原理可简述如下:

当 U_1 接入的瞬间,输出电压 $U_0 = 0$,基准电压 U_R 经 R_3、R_4 分压加到比较放大器 A 的同相输入端。因为反相输入端电压为零,故迅速驱动开关调整管进入饱和状态,使图中 A 点的电位由零跳变到 $U_1 - U_{CES}$。这样 U_0 就开始增加,并经取样分压电阻 R_1、R_2 分压后送到比较放大器的反相输入端,一旦到达 $U_N \geqslant U_P$ 时,比较放大器 A 就立即驱动 T 进入截止状态。显然这时输出电压 U_0 随时间而要减小,故 U_N 也减小。当 $U_N \leqslant U_P$ 时,电路又驱动 T 进入饱和工作状态,从而使调整管完成了一个周期内的开关动作,以后周而复始地进入开关状态。

由上述工作过程的分析可见,电路自激励状态的建立是靠输出电压中的波

纹电压来实现的, 而使 T 的工作状态发生转换的条件是

$$\Delta U_P = \Delta U_N$$

ΔU_P 是晶体管 T 状态变化时同相输入端的变化量, ΔU_N 是晶体管 T 状态变化时反相输入端的变化量。同相输入端的电压变化量 ΔU_P 为

$$\Delta U_P = (U_I - U_{CES})\frac{R_4}{R_3 + R_4} - (-U_D)\frac{R_4}{R_3 + R_4} \approx U_I\frac{R_4}{R_3 + R_4}$$

而反相输入端电压的变化量 ΔU_N 则是输出纹波电压的峰 – 峰值, 若忽略高次谐波分量时, 其大小为

$$\Delta U_N = U_{tPP} = \frac{4}{\pi} \frac{U_I}{\omega^2 LC} \cdot \frac{R_2}{R_1 + R_2}$$

ω 为输出纹波电压的基波频率, 也就是 T 的开关脉冲重复频率。由 $\Delta U_P = \Delta U_N$ 的条件可得

$$\omega = \sqrt{\frac{4R_2(R_3 + R_4)}{\pi LC(R_1 + R_2)R_4}} = \sqrt{\frac{4U_R(R_3 + R_4)}{\pi LCU_o R_4}} \qquad (9.67)$$

可见自激式开关稳压电路的开关角频率是 LC 及正、负反馈系数的函数。

9.6.3 稳压电路的保护

在集成稳压器电路内部含有各种保护电路, 如过流保护、短路保护、调整管安全工作区保护、芯片过热保护电路等, 使集成稳压器在出现不正常情况时不至于损坏。而且, 因为串联型稳压电路的调整管是其核心器件, 它流过的电流近似等于负载电流, 且电网电压波动或输出电压调节时管压降将产生相应的变化, 所以这些保护电路都与调整管紧密相关。

1. 过流保护电路

过流保护电路能够在稳压器输出电流超过额定值时, 限制调整管发射极电流在某一数值或使之迅速减小, 从而保护调整管不会因电流过大而烧坏。凡在过流时使调整管发射极电流限制在某一数值的电路, 称为限流型过流保护电路; 凡在过流时使调整管发射极电流迅速减小到较小数值的电路, 称为截流型 (或减流型)过流保护电路。

图 9.46(a)所示为限流型过流保护电路, T_1 为调整管, T_2 和 R_0 构成保护电路, 图 9.46(b)所示为集成稳压电路中的画法。

R_0 为电流取样电阻, 其电流近似等于稳压电路的输出电流 I_o, 故其电压正比于 I_o。正常工作时, T_2 的 $b \sim e$ 间电压 $U_{BE2} = I_o R_0 < U_{on}$, U_{on} 为 $b \sim e$ 间的开启电压, 因而 T_2 处于截止状态。当过流, 即输出电流增大到一定数值时, R_0 上的电压足以使 T_2 导通, 便从 T_1 管的基极电流分流, 因而限制了调整管的发射极

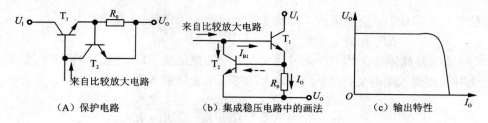

（A）保护电路　　　　（b）集成稳压电路中的画法　　　（c）输出特性

图 9.46　限流型过流保护电路及其输出特性

电流。R_0 的取值不同，调整管发射极电流的限定值将不同，其表达式为

$$I_{O\max} \approx I_{E\max} \approx U_{BE2}/R_0 \tag{9.68}$$

图 9.46(c)所示为输出特性。上述分析表明，限流型保护电路虽然组成简单，但是在保护电路起作用后调整管仍有较大的工作电流，因而也就有较大的功耗，所以不适用于大功率电路。

图 9.47(a)所示为截流型过流保护电路，T_1 为调整管，R_0 为电流取样电阻，它与 T_2、R_1 和 R_2 构成保护电路，图 9.47(b)所示为集成稳压电路中的画法。

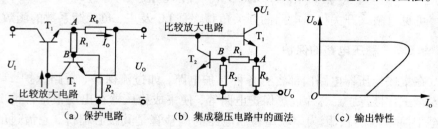

（a）保护电路　　　　（b）集成稳压电路中的画法　　　（c）输出特性

图 9.47　截流型过流保护电路及其输出特性

电路中 A、B 点的电位分别为

$$U_A = I_O R_0 + U_O$$

$$U_B = \frac{R_2}{R_1 + R_2} \cdot U_A$$

因而 T_2 管 b～e 间电压为

$$U_{BE2} = U_B - U_O = \frac{R_2}{R_1 + R_2} \cdot (I_O R_0 + U_O) - U_O \tag{9.69}$$

式(9.69)表明，I_O 增大，U_{BE2} 将随之增大。未过流时，$U_{BE2} < U_{on}$，使 T_2 截止。当 I_O 增大到一定数值或输出端短路时，T_2 导通，对调整管 T_1 的基极分流，使 I_O 减小，从而导致输出电压 U_O 减小；此时虽然 U_B 随 U_O 的下降而下降，但是 U_O 下降的幅值大于 U_B 下降的幅值，使得 T_2 的电流进一步增大，T_1 的电流进一步减小，最终减小到较小数值。输出特性如图 9.48(c)所示。设 T_2 导通时 b～e 间电压为 U_{on}，令输出电压 U_O 为零，并代入式(9.69)，可以求出输出电流的最小值为

$$I_0 \approx \frac{U_{\text{on}}}{kR_0} \qquad \left(k = \frac{R_2}{R_1 + R_2} \right) \tag{9.70}$$

2. 调整管的安全工作区保护电路

调整管的安全工作区保护电路可使调整管既不因过电流而烧坏，又不因过电压而击穿，因此它由过流保护和过压保护两种电路组合而成，最终保证调整管不超过其最大耗散功率。在图 9.48 所示电路中，由晶体管 T_{16}、T_{17} 组成的复合管为调整管，由 R_{13}、D_{Z2} 和 R_{11}、R_{12}、R_{21}、T_{15} 组成保护电路，输出电流如图中所标注。

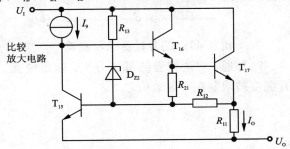

图 9.48　调整管的安全工作区保护电路

当电路过载或输出端短路时，R_{11} 上的电压增大使 $U_{\text{BE15}} > U_{\text{on}}$，$T_{15}$ 导通，对调整管的基极分流，实现了过流保护。若 U_1 与 U_0 之间电压（即调整管管压降）超过允许值，则 D_{Z2} 击穿，使 T_{15} 基极电流骤然增大而迅速进入饱和区，I_9 的大部分电流流过 T_{15}，从而使调整管 T_{17} 接近截止区，也就使其功耗下降到较小的数值。可见，过压保护电路最终限制了调整管的功耗，使调整管工作在安全区。

3. 芯片过热保护电路

芯片损坏的重要原因之一是长期通过大电流而引起结温超过允许值。在集成稳压器中，调整管的结温决定芯片的温度。为此，常利用二极管或晶体管的结温升作为测温元件，让它们靠近调整管，从而反映调整管的温升情况。当调整管温升超过允许值时，测温二极管（或晶体管）启动一个电路，减小其电流，使芯片温度下降至安全值。

在图 9.49 所示电路中，由晶体管 T_{16}、T_{17} 组成的复合管为调整管；T_{14} 和 R_7 为测温元件，它们与 R_1、R'_6 和 D_{Z1} 组成芯片过热保护电路。T_{14} 管 b ~ e 间电压为

$$U_{\text{BE14}} = U_{R7} = \frac{R_7}{R'_6 + R_7} \cdot (U_{Z1} - U_{\text{BE12}}) \tag{9.71}$$

其中稳压管具有正温度系数，而晶体管 b ~ e 间电压具有负温度系数。芯片未过热时，T_{14} 截止。芯片温度上升，U_{Z1} 增大，U_{BE12} 减小，即 $(U_{Z1} - U_{\text{BE12}})$ 增大，而 T_{14} 晶体管 b ~ e 间的开启电压 U_{on} 却减小。当芯片温度上升到一定数值（通常

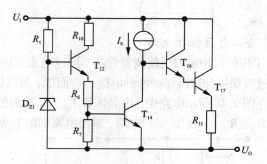

图 9.49　芯片过热保护电路

在 150 ~ 175℃)时，T_{14} 导通，对调整管的基极分流，输出电流减小，调整管的功耗下降，使芯片温度被限制在一定数值之下。

本章小结

几乎所有的电子电路都需要电压稳定的直流电源为它供电。除少数小功率便携式系统采用电池供电外，绝大多数电子系统都需要由交流电网供电。因此，本章着重讨论如何把交流电转化为直流电，又如何使直流电压变得稳定。

小功率直流稳压电源由电源变压器、整流电路、滤波电路和稳压电路组成。电源变压器将交流电网 220V 电压变成所需要的电压值；通过整流电路将交流电压变成脉动的直流电压；用滤波电路滤除其中的纹波，使直流电压变得平滑；稳压电路则使直流输出电压在电网电压波动或负载电流变化时能保持稳定。

1. 整流电路。整流电路是利用二极管的单向导电性来实现，将交流电变成直流电，常见的小功率整流电路有单相半波、全波、桥式和倍压整流电路等，其中单相桥式整流电路除了具备一般全波整流电路的优点外，还具有变压器利用率高的优点，因此在实际中被广泛采用，它的主要参数为：

$$U_{o(AV)} = 0.9U_2 ;\ s = 0.67 ;\ I_{o(AV)} = \frac{U_{o(AV)}}{R_L} ;\ I_{D(AV)} = \frac{1}{2}I_{o(AV)} ;\ U_{RM} = \sqrt{2}U_2 。$$

2. 滤波电路。滤波电路用于滤去整流输出电压中的纹波，一般由储能元件（即电抗元件）组成。利用储能元件减小输出波形中的脉动成分，把不均匀地（包括间断地）向负载供电变成连续平滑地供电，即保留直流分量，滤掉交流分量。

滤波电路是利用电容两端电压不能突变或电感中电流不能突变的特性来实现的，本章介绍了电容、电感、LC – π 型、RC – π 型滤波电路。电容滤波适用于负载电流较小且变化不大的场合，且对整流二极管的冲击电流较大；电感滤波适用于负载电流较大的场合，其冲击电流很小。如果将电容滤波和电感滤波二者结合起来接成 LC – π 型电路可以获得较为理想的滤波效果。

3. 稳压电路。稳压电路的功能是减小输入交流电压波动、负载和温度变化等因素对输出直流电压的影响，保持输出直流电压的稳定。

利用硅稳压管的稳压特性将其与负载并联，构成最简单的稳压电路，但存在输出电压不可调，输出电流变化范围小的缺点。串联型稳压电路可实现输出电压可调、输出电流大、带负载能力强、输出纹波小等效果，它是利用电压负反馈和晶体管 U_{CE} 可调等原理来实现的，但其功率转换效率低。集成稳压器具有体积小，重量轻及设计、组装、调试方便且性能稳定可靠，其中三端稳压器最为常用，但一般用于功率较小的场合。

4. 开关稳压电源电路。掌握开关稳压电路的特点、分类及基本工作原理，如需要请查阅有关文献。

习　题

9.1　在图 9.50 所示的桥式整流电路中，已知变压器副边电压有效值 $U_2 = 50\text{V}$，$R_L = 500\Omega$，若变压器的内阻、二极管的正向电压降和反向电流均可忽略。试求：

（1）输出的电压平均值 $U_{O(av)}$；

（2）通过变压器副边绕组的电流有效值 I_2；

（3）二极管承受的最高反向电压 U_{DRM} 和流过的电流平均值 $I_{D(av)}$。

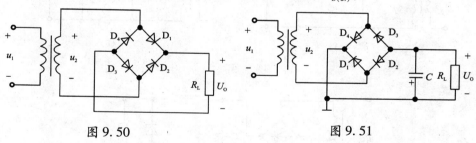

图 9.50　　　　　　　　　图 9.51

9.2　电路如图 9.51 所示。已知变压器副边电压有效值 $U_2 = 50\text{V}$。在电路调试过程中，用直流电压表测量 U_o，得到过四种不同结果，数值分别为：(1) -60V，(2) -22.5V，(3) -45V，(4) -70.7V。试分析哪一个数值表示电路工作状况是正常的? 其余几个数值不正常，又是什么原因造成的?

9.3　有人为了得到大小相等的直流正电压，用副边带有中心抽头的变压器，$U_{21} = U_{22}$，两只性能相同的整流桥堆及两只电容量相等的电容器 C_1 和 C_2 接成如图 9.52 所示的电路。试问这样接法能否实现设计的要求，为什么?

9.4　分析图 9.53(a)、(b) 所示的电路为几倍压的整流电路?

9.5　稳压管稳压电路如图 9.54 所示。已知 $u_2 = 20\sqrt{2}\sin\omega t(\text{V})$，电网电压波动 $\pm 20\%$，限流电阻 $R = 100\Omega$，负载电阻 R_L 变化范围为 $100 \sim 200\Omega$，稳压管 D_Z 的稳压值 $U_Z = +6\text{V}$，为确保电路正常工作，应选用额定功耗 P_Z 为多大的稳压管?

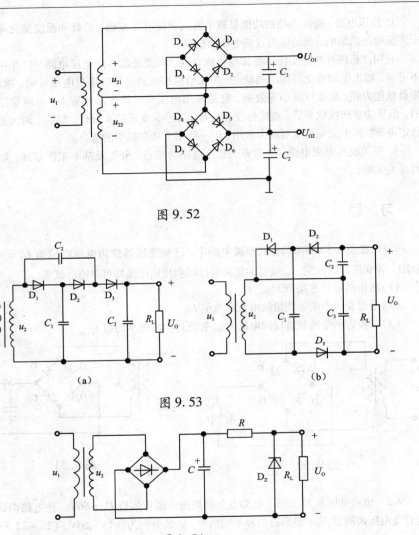

图 9.52

图 9.53

图 9.54

9.6 硅稳压管稳压电路如图 9.55 所示。已知限流电阻 $R = 500\Omega$；负载电阻 R_L 在 350 ~ 700Ω 之间可调；硅稳压管 D_Z 的型号是 2CW14，其稳定电压 $U_Z = 7V$，最大允许功耗 $P_{ZM} = 250mW$，最小稳定电流 $I_{Z(\min)} = 2mA$。求未经稳定的直流输入电压 U_1 值允许变化的范围。

9.7 串联型稳压电路如图 9.56 所示。已测得桥式整流输出电压 $U_1 = 18V$，三极管的 $U_{BE} = 0.7V$，$\beta_1 = 60$，$\beta_2 = 80$，稳压管稳压值 $U_Z = +4.3V$，采样电阻 $R_1 = 300\Omega$，$R_2 = 200\Omega$，$R_3 = 400\Omega$，$R_{c2} = 4.9k\Omega$，试计算：

(1) 输出电压 U_O 的调整范围；

(2) 负载 R_L 上的最大电流 $I_{L\max}$；

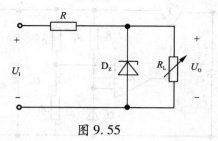

图 9.55

（3）T_1 管的最大功耗 P_{CM}。

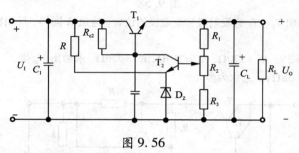

图 9.56

9.8 上题电路中，要求把输出电压范围改为 12V ~ 18V，电阻 R_3 仍为 400Ω，R_1、R_2 取值应为多大？

9.9 指出图 9.57 所示电路中的错误所在，并加以改正。当 $U_Z = 6V$ 时，U_O 为多少伏？

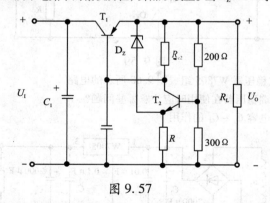

图 9.57

9.10 串联型稳压电路如图 9.58 所示。已知晶体管的 $\beta = 100$，$R_1 = 600\Omega$，$R_2 = 400\Omega$，$I_{Zmin} = 10mA$。

（1）分析运放 A 的作用；

（2）若 $U_Z = 5V$，求 $U_O = ?$

（3）若运放 A 的 $I_{Omax} = 1.5mA$，计算 $I_{Lmax} = ?$

（4）若 $U_I = 18V$，则 T 管的最大功耗 $P_{CM} = ?$

9.11 具有限流保护环节的串联型稳压电路如图 9.59 所示，已知三极管的 $U_{BE} = 0.7V$。

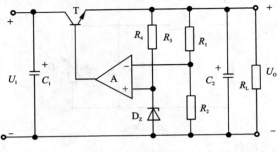

图 9.58

(1)在图中标明 $T_1 \sim T_3$ 管发射极和集电极的位置，运放 A 同样、反相输入端及电容 C_1 的极性。

(2)若 $U_Z = +5V$, $R_1 = 270\Omega$, $R_2 = 210\Omega$, $R_3 = 330\Omega$, 求输出 U_o 值。

(3)若 R 取 0.58Ω, I_{Lmax} 约为多大?

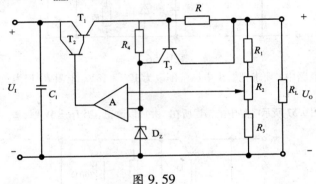

图 9.59

9.12 三端集成稳压器 W7805 组成图 9.60 所示的电路。

(1)说明图中三端稳压器在使用时应注意哪些问题?

(2)分析电路中电容 $C_1 \sim C_4$ 的作用。

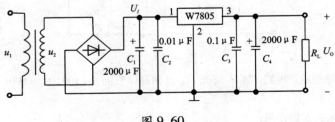

图 9.60

9.13 三端稳压器 W7805 组成图 9.61 所示的电路。已知 $I_w = 8mA$。试计算输出电压 U_o 值。

9.14 三端稳压器 W7815 和 W7915 组成的直流稳压电路如图 9.62 所示，已知副边电压 $u_{21} = u_{22} = 20\sqrt{2}\sin\omega t(V)$。7900 系列稳压器为负电压输出。

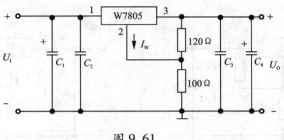

图 9. 61

(1)在图中标明电容的极性。

(2)确定 U_{O1}、U_{O2} 值。

(3)当负载 R_{L1}，R_{L2} 上电流 I_{L1}，I_{L2} 均为 1A 时，估算稳压器上的功耗 P_{CM} 值。

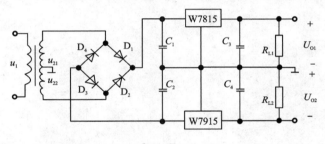

图 9. 62

9.15 W7805 组成的恒流源电路如图 9.63 所示，已知 $I_W = 5\text{mA}$，$R = 200\Omega$，R_L 范围为 $100\Omega \sim 200\Omega$，试计算：

(1)负载 R_L 上的电流 I_O 值；

(2)输出电压 U_O 的大小。

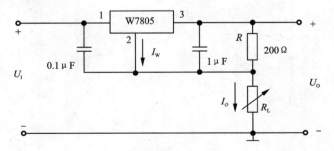

图 9. 63

9.16 三端可调式集成稳压器 W117 组成图 9.64(a)、(b)所示的电路，已知 W117 调整端电流 $I_W = 50\mu A$，输出端 2 和调整端 1 间的电压 $U_{REF} = 1.25\text{V}$。

(1)试计算图 9.64(a)电路的输出电压 U_O 值。

(2)图 9.64(b)电路中若 R_L 变化范围为 $1 \sim 5.1\text{k}\Omega$，则负载上电流 I_O 和输出电压 U_O 之

值各为多少?

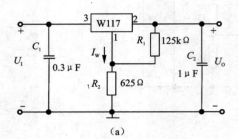
（a）

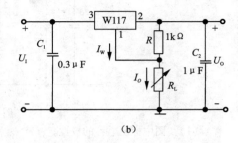
（b）

图 9.64

附录　在系统可编程模拟器件

1.1　概述

可编程模拟器件是近年来崭露头角的一类新型集成电路。顾名思义，该类器件首先属于模拟集成电路，即电路的输入、输出甚至内部状态均为随时间连续变化且幅值未经过量化的模拟信号；同时，该类器件又是现场可编程的，即在出厂后，可由用户可通过改变器件的配置来获得所需的电路功能。利用可编程模拟器件配合相应的开发工具软件，便可以像设计数字电路那样方便、快捷地完成模拟电路的设计、修改、编程和验证，从而极大地缩短产品的研制周期并增强其竞争力。可以预期，可编程模拟器件将会与可编程逻转器件一样得到迅速的发展，其应用也将日益广泛。

1. 可编程模拟器件的组成

可编程模拟器件的最大特点在于其可编程性，即可以接受外部输入的配置数据并相应地改变器件的内部连接和元件参数，实现用户所需的电路功能。为支持可编程能力，可编程模拟器件需以可编程模拟单元（Configurable Analog Blook，CAB）和可编程互联网络（Programmable Interconnection Network，PIN）为核心，配合配置数据存储器（Configuration Data Memory）、输入单元（Input Blocks）、输出单元（Output Blocks）或者输入/输出单元（I/O Blocks）等共同构成，如附图 1.1 所示。其中：

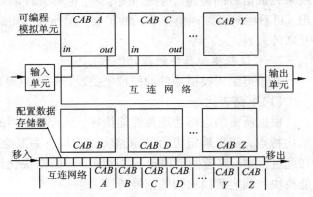

附图 1.1　可编程模拟器件组成框图

（1）输入单元和输出单元(或者输入/输出单元)一般与器件引脚直接相连，分别负责对输入、输出信号进行驱动和变换（如电平偏移）。

（2）配置数据存储器负责接收和保存外部输入的配置数据，其输出则用于控制可编程模拟单元和可编程互联阵列。具体到每一种器件，该存储器的类型和容量都各不相同，可以是长度仅为数十位的串入并出移位寄存器，也可以是有相当容量的静态随机存储器（SRAM）和非易失的电可擦除电可编程只读存储器（E²PROM）或快闪只读存储器（FLASHROM）。

（3）可编程模拟单元是可编程模拟器件的核心部分，一般由1个运算放大器、可编程电容陈列以及可编程电阻阵列（存在于连续时间型器件中）或者可编程开关阵列（存在于离散时间型器件中）等构成。各个电阻和电容的取值，晶体管的组成（如共基、共集、其射、二极管等），以及这些元件与运算放大器的连接关系等，均可通过编程来加以改变。这样，同一个可编程模拟单元，配置不同便呈现不同的电路组态和元件参数组合，从而能够实现不同的电路类型和功能。可编程模拟单元可供选择的电路组态和参数组合的多少，以及性能指标的优劣，是制约可编程模拟器件应用范围和功能强弱的主要因素。

（4）可编程互联网络可看作是由许多个双向模拟开关构成的多输入、多输出的信号交换网络。该网络的输入可以是经输入单元接入的外部信号、可编程模拟单元的输出或者器件内部的基准信号；其输出则可连接至可编程模拟单元的输入、器件的内部节点或者输出单元。该网络具体的信号连接和传递关系完全由配置数据来决定。这样，设计者可以根据需要将多个可编程模拟单元加以连接和组合，实现较大规模的模拟电路。

（5）某些可编程模拟器件还需要外接电阻、电容元件，甚至利用外接短路线来完成信号的传递。这些外接电阻、电容元件的取值由设计工具软件自动算出，可看做对可编程模拟单元的扩展，而外接的短路线则可看做简化的可编程互联阵列。

2. 可编程模拟器件的设计流程

基于可编程模拟器件的模拟电路设计过程主要包括下列步骤：

（1）电路表达

根据所需的电路功能和性能指标，结合所选用的可编程模拟器件的资源和结构特点，初步确定可行的电路实现方案，手工绘制出相应的电路结构框图。在此过程中，应遵循自顶向下、逐层分解的模块化设计思想，合理地划分各功能模块和确定各模块间的信号传递关系。

（2）分解与综合

利用与所选用的可编程模拟器件配套的开发工具软件，参考成熟的典型电路，逐一对各功能模块进行细化，即确定其所包含的元件、参数和连接关系。这一步骤一般以人机交互绘制电原理图的方式来完成。有些开发工具软件提供了对应于常用功能模块的宏函数，只需设计者给出必要的指标和参数，软件便会自动绘制出相应的电原理图。

（3）布局与布线

由开发工具软件对已输入的设计方案（如电原理图）自动进行处理，包括确定各电路要素与器件内部资源之间的对应关系，确定器件引脚、内部元件以及可编程模拟单元之间的连接关系等。有些开发工具软件不进行自动布局、布线，而是要由设计者在"分解与综合"步骤中手工完成分配和映射。在附图1.2中，以模拟锁相环的设计为例，对电路表达、分解与综合和布局与布线等进行了说明，可供参考。

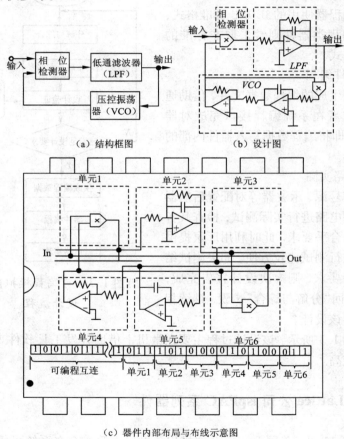

（a）结构框图　　　　（b）设计图

（c）器件内部布局与布线示意图

附图1.2　模拟锁相环设计示例

（4）设计验证

在开发工具软件所包含的仿真模型的支持下，对所设计的电路进行仿真（Sirnulation）。设计者可以指定输入什么样的信号，需要观察电路中哪些节点，而后由软件依据输入信号和仿真模型等自动计算出电路的输出响应，以曲线或表格的形式显示。仿真项目通常包括有关节点的幅频特性、相频特性和电压输出等。设计者应仔细检查仿真结果并与理想的电路输出进行比较，以了解各项设计指标是否得到满足。如果全部设计指标均已得到满足，则可进入下一步骤，否则应返回"分解与综合"步骤，对设计作相应的修改。

（5）生成编程数据

在仿真结果完全正确的情况下，便可利用开发工具软件产生对应于当前设计的编程数据文件。最常见的格式是可供各种通用编程器使用的 JEDEC 标准格式，在系统可编程类器件则常采取非标准的串行位流格式。

（6）器件编程

利用已生成的编程数据文件，借助通用编程器或者在系统编程接口完成对器件的配置，即将编程数据写入器件内部的配置存储器。

（7）电路实测

利用信号源、示波器等对配置后的器件及其外围电路进行实际测试，检查其各项指标是否合乎要求。此时利用厂家提供的评估板进行测试比较方便。如果测试结果全部合乎要求，则本次设计宣告完成，否则，应返回"分解与综合"步骤，继续相处改和完善该设计。

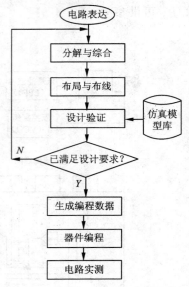

附图 1.3　可编程模拟器件的
设计流程

如附图 1.3 所示，该设计过程主要在微机上借助开发工具软件来完成，自动化程序较高。

1.2　Lattice 公司 ispPAC 系列器件

1999 年 11 月，美国 Lattice 公司推出了世界上第一个在系统可编程模拟集成电路(In-System Programmable Analog Circuit)，即 ispPAC 系列器件，开创了模拟电路设计的新纪元。配套提供的基于 WINDOWS 操作系统环境下的设计工具软件 PAC – Designer，使广大模拟应用工程师可以像使用可编程逻辑器件那样，以在系统(In – System)方式完成模拟电路的设计、修改、编程和验证。使用者无论在实验室还是在现场都可轻松地修改、改进电路的结构和性能，从而显著地缩短了产品上市的时间,增强了产品的竞争力。

目前,ispPAC 系列共包括 5 种器件;ispPAC10、ispPAC20、ispPAC30 和 isp-PAC80、ispPAC81,可用于实现信号放大、衰减、叠加、滤波、比较、积分、模/数转换等功能。这些器件的规模和功能各不相同,但内部结构、制造工艺和工作原理等基本相似,具有以下共同特点:

(1)单 +5V 工作电源。

(2)自动校准输入调电压。

(3)差分输出均为轨/轨(Rail-to-Rail,接近电源电压)输出。

(4)在系统可编程,可通过兼容 IEEE1149.1 JTAG 标准的串行接口与微机等相连接,对已装配在电路板上的器件进行编程(配置)和验证。

(5)以基于 E^2COMS 工艺的存储单元保存编程(配置)信息,电可擦除、电可编程,掉电后信息不会丢失。不需要外接任何器件用于配置,并保证可编程 10000 次以上。

(6)同样基于 E^2COMS 工艺的用户电子标签(UES),可供用户存放自己的识别码、版本号及修改信息等。ispPAC10 和 UES 长度为 8 位,ispPAC20 为 7 位,ispPAC80 为 21 位。

(7)设有电子保密位(ESF)可供先用。如果编程时选择了电子保密位,则器件内部的配置信息将无法读出,从而有效地保护用户的设计成果不被盗用。

(8)强大的开发工具支持。界面友好、功能强大的 PAC – Designer 便子尽快掌握软硬件使用方法和评估设计效果。

如附图 1.4 所示 ispPAC 器件中的基本单元统称为 PACell,即可编程模拟电路基本单元。它可以有多种表现形式,包括仪表放大器、输出放大器以及数/模转换器(DAC)等。由多个 PACell 组成的更大的电路单元,称为 PAC Block(PAC 块,即可编程模拟电路模块),是 ispPAC 器件的核心部分。处于多个 PAC 块之间的是模拟布线池(Analog Routing Pool, ARP),其作用是使 ispPAC 器件的输入、输出管脚,PACell 的输入、输出及 PAC 块的输入、输出在器件内部实现可编程互联,以达到完成各种不同电路功能的目的。这是 ispPAC 系列器件能够灵活地组成各种电路的一个重要原因。此外,ispPAC 系列器件还有自动校准单元、参考电压源、ISP 控制接口和 E^2CMOS 存储单元等,它们对器件的正常工作也同样有着非常重要的作用。

借助于 ISP(In – System Programming,在系统可编程)技术,ispPAC 系列器件支持设计者从 3 个层次完成器件开发。首先,确定每个基本单元(PACell)的功能及结构;其次,修改电路参数以改进各单元电路的性能;最后,可通过对模拟布线池编程,将各个单元连结起来,实现用户所要求的电路功能及性能。

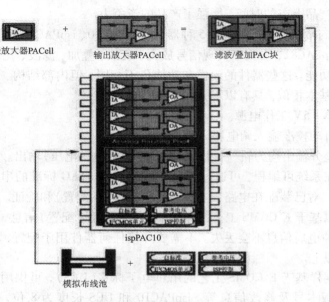

附图 1.4   ispPAC 器件的结构层次

利用 ISP 技术,对器件的擦除和编程均可通过标准的 JTAG 串行接口实现,整个编程过程可在几秒钟内完成。

1. ispPAC10

(1)内部结构

ispPAC10 为 28 脚直插式器件,附图 1.5(a)所示为它的引脚图,图 1.5(b)所示为内部结构框图。它有 4 个相同的可编程模拟宏单元,即 PAC 模块(PAC Block)。每个 PAC 模块可以独立工作;也可在无需外接电阻、电容的情况下,将它们相互连接组成复杂电路。

附图 1.6 所示为 ispPAC10 的内部电路示意图,中间部分是 4 个 PAC 模块,两侧为布线池,左、右两头的小方块是引脚。PAC 模块之间、PAC 模块的输入与引脚之间的连接均通过布线池中的引线。

ispPAC10 的每个 PAC 模块均由两个仪用放大器和一个输出放大器组成,其示意图如附图 1.7 所示。IA1、IA2 均为双端输入电路,输入电阻高达 $10^9\Omega$,增益调整范围为 $-10 \sim +10$;其输入端可接芯片的引脚,作为电路的输入端,如图中虚线所示。OA1 为双端输出电路,反馈电阻 R_f 接通时,可对 IA1、IA2 的输出实现求和运算;R_f 断开时,可实现积分运算;电容 C_f 有 128 种取值。整个电路的共模拟制比为 69dB。改变四个 PAC 模块的接法,增益调整范围可为 $\pm 1 \sim \pm 10000$。

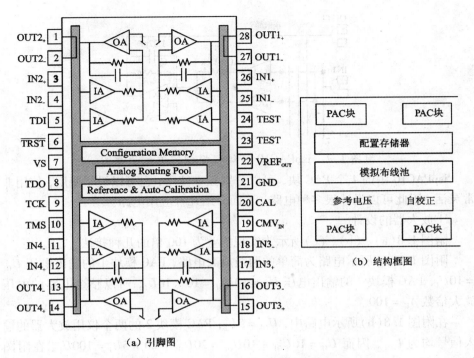

（a）引脚图

附图 1.5 ispPAC10 脚图及其内部结构框图

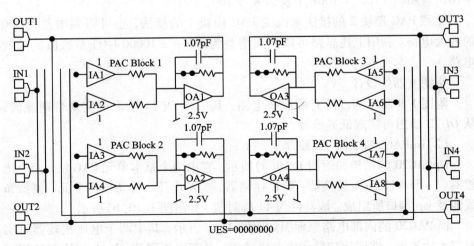

附图 1.6 ispPAC10 的内部电路示意图

（2）ispPAC10 的应用设计

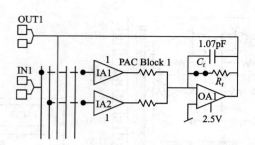

附图 1.7 ispPAC10 可编程模拟宏单元示意图

ispPAC10 中的 4 个 PAC 块,可以分别独立使用,也可以级联使用,使用非常灵活,因此可以设计很多种电路。下面介绍几种应用电路。

①放大器的设计

附图 1.8(a)、(b)、(c)所示为实现增益为 100 倍的几种接法。

附图 1.8(a)所示电路为简单的两级放大电路,PAC 模块 1 的输出电压 U_{O1} $= 10U_I$,PAC 模块 2 的输出电压 $U_O = 10U_{O1} = 10 \times 10U_I$,所以整个电路的电压放大倍数 $A_U = 100$。

在附图 1.8(b)所示电路中,$U_{O1} = 5U_I$;PAC 模块 2 的两个仪用放大器的输入信号均为 U_{O1},因而 $U_O = 10U_{O1} + 10U_{O1} = 20U_{O1} = 20 \times 5U_I = 100U_I$。在附图 1.3(c)所示电路中,$U_{o1} = 9U_I$;PAC 模块 2 对 U_{o1} 和 U_I 按比例求和,$U_O = 10U_{O1}$ $+ 10U_I = 90U_I + 10U_I = 100U_I$;所以 $A_U = 100$。

比照 PAC 模块 2 的接法来改变 PAC 模块 1 的接法,也可得到增益为 100 的放大电路。利用上述思路可以构成增益为 ±1 ~ ±10000 中任意数值的放大电路。

②滤波器的设计

附图 1.9 所示为二阶有源滤波电路,其中从 *OUT*1 输出可实现带通滤波;从 *OUT*2 输出可实现低通滤波。

(2)ispPAC20 的结构及原理

ispPAC20 的结构如附图 1.10(a)所示。它由两个基本单元 PAC 块、两个比较器、一个八位 D/A 转换器、配置存储器、参考电压、自动校正单元、模拟布线池及 isp 接口所组成。该器件为 44 脚封装,如附图 1.10(b)所示。

ispPAC20 的内部电路原理图如附图 1.11 所示,其中两个电压比较器可实现基本比较器、滞回比较器和窗口比较器,参考电压可调;D/A 转换器的接口方式可选为并行、串行 JTAG 寻址和 SPI 寻址方式,且为差分式输出。ispPAC20 中可编程模拟宏单元的结构与 ispPAC10 的基本相同。现在将 ispPAC20 与 isp-

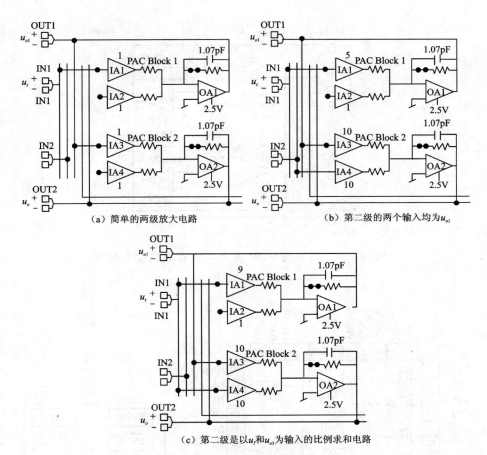

（a）简单的两级放大电路　　　　　　　　　　（b）第二级的两个输入均为u_{o1}

（c）第二级是以u_i和u_{o1}为输入的比例求和电路

附图 1.8　用 ispPAC10 实现增益为 100 倍的 3 种接法

PAC10 的不同点加以说明。

①输入控制

如附图 1.11 所示，$IA1$ 增加一个二选一模拟开关，当外部引脚 $MSEL=0$ 时，输入 $IN1$ 被接至 $IA1$ 的 a 端；反之，$MSEL=1$ 时，输入 $IN1$ 被接至 $IA1$ 的 b 端。

②极性控制

在 ispPAC20 中，前置互导放大器 $IA1$、$IA2$、$IA3$ 的增益为 $-10 \sim -1$；而 $IA4$ 的增益极性可控，当然部引脚 $PC=1$ 时，增益调整范围为 $-10 \sim -1$，而当 $PC=0$ 时，增益调整范围变为 $+10 \sim +1$。

③比较器 $CP1$ 和 $CP2$

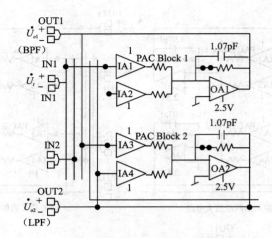

附图 1.9　用 ispPAC10 实现二阶有源滤波电路

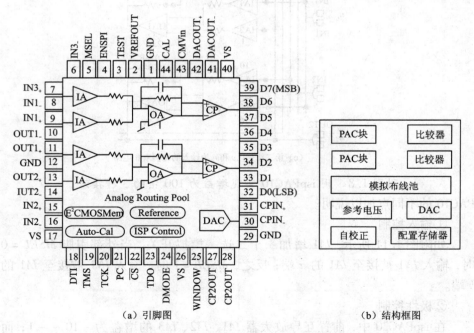

（a）引脚图　　　　　　　　　　　　（b）结构框图

附图 1.10　ispPAC20 的引脚图及其内部结构框图

在 ispPAC20 中，有两个可编程双差分比较器 CP1 和 CP2。该电压比较器和普通的电压比较器没有太大的差别，只是它们的输入是可编程的，既可来自

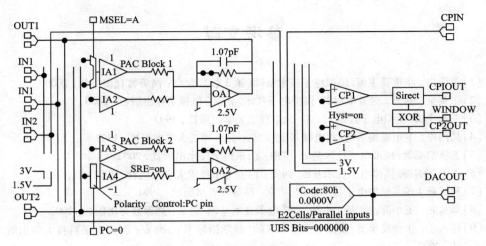

附图 1.11　ispPAC20 内部电路

于外部输入，也可以是基本单元电路 PAC 块的输出，也可以是固定的参考电压 1.5V 或 3V，还可以来自 DAC 的输出等。当输入的比较信号变化缓慢或混有较大噪声和干扰时，也可以施加正反馈而改接成迟滞比较器。

　　比较器 $CP1$ 和 $CP2$ 可直接输出，也可以经异或门（XOR）输出。

　　④八位 D/A 转换器

　　这是一个八位、电压输出的 DAC。接口方式可自由选择：八位并行方式；串行 JTAG 寻址方式；串行 SPI 寻址方式等。DAC 输出是差分的，可以与器件内部的比较器相连或和仪用放大器输入端连接，也可以直接输出。

参考文献

[1]童诗白，华成英主编.模拟电子技术基础(第3版).北京：高等教育出版社，2000

[2]张英全，刘云，樊爱华编著.模拟电子技术.北京：机械工业出版社，2000

[3]王远主编.模拟电子技术.北京：北京理工大学出版社，1997

[4]吴丙申，卞祖富编著.模拟电路基础.北京：北京理工大学出版社，1997

[5]王济浩编著.模拟电子技术基础.济南：山东科学技术出版社，2002

[6]王卫东编著.模拟电子技术基础.西安：西安电子技术大学出版社，2003

[7]邓汉馨主编.模拟电子技术基础.北京：高等教育出版社，1994

[8]郑家龙，王小海，章安元主编.集成电子技术基础.北京：高等教育出版社，2002

[9]孙肖子，张企民编著.模拟电子技术基础(教学指导书)，西安：西安电子科技大学出版社，2002

[10]许杰主编.电子技术基础(模拟部分)(华中理工第4版)导教·导学·导教.西安：西北工业大学出版社，2003

[11]席德勋编著.现代电子技术.北京：高等教育出版社，1999

[12][英]C. Toumazou F. J. Lidgey & D. g. haigh 著.姚玉洁，冯军，尹洪等译.模拟集成电路设计——电流模法.北京：高等教育出版社，1996

[13]王英健，宋学瑞主编.模拟电子技术实用教程.长沙：中南大学出版社，2003

[14]陈天授，李桂安，李士编著.模拟集成电路基础.南京：南京大学出版社，1990

[15]傅丰林编.模拟电子线路基础.天津：天津科学技术出版社，1993

[16]彭龙商，邓亚美合编.电子线路原理器件、电路和系统.北京：高等教育出版社，1990

[17]孙文治，沙秉政.模拟电子线路.南京：江苏科学技术出版社，1990

[18]冯民昌主编.模拟集成电路基础.北京：中国铁道出版社，1991

[19]康华光主编.电子技术基础(模拟部分)(第4版).北京：高等教育出版社，1999

[20]唐竟新编著.模拟电子技术基础解题指南.北京：清华大学出版社，1998

[21]谢沅清，解月珍.电子电路基础.北京：人民数电出版社，1999

[22]谢嘉奎主编.电子线路(线性部分).北京：高等教育出版社，1999

[23]谢红主编.模拟电子技术基础.哈尔滨：哈尔滨工程大学出版社，2001

[24]沈尚贤主编.模拟电子学.北京：人民数电出版社，1983

[25]衣承斌等主编.模拟集成电子技术基础.南京：东南大学出版社，1994

[26]张凤言编著.电子电路基础(第2版).北京：高等教育出版社，1995

[27]邬国扬主编.模拟电子技术.西安：西安电子科技大学出版社，2002

[28]马积勋编著.模拟电子技术重点难点及典型题精解.西安：西安交通大学出版社，2001

[29]邹逢兴.模拟电子技术基础.长沙：国防科技大学出版社，2001

图书在版编目(CIP)数据

模拟电子技术基础/罗桂娥主编 .—长沙:中南大学出版社,
2008.9

(21世纪电工电子学课程系列教材)

ISBN 978 – 7 – 81105 – 769 – 0

Ⅰ.模...Ⅱ.罗...Ⅲ.模拟电路 – 电子技术 – 高等学校 – 教材
Ⅳ.TN710

中国版本图书馆 CIP 数据核字(2008)第 149220 号

模拟电子技术基础(电类)
(第2版)

主编 罗桂娥

□ **责任编辑** 肖梓高

□ **责任印制** 易红卫

□ **出版发行** 中南大学出版社

　　　　　　社址:长沙市麓山南路　　　　邮编:410083

　　　　　　发行科电话:0731-8876770　　　传真:0731-8710482

□ **印　　装** 长沙印通印刷有限公司

□ **开　　本** 730×960　1/16　□ **印张** 29.75　□ **字数** 525 千字

□ **版　　次** 2009 年 1 月第 2 版　　□2017 年 2 月第 2 次印刷

□ **书　　号** ISBN 978 – 7 – 81105 – 769 – 0

□ **定　　价** 54.00 元